# HISTOIRE NATURELLE
## GÉNÉRALE
### DES
# GALLINACÉS.

HISTOIRE NATURELLE GÉNÉRALE

DES

# PIGEONS

ET DES

# GALLINACÉS;

PAR

## C. J. TEMMINCK,

DIRECTEUR DE LA SOCIÉTÉ DES SCIENCES À HARLEM, ET MEMBRE DE PLUSIEURS SOCIÉTÉS D'HISTOIRE NATURELLE.

ouvrage en trois volumes,

accompagné de

PLANCHES ANATOMIQUES.

TOME TROISIÈME.



à AMSTERDAM,
chez J. C. SEPP & FILS,
et à PARIS
chez G. DUFOUR,
1815.

à l'Imprimerie de H. O. BROUWER, torensteeg,
nᵒ. 7. à Amsterdam.

# GENRE PAUXI,

## CARACTÈRES ESSENTIELS,

*Discours v. 2. p. 468.*

## PAUXI A PIERRE.

Paüxi galeata. *Mihi.*

Le Pierre n'est point comme le dit Mr. de Buffon, un oiseau stupide; s'il à les mœurs douces et familières lorsqu'il est réduit à la domesticité, il conserve dans son état de liberté toute les facultés nécessaires, pour se soustraire aux poursuites des chasseurs: il est possible que dans les lieux ou l'homme ne porte point habituellement ses pas, comme dans vaste forêts qui couvrent l'Amérique méridionale; les Pauxis et les Hoccos se laissent facilement abattre à coup de fusil; mais dans les lieux voisins des habitations, ils y sont devenus aussi farouches et aussi rares,

*Tome III.*

que tous les autres oiseaux de ces contrées.
Le Pierre s'habitue très facilement à la domesticité, Il suit son maître, lui prodigue des
caresses et a dans tous ses mouvemens, beaucoup plus de grace et de légèreté que le
Dindon ; on le nourrit ainsi que tous les
Hoccos et les Pénélopes de la même manière
que les volailles de basse-cour, et on traite
leurs maladies comme celles de ces oiseaux
domestiques.

Suivant le témoignage d'Aublet et de Fernandez, le Pauxi à Pierre niche à terre comme
les faisans, mène ses petits et les rappelle
de même: les petits vivent d'abord d'insectes, et ensuite, quand ils sont grands, de
fruits, de graines et de tout ce qui convient à la volaille. En domesticité et lorsqu'elle est bien acclimatée, la femelle mène très
bien ses petits, mais il arrive souvent que
la plus grande quantité des œufs sont clairs,
et ceci ne provient que du peu de liberté
qu'on donne à ces oiseaux ; en leur éjointant
l'aile et leur laissant un vaste terrain ombragé
d'un coté, à leur disposition, les couvées
réussiront très-bien ; les œufs sont blancs

de la grosseur de ceux du Dindon. On poura employer la dinde pour couver et conduire les jeunes pierres, la durée de l'incubation étant la même chez ces oiseaux. Les petits sont couverts d'un duvet brun et le globe qui doit surmonter la tête n'est point apparent dans le premier age, après la primière mue il-se montre par un petit tubercule, qui grossit à mesure que l'oiseau avance en age; le mâle et la femelle le portent également, il est seulement moins grand chez la femelle.

La longueur totale du pierre mâle est de deux pieds dix pouces; le tarse a quatre pouces et demi, sa taille égale celle du dindon domestique; le bec est petit court et très courbé, sa longueur depuis la partie emplumée où les narines sont placées est d'un pouce; le globe qui le surmonte est adhérant à la base de la mandibule supérieure; ce globe ou cette pierre, est dans les individus adultes de substance osseuse, couvert de rainures qui ressemblent à des ramifications; dans l'intérieur qui est vide, se trouvent des celules qu'apparament l'oiseau a la fa-

culté de remplir d'air, par le moyen d'une
ouverture qui correspond avec l'intérieur
du bec; cette pierre a une forme arrondie
dans les jeunes, dans les vieux mâles elle
a la forme d'une poire renversée et est
haute de deux pouces et demi; sa couleur
est d'un bleu livide; le bec est d'un rouge
de sang. Toutes les plumes de la tête et
du cou sont courtes et veloutées; le reste
du plumage à l'exception de l'abdomen, est
d'un noir à reflets verdâtres, mais chaque
plume est terminée par un cercle d'un noir
mat; les pennes de la queue sont noires,
terminées de blanc; l'abdomen et les couvertures inférieures sont également d'un blanc
pur; les pieds sont rouges; les ongles
jaunes, et l'iris brun. Le plumage des femelles ne diffère point; les jeunes ont des
teintes brunes et rousses.

Outre le cri très fort de *Po-hie*, il fait
encore entendre le bourdonnement sourd
dont il a été fait mention dans le discours;
la voix du mâle comme celle de la femelle se fait entendre de loin et est très
sonore. Dans le mâle que j'ai disséqué,

j'ai trouvé les sinuosités de la trachée telles
que Latham (a) les décrit. La trachée après
avoir suivi l'œsophage jusqu'a l'ouverture
du thorax, monte sur le grand muscle
pectoral droit, à quelque distance de la
crête du sternum, continue sa direction
sur toute la longueur de ce muscle, y
forme une courbure en passant à la
distance de deux lignes, derrière le sternum
sur la tunique qui retient les entrailles;
se porte de la longueur de deux pouces un quart, sur le muscle pectoral gauche, y fait un replis du coté du sternum,
passe de nouveau derrière cet os au-
dessus de la première courbure; s'y replie
de nouveau, suit sa direction sur le muscle pectoral droit à coté de la crête du
sternum, et passe sur la clavicule droite
dans la cavité du thorax. De chaque coté
de la trachée est un muscle, qui sert à

------

(a) *Tansactions of the Linnean society v. 4,
p. 102 et p. 126. t. 11. f. 1 et 2. voyez aussi.
Mem. acc. des scienc ann. 1760. p. 376.*

l'alonger on à la racourcir; le tube est adhérant dans toute sa longueur aux muscles
pectoreaux, par un tissu cellulaire très-fin;
il est immédiatement recouvert par la
peau. Le larynx inférieur et supérieur,
ne diffèrent point de ces mêmes parties
dans les Paons, mais un socle très appa-
rant, se trouve au fond du larynx supérieur
à l'ouverture de la glotte. Le tube de la
trachée est composé d'anneaux minces,
distans les une des autres d'environ deux
lignes; l'espace entre chaque anneau est
membraneux. *Voyez la pl. 4. des figures
anatomiques.*

L'on m'a assuré, que la femelle du pierre
a la trachée pareillement conformée à
celle du mâle; mais, n'ayant jamais eu
occasion de disséquer une femelle de cette
espèce, je ne puis garantir cette assertion.

Le pierre habite en état de sauvage au
Mexique; on en voit de privés dans les
ménageries des colonies; le plus grand
nombre des individus importés en Hollande,
venaient de Curassouw.

Ce Pauxi fait partie de mon cabinet.

J'ai encore vu une belle préparation de l'organe de la voix de cet oiseau, dans la collection anatomique de l'Université de Leyden.

# PAUXI MITU.

Pauxi Mitu. *Mihi.*

Toujours comfondu avec le *Hocco Mitu-poranga*, le Pauxi de cet article a été indiqué par les naturalistes Français, comme une simple variété accidentelle *dans le Mâle* de cette espèce de Hocco; Brisson en parle très succintement comme d'un oiseaux qu'il n'a jamais vu, et tous les auteurs ses contemporains ont mieux aimé le copier, que de s'assurer par les recits de Marc-grave et de Jonston, des dissemblances bien marquées, que ces auteurs signalent. En effet, Jonston (*a*) donne une description exacte et détaillée de cet oiseau, sous le nom de mitu, dénomination sous laquelle Marcgrave l'avait déja fait connoître.

Le mitu n'est point un Hocco, il porte tous les caractères que j'ai etatbli pour

______

(*a*) *Avium. p.* 153. *avec une mauvaise gravure* t. 5%. *Mitu Muru.*

mon Genre Pauxi; comme celui de l'article précédent; il a sur la base du bec une élévation cornée, formant une seule et même pièce avec la mandibule supérieure; ses narines se trouvent placées à la base de la mandibule supérieure, derrière cette protubérance, et sont recouvertes en partie par une membrane garnie de petites plumes; enfin, le mitu est un véritable Pauxi (b).

Cet oiseau bien plus rare dans les collections d'histoire naturelle que le pierre, l'étoit également dans les ménageries de Hollande; le seul individu vivant qu'on y ait vu, se trouvoit dans la belle ménagerie de M. Backer près de la Haye; il y a vécu plusieurs années; ne m'étant parvenu qu'après qu'il eut été dressé, je n'ai pu me procurer la connoissance de ses parties internes, et particulièrement de celles de l'organe de sa voix; j'ignore si la trachée de cet oiseau forme des replis extraordinaires.

Le mitu est moins grand que le pierre,

_______________

(b) Voyez le contour du bec de cet oiseau, dans la pl. 4. fig. 3.

sa longueur totale est de deux pieds cinq
pouces; le tarse a trois pouces huit lignes;
la mandibule supérieure du bec a un pouce
une ligne dans sa plus grande largeur;
sa longueur depuis la partie emplumée ou
les narines sont percées, jusqu'a son extrémité, porte un pouce sept lignes. La
crête de la mandibule supérieure du bec
dans cette espèce, s'élève au-dessus du
crane, se forme par devant en arrête
tranchante, et s'élargit à sa base; sur le
front à l'insertion du globe corné du bec,
s'élève une toufe de plumes droites, que
l'oiseau à la faculté de redresser en forme
de huppe; la tête la région des yeux et
toute la partie supérieure du cou, sont
couverts de petites plumes veloutées très
courtes, elles sont d'un noir mat; tout
le reste des parties supérieures, la poitrine
le ventre, les cuisses, et les plumes de
la huppe sont d'un noir à reflets violets
et pourprés; chaque plume est bordée par
un cercle étroit d'un noir mat; la queue
porte les mêmes teintes que les parties
supérieures, mais elle est terminée de

blanc ; l'abdomen et les couvertures inférieures de la queue sont d'un roux marron :
tout le bec est d'un rougé brillant ;
l'iris est noirâtre et les pieds sont d'un
rouge-brun.

Le jeunes ont le bec moins rouge et
l'élévation de la crête de la mandibule
supérieure, est moins grande.

Cette espèce se trouve au Brésil ; M.
le Comté de Hoffmannsegg qui a fait
voyager un naturalistes dans cette partie
de l'Amérique, en possède plusieurs individus ; celui que très récemment il eut la
complaisance de me faire parvenir, ressemble
en tout à l'individu qui faisoit déja partie
de mon cabinet ; celui dont là dépouille
est conservée au museum de Paris, diffère
seulement en ce qu'il a lextrémité des
pennes caudale, d'un roux-marron ; cet
individu est un jeune, la mandibule supérieure
de son bec n'étant point encore formée.

# GENRE HOCCO,

## CARACTÈRES ESSENTIELS,

*Discours v. 2. p. 469.*

## HOCCO TEUCHOLI.

Crax globicera. *Lath.*

Nous avons vu, que les caractères essentiels propres aux espèces qui composent le genre Pauxi, particulièrement ceux, qui dépendent de la forme du bec et de la place qu'occupent les narines, diffèrent beaucoup dans les Hoccos. J'ai fait observer aussi, que les Hoccos si faciles à apprivoiser, ont subi par ce naturel enclein à la domesticité, des altérations marquées dans les couleurs de leur plumage; particulièrement lorsque l'homme en les faisant produire sous ses yeux, en a disposé suivant ses caprices; leur plumage a pris alors des couleurs intermédiaires,

par la nésessité où plusieurs foison s'est trouvé
réduit, de réunir les espèces différentes, ne
pouvant se procurer pour leur propagation,
des individus soit mâles ou femelles de la
même espèce; et le naturel si facile à domp-
ter des Hoccos, s'est encore assujetti à cette
contrainte. Des individus nés de ces alliances
illégitimes, un grand nombre s'est trouvé
infécond, d'autres ont été fécondés une
seule fois, et n'ont jamais produits depuis;
le plus petit nombre a produit tantôt
des individus semblables à la mère, et le
plus souvent, décorés d'un plumage nouveau, tenant à la fois de l'une et de
l'autre espèce

Cette fécondité dans les Hoccos nés de
ces alliances illégitimes, n'est point ex-
clusive dans ce genre d'oiseaux; l'ordre
des Gallinacés nous fournit dans d'autres
genres, les même résultats: l'expérience
nous montre semblable production, dans
les différentes espèces de faisans; j'ai fait
voir également, que plusieurs de nos différentes races singulières [de Coqs et de
Poules, qui de nos jours se propagent en

plus ou moins grande abondance, doivent
leur origine à des causes semblables; et
je crois avoir prouvé clairement, que toutes
ces différences bien marquées, que nous
trouvons dans les formes, dans les nature
des plumes et dans les couleurs des différentes races de ces oiseaux domestiques;
ne doivent plus être attribuées à des
causes qui dépendent du climat, de la
localité ou à celles purement accidentelles.
Nous ne croyons plus de nos jours, à ces
espèces uniques seules créées, dont les
descendants en se répendant dans les différentes contrées du globe, sous les influences d'un soleil brulant, ou parmi les
glaces des pôles; auraient produits ces dissemblances si bien prononcées, que nous
retrouvons constamment dans chaque individu de la même espèce. Cette fausse
idée sur l'ifluence des climats, est trop
bien éclairée de nos jours par le flam-
beau de l'anatomie et par les découvertes nouvelles, pour qu'elle puisse encore
trouver parmi nous, des partisans.

Il résulte de ce que je viens de dire

au sujet des Hoccos, que les naturalistes, en établisant leurs observations sur
des individus nés dans l'état domestique,
nous ont transmis sur ces oiseaux des
descriptions peu exactes; la plupart des
individus qui existent dans les cabinets
d'histoire naturelle, sont nés en domesticité, et proviènent des ménageriès d'Angleterre et de Hollande; où ils ont
subi des altérations dans les couleurs du
plumage, par la suite des alliances illégitimes. Il n'est point surprenant délors,
que les Hoccos sont si mal décrits par
les auteurs et que les espèces aient été
confondues. Je vais tâcher de les distinguer, en les faisant connoître d'après des
individus de ces espèces nés dans l'état
de sauvages; j'indiquerai à chacune d'elles, les descendants à plumage varié que
j'ai eu occasion de voir vivants dans les
ménageries d'Angleterre et de Hollande; la
synonime, pour autant qu'elle peut être
établie avec precision, se trouve dans l'Index qui termine ce volume.

Les noms que nous conservons aux trois

espèces de Hoccos (les seules qui sont
bien connues), sont ceux indiqués par
Fernandes ; ils me semblent à préférer,
par-ce que, ce sont les dénominations
usitées par les Indiens de l'Amérique. Je
rends seulement le nom du Hocco de
cet article plus facile à la prononciation
Française, que ne l'est celui du *Tecuocholli*
des Mexicains.

Le Hocco teucholi est une espèce constante, dont le mâle comme la femelle
se distinguent par un tubercule caleux,
globuleux et de la grosseur d'une forte
noisette ; ce tubercule est placé à la base
du bec vers le front ; il est recouvert
ainsi que la base des deux mandibules,
par une crire d'un jaune vif ; immédiatement autour de l'œil est un petit espace
noir, dénué de plumes ; cet espace est
séparé de la cire, par des plumes.

Buffon confond le teucholi avec nôtre
mituporanga ; deux espèces différentes, mais
à la vérité très rapprochées, lorsqu'on
les considère superficiellement. Son hocco
faisan de la Guiane des pl. enl. 86. est

un véritable teucholi, ainsi qu'il est facile
de s'en convaincre par le tubercule jaune
qu' y porte ce Hocco ; cette planche a
toujours été citée comme synoyme avec le
Hocco mituporanga ; je signale encore comme
des représentations plus ou moins correctes
du teucholi ; la planche des figures enluminées publiées à Florence sous le titre de
*Storia degli Uccelli*, (l'oiseau y est représenté
sans queue); la planche d' Edwards n°. 295.
figure 1. et celle d'Albin volume 2. table
91. Outre ces figures, je réunis à cette
espèce, le Hocco de Curassouw ou treizième faisan de Brisson.

Le teucholi mesure en totalité trois
pieds ; le bec a un pouce dix lignes, et
le tarse quatre pouces trois lignes. La
base de la mandibule supérieure est surmontée d'une excroissance caleuse, de forme
ronde et de la grosseur d'une forte noisette ; les narines sont percées en avant
et au dessous de ce tubercule, dans la
cire jaune qui recouvre la base du bec ;
la huppe qui surmonte la tête, a toutes
les plumes contournées et frisées, plus

larges par le haut qu'a leur origine; tout le plumage de l'oiseau est d'un beau noir lustré de verdâtre; seulement l'abdomen, les couvertures inférieures de la queue et le bout de pennes de celle-ci, sont d'un blanc pur; l'iris est d'un brun marron, le bec et les pieds sont de couleur de corne noirâtre.

La vieille femelle, ne diffère point du vieux mâle. Les jeunes de l'année, n'ont qu'une très-petite protubérance à la place ou le tubercule globuleux doit se former; leur plumage dont le fond est d'un noir mat, porte des rayes transversales blanches; les plumes de la huppe en portent de semblables. Ces rayes transversales disparoissent à mesure que l'oiseau avance en age; après la seconde mue ils disparoissent entièrement.

Ce Hocco dont il existe encore un individu mâle vivant, dans une ménagerie près de la Haye, s'est accouplé avec des femelles bâtards du Hocco coxolitli; de cette alliance sont nés dans le courant de l'année dernière, deux jeunes d'un noir mal

teint de brun, avec une huppe rayée
de noir et de blanc; l'abdomen roussâtre;
la queue noire terminée de blanc; tout
le reste du plumage coupé de fines bandes
transversales blanches; la base du bec
sans tubercule et les tempes garnies de
plumes. L'individu figuré par Albin vol. 2.
tab. 32. est probablement aussi un semblable bâtard, produit par des femelles du
Coxolitli. Il porte sur le front le globe
calleux, son corps est varié comme le
bâtard que je viens de décrire, mais sa
queue noire, porte des bandes transversales
blanches; caractère qui est commun aux
jeunes de toutes les espèces.

Je n'ai point encore eu occasion de
disséquer le Hocco teucholi; cependant, autant que je puis m'en assurer, en suivant
à l'extérieur le conduit de la respiration;
il me semble que le tube se dirrige sur les
muscles de la poitrine, apeuprès comme dans
le Pauxi à pierre; mais les circonvolutions
que la trachée forme sur les muscles
pectoraux, ne se laissent point juger sur
l'animal vivant: l'anatomie nous apprendra

quelque jour, la vérité sur cette matière intéressante.

On voit au museum de Paris, un vieux individu de cette espèce ; le même, qui jadis a vécu dans la ménagerie du Prince d'Orange.

# HOCCO COXOLITLI.

Crax rubra. *Mihi.*

PAR des observations faites sur les individus bâtards du Hocco mituporanga, le plus grand nombre des naturalistes a méconnu comme espèce, le beau Gallinacé qui fait le sujet de cet article; d'autres ont présumés, que la poule rouge des auteurs, étoit la femelle du mituporanga. Le fait est, que le Hocco coxolitli est une espèce constante, dont les individus vivant en liberté, se reproduisent avec les mêmes couleurs répandues sur le plumage et portent constamment les mêmes disparités, qui les distinguent du teucholi et du mituporanga.

Le coxolitli diffère des deux espèces nommées, par le roux marron de son plumage, par le blanc de la partie supérieure du cou; il s'éloigne du teucholi, ence qu'il n'a point de tubercule globuleux; et du mituporanga, par la région des

yeux garnie de plumes; probablement s'é-
joigne t'il également de l'une et de l'autre
espéce, par les sinuosités de la trachée,
dont le cours ne m'est point suffisamment
connu. Dans deux femelles que j'ai dissè-
qué, le conduit aërien ne formait aucun
replis, il se rendait en ligne droite dans
la cavité du thorax; les anneaux de la
trachée étoient entiers et très distants les
uns des autres, comme dans le Pauxi à
pierre: les anatomistes qui auront l'occasion
de disséquer le mâle de cette espéce, pou-
ront nous instruire sur l'organe de la voix
dans cet oiseau. La chair du coxolitli est
blanche, très succulente et d'un gout exquis; ou peut en dire autant de tous
les Hoccos, des Pauxis et des Pénélopes.

Le Hocco de cet article, étant réintégré
comme espèce dans la nommenclature des
oiseaux, je crois qu'il est convenable de
comprendre les indications suivantes dans sa
synonymie; d'abord, le coxolitli de Fernandez, Chap. 40. p. 23; la poule rouge
d'Albin, qui teint le plus de l'espéce sauvage; la variété figurée par Latham vol. 4.

tab. 63, qui est une femelle, conservant du jeun-age, les bandes transversales sur la queue; enfin comme bâtard du coxilitli produit par l'alliance illégitime avec le Mituporanga; le Hocco figuré par Mr. Buffon planche 125; la variété du Hocco noir par Sonnini, édition de Buffon volume 6. planche 47. fig. 2. et le Hocco du Pérou ou seizième faisan de Brisson.

Le Hocco coxolitli primitif et adulte, est de la taille du Dindon, dont il a les pieds robustes et musculeux; le bec grand et fort, la huppe très grande, très touffue se dirrigeant sur l'occiput et sur la partie postérieure du con; les tempes couvertes de petites plumes, qui s'étendent jusques sur la base du bec.

La longuer totale est de deux pieds dix ou onze pouces; le tarse à quatre pouces cinq lignes, et le bec long d'un pouce dix lignes, est large a sa base d'un pouce une ligne. La huppe très touffue, est composée de plumes dont les plus longues ont quatre pouces, elles sont larges par le haut, contournées et frisées,

leur origine est noire , ensuite elles
ont un grand espace blanc et toutes
sont terminées de noir ; le front, les
cotés de la tête et le haut du cou,
ont des plumes d'un blanc pur, qui toutes sont terminées d'un cercle noir; la
poitrine, toutes les parties supérieures et
la queue, sont d'un roux de rouille ou
rougeâtre ; toutes le baguettes son d'un
brun noirâtre ; les parties inférieures sont
d'un roux plus clair que les parties supérieures; la cire du bec est foncée ; la
base des deux mandibules est de couleur
de corne et leur pointe est d'un blanc
jaunâtre; les pieds sont couleur de corne,
et l'iris brun foncé; tel est le plumage
uniforme des mâles et des femelles adultes. Les jeunes bien plus élégamment variés; n'ont point dans leur première année
les plumes de la huppe contournées ni
frisés , elles sont droites et variées de
roussâtre, de blanc et de noir; les cotés
de la tête et le haut du cou, ont plus
de noir que de blanc; toutes les plumes
des parties supérieures ainsi que les pen-

nes de la queue, portent de larges
bandes transversales d'un blanc roussâtre;
ces bandes sont accompagnées de chaque
coté, par une raye noire; la queue est
terminée de blanc. Cette bigarure disparoit
successivement et suivant que l'oiseau avance
en age; après la première mue les plumes de la huppe commencent à se con-
tourner et à friser, et les bandes transversales se réduisent à un petit nombre; il
n'en reste que quelques vestiges après la
seconde mue; cependant il arrive chez
des bâtards que j'ai vu, que ces vestiges de rayes transversales, continuent à
exister après plusieurs mues.

Lorsque ce Hocco s'unit avec le Mituporange, il en nait un grand nombre
d'individus mulets; d'autres se reproduisent
avec l'une ou l'autre des espèces menti-
onnées; le plus souvent il nait de ces
alliances, des races dont le plumage tient
des deux espèces; souvent ce plumage
varié est plus beau, que l'uniforme livrée
des deux types. Dans le cas où l'individu
bâtard teint le plus du Hocco coxolitli;

alors, les plumes de la huppe et celles la tête
sont comme dans cet oiseau primitif; le cou
la poitrine et une partie du dos sont d'un
beau noir; la queue l'est en tout ou en
partie et tout le plumage des parties supérieures, est plus ou moins foncé ou
noirâtre; un pareil oiseau est figuré dans
la planche 125. de Buffon. Les rayes et
les taches varient encore à l'infini suivant
l'age des individus.

Plusieurs individus différamment variés, font
partie du cabinet de M. Raye et du mien.
J'ai fait parvenir au muséum de Paris un
coxolitli de race pure, conservant encore
du jeun age, les bandes transversales sur
la queue; et un autre, le produit du
mituporanga et du coxilitli.

# HOCCO MITUPORANGA.

Crax alector. *Lath.*

LE Hocco le plus souvent apporté vivant en Europe, dont les dépouilles nous parviennent en plus grand nombre, que de celles des autres espèces décrites, semble avoir paru aux yeux de ceux, qui n'ont voulu reconnoître qu'une seule espèce de ces oiseaux, comme le type de ces variétés énumérées par les naturalistes. Quelques auteurs (a), ont même cru voir dans ces variétés, celles du mâle et celles de la femelle; comme tel, le Pauxi mitu a figuré jusqu'ici dans la liste de variétés du mâle, et le Hocco coxolitli a été considéré comme une variété, dans la femelle de nôtre mituporanga.

Le Hocco de cet article est une troisième espèce constante, plusieurs individus

______

(a) *Latham et les auteurs de l'Encyclopédie.*

vivants mâle et femelle, ont été introduits
en Hollande, et s'y reproduisaient jadis dans
plusieurs ménageries, particulièrement dans
celle de feu M. Ameshoff; cet amateur étoit
parvenu à obtenir de cette espèce et de
celle du Pauxi à pierre, la même fécondité que des Dindons et des Paons;
aujourd'hui il n'en existe plus dans ce
pays, et cet esprit dévastateur de la ré-
volution en disséminant les fortunes, peut
encore énumérer dans la liste des maux
dont elle est la cause; la perte d'un
nouveau moyen de subsistance et de
jouissance, que nos ancêtres, auxquels nous
devons la possion du Coq, de la Peintade,
du Dindon et du Paon, savaient bien
mieux apprécier.

Le plus grand nombre de ces Hoccos
importés en Hollande, nous venaient de la
Guiane Hollandaise; ces individus, dont
plusieurs se trouvent aujourd'hui dans
différents cabinets d'histoire naturelle, ne
diffèrent point de ceux envoyés des colonies Françaises, ni de ceux du Brésil;
ce dont j'ai pu me convaincre en con-

frontant entre-eux les vieux et les jeunes rapportés de ces contrées; les
voyageurs nous assurent, que l'espèce est
également répandue au Méxique, où on
la désigne par le nom de *Tepetoti*, au
Brésil elle porte le nom de *Mutuo pitime*
et suivant M. d'Azara, au Paraguay celui
de *Mitu*.

Je réunis comme des indications qui se
rapportent à l'espèce de de cet article.
Le Mituporanga de Maregrave (b), le Coq
indien de M. M. de l'académie; le Poés de
Frisch. tab. 121. et le hocco de la Guiane
ou douzième faisan de Brisson; mais c'est
à tort que Buffon réunit encore d'autres
indications à celles que je viens d'énumérer. Sonnini dans la nouvelle édition de
Buffon, a publié de nouveaux détails
sur cet oiseau; comme ce naturaliste a
vu l'espèce dans l'état de sauvage à la
Guiane Française, je rapporte ici ce qu'il
en dit.

Avec une parure simple mais élégante

----

(b) *Lib.* 5. *Cap.* 3. *p.* 195.

„ des mœurs paisibles et sociales, le
„ Hocco de la Guiane offre encore un ali-
„ ment sain autant que que savoureux, une
„ resource facile et abondante pour les tables
„ des colons de l'Amérique méridionale, et
„ sur tout pour la subsistance des voyageurs
„ qui pénétrent dans les forêts immenses
„ de cette partie du monde; ces bonnes
„ qualités rendent son histoire assez inté-
„ ressante pour chercher à la faire mieux
„ connoître qu'elle ne là été jusqu'ici
„ Ce n'est pas que les ornithologistes n'en
„ aient parlé; mais, en se copiant suc-
„ cessivement, ils n'ont rien ajouté aux
„ indications de Macrgrave, de Jean de
„ Laët, de Hernandez et de Fernandez;
„ car il faut compter pour rien des dé-
„ nominations arbitaires, des phrases qui
„ n'ont de scientifique que le nom; puis
„ qu'elles servent plutôt à reculer la science
„ de la nature, qu'à en accélérer les progrès.

„ La race du Hocco noir est constante
„ et quoiqu'elle soit très nombreuse à la
„ Guiane française, elle est la même dans
„ tous les individus; cette espèce vit en

„ troupes nombreuses dans les vastes forêts,
„ dont ce pays est presque entièrement
„ ombragé, mais ils n'ont de sauvage que
„ leur demeure, la douceur et la tran-
„ quilité forment leur caractère, ils ne
„ semblent craindre ni même connoître les
„ dangers; peu soigneux en apparence, de
„ la conservation de leur propre existence,
„ ils ne fuient pas les occasions de la
„ perdre; je me suis trouvé souvent au
„ milieu de bandes considérables de ces
„ oiseaux paisibles, que ma présence ne
„ paroissoit pas intimider; cette espèce
„ d'insousiance donne la plus grande faci-
„ lité de les détruire; on peut en tuer
„ plusieurs, même à coups de fusil, sans
„ qu'ils cherchent à s'éloigner autrement,
„ qu'en volant d'un arbre à l'autre.

„ Tels sont ces oiseaux dans les vastes
„ solitudes, où, n'ayant rien à redouter,
„ ils doivent être naturellement sans défi-
„ ance. Au contraire, le petit nombre
„ de ceux qui fréquentent les environs
„ des lieux habités, deviennent ombrageux
„ et farouches; tout les inquiète; le

,, moindre bruit les fait enlever. Cette
,, agitation continuelle, et la nécessité fré-
,, quente d'une prompte fuite, ne leur
,, permet pas de grandes réunions ; on
,, ne les voit plus que deux ou trois
,, ensemble.

,, d'Azara dit qu'au Paraguay les hoccos
,, ne se réunissent que par paires, pro-
,, bablement que dans les environs des
,, lieux habités, ils y sont continuellement
,, exposés aux alertes des chasseurs.

,, De même que presque tous les
,, oiseaux qui habitent ces mêmes climats,
,, les Hoccos n'ont point de tems fixe
,, pour la ponte, c'est néamoins plutôt
,, dans la saison des pluies qui durent
,, à la Guiane sept à huit mois, que
,, pendant la sécheresse, qu'ils s'occupent
,, de la propagation de leur espèce ; ils ne
,, font communément qu'une seule couvée
,, par an, ils n'emploient que fort peu
,, d'industrie à la construction de leurs nids,
,, ils les posent sur quelques branches un peu
,, fortes, sur quelques rameaux secs, dans
,, lesquels ils entrelacent grossièrement des

,, brins d'herbe, ils en garnissent le fond
,, avec des feuilles, et les femelles y
,, déposent des œufs blancs, à peu près
,, de la même grosseur, et de la même
,, forme que ceux des poules d'Inde,
,, mais dont la coquille est plus épaisse;
,, le nombre de ces œufs varie en raison
,, de l'age des femelles, qui n'en
,, font jamais moins de deux, ni plus
,, de six.

,, Les Mexicains appellent les Hoccos
,, *tepetotoll*, ce qui veut dire oiseau de
,, montagne; les Espagnols les connoissent
,, sous le nom *de pabos de monte* (Din-
,, dons de montagne), et c'est aussi la
,, dénomination que ces derniers appliquent
,, en général à tous les Hoccos et aux
,, Pénélopes. Le mituporanga se tient ordi-
,, nairement sur les montagnes, mais tou-
,, jours dans les grands bois; il se perche
,, sur les arbres les plus élevés; il cherche
,, souvent à terre les fruits sauvages qui
,, composent sa subsistance; les fruits
,, dont il se nourrit le plus volon-
,, tiers sont, au rapport d'Aublet, ceux

„ du thoa piquant qu'il avale tout en-
„ tier (c).

Quoique Sonnini soupçonne de quelque
exagération, ce que rapporte Fernandez et
Nieremberg, de la familiarité extraordinaire
de plusieurs hoccos, il n'en est pas moins
vrai, qu'aucun oiseau n'a peut-être plus
de dispositions à s'apprivoiser. L'on en
voit de familiers, dit Sonnini, dans les rues
de la ville de Cayenne; rien ne les
épouvante; ils entrent dans toutes les maisons, et sautent sur les tables pour y prendre à manger; quoiqu'ils couvent en liberté
dans la ville et au dehors, ils savent
parfaitement reconnoître la maison où on
les nourrit. Par une suite de leur goût
pour les lieux élevés, ils se perchent,
pour passer la nuit, sur le toit le plus
haut du voisinage; du reste ils ne sont
pas délicats sur le choix de la nourriture,
tout leur convient; ils mangent également
le maïs, le riz, le pain, la cassave,
les bananes, les patates et toutes sortes

---

(c) *Aublet Hist. des plantes de la Guiane.* p. 154.

de fruits. L'on pourrait en élever aisément des troupeaux (d).

J'ai déjà fait mention dans le discours,
de cette pente facile du caractère des
Hoccos, des Pauxis et des Pénélopes à
se plier au joug de l'état domestique; les
mœurs paisibles et douces du Mituporanga
ne demanderaient que des gradations habi-
lement ménagées, pour l'accoutumer entièrement à nôtre climat, et pour y rendre
ses descendants aussi féconds et aussi vigoureux, que ceux du Paon et du Dindon.
J'ai vu dans mon enfance, une multitude
de ces oiseaux produits et élevés dans
la belle ménagerie de M. Ameshoff; y
vivre dans la meilleure intelligence, avec
toutes les autres volailles de basse-cour.
Les races de ces oiseaux existeraient vraisemblablement encore, si les possesseurs
de ces vastes ménageries avoient eu pour
but dans ces établissements, de contribuer
au bien général; mais, il est à regretter
que le plus grand nombre de ceux-ci

_________

(d) Sonnini, édit. de Buffon, v. 6. p. 279.

n'y ont envisagé que des jouissances particulières, souvent même accompagnées de ce désir vicieux, de soustraire aux yeux des curieux ces productions, dont ils seraient jaloux de voir, que l'agrément et le profit fut dirigé au bien commun. Les collections scientifiques et les cabinets nombreux, répandus dans ce pays, sont malheureusement encore en but aux mêmes vices; au lieu de servir à l'instruction publique, on ne pénètre le plus souvent dans ces vastes et inutiles dépots, qu'après des sollicitations réitérées.

La longueur totale du mituporanga est de deux pieds huit pouces; le tarse a quatre pouces trois lignes; le bec a deux pouces; l'œil, dont l'iris est d'un noir brun, est placé dans un large espace dénué de plumes; cette nudité, d'un jaune varié de noirâtre, se prolonge jusque sur le bec, où elle forme une cire d'un beau jaune; la huppe, que cet oiseau peut relever et coucher à son gré et suivant qu'il est affecté, est haute de deux ou trois pouces suivant l'age des individus; elle est composée dans l'oiseau adulte de plumes étroites par le bas et larges à leur extrémité, contournées en avant et frisées; cette huppe, ainsi que tout le plumage supérieur, le cou, la poitrine et la queue, sont d'un noir à legers reflets verdâtres; mais, le bout des pennes de cette dernière est blanc; dans quelques individus rapportés de la Guiane Hollandaise et Française, la queue est entièrement noire; l'abdomen et les couvertures inférieures de la queue sont constamment d'un blanc pur. Les femelles adultes ont absolument le même plumage que les mâles; les seules différences remarquables sont, que les premières ont la huppe plus petite, moins belle, moins élevée et d'un noir plus mat, le bec gris à son bout et les plumes de l'estomac terminées par une ligne grise, et étroite; mais ce dernier caractère semble indiquer, que l'individu porte encore quelques plumes du jeun-age.

Le mituporanga avant sa première mue, a de longueur totale, deux pouces; les plumes de la huppe sont droites, point contournées ni frisées; la mandibule inférieure du bec et la pointe de la mandibule supérieure, sont de couleur de corne blanchâtre; les côtés de la tête, et la base du bec sans plumes; la huppe rayée alternativement de noir et de blanc; le cou et la poitrine d'un noir mat; toutes les parties supérieures du plumage, les pennes sécondaires des ailes, les rémiges et toutes les pennes de la queue, variés de larges bandes d'un blanc roussâtre; ces bandes sont plus étroites vers le haut du dos; la poitrine, le ventre et les cuisses portent sur un fond roux des rayes assez distantes et noires; l'abdomen et les couvertures inférieures de la queue sont d'un roux clair, et les pieds d'un gris roux. A mesure que l'oiseau avance en age, les bandes transversales disparoissent, pour ne laisser après la seconde mue que de très foibles traces de ces rayes blanches, qui souvent disparoissent totalement à cet age; le ventre l'abdomen et les couvertures inférieures deviennent d'un blanc pur, et la huppe perd tout le blanc dont elle étoit variée dans le jeun age. C'est un individu à peu près semblable, que d'Azara a pris pour la femelle de l'espèce; Sonnini a eu raison de dire, que la femelle du mituporange ne diffère presque point du mâle, si ce n'est, par les plumes de sa huppe moins longue, et par sa queue un peu plus courte.

Lorsque le mituporanga en s'unissant avec le coxolitli, produit des individus qui tiennent le plus dans leur plumage de la première espèce; alors, le noir y domine, et les tempes sont nues, ainsi que la base du bec. En général on peut dire, que les individus bâtards et les jeunes des trois espèces de Hoccos décrits, ont un plumage varié, bien plus agréable aux yeux, que l'uniforme livrée des individus adultes, de race pure.

Suivant les mémoires de l'académie des sciences tome 3. page 226, et suivantes, le canal intestinal du mituporanga est beaucoup plus long, et les deux cœcums beaucoup plus courts que dans le dindon; son jabot est aussi beaucoup moins ample, n'ayant que quatre

pouces de tour; au lieu que Buffon a
vu tirer du jabot d'un dindon, qui ne
paroissoit avoir rien de singulier dans sa
conformation, ce qu'il falloit d'avoine pour
remplir une demi-pinte de Paris. Outre
cela, dans le Hocco, la substance charnue du gésier est le plus souvent fort
mince, et sa membrane interne, au contraire fort épaisse, et dure au point d'être
cassante.

La trachée, que j'ai examinée il y a
plusieurs années, dans deux individus, me
semble être bien décrite par Pitfield (e)
et par Latham (f). Comme dans ce tems,
je ne m'occupais point encore particulièrement de recherches sur l'organe de la voix,
j'ai omis de prendre note de la position
des muscles, qui accompagnent cette partie,
dont une préparation bien conservée a
servi de modèle aux figures anatomiques
de la planche 5. Les deux contours, figurés par Latham dans les transactions Lin-

(e) *Philosoph. transact. v. 56. p. 215.*
(f) *Transact. of the Linn. society. v. 4. p. 104.
t. 10. f. 2. et 3.*

néennes précitées, outre que ce sont des copies de ceux donnés par le Dr. Parsons, me semblent bien peu exacts.

Tout le tube de la trachée a une forme applatie, plus membraneuse que cartilagineuse, les anneaux sont entiers très distants les uns des autres. Depuis la glotte, jusqu'à l'endroit où se forme la seconde courbure, les anneaux sont à peu près cylindriques; là, ils deviennent du double plus grands et très applatis. Ce tube décrit une large courbure entre les os de la fourchette, se reporte dans cette forme, de la longueur de deux pouces, sur les muscles du cou, y fait une seconde circonvolution, après laquelle les anneaux, quoique plus larges que ceux de la partie supérieure de la trachée, reprennent une forme égale; depuis là, le tube de la trachée, comprimé par les côtés, conserve cette forme jusqu'au larynx inférieur, où il se dilate subitement. Le larynx inférieur est formé par une seule pièce membraneuse, soutenue par un large anneau, d'où pendent les bronches. Dans le fond de

la glotte est un socle triangulaire, très
proéminent; cette glotte n'est point portée
par la queue de l'os hyoïde, mais elle
tient à la langue, par le tissu membraneux de l'osophage, comme dans les genres
du Coq et du Faisan.

Les œufs du mituporanga ont la grosseur de ceux du dindon, et sont d'un
blanc pur, comme ceux des poules de
bassecour.

Le Hocco de cet article habite à la
Guiane, au Mexique, au Brésil et au
Paraguay. Un vieux mâle et une jeune
femelle, que m'a envoyé M. le Comte de
Hoffmannsegg, sont originaires du Brésil;
ils ne diffèrent point de ceux tués à
la Guiane Hollandaise; ni des individus
nés de race pure, dans les ménageries de
ce pays.

L'île de Porto-Rico nourrit aussi des
hoccos de cette espèce; mais, ceux-ci
y ont été transportés du Mexique et
de la Guiane (g).

---

(g) Voyez Le Dru. *Voy. à Porto-Rico la Trinité.*
*T. 2. p. 207.*

J'ai vu au muséum de Paris un bâtard
ou un jeune du mituporanga, dont le
signalement est:

Longueur totale, deux pieds cinq et demi
pouces; tempes nues; bec couleur de corne; plumes de la huppe, d'un blanc pur
à leur origine et terminées de noir; la
tête, le cou, la poitrine et le haut du
dos d'un noir mat; le manteau, les ailes,
les rémiges et les couvertures supérieures
de la queue, rayés alternativement de noir
et de roux blanchâtre; les pennes de la queue
noires, rayées à distance de bandes d'un
blanc jaunâtre, et toutes terminées de cette
couleur; les parties inférieures, depuis la
poitrine jusqu'aux couvertures inférieures de
la queue, d'un roux jaunâtre, sans taches.

# HOCCO A BARBILLONS.

*Crax carunculata. Mihi.*

CETTE nouvelle espèce, dont j'ai vu une seule dépouille, me paroit différer par des caractères assez tranchés des hoccos, décrits dans les articles précédents ; je me contente de la signaler, ne me trouvant point en état d'établir des comparaisons sur un nombre d'individus semblable ; le cours de mes recherches ne m'a offert qu'un seul individu dressé au Brésil, et envoyé de ce pays à Lisbonne. Les naturalistes qui auront occasion de mieux connoître l'espèce, pourront juger de sa différence ou de son identité avec les autres ; pour faciliter leurs recherches il m'a paru utile de représenter le contour du bec, dans la planche 4. figure 4 ; cette figure du bec d'un Hocco, comparée avec celle de la forme du bec d'un figure 3, de la même planche, servira encore à faire voir les différences bien marquées, qui existent entre les deux genres

Ce Hocco a le bec plus court et plus fort que celui du mituporanga; la mandibule supérieure est plus élevée; la cire qui en couvre la base est rouge, et elle se prolonge de chaque côté de la mandibule inférieure en un petit barbillon arrondi; seulement le tour de l'œil est nud, et cette nudité est séparée de la cire par des plumes. La tête, les plumes contournées de la huppe, toutes les parties supérieures, le cou et la poitrine, sont d'un noir à reflets verdâtres, comme dans le mituporanga.

Ce Hocco vit au Brésil.

# GENRE PÉNÉLOPE,

## CARACTÈRES ESSENTIELS,

*Discours v. 2. p. 469.*

## PÉNÉLOPE GUAN.

Penelope cristata. *Lath.*

Avec un naturel non moins doux et
paisible que les Hoccos, on n'est cependant point encore parvenu, à faire des
tentatives aussi multipliées sur les Pénélopes; ces oiseaux, dont les mœurs ont de
si grands rapports avec ceux des premiers,
n'ont point encore obtenu sous les yeux
de l'homme, ces soins réguliers et suivis;
cependant, par des mesures bien assorties,
l'on parviendrait facilement à transplanter
ces animaux utiles en Europe; l'économie
rurale trouverait dans ce genre d'oiseaux,
comme dans les deux genres précédents,

des ressources importantes, et de nouveaux moyens de prospérité.

Les Pauxis et les Hoccos, ayant été plus fréquemment introduits en Hollande on a pu faire des tentatives nombreuses pour les subjuguer à l'état de domesticité; ces tentatives comme je l'ai fait voir dans les articles précédents, ont été couronnées par les plus heureux succès. Quelques espèces de Pénélopes ont également été élevées dans nos ménageries, où ils se sont reproduits, lorsqu'on a eu soin d'assortir les espèces; mais, on n'en a point encore obtenu des bâtards, comme chez les hoccos; apparamment le produit n'en a point été aussi nombreux que de ces derniers.

Le Pénélope de cet article est de tous les oiseaux de ce genre celui, qui a été le plus souvent apporté en Hollande; il y a plusieurs années, que cette espèce se reproduisait dans une ménagerie près d'Utrecht; tous les individus qui y sont nés, ressemblaient au père et à la mère. J'en ai obtenu plusieurs, d'age différent.

Toujours confondu avec le marail, le guan

n'a été bien décrit que par Brisson, sous
le nom de *Dindon du Brésil*; la seule
gravure exacte qui existe de cet oiseau, se
voit dans les glanures d'Edwards, tab. 13,
sous ce nom de *Guan* que je préfère
conserver à cette espéce, plutôt que
celui d'yacou donné par Buffon; je
vois confondu sous cette dernière deno-
mination deux espéces distinctes; celui
décrit par Buffon doit être rapporté au
Guan d'Edwards, au mien, ainsi qu'au
*Penelope cristata* de Latham; l'autre, qui
est l'yacou de Bajon (a) est le même
oiseau que les *Penelope cumanensis et pipile*
de Latham, ce dernier doit être indiqué
dans la synonymie de mon *Penelope siffleur*.
L'addition de Sonnini à l'article de l'yacou
de Buffon, voyez, vol. 6. pag. 304, doit
en partie être rapporté au guan, et en
partie au siffleur. Une seconde raison qui
m'a fait supprimer le nom d'yacou; c'est
que tous les Pénélopes connus portent

_______________

(a) *Mémoires sur Cayenne.* v. 1. p. 398.
tab, 53

chez les Indiens de l'Amérique, les noms
de *Jac*, *Jacu*, *Jacuhu* ou *Yacuhu*.

Le plus grand de tous les Pénélopes
connus, le guan, mesure (*b*) en totalité
de vingt à trente pouces; le bec a un
pouce sept lignes ; depuis le bord où
s'ouvrent les narines jusqu'à l'extrémité
de la mandibule supérieure, il y a
neuf lignes; le tarse a trois pouces quatre lignes, et le doigt du milieu avec

---

(*b*) J'ai dit dans le discours sur le genre,
que les pénélopes diffèrent très peu les uns des
autres par les couleurs du plumage, et qu'il
faut y regarder de bien près pour distinguer
les espèces. Comme chacun n'est point dans le
cas de pouvoir s'assurer par l'inspection des
parties internes, et particulièrement par les sinuosités différentes du conduit aérien, des disparités entre chaque espèce: j'invite les naturalistes, à porter leur attention sur les différentes
mesures, que je signalerai à dessin de ces
parties extérieures du corps, dans lesquelles,
j'ai cru trouver les différences spécifiques, les
mieux propres à être saisies.

l'ongle deux pouces dix lignes ; la queue
porte treize pouces et demi.

Tout le plumage supérieur du mâle est
coloré d'un vert noirâtre, se changeant
suivant la lumiere où on l'expose en
une nuance olivâtre; la gorge et la poitrine sont de cette couleur, mais les plumes
sont entourées de blanc; le ventre et
les cuisses portent une teinte roussâtre
avec le bord des plumes blanc; la partie
inférieure du dos, le croupion et les
couvertures inférieures de la queue sont
d'un roux foncé ; sur la base du bec
sont des poils noirs ; une bande noire,
qui commence à côté du demi bec inférieur, va couvrir l'oreille; les plumes de
la tête et de l'occiput sont alongées en
huppe touffue, et capables d'érection; la
partie nue des joues communique avec le
bec; elle est d'un pourpre noirâtre; l'iris
est d'un brun rougeâtre; la gorge nue d'où
pend une large membrane flotante (c), est

_______________

(c) Cette membrane très ductile, s'alonge ou
est contractée suivant que l'oiseau est agité

colorée d'un beau rouge; les pieds sont rouges.

La femelle ne diffère presque point du mâle si ce n'est dans les reflets du plumage, dont les nuances sont teintes davantage de roussâtre; les plumes de la huppe, celles du cou et du manteau sont aussi bordées de blanc.

Le *poussin* n'a point de nudité aux tempes, ni à la gorge; la tête et les côtés du cou sont couverts d'un duvet roussâtre; depuis l'occiput et tout le long de la partie postérieure du cou, est une large raye d'un duvet marron; deux rayes plus étroites accompagnent celle-ci de chaque côté; la poitrine est d'un roux foncé; le duvet du dos et les

---

comme elle forme une même pièce avec la peau nue du cou et qu'elle est double comme celle du dindon, l'oiseau peut la retirer entièrement. Après la mort on peut l'alonger ou la faire disparoître à volonté, et après que l'animal a été dépouillé elle paroît ne plus exister.

plumes naissantes des ailes et de la queue, sont d'un marron foncé, toutes sont terminées de roux ; les parties inférieures sont d'un blanc roussâtre.

Latham (d), a très mal décrit et figuré les sinuosités de la trachée dans cette espèce. Le naturaliste Anglais, le plus souvent vrai et exact lorsqu'il décrit d'après ses propres observations, avoue qu'il a copié la figure de la partie anatomique du Guan d'après un dessin de son ami Ashton Lever. Le fait est, que cette figure et la description qui l'accompagne, n'appartiennent ni l'une ni l'autre au Pénélope de cet article ; mais, que l'auteur Anglais a fait un double usage d'un partie anatomique de l'organe de la voix du *Pauxi à Pierre*; comme il est facile de s'en assurer, en confrontant les descriptions de son *Pénélope Cristata*, et de son *Crax Pauxi*, ainsi que les figu-

---

(d) *Transact. of the Linnean society* v. 4. p. 101. t. 10. f. 1.

res 1 et 2, de la table 11, et la figure
1, de la table 10 des transactions Lin-
néenes. Ces réprésentations comparées avec
la description de l'organe de la voix
de mon *Pauxi à Pierre*, et avec ma
planche anatomique 4, donnent les mêmes
résultats : seulement, il est dit dans
la description du prétendu Guan de Latham, que le tube de la trachée après
avoir formé les circonvolutions sur elle-
même, va se jetter dans la cavité du
thorax en passant sur le muscle pectoral
gauche ; et dans le Pauxi à pièrre, que
ce tube passe une seconde fois sur le
muscle pectoral droit ; ce qui en effet
a lieu.

Sur trois individus mâles du Pénélope
guan j'ai trouvé, que le tube de la trachée, après avoir accompagné l'œsophage
jusqu'aux clavicules, monte sur le muscle
pectoral droit, s'y avance seulement de
la longueur de deux pouces, fait une
courbure à gauche, et en repassant sur
ce même muscle droit le long de la
crête du sternum, suit sa direction vers

les poumons (e). Les anneaux de la trachée sont alternes, et portent dans les interstices, des membranes assez larges. Vers le larynx supérieur la trachée s'élargit en forme d'entonnoir; au fond de la glotte est un socle très proéminent; la partie postérieure de la langue et les bords de la glotte, sont garnis d'aspérités aigues. Le larynx supérieur est porté par la queue de l'os hyoïde et par-là assujetti à la langue, pareillement, comme dans les Paonis, les Dindons et les Paons; tandis que dans les Hoccos, les Coqs et dans les Faisans la queue de l'os hyoïde ne porte point le larynx supérieur qui est attaché dans le tissu membranneux de l'œsophage; et par-là capable d'être abaissé ou contracté, suivant les sons que l'animal veut produire. La sinuosité que décrit le tube de la trachée sur le muscle de la poitrine, y est fixée par un tissu membranneux et cellulaire, comme dans

_______________

(e) Voyez pl. anat. Goeze. fig. 19, 20 et 31.

le Pauxi à pierre et dans tous les autres Pénélopes.

Le guan habite au Brésil et à la
Guiane; le mâle, la femelle et un jeune
agé de quelque jours, font partie de
mon cabinet.

# PÉNÉLOPE MARAIL.

Pénélope Marail. *Lath.*

Comme il est utile de ne point mé-
nager les détails, surtout, lors qu'il s'agit
d'établir les disparités si difficiles à saisir
entre deux espèces différentes, dont l'ensemble des formes du corps et les couleurs du plumage peuvent donner matière
à la méprise, j'ai cru néscessaire de signaler les principales différences, qui serviront
de base pour bien distinguer les dépouilles du
guan de celles du marail; je m'étendrai seulement sur ces différences qui se remarquent
à l'extérieur; vu que dans l'anatomie, les
disparités dont je ferai également mention,
ne laissent aucun doute sur la dissemblance des espèces.

Le marail a le bec plus court et la
mandibule supérieure moins arquée que le
guan; la distance de la pointe du bec
jusqu'a l'ouverture des narines est moins

considérable chez le premier que chez le
dernier; le tarse et les doigts du marail
sont plus grêles et moins longs que ces
mêmes parties dans le guan; chez celui-ci
le croupion et l'abdomen ont des couleurs
brunes ou rousses; tandis que chez le
marail, ces parties sont d'un beau vert
à reflets; tout son plumage porte ces
belles teintes; tandis que le guan a une
livrée d'un vert noirâtre, et quelquefois
olivâtre.

Nous voyons par l'énumération de ces
disparités, et par les différences dans
l'organe de la voix chez cet oiseau, que
Buffon a mal conjecturé en supposant que
le marail pouroit bien être la femelle de
son *Yacou*, ou une variété de l'espèce.
Le même auteur trouve cependant un petit
nombre de différences, parmi lesquelles il
cite, celle de la queue du marail, dont
les pennes seraient en tuyaux d'orgue
comme dans les faisans. Je ne sais ou
Mr. Buffon a été chercher une semblable
disparité; il faut nécessairement, que cela ait
été fait sur un individu dressé et affublé d'une

queue étrangère, car aucune espèce de Pénélope n'a les pennes de la queue rassemblées en faisceau, comme dans plusieurs espèces de faisans; mais, toutes ont la queue large et chez la plûpart elle est légèrement arrondie: sur plus de vingt individus du Marail que j'ai examiné, la même conformation m'a prouvé, que c'est une espèce constante et distincte.

Le marail, dit Sonnini, s'apprivoise aisément. J'en ai vu un dont la familiarité étoit importune; il étoit sensible aux caresses; et lorsqu'on répondoit aux siennes, il donnoit des marques de la plus vive joie par ses mouvemens et par ses cris, semblables à ceux d'une poule qui rassemble ses poussins autour d'elle. Dans l'état de liberté, ses mœurs sont douces et tranquilles; il habite les lieux solitaires, et se nourrit de fruits sauvages. La femelle fait son nid sur les arbres, et pond depuis deux jusqu'a cinq œufs, suivant son âge.

Ou les rencontre rarement en troupes, chaque paire se suffisant à elle - même;

ils ne cherchent pas, ils fuient même la société de leurs semblables : ils sont les premiers oiseaux qui saluent l'aube du jour par leurs cris, qui ne répondent pas à leurs bonnes qualités ; ce cri est fort et desagréable ; mais ils le répètent peu et presque jamais pendant le jour.

Les marails sont presque toujours perchés ; ils ne descendent à terre que pour y amasser les fruits et les graines, qui composent leur nourriture ; ils volent pesamment et avec beaucoup de bruit ; mais, en revanche, ils courent à terre avec beaucoup de vitesse en déployant les ailes. Leur chair, sans être meilleure que celle du faisan, est bonne ; mais il est rare d'en trouver qui ne soient durs ; les jeunes seuls sont exempts de cette mauvaise qualité (a).

Le marail porte de longueur totale de vingt-trois à vingt-quatre pouces ; le bec mesure un pouce quatre lignes, et depuis

---

(a) Sonnini article additionel à l'histoire du Marail. *Edit. de Buff.* v. 6, p. 312.

le bord où s'ouvrent les narines, jusqu'à l'extrémité de la mandibule supérieure, seulement cinq lignes; le tarse a deux pouces et demi; le doigt du milieu avec l'ongle mesure deux pouces deux lignes; la queue porte dix pouces et un quart.

Le mâle a la huppe très touffue et les plumes qui la composent larges vers le bout, elle sont d'un vert noirâtre avec une très fine bordure blanche, qui suit le contour des plumes; depuis l'angle de la mandibule inférieure du bec, est une large bande de couleur verdâtre composée de petites plumes bordées de blanc, qui vont couvrir l'oreille; toutes les parties supérieures, le cou et la poitrine ont une teinte brillante de vert foncé ou vert de bouteille à reflets; le dos et le croupion portent des plumes de cette couleur; mais, sur la nuque, le haut du dos et la poitrine, toutes les plumes ont une bordure blanche; le bas ventre l'abdomen et les couvertures inférieures de la queue sont bruns; la peau nue des joues communique avec la cire du

bec, elle est d'un beau rouge; la partie
nue du cou et la membrane semblable à
celle du guan, sont d'un rouge brillant;
ces parties sont semées de quelques poils
rares; les pieds sont rouges; les ongles et
le bec sont noirs.

La femelle ne diffère du mâle que par
sa huppe moins ample, et par les nuances
plus rousses du plumage.

Je n'ai point eu occasion de disséquer
un oiseau de cette espèce mais j'ai examiné une préparation anatomique de la
trachée conservée dans l'esprit de vin.
Il résulte de mes observations, que Bajon
a très bien décrit cette partie; l'auteur
assure et *semble prouver sans replique* (b),
que semblable conformation a lieu non
seulement dans les mâles, mais aussi dans
les femelles. Particularité à laquelle Sonnini,

---

(b) *Bajon dit*: Il ne doit rester aucun doute
sur l'existance de ces parties dans les femelles
du Maraye; j'en ai disséqué plusieurs, qui
avoient des œufs prêts à être pondus, et elles
avoient ces parties comme les mâles.

qui à très défectueusement décrit cet organe, semble ne point ajouter foi. Je ne
saurais décider la question, mais j'ai déjà
dit à l'article du *Pauxi à pierre*, que l'on
*m'a assuré*, que les femelles dans cette
espèce, ont les mêmes circonvolutions dans
le tube de la trachée que chez les mâles;
et cette particularité mériteroit des recherches.
Au reste, il n'y aurait rien de bien extraordinaire dans cette organisation chez la
femelle du marail et du Pauxi à pierre, puisque dans le Cygne sauvage ou à bec
jaune, la femelle présente aussi l'alonge-
ment du tube de la trachée, qui s'intro-
duit dans l'os du sternum.

Le tube de la trachée du marail est
composé d'anneaux semblables à ceux qu'on
remarque dans les autres Pénélopes; ces
anneaux sont alternes; et les intervalles
membraneux. Le tube, après avoir suivi
l'œsophage le long du cou jusques aux
clavicules, passe au côté gauche du gésier, se dirige vers l'extérieur de la cavité
du thorax, passe sur la portion antérieure
de la clavicule gauche, entre les deux os

de la fourchette; s'avance sur le front
ou bien sur le partie proéminente du
sternum, se replie à quelque distance de
la crête de cet os, revient sur le même
côté entre les os de la fourchette, et
passe en se repliant sur la clavicule gauche, dans la cavité du thorax; la longueur
du tube qui s'avance entre les fourchettes,
est d'un pouce et demi.

La circonvolution du tube de cette trachée diffère de toutes les autres dans le
genre Pénélope; elle se rapproche le
plus des trachées du *Crax alector*, du *Tetras
urogallus*, et de la *Platalea leucorodia*.
Mais dans le Hocco indiqué le tube de
la trachée offre des dilatations extraordinaires; dans le Tétras les circonvolutions
ont lieu sur les muscles du cou, et dans
la Spatule, ces replis sont concentrés, dans
la cavité même du thorax.

Comme la courbure que forme la trachée
dans le marail, a lieu sur le plan incli-
né des muscles qui recouvrent les os de
la fourchette; il étoit nécessaire que la
nature pourvut à ce qu'elle ne fut point

et en état de voler, ils quittent leur mère
et restent ensemble jusqu'au renouvellement des pluies, quand la saison des amours
les sépare par paires.

« Lorsqu'on prend les jeunes, ils s'appri-
voisent fort aisément, et deviennent extrêmement privés; ils connoissent si bien la
maison où ils ont été élevés, qu'ils ne
la perdent jamais de vue, c'est à dire,
que s'ils s'en éloignent, ils savent très
bien la retrouver; mais on a bien de la
peine à les y faire coucher, ils préfèrent
toujours à passer la nuit sur les toits,
ou perchés sur des arbres voisins de la
maison, à peu près comme font les poules, lorsqu'elles couchent dehors. Le cri
du marail est doux et léger dans l'état
ordinaire, et c'est celui qu'il fait entendre
tous les matins à la pointe du jour; mais
lorsqu'il est blessé ou irrité par quelqu'-
animal qui le poursuit, il pousse des cris
beaucoup plus forts et plus véhémens.
La chair de ces oiseaux est très-bonne à
manger, sans qu'elle soit comparable à celle
de nos faisans d'Europe (c).

_________________

(c) *Bajon loco citato.*

Le Marail habite les contrées de l'Amérique méridionale ; on le trouve très-communément dans tous les bois de la Guiane. Les Indiens connoissent cet oiseau sous le nom de Marayé, les colons François l'appellent faisan. C'est le même oiseau figuré par Buffon sous la dénomination de faisan verdâtre de Cayenne.

— De mon cabinet.

# PÉNÉLOPE YACUHU.

**Penelope obscura.** *Illiger.*

Si je fais un article séparé de ce pénélope *que je n'ai jamais vu*, c'est que les détails donnés par l'exact observateur d'Azara sur cet oiseau, offrent des disparités bien marquées, avec les caractéres propres aux espèces du Guan et du Marail. J'ai trouvé des différences dans les couleurs du plumage, dans les formes et dans le mésurage des différentes parties du corps, qui ne sont point sujets à varier, d'un individu à un autre. Je fais le plus de cas de ces différences dans les mesures comparatives du bec et des pieds, parce-qu'elles sont constantes; des légères disparités dans les couleurs du plumage n'auraient servi qu'à me confirmer dans l'idée que cet Yacuhu de l'auteur Espagnol

est un jeune individu du Guan. Quoiqu'il en soit, voici ce que je trouve
consigné dans la traduction Française des
oiseaux du Paraguay.

L'Yacuhu est bien connu au Paraguay,
sous ce nom, qui signifie *Yacu-noir*. Cependant il n'est pas réellement noir; mais
il le paraît à quelque distance. Il n'est
par rare au Paraguay, et on le trouve
jusque vers la rivière de la Plata, où on
lui donne le nom de *pabo di monte* (dindon
de montagne). Il se tient plus ordinairement
dans le voisinage des rivières et des lacs,
parceque les arbres y sont plus nombreux.
Son cri consiste dans la répétition de la
syllabe *yac*, d'un son de voix élevé et
aigu, quelquefois aussi dans l'expression
de son nom *Yacu*. On ne connoit point
de différence entre le mâle et la femelle.
Leur ponte a lieu, dit-on, en octobre,
elle est quelquefois de huit œufs. C'est
l'espèce la plus commune.

Les douze pennes de la queue sont étagées et la latérale est de trois pouces
plus courte que les autres. L'œil est

entouré d'un cercle noir qui à communication avec le bec. Une membrane rouge
s'étend depuis la mandibule inférieure du
bec, jusqu'à deux pouces au-dessous; elle
pend comme celle du dindon; mais lorsque l'oiseau est effrayé, il la retire entièrement. A la base du bec sont de
petites plumes fort courtes, droites et
noires.

La longueur totale de cet oiseau est
de vingt-huit pouces; la queue à onze
pouces; le tarse porte trois pouces cinq
lignes et le bec un pouce. Le front,
le dessus de la tête et le premier tiers
du cou sont noirs; le reste du cou, le
haut du dos et les couvertures supérieures des ailes noirâtres, avec un peu de
blanc sur le bord des plumes. Une bandelette noire, qui commence à côté du
demi-bec inférieur, va couvrir l'oreille.
La poitrine est de couleur carmélite et
ses plumes sont bordées de blanc. Le
dos, le ventre et les jambes, sont de
couleur marron et les pennes des ailes et
de la queue noirâtres. Le tarse à une

teinte tannée ; le bec est noir, et l'iris rougeâtre (a).

L'on voit par cette description qu'il y a des différences très-marquées avec le Pénélope Guan, et quoique M. d'Azara, dans l'édition originale de son voyage, compare son Yacuhu avec l'Yacou de Buffon ou mon Guan ; je vois que le premier n'a point de huppe, caractère qui est très marqué dans le second ; les dimensions de la queue, du bec, et des tarses ne s'accordent non-plus.

L'Yacuhu me parroîtra conséquemment une *espèce douteuse*, jusqu'à ce que j'aurai pu examiner un individu, tel que d'Azara décrit l'espèce. L'Anatomie de l'organe de la voix décidera la question.

--------

(a) d'Azara *Ois. du Parag. trad. franç.* 4. t. 163.

# PÉNÉLOPE PEOA.

Penelope supercillaris. *Illiger.*

CETTE nouvelle espèce diffère essentiellement du guan et du marail, non seulement dans sa longueur totale qui n'excède
point vingt-trois pouces; mais également
dans les dimensions de ses différentes
parties. Ce Pénélope n'a point de huppe,
lors même qu'il est parvenu à l'état d'a-
dulte; les plumes de la tête sont courtes et arrondies, le tarse est long et
grêle, et la queue, très longue en proportion du volume du corps, à les pennes plus étagées que chez le guan ou
chez le marail; les couleurs du plumage
présentent aussi des différences très marquées; mais, les parties nues de la tête
et du cou sont semblables. Il y a moins
de disparités entre cet oiseau et l'Yacuhu
de d'Azara, mais, la longueur totale diffère de cinq pouces et demi, et cette

seule différence me semble assez consé
quante, pour ne point réunir ces oiseaux,
avant d'avoir bien comparé leur dépouille.
Cette espèce dont le volume du corps
est semblable à celui du faisan tricolor
de la Chine, porte en longueur totale
vingt-deux pouces et demi; la queue en
a onze; le tarse trois; le doigt du
milieu avec l'ongle deux pouces une
ligne; le bec un pouce deux lignes, et
cette partie depuis l'endroit où s'ouvrent
les narines, jusqu'à la pointe de la mandibule supérieure, six lignes.

Le front, le haut de la tête dont les
plumes ne sont point alongées, l'occiput
et la nuque, sont d'un brun noirâtre;
des poils isolés paroissent sur le front;
une bande noire s'étend depuis la mandibule inférieure et va couvrir l'oreille;
une autre bande composée de plumes
blanches, part de la racine du bec, passe au dessus de la membrane nue des
tempes, et aboutit également à l'oreille;
les plumes du haut du dos sont d'un
cendré verdâtre entouré de gris; les

couvertures des ailes, les pennes sécondaires
et les couvertures de la queue ont une
nuance de vert foncé, et toutes sont
bordées d'une large bande d'un roux brillant; la queue est verdâtre avec une
teinte roussâtre; le bas du cou, la poitrine et le ventre sont d'un cendré brun,
chaque plume étant bordée de blanchâtre;
les cuisses l'abdomen et le croupion sont
de couleur marron, la gorge et le haut
du cou ont une peau nue et rouge, qui
s'alonge en membrane flotante, cette nudité
est par semée de quelques poils rares; la
peau des côtés de la tête qui communique avec la cire du bec est d'un pourpre
noirâtre; l'iris est d'un brun rougeâtre;
les pieds sont d'un bleu couleur de corne;
les ongles et le bec sont bruns.

On n'a point remarqué de différence
enrre le mâle et la femelle; un jeune
individu n'ayant encore que quinze pouces
de longueur totale porte également le s
mêmes couleurs.

Cette espèce habite au Brésil et plus
particulièrement dans le district de Para où

les Indiens la désignent sous le nom de
*Jacu-peoa*. Je dois à M. le Comte de
Hoffmannsegg l'individu qui fait partie de
mon cabinet; les deux individus adultes,
et le jeune oiseau qui font partie du
Museum de Berlin, sont aussi le produit
des voyages, que ce savant a fait faire
ses frais dans le Brésil.

# PÉNÉLOPE SIFFLEUR.

Penelope pipile. *Lath.*

Je réunis sous ce nom les *Penelope Cumanensis et Pipele* de Latham (a); les deux espèces de *Crax* figurées par Jacquin (b); l'*Yacou* de Bajon (c); et l'*Yacu-apeti*

---

(a) *Index ornith. v. 2. p.* 620. *sp.* 2. *et* 3.

(b) *Beytr. zur geschichte der vögel, tab.* 10 *et* 11.

(c) *Mémoires sur Cayenne. v. 1. p.* 398. *t.* 5.

On ne doit point réunir cet *Yacou* de Bajon avec l'espèce qui porte le même nom chez Buffon; ce dernier est nôtre Pénélope Guan. Il est également utile de répéter ici, que dans les différens idiomes des Indiens de l'Amérique méridionale, tous les Pénélopes portent les noms de *Jac*, *Jacu*, *Jacuhu*, ou *Yacuhu*, dont Buffon et Bajon ont fait *Yacou*, dénomination que j'ai cru devoir supprimer. Les colons Français désignent tous ces oiseaux par le nom de Faisan, et les Espagnols par celui de *pabo di monte*, (dindon de montagne).

de d'Azara (d). Ces noms différens ont
rapport au Pénélope siffleur qui se distingue
de ses congénères, par des caractères extérieurs très faciles à saisir. Son plumage
est d'un noir luisant; la tête est ornée
d'une huppe à plumes blanches; sur les
couvertures alaires sont de grandes taches
blanches; la partie nue du devant du cou
est moins considérable que dans les espèces
précédentes, et elle porte un grand-nombre
de petites plumes assez-serrées, dans les
interstices desquelles la peau rouge s'apperçoit; une petite membrane proéminente d'un
bleu d'azur est couverte de poils noirs;
les tarses ont leur partie supérieure couverte de plumes; la queue est large, très-
foiblement arrondie; enfin, les trois rémiges
extérieures très courbées, ont à l'extrémité

_______________________

(d) D'Azara ois. du Paraguay, trad. franç.
v. 4. p. 166.

Dans la note de la traduction française Sonnini croit que l'Yacu-apeti est le même oiseau
que le Guan d'Edwards pl. 13, mais cette
supposition est fausse.

de la penne un espace, où les barbes intérieures très-courtes présentent un prolongement subulé. Voyez une de ces pennes pl. Anat. 6, fig. 2.

Le Pénélope siffleur adulte porte en longueur totale, de vingt-six à vingt-huit pouces, suivant les sexes; la queue a dix ou onze pouces; le tarse mesure deux pouces trois lignes; le doigt milieu avec l'ongle deux pouces deux lignes; le bec quize lignes, dont sept lignes depuis la pointe de la mandibule supérieure, jusqu'a l'ouverture des narines.

Sur le front du mâle est un petit espace noir; les longues plumes acuminées de la tête et de l'occiput sont blanches à baguettes noires ou brunes; une large bande blanche se prolonge de chaque coté sur le haut du cou; les grandes et les moyennes couvertures des ailes sont d'un blanc pur, seulement terminées par une tache noire et ayant la baguette de cette couleur; quelques plumes de la poitrine portent une étroite bande blanche sur la partie extérieure de chaque barbe;

tout le reste du plumage est d'un beau
noir à reflets violets et pourprés; la
queue porte dans quelques individus des
reflets verdâtres; le petit espace nu des
joues, qui communique avec la cire du
bec, est d'un blanc-bleuâtre; la peau nue
que l'on apperçoit entre les plumes clair
semées de la gorge, est rouge; mais la
membrane proéminente est d'un beau bleu;
l'iris est d'un roux rougeâtre; la partie
nue du tarse et les doigts sont rouges,
et quelquefois d'un brun noirâtre suivant
les âges; les ongles sont bruns; le bec
noirâtre vers la pointe a la cire bleuâtre.

La femelle se distingue comme chez
tous les Pénelopes, par une taille moins
considérable; les plumes de la huppe ne
sont point d'un blanc parfait mais variées
de brun ou de noir; les reflets de son
plumage sont aussi moins brillans. Les
jeunes avant leur première mue ont un
plumage d'un noir teint de brun et de
marron, cette couleur est particulièrement
remarquable sur le croupion, sur les cuisses et sur les plumes de l'abdomen, l'iris

est brun; la peau nue des joues de couleur livide, et les plumes de la huppe variées de brun.

Tel est le Pénélope siffleur qui habite les climats de la Guyane et qui vit sur les bords du fleuve des Amazones et de la rivière de la Plata. Mais, les individus qui nous arrivent du Brésil, offrent quelques disparités, que je ne puis attribuer qu'au climat, les caractères principaux étant les mêmes dans ces deux variétés. Je vais indiquer les différences qu'on remarque dans les individus du Brésil; je continuerai de ranger ceux - ci, comme variété de climat dans l'espèce du Pénélope siffleur; jusqu'a - ce - que des résultats anatomiques nous apprendront à juger différemment.

Le Pénélope siffleur du Brésil, dont je n'ai vu que la dépouille, a comme la variété décrite ci dessus; les rémiges à barbes tronquées et à pointe subulée, telles que la pl. 6. fig. 2. en représente une; les taches des couvertures alaires semblables; la même taille et les mêmes formes, du bec et des pieds. Mais la couleur générale du plumage est d'un noir plus nuancé de rougeâtre et porte des reflets pourprès très décidés; il existe seulement un très petit cercle nu à l'entour des yeux, *et cette nudité ne communique point avec la cire du bec*, mais elle est entourée d'un cercle de petites plumes noires; sur le front est un espace de quatre ou de cinq lignes de largeur, d'un noir profond; les plumes de la huppe, blanches sur les bords des barbes, sont noirâtres dans le milieu; on ne remarque aucune différence dans les sexes.

Un couple de ces oiseaux envoyé des colonies Hollandaises de la Guiane a vécu longtems dans une ménagerie près d'Utrecht; M. Backer en a aussi nourri dans sa belle ménagerie près de la Haye. Ce sont des oiseaux très familiers, peu remuants, vivant en bonne harmonie avec la volaille de basse-cour; leur cri est un sifflement peu sonore.

Je n'ai point eu occasion de disséquer

cette espèce de Pénélope, ni pu vérifier par mes observations ce que Bajon a dit sur l'organe de la voix dans cet oiseau. Suivant cet auteur, le cours de la trachée n'a absolument aucun rapport avec celle du marail et du parrakoua. „ Je me suis procuré, dit-il, plu-
„ sieurs de ces oiseaux, que j'ai dissé-
„ qués, et je n'ai rien trouvé de parti-
„ culier dans cette partie, laquelle se
„ porte directement dans la poitrine, pour
„ s'y distribuer comme dans les autres
„ oiseaux, et cela indistinctement chez le
„ *mâle* et la *femelle*; quand aux autres
„ parties internes, je n'y ai rien vu de
„ remarquable (*e*).

Voici ce que rapporte d'Azara concernant les mœurs de ce Pénélope. --- *Yacu-apeti* en langue des Guaranis veut dire, Yacu à taches blanches, et ils appellent ainsi l'oiseau de cet article, à cause des taches blanches qu'il a sur les couvertures des ailes. On lui donne aussi le nom de

---

(*e*) *Mémoires sur Cayenne*, *v.* 1. *pag.* 400.

*Yacu-para* (yacu-peint), et les Portugais celui *d'Yacu-tinga*. Il a les ailes plus fermes, les jambes plus courtes, et le bec plus long que l'Yaculiti (*f*) et que l'Yacu-caraguata (*g*). Il est aussi plus stupide et plus disposé à la familiarité ; aussi en a-t-on détruit l'espèce dans les cantons habités ; d'Azara ne l'a rencontré que dans les forêts désertes, vers le 24.me degré et demi de latitude. Ces oiseaux vont par paires ou en petites troupes. Leur cri peut se rendre par la syllabe *pi*.

Le même Bajon déja cité nous apprend que cet oiseau est extrêmement rare aux environs de Cayenne ; on ne le trouve que très avant dans l'intérieur des terres, ou aux environs de l'Amazone ; on le trouve aussi très-fréquemment dans le haut de la rivière de l'Oyapoc, surtout vers le Camoupi. Les Indiens, qui y sont établis, en apportent de vivans et de

---

(*f*) Mon *penelope obscura*. Voyez page   .

(*g*) Le *pénélope parrakoua* de l'article suivant.

privés, et ce sont les seuls qu'on voit à Cayenne.

M. Siber, naturaliste voyageur de M. le Comte de Hoffmannsegg, qui a rapporté de la province de Pará au Brésil deux individus de la variété qui semble propre à ces climats, dit, que ce Pénélope y porte le nom de *Jacu-grande*. La description de ces oiseaux, communiquée par le savant Professeur Illiger de Berlin, est conforme en tout-point avec celle faite par moi sur un semblable individu, rapporté de Lisbonne, et qui se trouve au muséum de Paris; j'en ai également vu à Londres. Deux individus envoyés des colonies Hollandaises de la Guiane, font partie de mon cabinet.

# PÉNÉLOPE PARRAKOUA.

Penelope parrakoua. *Mihi.*

Cᴇᴛ oiseau, décrit par les naturalistes sous un si grand nombre de noms différens, se trouve placé dans les méthodes avec les vrais Faisans; sans-doute, par la raison de la nudité des joues, et par sa queue très arrondie. Mais nous avons vu à l'article des Faisans, que ceux-ci n'ont, à proprement parler, aucune nudité; que les tempes, chez ces oiseaux, sont couvertes de petites verrues imitant un espèce de velours; ils ont la queue très longue, fortement étagée, et les pennes rassemblées en faisceaux; les mâles ont le tarse armé d'un éperon; enfin es pieds, le bec et les narines, sont différemment conformés.

Le parrakoua étant réintégré dans le genre qui lui est propre; je réunis à

cette espèce le *Catraras* du père Feuillé,
le *Phasianus motmot* de Linné (a) et
de Latham (b), le *Faisan de la Guiane*
de Brisson et celui de Buffon, pl. enl.
146, le *Phasianus parraqua* de Latham (c),
le *parraqua* de Bajon et de Sonnini,
l'*Yacu-carraguata* de d'Azara (d) et le
*Phasianus garrulus* de Humboldt (e). Plusieurs de ces noms, donnés à cet oiseau
en imitation des cris discordans qu'il fait
entendre le matin et le soir, ont donné
lieu à ces différentes indications. En effet
les syllabes catracas, parraqua, parrakoua,
bannequaw, carraguata et cataoras indiquent
dans les différens idiômes les sons propres à la voix de ce pénélope. Quelques
disparités de très peu d'importance dans
les couleurs du plumage, signalées dans les
différentes descriptions des auteurs, sont

_______________

(a, b) *Linné, Syst.* 1. p. 271. sp. 2. — *Lath.
Ind.* v. 7. p. 633. sp. 9.

(c) *Lath. Ind.* sp. 9.

(d) *Ois. du parrag. trad. Franç.* v. 4. p. 164.

(e) *Observ. de Zool. et d'Anat. comp.* z. 1. p 4.
et la note latine.

uniquement dues à de légères différences qui distinguent les ages. Entre-autres, le prétendu Phasianus garrulus de M. Humboldt ne diffère, de l'aveu même de ce savant, du *Motmot* et du *Parrqua* de Latham, que par le ventre blanc (f); caractère qui en effet est propre à tous les jeunes parrakouas; au reste, cet oiseau est trop bien distingué par les sinuosités de sa trachée, et par plusieurs autres caractéres qui lui sont particulier, pour qu'on puisse s'y méprendre.

Le parrakoua se distingue en effet des autres Pénélopes par son bec, dont l'arrête supérieure est plus élevée et plus courbée, par la pointe de la mandibule plus renflée et voutée; et ces différences rapprochent en quelque sorte le bec de ce Pénélope de celui des Faisans. Le parrakoua n'a point de membrane lache et flottante sous la gorge, et point de nudité considérable sur cette partie; seulement,

_____

(f) Differt a phasianus motmot et phasiano parraqua bdomine niveis. *Humboldt loco citato.*

une étroite bande nue s'étend de chaque
côté de la gorge le long des bords de
la mandibule inférieure du bec ; ces deux
bandes sont partagées par une peau noirâtre
couverte de poils gros et longs ; lorsque
l'oiseau est agité les deux bandes latérales
se colorent de rouge. Les tarses sont
grêles et longs, et la queue est fortement
arrondie ; les deux sexes ont des plumes
alongées qui forment une huppe sur la
tête.

La longueur totale chez l'oiseau adulte
est de vingt à vingt-un pouces (g) ; la
queue porte neuf pouces ; le doigt du
milieu avec l'ongle deux pouces trois
lignes ; le tarse deux pouces trois ou quatre
lignes ; et le bec un pouce deux lignes.
Les couleurs les plus habituelles des individus adultes sont : le front, le haut de
la tête et la partie supérieure du cou
d'un roux foncé ; la partie inférieure du

------

(g) Non pas vingt deux pouces comme le marque d'Azara. Sur un grand nombre individus j
n'en ai vu aucun excéder vingt-un pouces.

cou, le dos et les ailes d'un brun et quelquefois d'un cendré olivâtre; les couvertures du dessus des ailes rousses; le devant du cou et la poitrine d'un gris nuancé d'olivâtre, sans aucune tache; les cuisses ét l'abdomen de couleur fauve. Les six pennes du milieu de la queue d'un verdâtre très foncé ont des reflets suivant que le jour luit dessus; les trois pennes latérales de chaque côté sont d'un roux de rouille foncé; la peau nue des yeux, qui communique avec la cire du bec, est d'un pourpre livide, se colorant de rouge suivant que l'oiseau est différamment agité; ce n'est aussi que lorsque la colère l'aigrit ou lorsqu'il est agité par le desir des jouissances, que les deux bandes nues de chaque côté de la gorge se colorent d'un beau rouge; le bec est d'un cendré bleuâtre à sa base, et d'un blanc de corne à son bout; l'iris des yeux est d'un brun rougeâtre; les pieds sont d'un livide rougeâtre. Quelques individus ont en général des teintes plus claires.

Tels sont les mâles et les femelles

adultes; mais les jeunes offrent quelques disparités dans les couleurs du plumage. Leur longueur totale naturellement moins considérable, n'a que dix huit pouces. Le roux des plumes de la tête et de la nuque est plus clair, et celles-ci sont souvent bordées de jaune d'ocre; la partie postérieure du cou, le dos et les ailes sont d'un brun olivâtre, chez de très-jeunes individus les plumes de ces parties ont un petit bord roussâtre; le devant du cou et la poitrine sont bruns, et chaque plume est bordée et terminée de blanc grisâtre; les couvertures du dessous des ailes et le croupion sont roux; la queue quelquefois terminée de blanc, a seulement l'extrémité des trois pennes latérales de chaque côté terminée de roux de rouille; le reste de ces pennes, ainsi que celles du milieu, sont d'un noir à légers reflets olivâtres; le ventre et l'abdomen sont blancs; les cuisses, les couvertures inférieures de la queue et les flancs sont d'un fauve roussâtre; les pieds sont bleuâtres.

La conformation de la trachée dans cet oiseau, en premier lieu observée par le père Feuillé, l'a été depuis par M. M. Sonnini et Bajon; et plus récemment par M. Humboldt; une préparation, conservée dans l'esprit de vin, m'a servi pour vérifier les recherches précédemment faites sur cet organe. Il s'en suit, que ce qui a été dit par les auteurs mentionnés, est très exact. Le savant Humboldt a ajouté quelques nouveaux détails sur le larynx supérieur de cet oiseau; j'ai fait usage de ces observations en les copiant ainsi que les figures des parties anatomiques qui en font partie.

Le tube de cette trachée, composé d'anneaux alternes pareils à ceux des trachées du guan et du marail, ne diffère de celle du premier de ces Pénélopes que par une plus grande longueur, et par la sinuosité qu'elle décrit; elle n'a point de muscle propre comme dans le marail.

La trachée, en passant sur la clavicule gauche, monte sur le grand muscle pectoral le long de la crète du sternum, se

dirige tout le long de ce muscle jusques
sur la tunique membraneuse qui contient
les entrailles, s'y replie, et remonte dans
le même sens sur le muscle pectoral
droit, pour se jetter dans la cavité du
thorax en passant sur la clavicule droite.
Les deux tubes adhèrent aux muscles pectoraux par un tissu cellulaire et sont
aussi liés entre-eux par un semblable
tissu, dont les fibres passent sur la
crête du sternum.

Mr. Humboldt, qui a mesuré le tube de
cette trachée, dit, que celle du mâle
avoit depuis le larynx supérieur jusqu'-
aux bronches, quinze pouces sept lignes,
tandis que celle de la femelle n'a que
cinq pouces quatre lignes de long. Celle
du premier descend d'abord entre les tégu-
mens au delà du sternum jusqu'aux jambes, puis elle se replie, fait une grande
sinuosité en remontant, et entre dans
les poumons. La trachée-artère de la
femelle, qui est plus courte dans la raison de cinq à deux, ne fait pas cette
sinuosité, mais entre, sans se replier, directement dans les bronches.

M. Humboldt ayant encore examiné le larynx supérieur de cet oiseau, dont la partie a été retranchée a la préparation anatomique que je possède de la trachée-artère, je rapporterai ce que ce savant en dit, en renvoyant, pour les figures exactes de ces parties, à la planche 8 de cet ouvrage.

M. Humboldt n'a pas trouvé de sacs dans le larynx inférieur de cet oiseau, qui en effet ne se trouvent dans aucun gallinacé, et existent seulement dans très-peu d'espèces d'oiseaux; il y à simplement un renflement des derniers anneaux, qui sont plus larges. La base du larynx inférieur est soutenue par un cartilage fig. 5. un peu différemment conformé que ceux figurés dans les planches 2 et 3. de cet ouvrage; c'est une plaque ronde, membraneuse, crénelée, sur laquelle s'élève un petit os comprimé. M. Humboldt croit, que le manque de sacs dans le bout inférieur du l'arynx de cet oiseau est remplacé par le mécanisme du larynx supérieur; ce qui peut avoir lieu sous

un certain point; en observant toujours,
que tous les mécanismes quelconques, soit
dans le larynx supérieur ou dans le tube
de la trachée-artère, ne peuvent tendre,
qu'a donner une plus grande étendue à
la voix, dont les sons se forment invari-
ablement chez les oiseaux dans le seul
larynx inférieur et à l'aide du mécanisme
qui en dépend.

Voici comme M. Humboldt décrit ce
larynx supérieur fig. 2, de nôtre pl. 8.
Au dessus de l'ouverture de la trachée-
artère s'élève une fente qui mène à deux
poches membraneuses. En soufflant par les
bronches dans le tube de la trachée les
poches s'enflent visiblement (*h*). Au fond
de la glotte est un socle triangulaire très
proéminent et semblable à celui que j'ai
observé dans les autres Pénélopes, ainsi
que chez les Pauxis et les Hoccos, ces
derniers n'ont point de ces poches membraneuses dans leur larynx supérieur.

Bajon nous apprend, que les parrakoua

______________

(*h*) Observat. de zool. et d'anat. comp. v. 1. p. 1.

pondent quatre, cinq ou six œufs; ils construisent leurs nids sur de petites branches bien touffues, à environ sept à huit pieds de haut. Lorsque les petits sont éclos, ils descendent peu de tems après leur naissance à terre, et la mère les conduit et les mène comme nos poules mènent leurs poussins. Les alimens ordinaires de ces oiseaux sont de toute espèce; mais lorsque les parrakouas sont jeunes, et qu'ils ne font que sortir de leurs nids, ils vivent presque toujours de vers et de petits insectes, que la mère leur trouve en grattant la terre comme nos poules. Lorsqu'ils sont grands et en état de voler, ils quitent et abandonnent leur mère. Outre les fruits et les graines ils mangent aussi de l'herbe tendre; aussi en voit-on souvent par terre le long des savanes ou prairies, où il y a de l'herbe jeune et verte, et cela de bon matin peu après le lever du soleil; car aussitôt que la chaleur commence à devenir un peu forte, ils s'enfoncent dans les bois, et restent dans

les endroits les plus touffus et les plus
garnis de feuilles vertes, où l'on a beaucoup
de peine à les découvrir ; le soir ils
sortent de leur prison, font d'abord entendre leur voix, et vont chercher de
quoi manger (1).

On trouve le parrakoua dans les bois
peu éloignés des côtes et rarement dans
l'intérieur des terres; il se plait beaucoup aux environs des établissements et
des terres cultivées. La voix retentissante
du mâle exprime assez bien les différentes
syllabes d'ont j'ai parlé au commencement
de cet article, et qui ont valu à
cette espèce tant de dénominations différentes.

Il paroît, qu'à quelques variétés près
dans le plumage de cet oiseau, la même
espèce est répandue au Brésil, au Parra-
guay, à la Guiane; Humboldt en a vu
au nord de l'Equateur, dans la rivière
de la Madelaine, dans la province de
Caracas et dans la Nouvelle-Andalousie;

______________

(1) *Mémoires sur Cayenne v. 1, p. 279.*

des bandes de soixante à quatre-vingt sont perchées sur les branches mortes des arbres, les uns des autres, et remplissant les airs de leur cris perçans, catacras! catacras!

J'ai dans mon cabinet deux oiseaux adultes, l'un m'a été envoyé de Cayenne et l'autre se trouvait dans une collection faite au Brésil; ce dernier à les couleurs du plumage d'une teinte plus claire que le premier; un jeune individu tué au Brésil et que m'envoya M. le Comte de Hoffmannsegg est semblable à ceux rapportés de la Guiane, qui font partie d'autres cabinets.

# DISCOURS

## SUR LE

# GENRE TÉTRAS.

IL règne une confusion singulière dans
le genre d'oiseaux que les méthodistes ont
designé dans leurs systèmes sous le nom
*Tetrao* ; des genres bien distincts y ont
été mal-à-propos réunis ; cette confusion
à été successivement augmentée par la
licence que les compilateurs se sont donnée en introduisant dans cette grande famille
plusieurs espèces dont la manière de vivre, aussi bien que les caractères extérieurs, présentent des différences à tous
égards trop disparates, pour que le naturaliste puisse se permettre de ranger ces
oiseaux dans un même cadre. Ces considérations me portent à exposer dans cet
article les dissemblances marquées dans les
mœurs et les habitudes de ces gallinacés ;

disparités, qui de concert avec celles
propres aux formes extérieures, me serviront de base pour admettre dans la
classification méthodique plusieurs nouveaux
genres, dont les espèces se trouvent réunies dans le seul genre du *Tetrao* de
Linné.

Les connoissances en histoire naturelle,
dont les bornes ont été considérablement
reculées depuis seulement un petit nombre
d'années, ont valu à cette science des
faits nouveaux, qui commandent impérieuse-
ment au naturaliste de s'éloigner à plusieurs
égards, particulièrement en fait de méthode,
de l'ordre adopté dans un tems, où la
science naturelle rencontroît plus d'obstacles
à se diriger vers la perfection. C'est par
ces considérations que je crois utile de
ne point suivre ici les traces du savant
naturaliste Suédois. Déja Latham avoit trouvé
quelque répugnance à adopter sa méthode;
nous devons à cet auteur les genres *Perdrix* et *Tinamus* dont il a enrichi son
nouveau système; mais une plus exacte
confrontation de la méthode avec la nature

semble commander un plus grand nombre de subdivisions.

Rien n'est moins conforme à la nature que de voir réunis aux véritables Tétras, non seulement l'Hétéroclite de Pallas, les Gangas ou gelinottes des sables, mais encore *les Francolins*, *les Perdrix*, *les Colins*, les Cryptonix, les Cailles, les Tinamous et les Turnix; cependant tous ces oiseaux, dont je formerai sept genres distincts, et deux subdivisions dans celui de la Perdrix, diffèrent essentiellement entre-eux, soit par les mœurs, ou bien par les caractères extérieures.

Je conserve sous le nom de *Tetrao* les seuls Tétras proprement dits, tous ces oiseaux qui ressemblent à la Gélinotte d'Europe ainsi que les Lagopèdes. Je les réunis parceque, leur naturel, leur genre de vie et les principaux caractères extérieurs sont à peu-près les mêmes dans ces différentes espèces; j'en forme le genre *Tetrao*. Ces oiseaux vivent constamment dans les grandes forêts, particulièrement dans celles en montagnes, quoique les Gélinottes fréquentent également les forêts en plaines, et que les Lagopèdes plus spécialement confinés dans les régions glaciales ou sur les montagnes les plus élevées du centre de l'Europe qui offrent une température à peu-près semblable à celle des plaines du pole boréal, se tiennent habituellement dans les broussailles, dans les halliers, ou dans les amas de bouleaux et de saules nains; seuls arbres qui, avec le pin, croissent dans ces hautes latitudes. La nourriture des Tétras consiste presque uniquement en feuilles ou en bayes; les graines sont des accessoires dont ils ne font usage que dans la plus grande disette, lorsque, par un hiver rigoureux, tout autre aliment leur est enlevé ou se trouve caché sous les neiges abondantes; dès que les femelles sont fécondées le mâle s'en éloigne et continue à vivre solitairement; les jeunes suivent la femelle, qui le plus souvent ne les quitte qu'au renouvellement de la saison des amours: les seuls Lagopèdes vivent en bandes très nombreuses composées de plusieurs couvées, qui ne se sé-

parent que vers le tems ou le besoin
de se réproduire les engage à rechercher
la seule société d'une compagne. L'habitude
des Tétras est de se percher fréquemment
dans la journée et toujours pendant la
nuit ; on ne les recontre que dans les
pays froids, même très souvent dans des
contrées exposées à des frimats éternels ;
le nord de l'Europe de l'Asie et de l'Amérique en nourrissent ; les espèces de ce
genre ne se trouvent jamais dans les climats de la zône toride ; l'Afrique ne les
voit point fréquenter son sol brulant.

Les Gangas, dont je forme le second
genre qui se présente dans l'ordre naturel
est composé d'une petite famille jusqu'à-
présent peu nombreuse en espèces ; les déserts et les endroits écartés, ou l'homme
ne porte point habituellement ses pas, sont
les lieux de leur demeure ; elles préfé-
rent les sables arides au séjour plus
riant que leur offre l'ombrage des forêts ;
sans cesse errants et vagabonds sur les
confins des immenses sollitudes qui occupent différentes parties du glôbe, elles se

hasardent souvent à traverser ces plaines
brulées que le voyageur, obligé de les
parcourir, mesure de l'œil avec un senti-
ment de terreur qu'il n'est point le maitre
de reprimer; dans ces longues courses, que
ces oiseaux exécutent en compagnie de
quelques centaines d'individus, composées de
plusieurs couvées, le principal but est de
fuir les plaines desséchées pour chercher
des lieux ou il y a de l'eau; aussi la
nature a t'elle sagement conformé à cette
fin les membres, qui sont destinés à les
transporter au loin dans ces courses, qu'-
ils effectuent avec une étonante rapidité.
Les Gangas ne se trouvent que dans les
pays chauds ; le plus grand nombre des
espèces vit sous le ciel brulant de l'Afrique;
on les voit également dans les parties
les plus méridionales de l'Asie; une seule
vit dans le midi de l'Europe.

L'Hétéroclite (a), ce singulier et rare
oiseau dont nous devons la connoissance
au savant professeur Pallas, semble par

______________________________

(a) Syrrhaptes pallasii. *Illi.*

sa manière de vivre, et bien plus encore par les caractères qui tiennent à sa conformation extérieure, s'éloigner totalement du genre Tétras, pour se rapprocher de celui également différent du Ganga; ses mœurs ne nous sont point encore suffisamment connus; nous savons qu'il habite les vastes solitudes du nord de l'Asie; c'est là que d'un vol rapide et soutenu il franchit les âpres déserts, qui s'etendent au loin jusque vers la mer glaciale. Le savant professeur Illiger, dans son *Prodromus mammalium et avium*, a le premier établi un genre particulier pour cet oiseau, sous le nom de *Syrrhaptes*.

Les oiseaux, que je désigne par la dénomination de Francolin, présentent dans leur manière de vivre et de se nourrir comme sous le rapport des caractères extérieurs un contraste frappant avec ceux du genre *Tetrao*; c'est au point que le naturaliste le moins expérimenté ne hésiteroit point à prononcer sur une dissemblance aussi marquée; ces Francolins tiennent par l'analogie des caractères essentiels aux espèces qui forment le genre de la Perdrix, quoique par d'autres caractères à la vérité moins conséquents ils s'en éloignent; ceux-ci me serviront cependant à sectionner ces oiseaux. C'est dans le discours sur le genre *Perdrix*, que j'exposerai ces dissemblances, de même que celles propres aux Colins ou Perdrix d'Amérique.

Les Perdrix proprement-dites se distinguent des Tétras autant par les caractères extérieurs que par les mœurs; ils fuient les lieux couverts; les forêts ne présentent point à ces oiseaux le genre de nourriture qui leur convient; mais ils préfèrent les plaines et les champs couverts de moissons; on ne les rencontre que là, et si par fois ils se jettent dans les broussailles ou dans les vignes, ce n'est que pour se mettre à couvert des poursuites du chasseur, ou bien, lorsqu'ils sont en danger de tomber dans les serres cruelles des oiseaux carnivores qui les guêttent du haut des airs. Les Perdrix vivent par compagnies composées des parens et de la couvée; ceux-

ci restent unis jusqu'au tems où le besoin
de se reproduire engage chaque nouveau
couple à chercher un lieu écarté. Ce sont
des oiseaux sédentaires ; l'extrême disette
est seule capable de les engager à changer
de domaine ; ce n'est que pressés par ce
besoin, qu'ils quittent les environs des
lieux témoins de leurs amours, comme de
la tendre sollicitude dont leur progéniture
est sans-cesse l'objet : ils différent en
cela des Francolins des Colins et des
Cailles qui sont oiseaux voyageurs.

Les Colins différent très peu des Perdrix
proprement dites et doivent être rangés
à la suite de ce genre de Gallinacés ; on
a cependant remarqué dans ces oiseaux,
uniquement propres aux contrées du nouveau monde, un caractère marquant, qui
distingue ceux-ci des Perdrix proprement
dites et des Francolins, dont toutes les
espèces connues sont habitans de l'ancien
continent. On observe bien encore dans les
mœurs des Colins quelques disparités ; tel,
que ceux-ci ont coutume de faire deux
pontes par an, tandis que les Perdrix

n'en font qu'une; mais l'expérience nous
apprend, que ces différences dépendent
uniquement de la localité, la même espèce
faisant deux pontes dans les climats chauds
et tempérés, tandis que les couples qui
se seront choisi une température plus
froide, n'en produiront qu'une. C'est ici
le cas de remarquer, que cette différence
de caractère démontre assez le peu de
fond que l'on doit faire sur les disconvenances dans les habitudes des animaux,
pour réunir ou séparer ceux que la nature a placés dans des positions contraires.

Les Cailles ont à la vérité beaucoup de
rapports avec les Perdrix, principalement
dans leur manière de se nourrir, de s'accoupler et de construire leurs nids, sans
parler ici des caractères extérieurs, parmi
lesquels on trouve également des rapprochemens; mais ces oiseaux ont par contre
un nombre presque égal de dissemblances.
Les Cailles vivent la plupart du tems
solitaires; les jeunes se séparent dès qu'ils
se sentent n'avoir plus besoin de la protection des parens; mais un même instinct

les réunit subitement en association nombreuse, ce qui a lieu vers le tems de
leur migration ; mais cette association
forcée ne dure qu'autant que la cause
qui la produit, car dès que les Cailles
sont arrivées dans le pays qui leur convient et dès qu'elles peuvent vivre à leur
gré, elles retournent à leur solitude première ; ces migrations annuelles ont pour
but de chercher sous un autre ciel un
climat plus doux, et une nouvelle abondance de nourriture ; hormis le tems de
l'accouplement ou du voyage, on voit
rarement deux cailles réunis dans un même endroit. C'est en Asie et en Europe
qu'on trouve les espèces qui appartiennent
au genre Caille ; on peut même dire que
le climat de l'Asie est le berceau des
oiseaux de ce genre, puisque l'Europe
n'en nourrit qu'une espèce et que le
nouveau monde n'a point de cailles ; car
plusieurs espèces décrites par les auteurs
sous ce nom, appartiennent au genre Perdrix
et doivent être rangées dans la troisième
division avec tous les autres Colins.

Dans le nombre des oiseaux de différens genres réunis avec ceux du genre *Tétras* de Linné, il en est peu qui y figurent plus mal que les Tinamous; sans nous occuper ici des dissemblances dans les formes, dont les caractères essentiels sont reservés pour l'introduction des familles, je dirai seulement, que les Tinamous sont du nombre des Gallinacés propres aux climats chauds d'Amérique; on ne les rencontre point dans la partie septentrionale de ce continent, et aucune espèce analogue n'a été trouvée dans les trois autres hémisphéres. La prodigeuse quantité d'animaux venimeux que le sol humide et la température brulante de ces climats font éclore, oblige ces Gallinacés à se refugier, pendant la nuit, sur les grosses branches basses des arbres, sur lesquelles ils se posent sans embrasser de leurs doigts ces branches comme le font la plupart des autres oiseaux qui composent cet ordre; ils font deux pontes par an, et toutes deux très nombreuses; ils vivent en petites troupes, volent peu, mais ils courent avec une vitesse étonnante.

Le Rouloul, qui a été réuni avec les Tétras, et que Latham a confondu avec les Perdrix, est un oiseau dont les formes extérieures offrent des caractères d'originalité très marquants; il formera un genre nouveau que je nommerai *Cryptonix*.

En dernière analyse se présente le genre que je nomme Turnix ou tridactyle; celui-ci, composé d'un nombre peu considérable d'espèces, renferme les plus petits individus dans l'ordre des Gallinacés; le volume de leurs corps n'excède guère celui d'une grive; on les rencontre dans les déserts de l'Afrique comme dans ceux de la partie méridionale de l'Asie et sur les îles de cette partie du globe les plus exposées aux chaleurs de la zone torride; c'est là que les Turnix semblent donner la préférence aux landes stériles ; ils fréquentent les plaines immenses d'un sable mouvant, où l'œil, errant au loin, découvre à peine quelques buissons, et dont le sol brulé produit uniquement des plantes ram-

pantes, témoins de l'aride séjour où
elles gissent: ce sont de petits insectes
qui font leur principale nourriture ;
ces oiseaux courent avec la rapidité de
l'éclair ; rarement pour se soustraire à
leurs ennemis, les voit on se servir
des ailes; ils ne s'envolent qu'a la dernière extrémité et à une très petite
distance ; ils trouvent apparemment plus
de sureté à se cacher sous quelque ché-
tive végétation, où, opiniâtrement blottis,
il est facile de les saisir. Ces vrais
pigmées des Gallinacés ont dans leurs
formes des rapports remarquables avec
celles que nous observons dans les
Outardes et même chez les Casoars
et les Autruches; ces géants des oiseaux, que le Créateur a placé, dans
le sublime ensemble de son divin ouvrage, comme espèces intermédiaires entre
la classe ailée et légère, et le massif
quadrupède attaché à la terre; ceux-ci
semblent encore participer, par une étonante sympathie de mœurs, à de petits
oiseaux, que l'œil sauroit à peine dé-

couvrir sur les plaines sablonneuses qu'ils
habitent.

Dans cette courte indication des dissemblances, qu'on remarque chez les différentes
espèces d'oiseaux réunis dans le seul
genre du *Tetrao*, j'ai cru ne point devoir
faire mention des nombreuses disparités
que la comparaison des formes présente
encore avec bien plus d'évidence, cette
énumération des caractères essentiels étant
particulièrement destinée à l'introduction
de chacun des genres que j'ai cru convenable d'établir; j'y renvoye mes lecteurs,
me proposant d'entrer ici dans de plus
amples détails sur les oiseaux qui composent mon genre Tétras.

Ces oiseaux ont le bec court en proportion de la tête; la mandibule supérieure est très courbée depuis l'endroit
où elle paroît hors des plumes qui garnissent sa base; c'est de tous les Gallinacés le genre qui à la mandibule supérieure du bec la plus voutée; les narines
sont à la base du bec cachées par de
petites plumes très serrées; au-dessus des

yeux est une nudité très apparente et
garnie de papilles ; les tarses sont en
partie ou totalement garnis de plumes
longues et déliées ; les doigts bordés dé-
cailles édentées et la plante des pieds
rude. Les seuls Lagopèdes ont les doigts
très emplumes , mais d'avantage l'hiver
que l'été. Les ailes ont la première rémige la moins longue , la seconde de
très-peu plus courte que la troisième et la
quatrième, celles-ci sont les plus longues
de toutes : la queue est composée de
dixhuit pennes larges et arrondies ; les
seuls Lagopèdes n'ont que seize pennes à
la queue. Ce sont de gros oiseaux
pesants dont le corps est très charnu ;
ils habitent les bois ; ils annoncent l'acte
de la reproduction par de mouvements
et des cris particuliers ; leur voix est
très sonore.

———————

# TÉTRAS AUERHAN.

Tetrao Urogallus. *Lath.*

Il n'est point nécessaire d'être fort expert en histoire naturelle pour juger au premier coup d'œil, que le grand Tétras n'est ni un Coq, ni un Faisan; si les anciens ont été peu d'accord sur ce point, il faut l'attribuer à ce que cet oiseau étoit encore peu connu dans ces tems reculés; des indications, vagues des dénominations propres à induire en erreur, en ce qu'elles étoient de nature à être appliquées à des oiseaux de genre différens, ont encore donné lieu à de semblables méprises grossières. J'ajouterai qu'une froide compilation et une dispute sèche de mots, n'ont servi qu'à répandre de l'obscurité sur la connoissance plus parfaite des oiseaux, qui déja fuient l'œil observateur de l'homme.

Pline le seul des auteurs anciens dont je respecte ici le témoignage, a très bien connu le grand tétras, ainsi que nôtre petit tétras à queue fourchue, qu'il désigne tous les deux par la dénomination de *Tetrao* (a). Je suis également de l'avis de Buffon, que le second *Tetrao* dont parle Pline est précisément nôtre grand tétras, qu'il désigne par le volume de son corps.

En donant au tétras de cet article la dénomination spécifique d'Auerhan, je ne fais point d'innovation, car dans toute l'étendue de l'Allemagne où ces oiseaux sont en plus grand nombre que partout ailleurs, même jusques en Hollande, ce Tétras porte le nom d'Auerhahn ou Urhahn, qui me semble plus convenable que celui de grand tétras ou de coq de bruyère.

La longueur de l'Auerhan prise depuis la pointe du bec jusqu'au bout de la queue est de deux pieds dix pouces, souvent onze pouces; l'étendue de son vol est de trois pieds et demi; la fe-

---

(a) *Pline lib.* 10. *cap.* 22.

agile est plus petite d'un tiers dans toutes ses dimensions ; le bec a deux pouces et demi ; le tarse est couvert de plumes jusqu'à l'origine des doigts qui sont garnis sur leurs bords d'appendices écailleux ; la plante des pieds est couverte de verrues dures.

Le mâle a la tête et le cou d'un noir cendré marqué de petits points gris blanc ; les plumes de l'occiput sont alongées et celles de la gorge le sont également, ces dernières forment à la mandibule inférieure une longue barbe noire, dont l'oiseau peut à son gré étaler les plumes ; au-dessus des yeux est un large espace couvert de petites papilles d'un rouge éclatant ; du rouge entoure également l'orbite des yeux, dont l'iris est d'un brun couleur de noisette : le dos et le croupion ont sur un fond noir de petites lignes blanchâtres en forme de zigzags presque imperceptibles ; la poitrine est d'un beau vert luisant ; le ventre est noir avec des taches blanches dans son milieu et varié sur les flancs de zigzags d'un gris-

blanchâtre, les couvertures des ailes sont
d'un brun chatain marqué de petits points
et de fines rayes noires, ces rayes se
retrouvent également sur les pennes moyennes dont le fond est d'un brun noirâtre
et l'extrémité d'un blanc pur; les rémiges
sont d'un brun noirâtre, liserées à leurs
barbes extérieures de blanchâtre; les couvertures du dessous des ailes, ainsi que
quelques plumes placées près du pli de
l'aile, sont blanches; la queue, composée
de dixhuit larges plumes etagées, est arrodie
et noire; quelques pennes ont de chaque
côté et vers leur extrémité une petite
tache blanche; les tarses sont couverts
de plumes à barbes desunies et soyeuses
d'un gris-cendré, marqué de taches blanches; le bec est d'un blanc jaunâtre;
les doigts et les ongles sont de couleur
de corne.

Les jeunes mâles, ont les parties supérieures moins foncées, le gris domine sur
le noir, surtout dans le plumage de la
tête et du cou; le vert de la poitrine
n'est point lustré comme chez les vieux;

quelquefois il existe encore des plumes
rousses du premier age mélées parmi celles de l'age fait; et le plus souvent, la
queue est terminée de blanc: dans cet
état on reconnoît facile la prétendue
espèce du *Tetrao urogallus parvus* des
méthodistes. Dans la première année les
sexes n'offrent que peu de différences dans
leur livrée; les jeunes mâles ressemblent
alors aux femelles.

La femelle d'un tiers plus petite que
le mâle n'excède jamais deux pieds dans
sa longueur totale; la membrane sourcillaire
est moins grande, et sa couleur est plus
livide; les plumes qui forment la barbe
sont aussi moins longues; la tête est
rayée de roux et de noir, les plumes du
cou, ont des taches noires arondies sur un
fond d'un roux-jaunâtre; toutes les plumes de ces parties sont terminées de cendré: le dos, les scapulaires, les couvertures des ailes et celles de la queue,
sont d'un brun noirâtre avec des rayes
transversales rousses, qui sont plus ou
moins larges, et souvent marquées de

noirâtre; la gorge est d'un roux - jaunâtre;
la poitrine est d'un roux foncé ou rougeâtre, et quelquefois variée de taches plus
rembrunies; le ventre coloré du même
roux que la poitrine, a des rayes transversales noires, et quelques plumes sont
terminées de blanc; les couvertures inférieures de la queue ont une grande tache
blanche à leur extrémité; les pennes de
la queue sur un fond roux - brun ont des
taches et des rayes intérompues noires;
il y a vers leur extrémité une bande
transversale noire et toutes sont terminées
de blanc: les rémiges sont d'un brun-
noirâtre avec des tachés sur leurs barbes
extérieures; le bec est noirâtre.

L'époque des amours commence pour ces
oiseaux dans le mois de mars ou d'avril,
quelquefois plus - tôt, d'autrefois plus tard,
suivant que la neige couvre plus ou
moins longtems les montagnes qu'ils habitent; ce tems destiné à l'acte de la réproduction dure ordinairement jusqu'a ce
que les bourgeons des hêtres commencent
à s'épanouir; le vieux mâle aime à re-

venir au même lieu qui a été témoin de
ses premiers amours; il choisit d'ordinaire le
penchant de quelque montagne exposée aux
premiers rayons du soleil, dans le voisinage d'un torrent ou croissent des pins;
c'est là que le mâle par un cri qui est
particulier à l'espèce appelle les femelles,
qui se rassemblent à terre à l'entour de
l'arbre ou ce bel oiseau l'œil étincelant,
les plumes de tête et du cou redressées,
les ailes étalées, la queue relevée et
épanouie se promène avec fierté sur les
plus grosses branches, souvent aussi sur
quelque tronc d'arbre renversé; c'est dans
cette attitude qu'il fait retentir au loin le
son éclatant de sa voix. C'est le plus
habituellement vers les deux heures du
matin qu'il commence à se faire entendre
et ses cris durent jusqu'au crépuscle du
jour; il descend alors de l'arbre autour
duquel les femelles au nombre de six et
souvent de huit sont réunies, et satisfait
son impatience amoureuse; dans la matinée
il accompagne les femelles dans les lieux
ou se trouvent les végétaux qui leurs

servent d'alimens; le soir le mâle réprend son ancienne position. Cette habitude du tétras étant connue des chasseurs on pourroit croire que cet oiseau est facile à découvrir et à tuer, il en est nonobstant tout le contraire, l'auerhan ne se laisse jamais approcher d'assez près pour qu'on puisse l'abattre.

Ce n'est que pendant le court espace de tems où uniquement occupé de son délire amoureux, qu'il fait entendre les sons de *hedehedehe*, *hedehedehe*, *hedehedehei*, qu'il est possible au chasseur de faire trois ou quatre pas vers l'endroit où est l'oiseau; dès que celui-ci se tait, le chasseur doit rester immobile, le moindre mouvement fait pendant ce silence, le craquement des feuilles sous ses pieds, enfin un mouvement inconsidéré des yeux chasse le tétras, qui dès l'instant qu'il à découvert du danger n'est plus à approcher, même à la distance de deux-cent pas; arrivé au dessous de l'arbre en observant toujours ce manège, le chasseur à la faculté d'ajuster l'oiseau à son aise, s'il le man-

que dans le moment même où ses cris
l'aveuglent et l'étourdissent, le chasseur
peut recharger son fusil sans craindre que
sa proye lui échappe.

Les curieux de cette chasse se verront
singulièrement déçus, si d'après les détails
qu'en donnent la plupart des naturalistes
ils croient, que durant tout le tems que
le tétras fait entendre ces différens cris,
ils peuvent sans aucun risque diriger leur
marche sur lui; il est nécessaire de les
prévenir qu'il n'en est point ainsi. Lorsque le tétras commence son singulier
chant, il exprime à plusieurs réprises la
sylabe *dod*, qu'il change en un son plus
éclatant qu'on peut rendre par *dodel, dodel dodelder*, répété dix à douze fois avec
une vitesse et une force étonante ; c'est
alors qu'il fait suivre ce cri glapissant
dont nous venons de rendre compte, et
pendant lequel le chasseur peut faire
trois ou quatre pas ou sauts, après lesquels, il doit rester immobile, jusqu'à ce
que l'oiseau répété les mêmes sons ; car
tant qu'il fait entendre son cri *dodel* il

apperçoit le plus léger mouvement, et entend le moindre bruit: les organes de la vue et de l'ouie, sont dans cette espèce d'une perfection dont il est difficile de se faire une idée.

La chasse de l'auerhan, quoique divertissante sous certains rapports, particulièrement comme objet de nouveauté, est à tout prendre peu satisfaisante pour celui qui la connoît; l'occasion d'abattre un auerhan n'arrive point fréquemment, et bien peu de personnes qui suivent habituellement ce genre de chasse, peuvent se vanter d'avoir tué dans le cours de leur vie, un nombre excédant cinquante pièces de ce gibier. Un grand veneur en Allemagne, cité par le naturaliste Bechstein, s'étoit rendu fameux dans sa contrée, pour avoir abattu vingt grands tétras mâles; il étoit reconnu pour le plus habile dans l'art d'approcher ces oiseaux. Le gibier de cette espèce appartient à la haute chasse, ou chasse Royale; il est généralement défendu de tuer les femelles sans une autorisation particulière.

Vers la fin du tems durant lequel le mâle fait entendre les singuliers cris dont nous venons de parler, les femelles commencent à faire leurs nids, elles le posent à terre, dans la bruyère, ou dans toute autre lieu couvert; ce nid est sans apprêt, formé de mousse; il est rare qu'elles pondent au-delà de douze œufs, qui ne sont guère plus gros que ceux des poules vulgaires, mais plus obtus; leur couleur est d'un jaune blanchâtre, marqué de grandes et de petites taches irrégulières, d'une teinte claire et jaunâtre; l'incubation est d'environ quatre semaines; les femelles couvent avec une assiduité étonante, il n'est point rare de les prendre vivante sur le nid; cet attachement à leurs œufs ainsi qu'à leurs petits est cause, que les oiseaux de proye et sur tout les renards font un grand dégât parmi ces oiseaux; la couvée reste réunie jusqu'au printems, et ne se disperse que vers le renouvellement des amours; le vieux mâle s'en éloigne et habite isolément. Il est très difficile d'habituer

l'auerhan (et ceci peut se dire de toutes
les autres espèces de ce genre) à l'état de
domesticité ; les tentatives faites jusqu'ici
ont toujours mal reussies ; privés de la liberté ces oiseaux languissent quelques tems, et
le plus grand nombre meurt dans moins
d'une année ; il est cependant plus facile
d'élever les jeunes qu'on aura fait éclore
par une deinde ; la nourriture qu'on donne
à ceux-ci consiste dans les premiers jours,
en œufs de fourmis ; ils mangent aussi
des fraises, des baies de genèvrier, des
groseilles, différentes sortes de graines,
les feuilles du pin et du sapin, les
bourgeons de l'aune, du bouleau et du
coudrier, ainsi que différentes espèces
d'insectes.

Le jabot du tétras de cet article est
très grand, de forme arondie ; la langue est
petite et pointue ; la glotte est parsemée
de petites papilles pointues dirrigées en
arrière. La trachée qui descend le long
du cou sur le côté gauche, forme à
peu-près vers le milieu de sa longueur
et sur les grands muscles du cou, une
circonvolution ; en se repliant elle remon-

te d'environ un pouce et demi, après
quoi se courbant de nouveau, elle descend
le long de l'œsophage dans la cavité du
thorax; deux muscles sont adhérans au
larynx supérieur, et ceux-ci suivent la
direction du tube de la trachée jusqu'à sa
première courbure; arrivés là, ils ne
continuent point à accompagner la courbure, mais se dirrigent immédiatement sur
la partie inférieure de la trachée qui se
rend aux poumons; ces muscles servent
à alonger ou à racourcir la trachée: après
la mort de l'oiseau ils éprouvent une
contraction qui entraine le larynx supérieur
dans le fond du gosier, ce qui oblige la
langue soudée par la queue de l'os hyoïde
au cartilage qui porte la glotte, de suivre
celle-ci; en ouvrant le bec de l'oiseau
mort, on n'apperçoit point de cette partie; particularité qui a donné lieu au
conte absurde, que le grand tétras n'a
point de langue. Aucune de ces particularités n'ont lieu dans la conformation
de la trachée-artère chez la femelle (a).

-----

(a) *Voyez les figures anatomiques de la planche 9.*

Le tétras auerhan habite dans les grandes forêts de l'Allemagne, Il est très commun en Suède en Norvège et dans tout le nord de la Russie; c'est, des provinces septentrionales de ce vaste Empire qu'on aporte tous les hivers au marché de Petersbourg, des espèces de charoits (*Kibiss*), chargés d'une quantité de volailles gelées, le grand tétras et plusieurs autres espèces de ce genre d'oiseaux s'y trouvent en abondance.

En France l'espèce est très rare, on la rencontre uniquement sur les montagnes des Vôges Loraines dans une étendue de terrain de deux ou trois lieues, depuis la forêt d'Épinal jusqu'a Giradmer; elle ne se trouve point en Suisse, mais quelques voyageurs assurent en avoir vu dans des pays plus méridionaux (*b*), (*c*); mais ils ne s'y trouvent assurément que pendant l'hiver, et seulement

---

(*b*) L'Ile de milo est couverte de hautes montagnes, qui, comme on sait plaisent au Coqs de Buryère, Il fait aussi très froid sur ces montagnes pendant l'hiver sur tout lorsque le vent

sur les plus hautes montagnes, car, l'auerhan
donne la préférance aux contrées froides, qui
produisent en plus grande abondance les
alliments dont il se nourit habituellement.
Jusqu'ici l'espèce n'a point été trouvée en
Amérique, il est même probable qu'elle
n'existe point dans cette partie du monde.
La véritable partie des trois espèces de
grand tétras noirs, a conséquemment pour
limmités, les contrées tempérées du centre
de l'Allemagne ; c'est vers le nord, que
ces oiseaux se trouvent en plus grand
nombre.

---

du nord souffle avec violence. *Sonnini édit de
Buff. ois. v. 5. p.* 344.

(c) Il y à dans l'ile de Milo quantité d'oiseaux
sauvages, entre autres des Coqs de Buryère beaucoup plus gros que ceux de Suède, et nous fu-
mes surpris d'en trouver dans un pays aussi
méridional. *Hasselquist voy. dans le Levant.*

# TÉTRAS RAKKELHAN.

Tetrao medius. *Meljer.*

La belle espèce de Gallinacé de cet article, quoique se trouvant du nombre des oiseaux qui habitent les contrées de l'Europe, n'en est guère plus connue ni des naturalistes anciens ni des modernes; ces derniers, induits en erreur par les relations des voyageurs, qui ont sans-doute été éconduits eux-mêmes dans leurs observations par certains rapports qu'ils ont cru découvrir dans les formes de cet oiseau et dans celles des deux autres espèces de Tétras connues; ce sont eux, qui ont donné matière à supposer pendant bien longtems, que le Tétras rakkelhan étoit une production métisse du grand tétras ou *auerhan*, et du petit tétras ou *birkhan*. Quoique le plus grand nombre des naturalistes parût ajouter foi à l'existence d'un semblable Tétras hybride, ou que plutt en se copiant les uns les autres,

ils eussent par là accrédité cette supposition, je ne pus jamais me conformer
avec l'opinion de ceux-ci, et rejettai
constamment au rang des fables ridicules
l'existence d'un être, qui, dans l'état d'in-
dépendance ou de sauvage, auroit été produit par le concours de deux espèces
différentes; sur tout, que cette production
se seroit trouvée abondante en individus
semblables. Un fait de cette nature mé-
ritait bien qu'on prît la peine de l'ap-
profondir; car, s'il eut été avéré, sa
contradiction avec l'ordre que nous voyons
partout régner dans la nature étoit mani-
feste, il alloit même jusqu'à porter at-
teinte à la règle constante de sa marche
dans la réproduction des espèces. La
seule nécessité peut engager les animaux
d'espèces différentes à vaincre cette répugnance innée, que la sage providence à
mise dans l'acte d'une alliance illégitime, ce
n'est que contraint par le plus pressant
besoin, et seulement dans l'état de dépendance ou de domesticité, que la nature
perd ses droits.

Sans vouloir nous autoriser à tirer aucune conséquence des loix qui gouvernent
la nature, pour combattre l'opinion accré-
ditée des naturalistes, contentons nous
d'examiner le peu de vraisemblance que
mérite leur supposition. En effet, par
quel singulier penchant le grand tétras se
trouveroit-il entraîné en recherchant l'alliance du petit tétras; puisque, dans les
provinces du nord de la Russie, de la
Suède, et de la Laponie, seules parties
de l'Europe où le *Rakkelhan* vit en grand
nombre, les forêts sont également peuplées
de l'espèce du grand, comme de celle du
petit tétras; conséquemment, nul besoin
provenant de l'impossibilité de trouver à
s'unir à la femelle de son espèce, ne
peut exciter ces deux oiseaux à contrac-
ter une alliance illégitime; cet écart de
la nature seroit moins sujet à exciter
l'étonnement en supposant, que dans une
contrée où l'une ou l'autre de ces espèces
se trouveroit réduite à un très petit nombre d'individus, la nécessité de satisfaire à
l'acte de la reproduction, eut pu contrain-

dre l'une à s'accoupler avec l'autre; cependant il n'existe point d'exemple qu'on ait vu un semblable Hybride dans les pays situés au centre de l'Europe, où les deux espèces de Tétras anciennement connus sont peu abondants, même souvent rares; cette remarque, et la description détaillée de ma nouvelle espèce, suffiront pour convaincre les naturalistes de l'existence de trois espèces distinctes de Tétras noirs, qui habitent dans les régions froides du nord de l'Europe. Je désigne le premier qui est le plus grand par la dénomination de grand tétras ou *auerhan* (a); le second par celle de tétras intermédiaire ou *rakkelhan* (b), et je propose pour la troisième espèce le nom de petit tétras ou *birkhan* (c), l'ancienne dénomination adoptée de tétras à queue fourchue ne pouvant plus convenir, puisque ce caractère est aussi propre au rakkelhan.

------

(a) Tetrao urogallus. *Lath.*

(b) Tetrao medius. *Meijer.*

(c) Tetrao tetrix. *Lath.*

La longueur totale du mâle de cet article est de deux pieds et trois, quatre
ou cinq pouces; le bec a un pouce et
demi, il est plus droit et moins courbé
vers la pointe que dans les deux autres
espèces de Tétras anciennement connus; la
queue composée de dix-huit larges plumes,
est foiblement étagée et fourchue, la penne
extérieure de chaque coté décrit une très
foible courbure en dehors, mais elle n'est
point contournée comme dans le petit tétras; les doigts sont garnis sur les bords
d'appendices écailleux, plus longs et plus
rudes que dans les autres espèces, et la plante
des pieds est couverte de verrues plus dures.

La tête, le cou et la poitrine sont d'un
beau noir à reflets éclatants de pourpre
et de couleur de bronze; sur les plumes
de la partie postérieure du cou sont des
points gris, qui échappent aux yeux par
leurs petitesse; au dessus de la gorge sont
des plumes allongées qui forment une
espèce de barbe; cette barbe n'est point
aussi apparente ni aussi touffue que dans
l'espèce du Tétras auerhan; au-dessus des

yeux est un très large espace nud, couvert de mamelons d'un rouge éclatant;
ceux de ces mamelons qui touchent les
plumes du haut de la tête, sont longs et
rédressés; ils forment, dans le tems des
amours, une espèce de crête édentée au
dessus des yeux; le tour de l'œil est
noir, mais en dessous il y a un espace
couvert de petites plumes blanches; le dos
et le croupion sont noirs, mais chaque
plume est terminée d'une couleur à réflets
violets, de petits points imperceptibles règnent également sur ces parties; le ventre
est noir; les plumes des flancs sont semées de petites taches de la grosseur de
grains de sable; sur le milieu du ventre
il y a quelques taches blanches; les plumes des cuisses et de l'abdomen sont
blanches, et toutes les couvertures inférieures de la queue sont terminées de cette
couleur; les plumes scapulaires, les petites
et les moyennes couvertures des ailes
sont d'un brun foncé, et marquées de fines
raies en zigzags, d'un brun jaunâtre; les
pennes moyennes des ailes sont blanches

dépuis leur origine jusqu'a la moitié de leur longueur, ensuite elles ont du brun noirâtre, et toutes sont terminées d'une petite bande blanche; les rémiges sont brunes, liserrées de blanc à leurs barbes extérieures; les plumes du pli et les couvertures du dessous des ailes sont blanches; les pennes de la queue de même que les grandes couvertures supérieures sont noires; le bec est noir; l'iris des yeux est couleur de noisette, et les pieds sont d'un gris couleur de corne.

La femelle de cet oiseau, que jusqu'à présent je n'ai point eu occasion de voir, a la queue moins fourchue que le mâle; elle tient pour la grandeur le milieu entre la femelle de l'auerhan et du birkhan; suivant qu'on me la dépeint, le plumage doit être varié de petites raies noires transversales, sur un fond roussâtre; dans le nombre des mâles de différent âge qui ont été envoyés de Pétersbourg à mon ami le Docteur Meyer, il ne s'est trouvé aucune femelle, ce qui

me met dans l'impossibilité d'en donner la
description exacte. M. Langsdorf, dans les
mémoires de l'académie de Petersbourg,
nous a donné une très bonne description
du mâle, sous le nom de *Tetrao inter-
medius*; mais il se trompe singulièrement
dans les détails qu'il donné sur une prétendue femelle de cet oiseau; sa description semble se rapprocher d'avantage du
jeune mâle de notre rakkelhan, qui, comme
c'est le cas dans toutes les espèces de ce
genre, ressemble plus ou moins dans la
première année, à la femelle.

Le jeune mâle de cette espèce a la
queue très peu fourchue, et la penne
extérieure droite; les teintes de violet sont
moins vives; le dos est d'un brun noirâtre
marqué de taches et de raies transversales d'un brun plus clair; les parties inférieures ont sur un fond noir des taches
et des raies transversales d'un brun jaunâtre, et quelques plumes sont terminées de
blanc; les ailes sont d'un brun noirâtre avec
des raies transversales d'un brun marron, les
pennes secondaires sont terminées du brun;

les pennes de la queue sont noires terminées de blanc, et toutes les couvertures supérieures de celle-ci sont variées de brun et de noir, et terminées de blanc.

La voix du mâle ne ressemble ni à ces cris sonores et variés du grand tétras, ni à ceux plus doux du petit tétras; les sons rauques qu'il fait entendre sont plutôt des cris uniformes et continus. Le rakkelhan diffère encore du l'auerhan par la forme de la trachée, qui ne se replie point sur elle même, mais qui se rend en ligne droite vers les poumons; les deux longs muscles qui chez ce dernier tiennent au larynx et accompagnent la trachée, n'existent point dans le rakkelhan; ses œufs diffèrent de ceux des deux autres espèces, ils sont plus clairs que ceux de l'auerhan, et les taches en sont toujours plus grandes et plus distinctes; ils tiennent aussi le milieu pour la grandeur entre ceux des espèces désignées, et leur forme est oblonge.

Cet oiseau est plus particulièrement confiné dans les régions septentrionales; il vit dans le nord de la Russie, de la

Laponie et de la Suède, on le trouve
quelquefois en Curlande en Fionie, et
dans le nord de l'Écosse: le seul exemple qu'un de ces oiseaux ait été trouvé
plus au centre de l'Europe a eu lieu en
1756; un individu fut alors tué dans la
Pomméranie. En hiver on voit beaucoup
de ces Tétras sur les marchés de Petersbourg, où ils sont apportés gelés des
provinces situées à une grande distance
au nord de cette capitale. Les Russes
donnent au rakkelhan le nom de *Polawata
teterka*, ce qui veut dire Tétras des champs.
Cette dénomination nous porte à présumer, que le rakkelhan ne vit point dans
les grandes forêts comme l'auerhan et le
birkhan, mais qu'il fréquente plus particulièrement les immenses bruyères des
provinces septentrionales. En Suède notre
Tétras y porte le nom de *Rakkelhanor*,
que j'adopte pour l'espèce.

Je possède dans mon cabinet le vieux
et le jeune mâle de ce Tétras encore
très rare dans les collections d'histoire
naturelle. Ces deux individus ainsi que

les nouveaux détails que je viens de présenter sur cette espèce, m'ont été envoyés par mon ami le Docteur Meyer d'Offenbach.

# TETRAS BIRKHAN.

*Tetrao tetrix. Lath.*

LA phrase, *Petit tétras ou Coq de bruyère à queue fourchue*, par laquelle cet
oiseau est désigné dans la nommenclature
française, n'a pas l'unique défaut d'être
beaucoup trop longue, mais elle est encore sujette au double emploi, le caractère distinctif pouvant servir à indiquer
deux espèces voisines, quoique très différentes de Tétras, chez lesquelles la disposition des pennes forme une queue
fourchue ; car, nous avons vu, que le
Tétras de l'article précédent a également
ce caractère en partage. C'est pour éviter
autant que possible dans l'étude des oiseaux
la confusion des mots, qui expose à celle
de la chose, qu'il me semble néscessaire de
changer la dénomination anciennement adoptée
pour cette espèce ; je propose à cette fin,
de la remplacer par celle de *Birkhan*, sous

laquelle les habitans des provinces du
nord de l'Europe désignent le plus habituellement nôtre petit tetras, qui est très
abondant dans ces contrées, tandis quil est
peu commun et même rare en France.

Le birkhan mâle, mesuré depuis le bout
du bec jusqu'a l'extrémité de la queue
porte un pied dix pouces; l'etendue de
son vol est de deux pieds neuf ou dix
pouces; le bec est court, mésurant un
pouce, il est fortement courbé depuis sa
racine; les pieds sont emplumés jusqu'aux
doigts, dont les bords sont frangés d'é-
cailles comme dans les espèces précédentes, mais moins longs et moins rudes.
La presque – totalité du plumage dans le
mâle est noire; la tête, le cou, le dos
et le croupion ont des reflets bleuâtres
ou de couleur d'acier poli; toutes les
autres parties du corps ainsi que la queue,
sont d'un noir mat; les couvertures des
ailes sont noirâtres, excepté quelques unes
des plus petites vers l'épaule, qui sont
blanches, ce qui forme en cet endroit,
lorsque l'aile est pliée, une tache de

cette couleur; les plumes du bas ventre et de l'anus sont noirâtres et terminées de blanc; les couvertures du dessous des ailes et celles de la queue sont blanches, ces dernières excèdent de quelques lignes l'extrémité des pennes du milieu de la queue; les grandes pennes des ailes sont brunes et leur baguette est blanchâtre; les secondaires sont blanches; et ont la baguette brune, leur bout est aussi terminé d'un petit bord blanc; la queue est composée de seize pennes d'un noir changeant en violet très foncé; les huit du milieu sont plus courtes de quatre pouces que la plus extérieure, et les quatre extérieures de chaque côté ont leur bout contourné en déhors; au dessus des yeux sont de petits mamelons charnus d'un rouge très vif et qui forment un arc de cercle; le bec est noir; les doigts sont bruns, et l'iris des yeux est de couleur noisette.

La femelle, est plus petite que le mâle dans toutes ses dimensions; sa queue est très peu fourchue, courte, et les pennes

latérales ne sont point contournées, mais
droites; les sourcils rouges sont plus pâles.
La tête, le cou, et la poitrine sont
rayés transversalement de roux et de noir;
le ventre et les flancs le sont également,
mais toutes les plumes de ces parties
sont terminées de blanchâtre ou de cendré;
le milieu du ventre porte des plumes
noirâtres; sur celles de l'abdomen sont des
zigzags cendrés et noirs; les couvertures
inférieures de la queue sont rayées de
roux et de noir et terminées par un
grand espace d'un blanc pur; la gorge
est ou roussâtre rayée de petites lignes
noires, ou blanchâtre; le dos, les couvertures des ailes et le croupion sont d'un
roux très foncé rayé de noir, et portant
une grande tache ou une large raye noire
vers le bout; ces taches noires sont lustrées
de violet sur les plumes du croupion;
les pennes de la queue sont noires avec
des zigzags obliques et roux; les rémiges
sont brunes avec des zigzags blanchâtres
sur leurs barbes extérieures; les pennes
secondaires sont blanches à leur origine, et au

bout elles sont noirâtres avec des zigzags
roux mais seulement sur leurs barbes extérieures; on voit un petit trait blanc à
l'extrémité des pennes de la queue. Les
jeunes mâles ressemblent dans la première
saison aux femelles; à leur seconde mue
ils prennent la livrée de leur sexe, ce
qui fait que dans le commencement de
septembre, on trouve de ces mâles qui
sont plus ou moins variés de plumes
rousses, ou rayés de roux et de noir.

Dans l'Allemagne et dans le nord de
l'Europe, le Tétras birkhan s'apparie vers
la fin de mars et souvent pendant tout
le mois d'avril, quand les femelles sont
fécondées, elles s'éloignent des mâles, cherchent un lieu écarté dans les bois, et
pratiquent leur nid sur quelque éminence
cachée par de l'herbe ou des buissons; la
ponte est de huit jusqu'à douze et quelquefois de seize œufs, d'un blanc jaunâtre
marqué de taches rousses. Avant de faire
sa ponte la femelle a soin de rassembler à
l'entour de son nid une grande quantité de
buchettes, de plumes et de feuilles, qu'elle

celle destine à recouvrir ses œufs, quand
elle est dans la nécessité de s'en éloigner;
l'incubation est de trois semaines, les petits couverts d'un duvet jaune roussâtre
suivent incontinent leur mère, qui les conduit aux nids de fourmis, et dans les
lieux couverts de buissons de myrtille, dont
ils mangent la baie: les petits du birkhan sont plus tardifs à voler que ceux
de l'auerhan ou grand tétras; ils doivent
avoir deux mois accomplis, avant qu'ils
soyent assez vigoureux pour suivre leur
mère sur les arbres; les jeunes de cette
espèce, aussi bien que les vieux, s'accoutument plus facilement à la captivité que
ceux des espèces de l'auerhan et du rakkelhan;
cépendant il n'est guère possible de les
conserver longtems dans une étroite prison;
on doit aussi leur donner souvent des
bourgeons et des baies dont ils font leur principale nourriture; celle qui leur est habituelle,
consiste en bourgeons et chatons du bouleau, du coudrier et de l'aune, en baies
du genêt, du mûrier sauvage, de l'airelle rouge et du framboisier; de la bruyère

et de l'herbe: les grains ne sont que des
alimens accessoirs pour eux, comme pour
toutes les espèces de ce genre; en hiver ils
recherchent les buissons de genévrier; ils en
écartent la neige, et se nourrissent des baies
de cet arbuste. Cette espèce de Tétras est très
farouche, sa ruse pour éviter les pièges
est remarquable; elle fréquente le plus habituellement les lieux montueux où le bouleau croit abondamment; cependant on la
trouve aussi dans les bois de pins et de
hêtres qui avoisinent à des bruyères, à
des paturages ou à des champs. Quoique
le birkhan ne soit point du nombre des
oiseaux de passage, il se déplace cependant plus facilement que les deux espèces
précédentes; au commencement de l'hiver
on les voit se réunir par grandes bandes,
ils parcourent ainsi les hautes montagnes
boisées, et descendent souvent dans les
vallons. Au printems, quand ces oiseaux
entrent en amour, ils se réunissent plusieurs
centaines sur quelque éminence couverte
de bruyères; c'est là, que les mâles se
battent entre eux, jusqu'à ce que les moins

vigoureux sont obligés de prendre la fuite, et cèdent aux vainqueurs le terrain
qu'ils ont choisi pour leurs épanchements
amoureux; le combat fini les vainqueurs
se dispersent à peu de distance du champ
de bataille, montent sur les plus basses
branches des arbres, et commencent à faire
retentir les lieux d'alentour des cris d'a-
mour, qui sont pour les femelles le signal
auquel elles accourent (a); quand celles-ci
sont réunies au pied de l'arbre, le mâle
descent à terre, relève et étale sa queue
fourchue, éloigne les ailes du corps, décrit
plusieurs cercles en piaffant autour des
femelles, leur témoigne son désir par des

---

(a) Tous les animaux polygames se battent
dans le tems des amours, cette règle est générale; il semble que la nature ne veuille
donner la prééminence dans l'acte de la réproduction, qu'aux individus les plus vigoureux;
afin de maintenir les espèces dans leur plus
grande beauté et la plus grande force. *Note
de M. Virey, dans l'édition du Buffon
Sonnini.*

bonds et des sauts, pendant lesquels il prend
les attitudes les plus grotesques; c'est alors
qu'il fait entendre une espèce de roucou-
lement sonore qui peut se rendre par les
syllabes *golgolgolroi ou gogogoroi.*

On ne chasse point cet oiseau de la
manière qui est usitée pour le grand
tétras, ce n'est aussi que dans les pays
de l'Allemagne où l'espèce est rare, qu'-
elle est considérée comme chasse Royale,
dans les contrées abondamment pourvues de
ce gibier, les propriétaires ont la faculté
de s'en amuser; on n'approche guère du
Birkhan, quand il est dans les taillis ou
dans les bruyères, qu'avec beaucoup de
ruse; lorsqu'on a découvert le lieu où il
se perche habituellement, il est plus aisé
de l'abattre, en se cachant soigneusement.
En Courlande et dans la Lithuanie on tue
les jeunes par le moyen des appeaux qui
imitent leur cri; on se sert aussi quelquefois d'une peau montée qu'on place sur
un potteau; le chasseur caché derrière les
buissons guette et abat les tétras qui viennent
se placer près de cette espèce de manne-

quin ; les paysans de la Sibérie et les
différentes tribus des Cosakes pratiquent
des espèces de trappes et plusieurs sortes
de lacets pour prendre ces tétras, dont le
marché de Pétersbourg est abondamment
pourvu durant tout l'hiver : la chair de
ces oiseaux est de deux différentes sortes,
l'une blanche et l'autre brune ; les jeunes
sont un mets très délicat, mais les vieux
sont durs et leur chair est peu succulente.

Le Birkhan se plaît dans les contrées
septentrionales de l'Europe et de l'Asie ;
il habite aussi avant dans les régions glaciales de la Laponie et de la Sibérie que
s'étendent les forêts de bouleaux ; dans les
pays boisés de l'Allemagne il n'est point
rare ; on en voit, quoique en petit nombre, dans le nord de la France et sur
les hautes montagnes du Tyrol et de la
Suisse ; il est moins abondant en Hollande.

Les variétés suivantes sont ou accidentelles, ou simplement dues à la différence
d'âge.

La première se trouve quelquefois dans

les contrées septentrionales ; elle est ou totalement blanche, ou bien plus ou moins bigarrée de plumes de cette couleur mêlées de plumes brunes ou rousses, qui portent des bandes noires. Dans d'autres, le corps est noir avec quelques plumes blanches sur le cou, souvent aussi avec le dos et les ailes blancs ; ce sont ordinairement des jeunes mâles qui portent cette livrée. Une femelle à plumage blanchâtre est figurée par Sparman, dans le Muséum Carlsonianum Livraison 3, tab. 66. L'individu tapiré de blanc et de noir, figuré dans le même ouvrage tab. 65, est un mâle. Il est cependant essentiel d'observer que cette variété porte des plumes jusques sur des doigts ; ce qui me porte à soupçonner quelque méprise de la part du dessinateur, ou bien que l'individu qui a servi de modele, ayant été mutilé, on lui a substitué des pieds de l'espèce du Lago-pède ptarmigan, dont ces parties portent tous les caractères, et cette su-percherie est d'autant plus probable, vu que d'autres espèces d'oiseaux, qui composent cette collection, portent de semblables marques ostensibles d'un manque de bonne foi si contraire aux progrès de l'étude de la nature.

# TÉTRAS PHASIANELLE.

*Tetrao Phasianellus. Lath.*

CETTE espèce singulière de Tétras paroît former la nuance entre ces oiseaux et le genre du Ganga, il tient un peu à ces derniers par la structure du bec et par la forme de sa queue très étagée qui a deux pennes du milieu plus longues que les latérales; il participe cependant bien plus des caractères reconnus aux vrais Tétras, et c'est dans ce genre, que l'espèce doit occuper sa place. La femelle du Tétras phasianelle que nous connoissons uniquement par la figure que Edwards en a publié, d'après un individu dressé, ressemble beaucoup, par la distribution des couleurs de son plumage, aux femelles de nos grandes espèces de Tétras. N'ayant point eu occasion de voir un individu pour en tracer le portrait d'après mes observations, je me vois restreint à m'en rapporter aux té-

moignages des autres. Les naturalistes, qui
font mention de l'espèce d'après leurs
propres observations, sont: Edwards, Pennant
et l'auteur du voyage à l'océan du nord;
(a), ce dernier, qui parle de l'espèce d'après
ses propres observations prises sur les lieux
est de tous ceux dont nous citerons les
descriptions, celui, sur le témoignage duquel nous pouvons le plus compter. Des
voyageurs dignes de foi m'ont également
assuré, qu'on connoît au Canada des Tétras, qui ont la queue alongée et en
forme de cone:

Ces oiseaux, connus sous le nom de
faisan dans la Baye de Hudson, sont très
communs dans sa partie méridionale, on
en tue quelquefois l'hiver près du fort
d'York, mais ils ne s'étendent point jusqu'au Churchill. Ils ont quelque rapport
par la couleur à la poule faisan d'Angleterre, mais leur queue est courte et pointue comme celle du canard ordinaire, et

---

(a) *Voyage de S. Hearne à l'océan du nord.
édit. franc. in quarto.*

il n'existe aucune différence sensible entre
le plumage du mâle et celui de la femelle;
quand ils sont forts et bien nourris, ils
pèsent communément deux livres, et quoique leur chair ne soit par très blanche
elle est pleine de suc et fort bonne au
goût, sur tout lorsqu'elle est piquée de
lard et rôtie. Ces oiseaux vivent l'été de
fruits, et l'hiver, de sommités de bouleau
et de bourgeons de peuplier. Ils se laissent approcher plus facilement l'automne
que dans les grands froids, où ils se
tiennent perchés au sommet des plus hauts
peupliers, et hors de la portée d'un fusil
ordinaire; quand ils sont inquiétés dans
cette position, ils s'enfoncent sous la neige;
mais le chasseur se trouve également frus-
tré dans son espoir, car ils parcourent si
rapidement la neige, qu'ils prennent quelquefois leur vol à plusieurs verges de distance
de l'endroit par où ils sont entrés, et très
souvent dans une direction opposée au
lieu où le chasseur les attend (b); comme

_______________

(b) Je puis garantir l'observation pour l'avoir

les autres espèces de tétras, ils font leur
nid à terre, et pondent de dix à treize
œufs; on ne réussit par mieux à les apprivoiser que les *Francolins à collier* (c), et
c'est ce dont on est parvenu à s'assurer
par différents essais entrepris au fort
d'Yorck. En effet, ceux sur qui l'expérience à été tentée ont fini tous par
périr, probablement faute d'une nourriture
appropriée, car les poules qui les avoient
couvés, en prenoient le même soin, et
leur témoignoient la même affection que
s'ils eussent été le produit de leurs propres œufs. Cette espèce d'oiseau est
appelée par les Indiens du sud *aw-kis-*
*cow* (d).

Le tétras de cet article, mesuré depuis
le bout du bec jusqu'à l'extrémité de la
queue, porte seize à dix sept pouces, et

---

faite moi-même, lorsque j'étois à Cumberland.
*Note de M. Hearne.*

(c) Ces francolins à collier que M. Hearne
nomme ainsi, sont les tétras à tége *Tetrao*
*umbellus* dont il sera fait mention.

(d) *Voyage de S. Hearne dans l'océan du*
*nord, édit. in quarto. p.* 386.

il pèse deux livres; la queue n'est point alongée mais très étagée et en forme de cone; les deux plumes du milieu sont de deux pouces plus longues que les latérales; les trois plumes extérieures de chaque côté sont blanches; des taches noires en forme de croissant marquent la poitrine; mais celles du ventre sont en forme de cœur, et continuent de même jusqu'aux couvertures inférieures de la queue; les jambes sont couvertes de plumes déliées qui ressemblent à des poils d'un brun grisâtre, ces plumes sont transversalement bigarrées de lignes d'une couleur obscure; les doigts et les ongles sont d'une couleur noirâtre et obscure; les premiers sont dentelés des deux côtés (e).

Le mâle et la femelle diffèrent peu dans les couleurs principales du plumage; ils ne changent point de livrée en hiver, celle-ci est constamment la même; les plumes de la poitrine dans le mâle sont

______

(e) Edwards *Hist. Natur. de divers Ois.* 2 partie, n°. 47.

d'un brun de chocolat: les deux sexes ont
une membrane rouge semée de papilles
au-dessus des yeux; à l'époque des amours
les mâles ont ces espaces vivement colorés de rouge; la membrane surciliaire
s'alonge et se redresse au dessus des yeux
en forme de petite crête; l'iris des
yeux est de couleur de noisette.

Cette espèce, selon Chateleux, se tient de
préférence dans les forêts en montagnes,
elle descend rarement dans la plaine, et
est connue dans l'Amérique sous le nom
de Faisan; la chair est recherchée quoique
brune et compacte; le mâle a les pennes
de la queue très étagées entre elles.

Edwards nous dit que le tétras phasianelle
observé par lui, étoit probablement une femelle, elle avoit le bec d'une poule domestique, d'une couleur noire ou obscure; la tête
et le cou d'un brun vif et rougeâtre,
bigarré de lignes transversales et ondé
d'une couleur brune; les plumes du-dessus
et celles du-dessous, des yeux avec celles
du-dessous de la tête, sont d'un brun
clair ou blanchâtre; celles du dos, des

ailes et de la queue sont noires dans leur
milieu, d'un brun vif sur leurs côtés et
marquées transversalement de noir et de
brun sur leurs extrémités; ce qui forme
une apparence confuse de noir et de brun,
transversalement mêlés sur toute la partie
supérieure de l'oiseau: une couleur brune
et blanchâtre, mêlée de lignes transversales,
teint les couvertures du-dedans des ailes;
les extrémités des couvertures supérieures,
et de celles des grandes plumes qui touchent le dos, sont marquées de blanc; la
même couleur forme aussi des taches sur
les barbes extérieures des plumes principales, les extérieures n'ont point de taches;
les deux plumes du centre de la queue
sont près de deux pouces plus longues
que celles qui les touchent, elles deviennent toutes plus courtes par degrés, à
mesure qu'elles s'éloignent du centre.
Il a plusieurs cris; l'un, qu'il jette en volant,
semble exprimer les syllabes *Cuck-cuck*,
l'autre est aigu, piaillard et foible; ces
divers cris souvent répétés indiquent au
chasseur l'endroit où ils sont cachés; on

reconnoît encore ce Tétras au bruit qu'il
fait en volant, lequel a du rapport avec
celui qu'occasionne un van; il se perche
quelquefois pendant l'hiver sur la cime des
plus grands arbres, mais dès qu'on lui
porte ombrage il va se cacher dans les
broussailles, qui dans ce pays sont très
hautes et très épaisses, et sur lesquelles la
neige forme une sorte de voûte; c'est
sous cette voûte qu'il échappe en courant;
il n'en sort pour reprendre son vol, qu'à
une distance très éloignée de l'endroit où
il a disparu aux yeux du chasseur. Le
naturel de cette espèce est très farouche;
elle vit isolée ou par paires pendant l'été,
et en famille pendant l'arrière-saison; son
nid est placé à terre près d'un buisson;
la ponte est de dix à quatorze œufs
blancs tachetés de noirâtre.

Dans les transactions Philosophiques l'espèce est signalée pour être de la taille
du faisan; on voit quelques petites taches
entre le bec et les yeux; la tête, les
joues, le dos et les couvertures du dessus de la queue présentent des bandes
noires transversales sur un fond couleur de

terre cuite; les côtés du cou sont parsemés de points blancs; il existe aussi sur la poitrine et sur les flancs, dont le fond est blanc, des taches d'un brun roussâtre figurées en cœur; les plumes scapulaires et les couvertures de l'aile sont briquetées et marquées de hachures et de grandes taches noires et blanches; le croupion est grisâtre, les grandes pennes des ailes sont noires et tachées de blanc du côté extérieur. Ces oiseaux fréquentent les terres incultes de la Baie de Hudson; ils se nourrissent pendant l'hiver des sommités du bouleau et du mélèse; l'été ils cherchent avec avidité les baies de certains arbres.

Ce Tétras, encore très rare dans les collections d'histoire naturelle, vit dans les contrées froides de l'Amérique septentrionale; il est très commun en Virginie au Canada et particulièrement plus au nord vers la Baie de Hudson. Je ne connois aucune collection en Europe, où il existe un individu de cette espèce.

# TÉTRAS TACHETÉ
## ou ACAHO.

*Tetrao canadensis.* *Lath.*

Le Tétras de cet article, décrit par Brisson sous les noms de gélinotte du Canada et de gélinotte de la baie d'Hudson, a été très exactement figuré par Buffon sous la première de ces dénominations dans ces planches enluminées 131 et 132, qui représentent le mâle et la femelle; Edwards en donne aussi deux bonnes gravures sous le nom de francolin brun tacheté table 118 le mâle, et table 71 la femelle; Brisson avait mal à propos donné ces oiseaux de sex différent, comme formant deux espèces distinctes.

Le tétras acaho, dit Buffon, abonde toute l'année dans les terres voisine de la baie d'Hudson; il y habite par préférence les plaines et les lieux bas; au lieu que sons un autre ciel, la même

rougeâtre, et garnis sur les bords de dentelures, comme dans les autres espèces de ce genre.

Catesby, dans son histoire de la Caroline, donne une bonne figure du Tétras huppe-col. Pennant, dans la Zoölogie Arctique, et Latham dans le Général synopsis font mention de cet oiseau.

Le Huppecol est environ d'un tiers plus gros qu'une perdrix; la queue est aron-die ou légèrement étagée, elle à trois pouces de long; le haut de la tête et une balafre au dessous des yeux sont d'un brun roux, marqué de lignes plus foncées; le tour des yeux, la gorge et le haut du cou sont d'un blanc roussâtre; deux petits paquets de plumes étagées, dont les plus longues ont trois pouces, sont placés de chaque côté du cou, assez près de la tête; chacun de ces ailerons est composé de plumes effilées; celles de dessous, qui sont les plus longues, sont noires, les au-tres portent des taches rousses et blanches; l'oiseau peut mouvoir ces espèces de pe-tites ailes à volonté; il les tient ordinairement couchées le long du cou et ne les relève que lorsqu'il est agité. La presque-totalité de plumage est d'un brun roussâtre, rayé transversalement de lignes rousses, noires et blanches; la poitrine et toutes les parties inférieures sont alternativement rayées de blanc et de brun; les rémiges sont noirâtres, tachées de roussâtre sur les barbes extérieures; les couvertures supérieures de la queue sont de la même couleur que les plumes du dos; en-dessus les pennes de la queue sont d'un brun noirâtre terminées de blanc; dans sa partie inférieure la queue est brune et ses couvertures sont blanches; le bec est d'un brun jaunâtre, et l'iris des yeux est de couleur noisette.

La femelle est un peu plus petite que le mâle, elle a les couleurs moins vives et manque totalement ces petits ailerons qui servent uniquement de parures aux mâles.

On trouve cette singulière espèce de Tétras dans la Caroline, la nouvelle Jersy et dans d'autres parties de l'Amérique sep-

tentrionale, mais particulièrement dans l'île
Longue où ils sont très abondants. Ils
pondent un nombre assés considérable d'œufs,
vivent en petites familles pendant l'automne, et se réunissent au commencement de
l'hiver en grandes bandes de deux cents et
plus; aussitot que la neige est tombée ils
quittent les buissons où croissent les baies
qui leurs servent de nourriture, et fréquentent pendant toute la durée de l'hiver
les forêts depins. Le mâle fait entendre
son chant une demi heure avant le lever
du soleil; c'est dans cette action qu'il ré-
lève et épanouit les pannaches ou les
ailerons, qui ornent le haut du cou.

Cet oiseau, quoique très commun en
Amérique et même abondant sur les marchés de ce pays, est cependant très rare
dans nos collections d'histoire naturelle;
je n'ai vu que deux individus de l'espèce,
l'un à Londres et l'autre dans le Muséum
de Paris.

# TÉTRAS À FRAISE.

*Tetrao umbellus. Lath.*

Je réunis sous la dénomination de Tétras à fraise, le coq de bruyere à fraise de Buffon, la grosse gelinotte du Canada de Brisson, comme sa gelinotte huppée de Pensylvanie, ainsi que les deux espèces de tétras de Latham et celui représenté dans Edwards pl. 248. Le mâle et la femelle different fort peu dans les couleurs de leur plumage; les plumes de la tête chez le premier sont plus longues, et les panaches aux ailes plus touffus et d'un lustre plus brillant. Une queue longue, composée de seize pennes, que l'oiseau épanouit et redresse; de belles touffes ou panaches placés sur les côtés du cou à l'endroit de l'insertion des ailes et capables d'extension; une huppe, qui se redresse au plus leger mouvement, sont des parures qui donnent un air d'élégance et de majesté à cette belle espèce de Gallinacé.

Buffon donne une description très détaillée des mœurs de notre Tétras à fraise; ces particularités s'accordent sous tous les rapports avec les relations des voyageurs qui ont observés l'espèce dans son pays natal; les données de Hearne (a) offrent peu de faits nouveaux à ajouter à l'histoire de cet oiseau; nous le décrirons conséquemment en empruntant le langage éloquent de Buffon.

Cet oiseau a sur la tête et autour du cou de longues plumes, dont il peut en les redressant à son gré se former une huppe et une sorte de fraise; ce qu'il fait principalement lorsqu'il est en amour; il relève en même tems les plumes de sa queue en faisant la roue, gonflant son jabot, traînant les ailes, et accompagnant son action d'un bruit sourd et d'un bourdonnement semblable à celui du Coq d'Inde; il a de plus pour rappeler ses femelles

______________

(a) *Voyage* à *l'océan du nord par S. Hearne*, *trad. franc. p.* 384. à l'article du francolin à collier.

un battement d'ailes très-singulier, et assez fort pour se faire entendre à un demi-mile de distance par un tems calme; il se plait à cet exercise au printems et en automne, qui sont les tems de sa chaleur, et il le répète tous les jours à des heures réglées, mais toujours étant posé sur un tronc sec; lorsqu'il commence, il met d'abord un intervalle d'environ deux secondes entre chaque battement, puis accélérant la vitesse par degrés, les coups se succèdent à la fin avec tant de rapidité qu'ils ne font plus qu'un petit bruit continu, semblable à celui d'un tambour; d'autres disent d'un tonnère eloigné; ce bruit dure environ une minute et recommence par les mêmes gradations après sept ou huit minutes de repos: tout ce bruit n'est qu'une invitation d'amour que le mâle adresse à ses femelles, que celles-ci entendent de loin et qui devient l'annonce d'une génération nouvelle; (b) mais, qui ne de-

---

(b) Le mâle dans le tems de l'amour tombe souvent dans un état de syncôpe ou d'extase

vient aussi que trop souvent un signal de
destruction ; car les chasseurs, avertis par
ce bruit qui n'est point pour eux, approchent de l'oiseau sans en être aperçus,
et saisissent le moment de cette espèce de
convulsion pour le tirer à coup sûr : je
dis sans être aperçus, car dès que cet
oiseau voit un homme, il s'arrête aussitot, fut-il dans la plus grande violence
de son mouvement, et il s'envole à trois
ou quatre cents pas. La nourriture ordinaire de ceux de Pensylvanie sont les
grains, les fruits, les raisins et sur-tout
les baies de hêtre, ce qui est remarquable, pareeque ces baies sont un poison
pour plusieurs animaux.

Ils couvent deux fois l'année, apparemment
au printems et en automne, qui sont les
deux saisons que le mâle bat des ailes ;
ils font leurs nids à terre avec des feuilles ou à côté d'un tronc sec couché par

---

amoureuse, comme le coq de bruyère l'œil
enflamé, la crête redressée et les ailes à demi
déployées.

terre, ou au pied d'un arbre debout, ce
qui dénote un oiseaux pesant; ils pondent
de douze à seize œufs et les couvent environ trois semaines; la mère a fort à
cœur la conservation de ses petits, elle
s'expose à tout pour les défendre, et cherche à attirer sur elle même les dangers
qui les menacent; ses petits, de leur côté,
savent se cacher très finement dans les
feuilles; mais tout cela n'empeche point que
les oiseaux de proie n'en détruisent beaucoup. Ces oiseaux sont fort sauvages et rien
ne peut les apprivoiser; si on en fait
couver par des poules ordinaires, ils s'échap-
peront et s'enfuiront dans les bois presque
aussitôt qu'ils seront éclos. Leur chair
est blanche et très bonne à manger; elle
est ferme et quoique rarement grasse elle
n'en est pas moins agréable au gout; on
la mange ordinairement lardée et rotie ou
bouillie simplement avec un morceau de
lard.

La longueur totale du Tétras à fraise est
de quatorze pouces quelque fois de quatorze et demi; la queue seule a cinq pouces

15

et demi; les ailes atteignent à un tiers de
sa longueur; son bec est comme dans tous
les autres tétras; les tarses sont seulement couverts de plumes effilées, jusqu'à
la moitié de leur longueur, le reste est
nud; cette partie ainsi que les doigts qui
portent des dentelures à leurs bords,
sont d'un brun jaunâtre; les ongles sont
noires et le bec est couleur de corne.

Le mâle se distingue par les plumes
occipitales plus longues et plus effilées,
par la longueur de celles qui couvrent
l'orifice des oreilles, par les plumes de
la fraise plus abondantes et d'une teinte
d'acier poli très éclatant; en général tout
son plumage est plus teint de roux
et mieux marqué; du reste l'espèce est
sujette à varier beaucoup d'individu à
individu.

La livrée du mâle dans son état parfait est, sur le haut de la tête, les joues
et la nuque d'un beau roux avec des
raies transversales brunes; toutes les parties supérieures du plumage ainsi que la
queue ont du roux pour couleur princi-

pale; sur le haut du dos elle est variée
de taches irrégulières noires et grises;
sur le milieu du dos et sur le croupion
sont de grandes taches blanches de forme
ovoide, qui occupent le centre de chaque
plume; la queue composée de seize pennes légèrement étagées entre-elles, à quatre
ou cinq étroites bandes transversales d'un
blanc jaunâtre, qui sont accompagnées d'une
étroite bande noire; vers l'extrémité de
la queue est une large bande noire et
toutes les plumes sont terminées de gris-
blanc; la gorge et le devant du cou
sont d'un roux blanchâtre; la poitrine, le
ventre et les flancs sont rayés à égale
distance de brun, de roux blanchâtre et
de blanc; les moyennes et les grandes
couvertures des ailes sont d'un roux brun
avec des taches longitudinales d'un roux
jaunâtre; les rémiges sont brunes et marquées sur leurs barbes extérieures de larges taches d'un roux blanchâtre; les panaches ou touffes de plumes larges, soyeuses, placées au bas du cou à l'endroit de
l'insertion des ailes, et qui en s'étalant

forment à l'oiseau une ample fraise, sont d'un noir lustré de reflets d'acier poli; quelques unes des plus courtes sont souvent terminées par un liseré blanc ou roux.

J'ai examiné des individus, dont les teintes générales du plumage présentoient des nuances plus rembrunies; le haut de la tête et les joues variés de roux et de brun, toutes les plumes des côtés du cou bordées de cette dernière couleur, les taches blanches du dos d'un blanc moins pur et semées de petits points noirs, les scapulaires irrégulièrement tachées de noir, de roux et de blanc, enfin la queue d'un gris cendré avec des raies transversales d'un brun noirâtre et ondée de zigzags de la même couleur; une large bande occupe l'extrémité de toutes ces pennes qui sont terminées de gris cendré; les pieds et le bec sont bruns. Je suppose, que les individus revêtus de cette livrée, n'ont point encore atteint l'état d'adultes.

Ces Tétras ne sont point oiseaux voyageurs, ils vivent pendant toute l'année dans les mêmes contrées; en hiver ils se

nourrissent des différentes baies que le
nord de l'Amérique produit; ils ajoutent
à cette nourriture celle des graines et
des insectes. A la baye de Hudson où
ils sont très abondants on les désigne
par les noms de *pushee* ou *pupushee*; la
chair est sèche, mais blanche; bien pré-
parée, elle est un mets très délicat.

L'espèce est encore abondante en Pensil-
vanie, à la nouvelle York, à l'île longue,
et dans d'autres parties de l'Amérique
septentrionale.

De mon cabinet.

# TÉTRAS GÉLNIOTTE.

Tetrao Bonasia. *Lath.*

Cᴇ Tétras, assez généralement répandu dans les contrées du centre de l'Europe et même jusque dans les provinces meridionales, s'est choisi pour demeure les grandes forêts qui occupent les pays montueux; c'est un oiseau singulièrement sauvage et farouche, pendant le jour il reste blotti sous les bruyères ou dans les broussailles; quelquefois, tapis à l'endroit de l'enfourchure d'une grosse branche d'arbre, il est presque impossible de l'appercevoir. La plupart des êtres ailés s'échappent, à l'approche d'un objet qui leur inspire quelque crainte, par un départ brusque et rapide en se servant de membres destinés à les porter au loin dans les airs; cette espèce au contraire ne fait usage du vol, que lorsque toute autre fuite lui est im-

possible; elle se croit plus sure d'échapper à la poursuite du chasseur, par la
rapidité de sa course.

Quoique le vol de ces oiseau soit peu
elevé, il est non-obstant très rapide; le
bruit qu'ils font avec les ailes en prenant l'essor est très retentissant; agités
par quelque crainte ils relèvent frequem-
ment les plumes effilées du sommet de
la tête, à peu-près comme le font les
Alouettes; leur cri d'appel est plutot un
sifflement assez fort, par lequel ils se
ralient; il est singulièrement difficile d'élé-
ver ces oiseaux en captivité, leur existance
paroit tenir à la liberté.

Les Gélinottes voyagent peu, ils fixent
plus habituellement leur séjour dans les lieux
qui les ont vu naitre, vers l'automme ils
se réunissent en grandes bandes et passént
le soir et le matin d'une montagne à l'autre, sans cependant continuer à marcher
en association pendant le milieu de la journée; en hiver ils se séparent et vivent
isolément; c'est dans les grandes forêts en
montagnes du nord de l'Europa que l'es-

pèce est très multipliée, ils habitent dans
l'intérieur des bois les plus touffus, et
recherchent de préférence les lieux, où parmi les pins et les sapins croissent des
bouleaux et des coudriers dont les bourgeons et les chatons sont leur principal
aliment pendant l'hiver; en été ils se
nourrissent des mêmes végétaux que les
autres espèces de Tétras, mais les baies
et particulièrement les insectes leurs sont
plus indispensables. C'est vers la fin de mars
ou au commencement d'avril que le mâle
entre en amour (a); il cherche alors une
seule femelle, qu'il quite incontinent après
l'avoir fécondée pour continuer à vivre
isolément jusqu'à l'automne, tems où les
couvées se réunissent en associations nombreuses. La femelle place son nid dans les
lieux les plus écartés et les plus touffus de
la forêt, l'entoure de beaucoup d'herbe
et de bruyère, pour couvrir les œufs

___

(a) Les auteurs du nouveau dictionnaire d'histoire naturelle, disent que ces tétras s'apparient
dans les mois d'octobre ou de novembre, ce
qui est évidemment faux.

quand elle est dans la nécessité de les
abondonner: la ponte est de dix à seize
œufs, d'un blanc jaunâtre taché irrégulièrement de brun jaunâtre; l'incubation est de
trois semaines; les jeunes, mêmes les mâles, ne diffèrent point des vieilles femelles,
mais seulement jusqu'a leur première mue; ils
suivent la mère qui en prend soin jusqu'au
commencement de l'hiver, époque à laquelle ils se séparent pour vivre isolément.

La manière de chasser ces oiseaux est
très difficile, parcequ'ils se montrent rarement dans les lieux découverts ou acces-
sibles; là ou l'espèce est multipliée on
attire la couvée par des appeaux, qui
immitent le cri de la femelle, on les
prend en vie avec des filets qu'on place
dans les lieux où ils ont l'habitude de
fréquenter. On leur tend aussi des lacets
et des collets, on les attire dans ces
pièges avec un appeau qui immite leur
sifflement; l'instrument est fait avec un os
de l'aile d'un autour ou d'un hibou, comme
étant plus sonore que le même os dans

d'autres espèces; à son défaut, on se sert
d'un tuyau de plume (*b*).

Les ornithologistes et les méthodistes
ont d'écrits des variétés du Tétras gélinotte, comme formant des espèces ou
des races particulières. La gélinotte grise
dont Sparman fait mention et qu'il à figuré
(*c*), n'est simplement qu'une variété albine
de nôte gélinotte vulgaire, ce que j'ai eu
occasion de vérifier sur plusieurs individus
qui me sont parvenus en cet état, non
seulement du nord de l'Europe, mais aussi
des régions tempérées; ces variétés albines
n'ont point un plumage régulier ni les
distributions des couleurs constantes, il en
est de ceux-ci comme de tous les albinos. Il est à présumer que l'oiseau décrit
par Brisson sous le nom de gélinotte
d'Écosse, et que Buffon appelle également
ainsi, n'est encore qu'une variété accidentelle de la gélinotte; cependant, comme la
phrase descriptive du *Bonasa Scotica* de Latham,

---

(*b*) *Nouveau dict. d'hist. natur.* v. 6. *p.* 291.

(*c*) *Sparman muséum carlsonianum tab.* 16. *Tetras
canus. Lath. ind. orn.* v. 2. *p.* 640. *sp.* 13.

contient plusieurs citations qui appartiennent indubitablement comme synonymes à mon *Tétras des Saules*, il est préférable d'exclure de la liste nominale des Tétras, une espèce aussi mal indiquée.

*Le Tetrao betulinus* de scopoli (d), dont presque tous les méthodistes ont fait une espèce, n'est en effet qu'une variété de nôtre gélinotte; ou bien, c'est un jeune oiseau avant sa mue.

On trouve l'espèce jusques dans la Lapponie et dans la Sibérie (e), elle est très abondante en Russie, en Norvège, en Suède et dans le nord de l'Allemagne; en France elle est peu commune, on la trouve quelquefois dans les Vosges; en suisse elle est très rare; le Tétras gélinotte est du nombre des oiseaux du pôle arctique, Pennant en fait mention dans la Zoologie de ces contrées; mais il est faux que l'espèce se trouve

---

(d) *Scopoli Ann. v.* 1. *p.* 172.

(e) *Pallas voyage en Sibérie*, v. 1. *p.* 198. *et* v. 2. *p.* 411.

en Afrique, et notemmeut vers le Cap
de Bonne Espérance, quoique M. Virey,
l'assure dans une note insérée dans la
nouvelle édition de Buffon (f). Car ces
passages qu'il cite, tirés du second voyage
de Le Vaillant, ont rapport à une espèce très différent qui est effectivement
propre à l'Afrique; le vol de ces gélinottes est rapide et sonteau, ils vont en
grandes bandes, fréquentent les déserts ar-
rides et les plaines brulées, où nulle végétation ne se fait appercevoir, et exécutent
de longs voyages pour s'abreuver pendant
la journée, enfin cette gélinotte dont parle Le Vaillant, se rapproche beaucoup du
Cata, elle formera une espèce particulière
dans le nouveau, genre que j'ai cru devoir
établir pour ces Gatlinacés, je l'indique sous
la dénomination de Ganga vélocifer (g).
Non obstant toutes ces disparites, Virey
réunit ce Ganga ainsi que nôtre Ganga

_______________

(f) *Voyez Sonnini, édition de Buffon*, v. 5:
p. 386. note 2.

(g) Tetrao namaqun et Senegalus. *Lath. Ind. ccr.*
v. 2. p. 642. sp. 17 et 19.

cata vu par Poiret sur les côtes de Barbarie, avec le Tétras gélinotte; dont un peu plus loin et à la note de la page 391 il dit, *que cet oiseau ne se met à voler, à moins que le péril extrême ne l'y force.* On voit assez par de semblables rapprochemens, quel fond on peut faire sur les compilations des naturalistes de cabinet.

Le tube intestinal du Tétras gélinotte est long de trente et quelques pouces, les appendices ou coecum de treize à quatorze et s'illonnés par des cannelures; leur chair est blanche même très pâle; elle est succulente et exquise et c'est de là que lui vient dit on, son nom latin de *Bonasa* et son nom Hongrois *Tschasarmadar*, qui veut dire oiseau de César; c'est en effet un morceau fort estimé, et Gesner remarque, que c'est le seul qu'on se permettoit de faire reparoître deux fois sur la table des princes. (*h*).

Les gélinottes ont comme leurs congé-

----

(*h*) *Buffon édition de Sonnini, v. 5. p. 385.*

gnères, les sourcils nuds et rouges, ainsi
que les doigts bordés de petites dentelures; les tarses dans cette espèce, ne
sont garnis de plumes longues et laineuses que par devant, et seulement jusqu'au
milieu de leur longueur; le reste est nud
ainsi que les doigts.

Les parties supérieures de la tête et du
cou sont rayées transversalement de roussâtre, de brun et de cendré; le dos, le
croupion et les couvertures du-dessus de
la queue sont d'un cendré varié de petites lignes et de petits points bruns et
roussâtres, avec quelques raies noirâtres à
la partie supérieure du dos; les plumes
de la base du bec supérieur sont noires;
au-dessus de chaque narine est une petite
tache blanche; entre le bec et l'oeil il
y en a une de chaque côté de pareille
couleur, et une autre derrière l'oeil: la
gorge est noire dans le mâle seulement,
et ce noir est entouré de blanc. Les
plumes qui recouvrent la partie inférieure
du cou sont rousses, rayées transversalement
de noirâtre et terminées de blanc; celles

de la poitrine et du ventre sont brunes entourées de blanc, avec une tache de la même couleur dans leur milieu, de façon qu'il n'y à presque que le blanc qui paroît, lorsque les plumes sont couchées les unes sur les autres; les petites couvertures du-dessous de la queue sont blanches, les grandes sont roussâtres variées de brun et terminées de blanc: les couvertures supérieures des ailes et les scapulaires sont variées de roux, de brun et de noirâtre, et quelques-unes ont une tache blanche vers le bout; les pennes de l'aile sont d'un gris brun, variées de roussâtre du côté extérieur et à leur bout; la queue composée de seize pennes arrondies entre-elles, a les deux du milieu de la couleur du dos, toutes les latérales sont variées de brun et de gris-blanc, elles ont vers leur bout une large bande noirâtre et sont terminées de gris blanc; le bec, les ongles, la partie nue du tarse ainsi que les doigts, sont bruns.

La femelle diffère du mâle, et s'en distingue, en ce qu'elle n'a point de noir à a gorge, cette partie est blauche; la peau nue qu'elle a au-dessus des yeux n'est pas d'un si beau rouge que chez le mâle; les jeunes, portent tous jusqu'a l'approche de l'hiver, la livrée de la femelle.

# TÉTRAS LAGOPÈDE
## ou
# PTARMIGAN.

Tetrao Lagopus. *Lath.*

DANS ce grand nombre d'espèces qui
composent l'ordre des Gallinacés, la plupart a reçu les climats doux et tempérés pour demeure; plusieurs vivent sous
ce beau ciel, où le soleil répand ses
abondantes richesses sur des pays fertiles
en productions diverses; un petit nombre
cependant que la nature semble avoir traitée en marratre, se trouvent confiné dans
des régions où tout concourt à impri-
mer à des lieux déjà déserts, le sceau
de la désolation: c'est dans ces séjours
couverts de frimats éternels, qu'habitent
au milieu du petit nombre d'animaux dis-
persés sur une étendue immense de glaces et de neiges, les seules espèces de

m 5

Gallinacés, capables d'affronter les froids rigoureux de ces hautes latitudes; abondamment pourvus sur toutes les parties du corps d'un duvet touffu, qui est recouvert d'un plumage épais et serré, ces oiseaux portent une fourrure qui les garantit du froid excessif; pour courrir avec rapidité sur les pentes de neiges glacées, la plante de leurs pieds ainsi que les doigts, sont munis de plumes laineuses très longues, trés sérées et ses plumes sont beaucoup plus touffues et plus abondantes dans la saison hybernale, qu'en été; des ongles d'une structure toute particulière, taillées en longues pioches, sont des instuments nécessaires pour leur faciliter le travail d'écarter la neige qui recouvre les substances dont ils se nourrissent; un plumage dont la blancheur égale celle de la neige, les dérobe à l'œil perçant des oiseaux rapaces. Tels, sont les avantages que la sage providence à accordée à des êtres, qui privés de l'un ou de l'autre, se verroient condamnés à voir trés promptement leur espèce détruite dans des lieux, ou tout semble concurir à cette fin.

Ce n'est que dans les vastes plaines qui occupent la partie septentrionale de l'Europe, de l'Asie et de l'Amérique, où règne un hiver continuel; ainsi que sur les plus hautes montagnes du centre de ces trois parties du monde, qui offrent une température pareille à celle des contrées boréales, qu'on trouve les trois espèces de Tetras que les nomenclateurs confondent, et dont ils ont rapportés les descriptions différentes, à la la seule espèce du Lagopède à bandeau noir ou ptarmigan. Cette erreur est à tel point acréditée, que le témoingnage des naturalistes du nord, n'a pu prévaloir contre l'opinion du plus grand nombre: on và cependant voir que ces derniers n'ont point eu tort, et qu'il existe effectivement trois espèces distinctes de Tétras, dont le plumage est en hiver d'un blanc pur.

L'espèce la mieux connue, parcequ'elle est la plus commune et quelle habite nos Alpes, est le ptarmigan, vulgairement appellé gélinotte de neige (a), ou le Lago-

---

(a) Tetrao Lagopus. *Linn. Gmel.*

pède des anciens; je la place en tête de
cette petite famille du genre Tétras, parceque son histoire offre plusieurs particularités, qui doivent servir à répandre plus
de clarté sur la description des espèces
annalogues, et servir de preuve évidente
contre l'opinion des naturalistes, qui oppo-
sent leur doute sur la différence de ces
gallinacés, par la seule cause, que le plumage de ces oiseaux est blanc en hiver.

Dans la quantité de descriptions différentes que nous lisons sur les Lagopèdes,
il s'en trouve qui ont rapport à une autre espèce que le ptarmigan, mais les auteurs en traçant des caractères dissembla-
bles ou des mœurs différentes, ne se sont
point apperçus de ces comparaisons forcées.

C'est Picot de la Peyrouse qui a le premier rétabli l'ordre dans la synonymie de
cet oiseau, mais il a eu tort d'assurer,
qu'il n'existe en Europe qu'une seule espèce de Tétras à pieds velus.

Le ptarmigan, est un oiseau qui vit
dans différentes contrées du centre de l'Europe et de l'Asie, il est également répan-

du dans l'Amérique septentrionale, où il
n'a subi aucune altération dans les formes ou
dans la distribution des couleurs du plumage, ce que j'ai vérifié sur un grand nombre d'individus; les mœurs sont aussi dé-
meurés les mêmes dans ces deux parties
du monde.

Ayant eu occasion d'étudier les mœurs du
ptarmigan dans mes fréquentes courses sur
les Alpes de l'Helvétie, je vais présenter
le résultat de mes observations, ainsi que celles des auteurs dont les descriptions ont
uniquement rapport à cette espèce.

Ces habitans des régions froides de nôtre globe, craignent et fuient les douces
influences de l'astre du jour, on les trouve rarement sur les pentes des montagnes
exposées au midi, ils choisissent en été
les côtés des hauteurs où ils sont à l'abri
des rayons du soleil et du vent, qu'ils
redoutent également; les rochers et les
plateaux élevés au-dessus des régions boisées, sont leur demeure habituelle pendant
l'été, en hiver ils descendent dans les vallées qui s'étendent à travers les hautes

Alpes, et ne se montrent dans les plaines,
que lorsque l'hiver est excessivement rigoureux et le froid âpre; lorsque les montagnes sont envelopées de brouillards et
que l'atmosphère annonce la neige ou de
fortes pluies, on entend les cris non in-
térompus des ptarmigans, mais ils sonts
muets quand le ciel est serin, et ne font
aucan bruit de voix en prenant leur essor; soigneux à se cacher durant les
fortes chaleurs d'une journée d'été, on ne
les voit ni ne les entend; blottis sous les
touffes de *Rhododendron* ou la rose des Alpes,
ils ne prennent le vol, que lorsqu'on est
pret à leur marcher dessus; ils partent alors
brusquement avec un bruit d'ailes, qui ne
marque point d'effrayer le voyageur, qui
gravit en silence ces lieux solitaires; plus
il fait froid plus ces oiseaux sont farouches, ils fuient alors à l'indice du plus
leger bruit; leur course est très rapide,
et leur vol quoique peu sontenu, n'a pas
la lenteur qu'on présumeroit être propre
à un oiseau aussi pesant; l'hiver, il est
très difficile de les appercevoir sur le sol,

où lors-qu'ils sont tapis, contre quelque amas de neige, aussi bien qu'en été, sous les touffes de rhododendron, et même sur les rocs nuds; la couleur de leur plumage dans ces saisons différentes, les met souvent à l'abri des poursuites du chasseur, et les dérobe à l'œil perçant du Milan, qui les guète sans-cesse; mais il est faux comme l'ont assuré plusieurs naturalistes, qu'ils se creusent des trous profonds dans la neige pour s'y retirer en cas d'accident, ou pour se dérober aux rayons ardents du soleil; ces oiseaux ne grattent la neige que dans le but de parvenir aux végétaux qui leur servent de nourriture, et c'est à cette fin, que la sage nature leur à donné ces longues et larges ongles, pour qu'ils pussent s'en servir en guise de pioches; il est cependant de fait, que ces oiseaux aiment beaucoup à gratter dans la neige nouvellement tombée.

La nourriture des ptarmigans, consiste en toutes sortes de baies qui croissent sur les alpes, en bourgeons de ces plantes, en bruyère et en herbe des alpes;

on trouve le plus souvent dans leur jabot
de l'airelle ponctuée, des meures sauvages,
des baies de mirtille et les bourgeons
de quelques espèces de jrenoncules; l'hiver
ils trouvent leur aliment dans les bourgeons et les feuilles du rhododendron et
du pin.

Cette espèce, se choisit vers le milieu et même quelquefois seulement vers
la fin de juin, un lieu couvenable pour
cacher son nid; elle le place sur la
terre, contre quelque roc roulé, au-dessous des touffes de rhododendron, ou sous
d'autres arbustes; un trou peu profond
entourée de quelques brins d'herbe ou de
bruyère, est le seul apprêt de ce nid,
dans lequel la femelle pond de huit à
quinze œufs, de forme oblongue, d'un
cendré roux marqué de grandes taches
et de points d'un brun noirâtre; l'incubation est de trois semaines.

Les jeunes au sortir de l'œuf, ont toute la tête et le dussus du corps couvert d'un duvet brun, noir et jaunâtre;
les parties inférieures et les pieds sont

au contraire garnis d'un duvet d'un jaune blanchâtre; la mère à beaucoup de sollicitude pour ses petits; elle va jusqu'à exposer sa propre vie pour se venger sur ceux qui lui ont ravi un individu de sa famille; elle se précipite sur ceux-ci, à-peu-près de la manière comme le font les vanneaux.

Dans les alpes la chasse s'en fait toujours au fusil; il est rare qu'on tende des filets à ces oiseaux, qui sont trop méfians pour se laisser attraper de la sorte. Les Tyroliens et les Grisons se servent cependant de lacets; ceux-ci sont faits de crin de cheval, frotté avec de la cire; souvent le lacet est de laiton, parcequ'on prétend qu'alors les renards et les fouines ne touchent point à la proie; ces lacets s'attachent aux branches inférieures des sapins, des arôbes ou bien des rosiers des alpes en sorte qu'ils touchent la terre; il est très difficile de se procurer cet oiseau pendant les fortes chaleurs de l'été, ce qui fait que les individus, dans la livrée parfaite de cette saison,

*Tome III.*

sont rares dans les collections d'histoire naturelle.

Toutes les tentatives faites pour faire éclore et élever dans l'état domestique ces habitans des régions froides ont jusqu'ici été infructueuses; ils ne survivent point à la perte de leur liberté et refusent toute nourriture; la différence de l'air vif et pur des hautes alpes, comparé à celui qui circule dans notre atmosphère, offre une différence si marquée, qu'il est probable que ce seul incident suffit, pour empêcher d'élever ces oiseaux dans nos plaines, quand même on seroit parvenu à fléchir leur naturel sauvage.

Pendant le tems des amours, qui commence vers la fin de mai ou dans les premiers jours de juin, on ne rencontre le ptarmigan que par paires; mais vers l'automne, lorsque les jeunes de l'année commencent à se revêtir de la livrée blanche, que les adultes prennent également, plusieurs couvées se réunissent et forment des bandes plus ou moins nombreuses; c'est à cette époque qu'ils des-

cendent des pointes les plus élevées des
alpes, où la neige commence alors à
tomber; ils se portent sur les hauteurs
qui avoisinent immédiatement les régions
boisées, où ils continuent d'habiter tant
qu'un hiver trop rigoureux ne les force
point à descendre dans les vallées.

Pour compléter la description des mœurs
du ptarmigan, je place ici les observations de M. Hearne, telles qu'elles se
trouvent dans son voyage à l'océan du
nord, où il appèle nôtre ptarmigan
*perdrix de rochet:* cet excellent observateur
établit des différences très marquées entre
les deux espèces de Tétras dont la livrée est blanche en hiver, et il décrit la
seconde espèce (qui se trouve également
dans les parages de l'Amérique du nord
qu'il à visités), sous la dénomination *de*
*perdrix des saules.* Cette dernière espèce
est mon Tétras des saules.

„ Cette espèce, dit Hearne, est de la
„ même couleur en hiver que les pré-
„ cédentes, mais elle leur est inférieure
„ en grosseur, n'ayant pas en général

„ plus de deux tiers de leur poids; son
„ bec est traversé par une ligne noire
„ qui se termine à l'œil, et elle diffère
„ en nature et manière de vivre de la
„ perdrix de saule; elle ne fréquente ja-
„ mais les bois ni les amas de saules,
„ mais elle brave les plus grands froids
„ au milieu des plaines ouvertes; elle ne
„ vit que des sommités et des bour-
„ geons des jeunes bouleaux et après
„ avoir mangé elle se pose sur les hautes
„ buttes de neige en présentant la tête
„ au vent. Les perdrix de cette espèce
„ ne se prennent jamais avec des filets,
„ comme celle de saules, et quand elles
„ manquent de gravier, elles se servent
„ de leur bec qui est d'une force éton-
„ nante, pour détacher des rochers, ce
„ qui leur est nécessaire; leur chair
„ n'approche point de la bonté de celle
„ des autres espèces de francolins, car
„ elle est noire, coriace et amère (*b*).

_______________________

(*b*) Il est probable que cette amertume de
la chair des ptarmigans d'Amérique est occa-

„ Elles ont de commun avec les perdrix
„ des bois, d'être tour à tour excessi-
„ vement confiantes; quand elles se trou-
„ vent dans le dernier cas, un chasseur
„ peut en tuer jusqu'à cent vingt en
„ très peu d'heures, et souvent six à
„ huit d'un coup; ces perdrix ne volant
„ ordinairement qu'en bandes très nom-
„ breuses. Leur plumage, comme celui des
„ perdrix des saules, se convertit l'été en
„ un beau brun tacheté, et elles sont si
„ difficiles à tuer dans cette saison, qu'à
„ moins d'un coup dans la tête ou dans
„ le cœur, elles continuent de voler,
„ quelque quantité de plomb qu'elles ayent
„ reçue; elles manifestent une grande ten-
„ dresse pour leurs petits, car pendant
„ le tems de l'incubation elles préfèrent

onnée par la différence des végétaux dont ils
sont obligés de se nourrir dans ces contrées,
où les baies et les roses alpines ne croissent
point; car il est certain que les ptarmigans
qui habitent les alpes de la Suisse, sont un
mets très délicat.

N 5

» souvent de se laisser prendre plutôt que
» leurs œufs, (c).

La confusion qui règne dans la nomenclature de cette espèce de Tétras, est
due au manque de recherches sur la nature; on a été bien longtems avant de
pouvoir s'imaginer que le ptarmigan, dont
la livrée d'hiver est à peu-près totalement b anche (d), fût le même
oiseau que celui, qu'on rencontrait habituellement l'été revêtu d'un plumage bigaré

---

(c) *Hearne*, *voy. à l'océan du nord. trad.*
*franç. in octav. p.* 393.

(d) Cette blancheur du ptarmigan qui n'est
point accidentelle, comme c'est le cas chez une
multitude d'oiseaux, est au contraire périodique,
non seulement chez le Ptarmigan mais aussi dans
l'espèce du Tétras des Saules et du Réhusak;
cette circonstance a été erronensement attribuée
par Buffon (et plus encore par Virey dans
ses notes additionelles à la nouvelle édition,
voyez, v. 6. pag 35. et 38.) à un état maladif,
analogue à l'état blafard dans l'espèce humaine,
ou à l'état albinos dans les mammifères et dans
les oiseaux.

de brun, de roux et de noir; que ces oiseaux ont une plus ample fourrure de duvet l'hiver que l'été, que le poil long et touffu, dont les tarses et les doigts sont garnis, et qui récouvre en hiver non seulement toute la phalange du doigt de derrière mais encore une grande partie des ongles des doigts de devant, disparût en partie, pour ne laisser subsister en été, que des poils courts et les ongles à nud.

Il n'en a pas fallu davantage à des observateurs superficiels, pour établir l'existance de plusieurs espèces de Tétras qui ne se trouvent point dans la nature; des noms particuliers, donnés à chacune de ces variétés, ont éconduit les méthodistes à admettre autant d'espèces; de-là les erreurs et la confusion des noms dans les méthodes. Dans cette liste de noms, donnés à notre Tétras, je distingue particulièrement ceux d'un tems très reculé. Les noms de Lagopède, de Ptarmigan, sont ceux qui prennent leur origine de plus loin; les plus modernes sont Tétras de roche, Gélinotte blanche, Perdrix des roches, Perdrix

de neige, et l'Attagas blanc de Buffon ;
tous ces noms et ces caractères divers,
donnés par les auteurs, doivent se rapporter à nôtre seul ptarmigan. On doit
observer que le *Tetrao scoticus* de Latham
et la plupart des citations placées comme
synoymes avec cette espèce prétendue,
doivent être rayées de la liste nominale,
par la raison, que ces indications ont
rapport à des descriptions, où les auteurs
méconnoissant les espèces, les ont confondues.

Je présume m'être assez étendu dans
cette description quand à la nomenclature
de l'espèce ; pour ceux qui désirent un
travail plus exact, je les renvoie à mon
Index qui termine cet ouvrage ; ils verront, de quelle manière je rapporte les
citations des auteurs aux trois espèces
de Tétras, dont la livrée est blanche en
hiver. Il me reste maintenant à décrire
le plumage de cet oiseau dans les deux
saisons de l'année.

La longueur totale du Tétras ptarmigan
est de quatorze ou de quinze pouces :

la queue a près de cinq pouces et les ales pliées atteignent le milieu de la longueur des pennes qui la compose. Le bec est comprimé, plus long et moins courbé par le haut, que dans l'espèce suivante; les doigts sont munis d'ongles larges, évasées et arrondis par le bout; ils sont arqués et d'un noir bleuâtre; l'iris est d'un brun noisette; au-dessus des yeux est une peau nue et lisse en hiver, mais en été relevée en forme de sourcil et édentée, de couleur rouge et jaunâtre; la queue est composée de scize pennes.

Le ptarmigan, de même que plusieurs espèces d'oiseaux riverains et plusieurs habitans des hautes mers, éprouve deux mues par an; la première a lieu vers le milieu d'avril et dure jusqu'en mai; il est alors dans sa livrée parfaite d'été: depuis le commencement d'octobre jusqu'au mois de septembre il perd sa livrée d'été pour se revêtir de celle d'hiver; dans cet état tout l'oiseau est couvert d'un plumage parfaitement blanc, mais sa queue est

noire, à l'exception cependant des deux
pennes du milieu qui sont blanches ainsi
que les longues couvertures du dessus et
du dessous. Le mâle se distingue, mais
seulement en hiver, par une balafre ou
bande noire, qui part des coins de
l'ouverture du bec et se termine derrière
l'œil; la femelle en est dépourvue; les
pieds dans cette saison ont de petites
plumes effilées, très longues, qui garnissent le tarse et les doigts, et qui recouvrent
la plante des pieds ainsi qu'une grande
partie des ongles ; c'est encore dans la
saison hybernale seulement, que chaque
plume est accompagnée d'un long et ample duvet qui sort du même tuyau; en
été ce duvet, qui accompagne également
la plume, est court et peu garni.

Au printems, le plumage change successivement ; on trouve alors, ainsi
qu'en automne, des ptarmigans en pleine
mue et portant la livrée mêlée des deux
saisons.

En été le plumage est singulièrement
varié; la livrée complette dans laquelle

j'ai le plus habituellemment trouvé ces oiseaux, est la suivante.

La gorge est blanche; le cou, le dos, les scapulaires, les grandes couvertures des ailes, les deux pennes du milieu de la queue et ses couvertures supérieures, sont variés de raies sransversales, plus ou moins blanches, noires et rousses; les pennes des ailes, le milieu du ventre, l'abdomen et quelquefois les couvertures inférieures de la queue, demeurent blancs; les tarses et les doigts moins abondamment couverts de plumes longues et déliées, laissent alors apercevoir l'ongle du doigt postérieur et souvent ce doigt même, qui est entièrément nud; quelquefois il n'y a point de poils sur les doigts de devant; les sexes ne se distinguent point, le mâle perdant en été la balafre noire.

J'ai vu plusieurs variétés du ptarmigan dans son habit d'été, et j'ai rassemblé dans mon cabinet quelques individus tant de la Suisse que du nord de l'Amérique dont les caractères accidentels offrent des différences très marquées; accidents

qui sont de nature à servir de preuve
contre certains auteurs, qui se sont permis
des doubles emplois, en multipliant les
espèces nominales des seules variétés du
ptarmigan.

Un individu mâle envoyé du nord
de l'Amérique, porte un plumage qui
indique, que l'individu est dans l'état de
mue et quittant sa livrée d'hiver, pour
reprendre celle d'été; le trait noir entre
le bec et l'œil est encore visible; toute
la gorge, le devant du cou, les parties
inférieures et les ailes sont d'un blanc
pur; le haut de la tête et le derrière
du cou sont variés de plumes noires,
qui portent de fines raies rousses, et
un peu de blanc à leur origine; le haut
du dos, les scapulaires et la poitrine
sont couverts de plumes noires; celles
du bas du dos, du croupion et des
couvertures du-dessus de la queue sont
d'un gris brun avec des raies noires en
zigzag; vers le bout de chaque plume
il y a une bande noire et toutes sont
terminées de blanc; les doigts sont très

peu garnis de plumes, leur dernière phalange, qui tient l'ongle, est nue.

Un autre individu tué en Suisse sur
le St. Gothard dans le mois de juillet,
a tout le plumage, tant des parties supérieures qu'inférieures, d'un beau roux
jannâtre rayé régulièrement de noir, hormis sur le haut du dos, où il y a
des grandes taches noires; cette variété
n'a de blanc que les seules rémiges et
quelques-unes des pennes secondaires des
ailes; les tarses ont seulement par devant
des poils blancs très courts; le derrière
du tarse est nu, ainsi que la plus
grande partie des doigts; celui de derrière et les latéraux le sont totalement,
mais celui du milieu a sur la première
phalange des plumes très courtes, qui
commencent à paroître dans l'interstice
des écailles.

Les autres variétés n'offrent point dans
leur plumage un intérêt égal aux deux
individus que je viens de décrire, je
passe conséquemment l'énumération de leurs
couleurs sous silence.

La chair des ptarmigans est d'un bon goût, elle a beaucoup de fumet; pour la couleur et la saveur elle a des rapports avec celle du lièvre; nous avons vu qu'en Amérique elle n'a pas la même qualité.

Le jabot est très grand et vaste; il est revêtu en-dedans de petites glandes; le gésier est aussi très ample et formé de quatre muscles très forts, séparés par de profonds sillons; le plus grand de ces muscles se trouve opposé au pylore et à une épaisseur de huit lignes; la membrane interne du gésier est pliée, sans être très dure: les intestins sont très longs et grèles, leur longueur jusqu'au rectum est de deux pieds cinq lignes; les cœcums sont également très longs, ils ont un pied six pouces et trois lignes, vont en grossissant vers l'extrémité et ont leur surface marquée par des lignes blanches longitudinales; ils ont à peu-près la double grosseur du rectum, qui n'a que cinq pouces de longueur et qui est formé d'une membrane très épaisse,

Le renard et la fouine sont les
cruels ennemis des ptarmigans; dès oiseaux
rapaces, c'est particulièrement le grand
milan ou milan royal qui les attaque
du haut des airs, il en détruiroit un
bien grand nombre, si les couleurs du
plumage d'été comme celui d'hiver, ne
les déroboit à l'œil perçant de ce vo-
race oiseau.

Le ptarmigan habite plus particulièrement
les alpes du centre de l'Europe et ne se
montre point en Lapponie et dans le nord,
où l'espèce suivante est très répandue: en
Suisse on trouve le ptarmigan sur les alpes
du pays des Grisons, de Glarus, d'Appen-
zel, dans le canton du Tessin et d'Unter-
wald; on en voit beaucoup sur le St. Gothard
et sur le Grimsel; l'espèce est également répandue dans le nord de l'Amérique.

Voyez la tête, le bec et le pied d'un ptarmigan mâle, dans la planche anatomique 10.
figure 1, 2 et 3: pour servir de comparaison avec les mêmes parties du Tétras des
saules, figurées dans la planche 11.

# TÉTRAS DES SAULES.

Tetrao Saliceti. *Mihi.*

J'AI déjà dit à l'article précédent, qu'on trouve dans les parties septentrionales de l'Europe, ainsi que vers le pole en Amérique une seconde espèce de Tétras dont l'ensemble des formes, la couleur du plumage en hiver et la mue qui s'opère deux fois par an, présentent tant de rapports avec nôtre ptarmigan, qu'il est très excusable de méconnoître ces deux espèces et de les confondre: particulièrement, quand on n'a pas les objets de comparaison dévant soi. Aucun auteur n'a jusqu'ici fait connoître ces deux espèces d'une manière complete; la plupart des indications, rapportées dans les voyages, ont été mal appliquées et quelquefois mal comprises des nomenclateurs; me trouvant à même, par le résultat d'observations multipliées, faites par mon ami M. Meyer d'Offenbach, de

corriger ces nombreuses erreurs, j'entrepren-
drai de satisfaire à cette tâche, en invitant
mes lecteurs de consulter l'Index pour les
citations qui ont rapport à la synonymie.

J'ai réuni dans l'article précédent le Lagopède, le Ptarmigan et l'Allagas blanc de
Buffon; j'y ai compris le Lagopède de
roche de Gmelin, la Perdrix de roche de
Hearne, le Ptarmigan et le Rock-grous de
la zoölogie arctique. Ici je rapporte à ma
seconde espèce, non seulement le Tétras
muet de Montin, mais aussi le Tétras
blanc ou Lagopède de la Baie de Hudson
des auteurs, la Poule de marais de Rza-
cynski, le More cock d'Albin, le Redgrous
de Latham, ainsi que la Perdrix des saules de Hearne; M. Virey joint également
à l'espèce du Lagopède de la Baie de
Hudson de Buffon, celle que Pennant décrit dans la zoölogie arctique vol. 2. pag. 312.
mais nous avons dit, que ce Lagopède de
roche appartient à l'espèce du ptarmigan.

Ce Tétras, auquel je conserve la dénomination qui lui fut donnée par Hearne,
ne diffère pas seulement du ptarmigan par

ses habitudes naturelles, mais encore par
les formes extérieures; il est de deux
pouces plus grand que le dernier dans ses
dimensions totales; son bec est beaucoup
plus fort, il l'est même davantage que
celui du Tétras gélinotte, tandis que le
bec du ptarmigan est moins gros que celui de la perdrix; ce bec est d'un tiers
plus haut et plus large que celui du
ptarmigan, comme on peut le voir dans
les planches anatomiques 10 et 11. fig. 2;
les sourcils au-dessus des yeux sont plus
apparents et surmontés en été d'une petite crête édentée; le mâle n'a point de
balafre noire, il est tout blanc et ressemble en hiver à sa femelle; les tarses
sont beaucoup plus forts et plus longs;
ceux-ci, ainsi que les doigts, sont garnis
d'un duvet plus abondant et plus serré
que chez le ptarmigan; les ongles sont
plutôt de longues lames aplaties, un peu
évasées en dedans et d'un blanc de corne;
la livrée d'été est d'un roux marron foncé,
ou d'un roux de rouille entrecoupé de
raies transversales noires.

Le Tétras des saules est, plus encore
qui le prarmigan, un habitant des glaces
et des neiges; il ne quite point les régions du cercle arctique; on le trouve
jusqu'aux 72ᵉ degré de latitude; en Amérique, comme dans le nord de l'Europe,
il ne fréquente point exclusivement les
rochers, mais il habite aussi dans les bois
de saules et de bouleaux, proche des
rivières, des lacs, et des marais; les na-
tifs de l'Amérique du nord distinguent
cette espèce par le nom de *Skorve rype*
qui signifie Tétras des bois; le ptarmigan
est appelé par eux *Fiaeld rype* ou Tétras
des montagnes; dans la Livonie et l'Estonie,
provinces les plus méridionales de l'Europe
où ce Tétras descendent en hiver, il
séjourne dans les landes vastes et maréca-
geuses, où croît beaucoup de *Vaccinium
myrtillus et uliginosum;* on le trouve
aussi dans les contrées basses et humides,
où croissent de petits buissons d'ormeaux
et de saules nains, c'est conséquemment
à juste titre qu'on l'appelle dans ce pays
poule de marais. J'ajoute ici en substance

les observations du voyageur Hearne sur
sa Perdrix des Saules, qui s'accordent
parfaitement avec ce que je viens de
dire des mœurs de nôtre Tétras.

„ Vers la fin de septembre et au
„ commencement d'octobre, les perdrix
„ des Saules se réunissent au nombre
„ de plusieurs cents, et abandonnent les
„ plaines ouvertes et les terres stériles,
„ où elles engendrent ordinairement; elles
„ dirigent alors leur vol vers les endroits
„ les plus garnis de saules; là elles vivent
„ en état de société, jusqu'à ce qu'elles
„ soient dispersées par leurs ennemis
„ communs, les faucons ou les chasseurs.
„ De toutes les espèces de francolins
„ que l'on trouve dans les environs de
„ la Baie de Hudson, celle-ci est la
„ plus multipliée; lorsqu'on les laisse
„ tranquiles pendant un certain tems, leur
„ nombre s'accroît souvent au-de-là de
„ presque toute croyance; je ne crois
„ pas exagérer en disant, que j'en ai
„ vu des bandes de plus de quatre cents
„ près de la rivière de Churchill; on les

„ trouve constamment en hiver le long
„ des rivières et des anses sur les bords
„ des étangs et des lacs, et dans les
„ plaines couvertes de saules nains, car
„ c'est de leurs sommités qu'elles se
„ nourrissent uniquemment dans cette sai-
„ son ; l'été elles vivent de fruits et
„ d'herbes ; comme leur nourriture d'hiver
„ est sèche et dure, elles sont obligées,
„ pour faciliter leur digestion, d'avaler une
„ quantité considérable de gravier; mais
„ la neige, qui couvre alors la terre à
„ une grande profondeur, fait qu'elles ont
„ bien de la peine à s'en procurer. Les
„ Indiens ont imaginé d'y remédier par
„ le même procédé qu'on employe aujour-
„ d'hui en Angleterre, qui consiste à
„ placer un tas de gravier au-près de
„ leurs filets, afin d'attirer plus facilement
„ ces oiseaux; à cet effet les filets indiens
„ comportent de huit à douze pieds en
„ carré ; ils sont placés sur des chassis
„ de bois, et tendus ordinairement sur la
„ glace dans les rivières, les anses, les
„ lacs et les étangs, à environ cent ver-

„ ges des saules des environs; mais jamais
„ à moins de la moitié de cette distance;
„ on rassemble de la neige en dessous
„ et après en avoir formé au centre un
„ monceau assés élevé, on le recouvre
„ de gravier; on soulève ensuite un des
„ côtés des chassis qu'on tient suspendu
„ à l'aide de deux pieux d'environ quatre
„ pieds de haut auxquels les chasseurs
„ attachent une corde, dont ils fixent
„ l'autre bout aux saules voisins, de ma-
„ nière à ce qu'ils ne puissent être
„ apperçus des perdrix qui entrent sous
„ le filet; quand tout est prêt les chas-
„ seurs vont se placer sous les saules;
„ et dès qu'ils découvrent quelques per-
„ drix, ils s'efforcent de les attirer près
„ du piège, ce qui ordinairement ne leur
„ est pas difficile, car la plupart du tems
„ ces oiseaux accourent comme des pou-
„ lets. Par cette méthode aussi simple
„ qu'ingénue j'ai compté plus de trois cents
„ perdrix prises dans une seule matinée
„ par trois personnes, un seul coup de
„ filet rapporte ordinairement de trente à
„ soixante-dix perdrix.

„ Ces oiseaux ne sont pas également
„ abondants toutes les années, car j'ai vu
„ des hivers ou ils étoient si rares, qu'il
„ étoit impossible d'en prendre avec les
„ rets; en revanche elles furent si abon-
„ dantes dans l'hiver 1785, que j'en fis
„ donner plus de deux mille aux cochons;
„ ces oiseaux vers la fin de mars ou au
„ commencement d'avril reprennent leur
„ beau plumage d'été, leurs premières
„ plumes brunes se montrent sur le cou,
„ et leur couvrent successivement tout le
„ corps, mais rarement sont elles toutes
„ poussées avant juillet; ces plumes font
„ d'excellents lits." (a)

La description du *Red grous* de Latham
appartient à mon Tétras des saules, lorsque célui-ci est revêtu de son beau plumage d'été; j'ai vu dans les galleries du
Leverain museum à Londres l'oiseau sur
lequel Latham à fait sa description;
c'est d'après ce même individu, qui selon

_____________

(a) *Hearne*, voy. à l'océan du nord p. 391;
*trad. Franç.*

O 4

toute probabilité a servi également do modele pour le Moor cock d'Albin, que j'ai
fait faire mon dessin et que j'ai pris la
description de la livrée complete d'été;
c'est le seul individu dans cet état que
j'ai été à même de voir, tandis qu'il
m'en a passé plus de cinquante par les
mains, dont le plumage étoit ou totalement blanc, ou bien bigaré de roux et
de blanc. (*b*).

---

(*b*) J'en étois à l'impression de ce que l'on
vient de lire lorsque je reçus l'agréable visite du
savant naturaliste Bullock, possesseur du London
museum; cet amateur zélé a entrepris plusieurs
voyages en Ecosse et dans les différentes îles du
fond de ce royaume, dans le but de rassembler
une collection des productions naturelles de ces
contrées: M. Bullock avait fait dans ces courses
des observations très intéressantes sur le Lagopède
des saules, Il eut la bonté de me montrer plusieurs individus de cette espèce, tous revêtus de
leur plumage complet d'été, et me fit l'amitié
den offrir un couple mâle et femelle pour mon
cabinet. Cette circonstance me met à même de

Le Tétras des saules se nourrit dans le nord de l'Europe de toutes sortes de baies, comme *Arbutus uva ursi*, *Vaccinium myrtillus*, *uliginosum et vitis idæa*, et des feuilles du saule et du bouleau nain; en Groenlande il mange les baies de *l'Empetrum*. Dans le mois d'octobre les couvées se réunissent et forment des bandes de plusieurs centaines d'individus; c'est vers cette époque qu'ils descendent dans les plaines; ils se rappellent souvent durant la journée par des cris très sonores.

Mr. Bullock me dit que ce Tétras porte dans l'Écosse et généralement dans toute l'Angleterre le nom de Red-Grous; c'est le même oiseau que celui décrit par Latham dans son Index sous le nom de *Tetrao Scoticus*, et spécialement à l'époque lorsque ces oiseaux sont revêtus du plumage complet d'été; mais le *Bonasia Scotica* de Brisson placé comme synonyme avec le Red-Grous de l'auteur Anglais, est une

---

completter l'histoire du singulier oiseau qui fait le sujet de cet article.

espèce différente qui n'est point répandue dans les trois royaumes Britaniques. C'est vers les premiers jours d'août que commence en Écosse la chasse de ce Tétras, alors on les voit prendre l'essor par bandes composées de plusieurs individus; les jeunes à cette époque, suivent les vieux; leur nombre (dans les lieux qu'ils habitent de préférance) est tel, que le chasseur novice reste comme interdit, et ne sait sur qu'el individu dirriger ses coups; mais les routes pour parvenir à ces retraites fréquentées par les Tétras des saules, sont ainsi que les lieux qu'ils habitent, d'un accès très difficile, cachés dans l'épaisseur des broussailles, ils ne prennent l'essor que lorsqu'on est prêt à leur marcher dessus; ils partent alors sans jetter aucun cri, mais les mouvemens d'ailes qu'ils font en prenant l'essor sont bruians. Il est très rare que des couples isolés viennent nicher dans le royaume d'Angleterre ce n'est qu'en Écosse que cet oiseau est très répandu.

Les Lappons attrapent ces Tétras en

construisant des hayes de rameaux verts
du bouleau, dans lesquelles ils ménagent
de petites ouvertures; c'est là qu'ils placent
les lacets; l'oiseau en venant arracher
les feuilles et les bourgeons qui s'y trouvent
reste arrêté dans les lacets; en Norvège
on en prend par milliers, mais seulement
en hiver; ils sont envoyés à Stokholm
et dans d'autres villes de la Suède où
les marchés en sont abondamment pourvus;
on les apporte des confins de la Sibérie
sur les marchés de Petersbourg, où ils
arrivent gelés, sur des kibiks chargés de
différentes espéces de Tétras.

La longueur totale de cette espèce est
de quinze jusqu'à seize pouces un quart;
son bec est fort, très arqué, déprimé
et large à sa base; le tarse mesure un
pouce huit lignes; les doigts sont pourvus d'ongles longs et plats, leur longueur
est de neuf lignes; en été les yeux
sont surmontés d'une grande crête rouge,
très apparente dans le mâle; l'œil est
alors entouré d'un cercle de petites
plumes blanches; l'iris est d'un brun fon-

cé. Le plumage d'hiver est pour le mâle comme pour la femelle d'un blanc pur et lustré; les deux pennes du milieu de la queue le sont également, mais les quatorze autres sont noires à bouts blancs; les tarses et les doigts sont très garnis, les poils cachent totalement tout le doigt postérieur et ne laissent appercevoir que le bout des ongles des doigts de devant; les yeux sont surmontés dans cette saison d'une nudité rougeâtre très peu étendue; on ne voit aucune trace de la crête, qui en été s'élève sur cette partie, et la presque totalité de l'espace nue est cachée par les plumes de la tête. Si les balafres noires que portent en hiver les seuls mâles du Ptarmigan étoient également propres aux femelles, elles serviraient à distinguer celles-ci du Tétras des saules qui manque la blafre dans les deux sexes; cependant on reconnoîtra toujours dans cette saison les individus de la présente espèce, aux caractères suivants; à leur bec plus large, plus obtus et très déprimé; la taille qui est plus forte; aux pieds qui sont garnis de poils beaucoup plus longs et plus touffus; enfin, aux ongles qui sont longs, plats, très déprimés vers le bout et d'un blanc pur.

Il change totalement sa livrée en été; son plumage est alors d'un beau roux marron, pur sur la tête et sur le haut du cou, mais marqué de lignes transversales noires sur le dos; les ailes et les couvertures tant inférieures que supérieures de la queue, le ventre et le dessous du corps sont d'un marron très foncé tirant au noir, et semé de nombreux zigzags noirs; le haut du dos et les scapulaires ont également de ces bandes noires en zigzag, mais les grandes taches noires y sont en plus grand nombre; quelques plumes de l'abdomen et les couvertures inférieures de la queue sont terminées de blanc; toutes les couvertures des ailes sont d'un roux marron semé de nombreux zigzags noirs; les pennes secondaires ainsi que les rémiges sont d'un brun uniforme; les pennes de la queue à l'exception des deux, ou chez quelques individus les quatre du milieu sont d'un noir profond, elles sont terminées par du brun noirâtre; on voit à la mandibule inférieure du bec un petit trait longitudinal d'un blanc pur et un cercle de plumes blanches entoure les yeux; au-dessus des yeux est une nudité très étendue, surmontée par une membrane nue et édentée, qui s'élève environ de quatre lignes au-dessus du crane; l'une et l'autre sont d'un rouge vif: les tarses et les doigts garnis de poils très courts, laissent nouseulement les ongles mais souvent même la première phalange des doigts nuds; ces poils sont d'un cendré clair et les ongles d'un gris couleur de corne. Tel est cet oiseau dans son plumage complet d'été.

On trouve des individus, chez lesquels le roux est plus clair; d'autres qui n'ont que le cou et la poitrine couverts de plumes rousses, et le reste du plumage d'un blanc pur; ceux-ci sont des oiseaux dans la mue. Les jeunes, sont généralement d'un roux orange sur toutes les parties où les vieux ont du roux marron; ils ont plus de taches et de raies noires; vers les époques des mues on voit leur plumage également bigaré de plumes blanches.

En automne il est facile de tuer le Tétras des saules, il se laisse alors approcher sans montrer beaucoup de défiance; en s'envolant il ne jette aucun cri, mais fait un grand bruit d'ailes. On les entend se rappeler le matin par un cri sonore, qui peut se rendre par les syllabes *Ton-Zu*; en hiver, lorqu'ils sont réunis, leur premier vol se dirige droit dans les airs, afin de se débarasser de la neige qui les couvre; durant cette saison et celle d'automne on les voit en petites et grandes troupes; ils ne se perchent jamais sur les arbres.

Ce Tétras se trouve dans le nord jusqu'au 72e degré; à la Baie de Hudson, en Norvège, en Fionie, Kurlande, Livonie et Estonie, en Prusse aux environs de Tilsit et jusqu'en Pomméranie; en Asie il habite le nord de la Sibérie et jusqu'au Kamschatka; on le voit aussi en Lapponie, en Islande et en Écosse; il n'a jamais été vu sur les Alpes de l'Autriche ni de l'Helvétie, où on trouve la seule espèce du Ptarmigan.

Plusieurs individus, dans leur différente livrée, font partie de mon cabinet.

# TÉTRAS RÉHUSAK.

Tetrao lapponicus. *Lath.*

Cette espèce est du très petit nombre de celles dont je fais mention, uniquement d'après les indications des auteurs naturalistes. N'ayant jamais vu ce Tétras en nature j'ai longtems hésité de le placer ici; cependant voyant les observations de tous les naturalistes du nord, dont j'ai pu consulter l'opinion, s'accorder avec les indications des auteurs, et les dissemblances des caractères et des mœurs qu'ils signalent pour les trois différentes espèces de Tétras, qui prennent une livrée blanche en hiver, me paroissant établir des différences très marquées; il m'a paru, qu'on ne doit plus balancer d'adopter l'opinion de savants naturalistes et de juges competans, tels que Montin, Retz et Pennant.

Dans les deux articles précédents je crois n'avoir rien omis de ce qui pouvoit servir à marquer les différences qui caractérisent les espèces du ptarmigan et du Tétras des saules; dans celui-ci nous signalerons d'autres disparités, qui ont rapport aux formes extérieures et aux mœurs du Tétras réhusak.

Deux caractères très marquants distinguent le réhusak, et le font considérer comme espèce différente du Tétras des saules; 1°. les doigts, qui au lieu d'être revêtus en hiver comme en été d'un duvet plus ou moins abondant suivant la saison, se trouvent garnis d'écailles larges et dures, comme le sont les doigts du Tétras gélinotte; 2°. le cri très sonore qui ressemble à un éclat de rire; selon le dire des voyageurs, l'espèce précédente ne fait entendre aucun son de voix en prenant son essort; Pennant, Montin et Retz sont d'accord sur ces dissemblances. Suivant Retz la queue seroit composée de quatorze pennes; tandis que dans les deux espèces précédentes on compte toujours seize pennes;

mais il se pourroit bien qu'il y eut erreur dans cette marque distinctive donnée par Retz, puisque Brisson compte seize pennes à la queue de son Tétras, et que j'ai par expérience qu'il est très possible de s'abuser sur le nombre des pennes caudales dans les trois espèces de Tétras blancs; les grandes couvertures supérieures, dont les plus longues atteignent l'extrémité des pennes, sont très propres a occasionner un mécompte semblable.

Dans la confusion qui règne chez les méthodistes par rapport à ces trois espèces du Tétras, je signale particulièrement l'erreur de Latham, qui en parlant du *Tetrao lapponicus* dit à la page 640 de l'index, *Pedes lanati.* Une autre erreur du même naturaliste se voit page 640, où il range le *Bonasa scotica* de Brisson qui est nôtre réhusak, comme synonyme à son *Tetrao scoticus,* indication qui appartient au Tétras des Saules lorsque celui-ci est dans son plumage complet d'été.

Le Réhusak, dit Brisson, mesure en totalité quatorze pouces; son bec à

neuf lignes; sa queue quatre pouces; son
tarse un pouce six lignes, et le milieu des
trois doigts antérieurs, conjointement avec
l'ongle, un pouce cinq lignes. La tête, le
cou, le dos, le croupion, les couvertures du
dessus de la queue, les petites du-dessus
des ailes, la poitrine, le ventre et les
côtés sont rayés transversalement de roux
et de noirâtre; la gorge est presque
entièrement rousse; les jambes et les
couvertures du-dessous de la queue sont
rayés transversalement de brun, de gris
et de roussâtre; les rémiges et les
grandes couvertures des ailes sont brunes;
les moyennes sont de la même couleur et
variées de roussâtre du côté extérieur et
à leur bout; la queue est composée de
seize pennes (a), les huit du milieu sont
de la même couleur que le dos, et les

-----

(1) J'ai déjà remarqué, que suivant Retz, la
queue seroit composée de quatorze pennes; y
aurait-il erreur dans cette énumération de la part
de Brisson, et ce dernier aurait-il compris les
grandes couvertures au nombre des pennes?

quatre extérieures de chaque côté sont
noires; le bec est noirâtre; les pieds
sont garnis jusqu'a l'orogine des doigts,
dans la partie antérieure seulement, de
plumes d'un gris blanc; les doigts couverts
d'écailles sont d'un gris-brun, de même
que les ongles.

La description que je viens de tracer,
a été prise par Brisson d'après un
individu, portant sa livrée complette d'été,
tel qu'il se trouvoit déposé dans le
cabinet de Réaumur. La livrée d'hiver
est blanche, et les quatre plumes latérales de chaque côté de la queue, sont
noires.

Voici ce que me marque Mr. Meyer
d'Offenbach. Le bec est noir, courbé,
un peu comprimé et conique; la mandibule
supérieure obtus; les pieds couverts de
plumes jnsqu'à l'origine des doigts ceux-ci
nuds, couverts d'écailles grises; les ongles
assez droits point taillés en pioches,
mais de forme triangulaire, obtus vers la
pointe; les narines couvertes de plumes
roides; les yeux placés assez hauts, l'iris

brun, entouré d'un cercle de petites plumes
blanches et surmontés par des sourcils
nuds et rouges. Dans le plumage d'été,
les côtés de la tête et la gorge sont
d'un roux foncé ; le haut de la tête
noir avec des taches rousses ; le cou
roussâtre rayé transversalement de noir ;
sur la poitrine un espace d'un noir brun ;
le ventre blanc ; l'abdomen de cette couleur, avec des taches rousses ; les ailes
variées de plumes blanches et d'autres
rousses rayées de noir ; le dos, le croupion et les couvertures de la queue sont
rayés de roux et de noir ; les plumes
qui recouvrent les tarses sont d'un blanc
terne ; les pennes noires de la queue
sont terminées de blanchâtre. Dans sa
livrée d'hiver, l'espèce a le plumage d'un
blanc pur, à l'exception des pennes de
la queue, qui ne changent point de
couleur. En automne et au printems le
plumage se trouve plus ou moins tapiré
de plumes blanches.

Cet oiseau se plaît dans les forêts et
sur les hautes montagnes ; il diffère en

cela du Ptarmigan qui ne fréquente jamais les lieux boisés. En fuyant il pousse une clameur sonore qui ressemble au rire à gorge déployée; la femelle pond jusqu'à quatorze œufs, rougeâtres avec de grandes taches brunes.

Cette espèce encore fort rare dans les cabinets d'histoire naturelle n'a été trouvée jusqu'ici que dans les forêts et dans les montagnes de la Lapponie. Les Lappons désignent l'espèce par le nom de Réhusak.

Ce sont là tous les détails, que j'ai pu rassembler sur un oiseau que je n'ai jamais vu.

# DISCOURS

## SUR LE

## GENRE GANGA.

Venant de tracer l'histoire de ces Gallinacés, qui ont reçus les fôrets des contrées septentrionales du globe pour demeure habituelle, à la suite desquels, j'ai rangé des espèces qui semblent même éviter les rayons de l'astre du jour, le saut parroîtra brusque, si de ces habitans du nord nous passons à la description des Gallinacés, destinés par la Nature à vivre sur un sol brulant, dans des climats où les rayons du soleil et les sables entrainés par les vents, détruisent toute espèce de végétation; il ne le parroîtra pas moins, lorsque nous comparerons les formes extérieures des uns et des autres. Cependant, il n'y a dans tout ceci de disparités, que celles, commandées par la localité.

Nous venons de voir par les articles précédants, que les espèces qui appartiennent aux Tétras ont le corps très charnu, la chair compacte et abondante, la peau assez épaisse, un plumage très-serré garni d'une double rangée de duvet, elles ont la plante des pieds et les doigts rudes en-dessous, garnis sur leurs bords d'aspérités très dures. Cette conformation du corps et des membres leur étoit indispensable, tant pour parer à l'action de la température froide des climats qu'elles habitent, que pour s'assujettir solidement sur le terrain gelé, ainsi que sur les branches des arbres couvertes de verglas et de givre. Dans les Lagopèdes qui bravent les froids du cercle arctique; nous voyons les mêmes sages précautions dans leur organisation; un corps massif, une quantité prodigieuse de duvet, plus abondante pendant la saison hybernale; des pieds bien garnis, et munis nonseulement d'une épaisse couche de plumes laineuses, qui les préservent d'être gelés, mais encore les doigts et la plante des pieds garnis de cette espèce de laine, servant de chaussure pour s'affermir et pour courrir sans dangers sur les pentes glacées; enfin, des ongles taillés en pioches, sont des instrumens indispensables pour écarter la neige, qui recouvre les végétaux dont ils se nourrissent.

Dans les Gangas que je regarde comme les représentans des Tétras dans les pays situés sous la Zone torride, l'organisation tant intérieure qu'extérieure, est dans l'harmonie la plus parfaite avec les lieux que ces espèces habitent. Leur taille est svelte, le corps est peu charnu en proportion des membres, la cair est musculeuze et fibreuse, et les ailes sont longues; touts attributs indispensables à des oiseaux, qui sont obligés de fournir à un vol long et soutenu; des pieds à doigts larges et courts, dont celui de derrière ne porte point à terre, sont propres à courir avec célérité (*a*) sur un sable mouvant.

-----

(*a*) Il est remarquable, que chez les oiseaux coureurs, la célérité de la course est proportion-

Les Gangas, que je nomme ainsi, d'après la dénomiuation donnée à l'espèce qui habite les parties les plus méridionales de l'Europe, ont toujours été confondus avec les Tétras; même, et ce qui est plus surprenant encore, on les a indistinctement mêlés avec les Perdrix (b): l'organisation de ces oiseaux, leurs mœurs et leurs habitudes, les distinguent cependant de l'un et de l'autre de ces genres; ils formeront dans cette monographie un genre séparé, qui se lie d'une part aux Tétras proprement dits, par l'espèce du *Tétras phasianelle*, et qui de l'autre-part a des rapports avec ce singulier gallinacé d'Asie,

---

née en raison de l'organisation plus ou moins simplifiée des membres qui portent le corps, le Courevite et l'Autruche, dont les pieds ont une organisation très-peu compliquée, sont les plus alerts à la course.

(b) Latham décrit deux espèces de Gangas dans le nouveau genre qu'il a formé pour les Perdrix, et ces mêmes espèces ainsi que leurs congénères sont rangées dans son *Index*, parmi les véritables Tétras.

que le professeur Pallas, nous a le premier fait connoître. Je suis également
éloigné de l'opinion de quelques naturalistes,
qui prétendent exclure les Gangas de la
liste des Gallinacés, parce-que ces oiseaux
ne sont point brachiptères (c), mais ils
y admettent l'Hétéroclite de Pallas, qui
sous le rapport de la longueur des ailes
et de leur forme singulière, devrait être le
premier à en être exclu. Les Gangas,
de même que l'Hétéroclite sont de véritables Gallinacés ; leur ponte nombreuse,
le peu d'apprêts dans la structure du nid,
les petits qui courent au sortir de l'œuf,
leur manière de vivre, et tous leurs caractères extérieures nous indiquent la place,
que ces oiseaux doivent occuper dans un
système méthodique.

Les Gangas vivent uniquement dans les
contrées chaudes de l'Afrique et de l'Asie,
leur passage n'est qu'accidentel en Europe.
La rencontre de ces Gallinacés, est un

_______________________________

(c) On désigne assez généralement les Gallinacés,
par le nom de brachiptères ou oiseaux à ailes courtes.

presage heureux pour le voyageur égaré
dans les vastes solitudes, qui occupent une
portion très considérable de ces deux
parties du globe; la proximité des torrens
ou des fontaines est annoncée par les
Gangas; ces oiseaux habitent les confins
des deserts, ou dans les bruyères et les
plaines déséchées, couvertes seulement de
quelques buissons; voyageurs et aimant à
se déplacer, ils parcourent journellement
une étendu très considérable de pays,
ils exécutent ces voyages, dans le but de
visiter les lieux où ils ont coutume de
s'abreuver; lorsque les citernes naturelles,
ou les torrens des environs viennent à
tarir, et que la chaleur de l'atmosphère
déséche ces abreuvoirs, les Gangas, se
hasardent alors à traverser ces océans d'un
sable mouvant, que tous les êtres redontent, et que les autres oiseaux voyageurs
de ces contrées évitent, en opérant leur
migration le long des côtes.

Si la nature destine ces oiseaux à vire
dans des lieux tristes et déserts, elle
semble compenser en quelque sorte une

telle défaver par un bienfait; les Gangas
se réunissent dans ces solitudes par compagnies de plusieurs centaines, qui ne se
séparent que dans la seule époque où ils
vaguent à la reproduction de leur espèce,
le reste de l'année en association nombreuse,
ils bravent en commun les périls d'un
voyage dangereux, ou jouissent ensemble
de l'abondance. Cette dernière particularité,
doit être appliquée aux seules espèces de
Gangas, dont les deux pennes du milieu de
la queue sont alongées et subulées; ces
oiseaux nomades vivent toute l'année par
bandes de plusieurs centaines; les autres
espèces vivent par compagnies, composées
comme celles des perdrix, du mâle de la
femelle et des jeunes. Ils ne se perchent
jamais.

Le nom générique *Pterocles*, que je
propose pour ce genre, indique que ces
oiseaux ont dans la forme des ailes, quelque chose de particulier; et en effet,
dans les genres nombreux dont l'ordre des
Gallinacés est composé, les espèces de
celui-ci et du genre suivant se distin-

guent, par la longueur de leurs ailes, dont la première rémige est la plus longue.

Les caractéres essentiels, propres au genre Ganga, sont les suivants. Le bec médiocre, grêle dans quelques espèces, comprimé; la mandibule supérieure droite, courbée vers la pointe. Les narines à la base du bec, à moitié fermées par une membrane couverte par les plumes du front, elles sont ouvertes en-dessous. Les pieds (*d*), à doigts courts, celui de derrière presque nul s'articule très haut sur le tarse; les trois doigts de devant réunis jusqu'à la première articulation, et bordés latéralement de membranes; le devant du tarse couvert de petites plumes très courtes, le reste nud. Les ongles très courts, celui de derrière comprimé et acéré, ceux de devant obtus. La queue conique, dans quelques espèces les deux plumes du milieu alongées en fils. Les ailes longues accaminées, la première rémige la plus longue.

---

(*d*) Voyez le pied d'un de ces oiseaux; Table anatomique 11. f. 3.

# GANGA UNIBANDE.

*Pterocles Arenarius. Mihi.*

C'EST dans les plaines sabloneuses de la partie méridionale du vaste Empire de la Russie, ainsi que dans les déserts, qui s'étendent au nord de l'Afrique, que ce Ganga abonde. Souvent, dit Pallas, qui a trouvé l'espéce vers le téritoire stérile d'Astracan et sur les bords du Volga, on la voit pendant la journée, réunie en couples s'avancer sur les bords humides des fleuves, et voler comme les pigeons. Quoique à proprement parler le Ganga unibande ne soit point un habitant de l'Europe, il semble non-obstant être enporté quelquefois dans ses voyages au-de-là des limites, que la nature paroît lui avoir assigné, dès plaines brulées de l'Afrique, qui s'étendent le long de la mer Méditéranée, il se rend dans la fertile Andalousie et visite également les autres pro-

vinces méridionales de l'Espagne; depuis les
déserts de l'Asie il pousse, quoique plus
rarement, ses voyages jusques en Allemagne,
où le naturaliste Naumann, qui le premier a rangé l'espèce parmi les oiseaux
d'Europe, tua en août 1801, dans le territoire d'Anhalt, un individu de cette espèce; deux autres individus y avaient
été observés dans la même année.

Latham dans sa Méthode Ornithologique
fait un double usage de ce gallinacé; il
le décrit en premier lieu, d'après le savant Pallas, sous le nom de *Tetrao arena-
ria*, et plus loin, d'après la *Fauna Aragonica*, il range l'espèce parmi les Perdrix
éperonnées, sous le nom de *Perdix Aragonica*; il est vrai, que pour légitimer ce
double emploi, l'auteur lui suppose très
gratuitement des éperons; au reste la phrase
descriptive de Latham, que je joins ici en
nôte (a), contient, à l'exception de l'indica-

---

(a) *Perdix calcarata*; pedibus antice hirsutis;
corpus fuscum ferrugineo varium; pectus rufum,
fascia nigra: gula, remiges, abdomen, femoraque

tion des éperons, une description très
exacte du Ganga de cet article.

La Gélinotte de Barbarie, dont Mr. des
Fontaines fait mention dans les mémoires
de l'Académie des scienses, année 1787,
page 501, la même que l'Encyclopedie méthodique décrit sous le nom de Gélinotte rayée,
pl. 188, fig. 13, est encore un jeune mâle
de notre Ganga unibande; la Gélinotte des
rivages de la même Encyclopédie page 200,
pl. 92, fig. 4, appartient également à cette
espèce.

La longueur totale de ce Gallinacé varie de douze à quatorze pouces, suivant les pays d'où on le reçoit. Dans les
contrées arides et brulées de l'Afrique,
où les ressources alimentaires doivent souvent manquer, l'espèce est constamment
d'une taille inférieure; tandis que les individus tués dans les provinces fertiles de

---

nigra: collum album nigro maculatum: cauda
cuneiformis, rectricibus lateralibus extimo apice
albis; pedes antice hirsuti, *postice calcarati.* —
*Perdix Aragonica*, Index Orn. v. 2. p. 645. sp. 7.

l'Espagne, ont des dimensions plus grandes, leur plumage est plus beau et les couleurs en sont plus vives.

Ces différences, sont constantes pour tous les animaux, mais plus spécialement pour ceux qui se nourrissent de végétaux et de semences; l'abondance ou la disette dans ces substances alimentaires dépendent souvent de causes imprévues, et naissent de la localité.

J'ai eu lieu de faire la même observation sur plusieurs espèces de Gallinacés et sur un grand nombre d'autres oiseaux indigènes et exotiques; particulièrement sur ceux qui vivent dans les plaines désertes du midi de l'Afrique, comparés avec des individus de la même espèce, mais vivant sons le beau ciel, où le Nil et le majestueux Niger ou Joliba répandent la fécondité.

Sur la gorge de ce Ganga se dessine une tache triangulaire noire, bordée à sa partie supérieure par une large bande de couleur marron, qui prend son orgine à la base de la mandibule inférieure, s'étend au-dessous des yeux sur les oreilles, et se réunit sur la nuque; la tête, le cou et la poitrine sont d'un cendré légèrement teint de rougeâtre; une large bande noire, partant de l'insertion des ailes, traverse la poitrine; le ventre, les flancs, les cuisses et l'abdomen sont d'un noir profond; les couvertures inférieures de la queue, également noires, sont terminées par une grande tache blanche, ce qui fait paroître cette partie d'un blanc pur; le dos et toutes les couvertures des ailes sont d'un roux jaunâtre; vers le milieu des plumes de ces parties est un espace plus ou moins étendu d'un cendré foncé, et toutes sont terminées par du jaune couleur d'ocre; le bord supérieur de l'aile est d'un blanc terne; les rémiges sont d'un cendré noirâtre et les pennes secondaires, d'une couleur cendrée, sont bordées et terminées de jaunâtre; la queue, qui est fortement étagée, est en-dessus d'un cendré foncé avec des raies noirâtres et toutes les pennes, les deux du milieu exceptées, sont terminées de blanc; en-dessous la queue est noire terminée de blanc; les petites

plumes qui couvrent le devant du tarse
sont d'un blanc jaunâtre; le bec est bleuâtre; la partie postérieure du tarse et les
doigts sont d'un jaune foncé.

La femelle, constamment moins grande
dans toutes ses dimensions, a les couleurs
plus ternes; le cendré du cou est plus
mat, le noir des parties inférieures est
teint de brun, et la bande noire sur la
poitrine est moins large. Elle niche à
terre dans les brousailles; suivant l'auteur
de la Faune Arragonienne la ponte serait
de quatre ou de cinq œufs marqués de
taches brunes, et suivant Pallas les œufs
seraient d'une couleur blanche pâle.

Pallas appelle cette espèce poule des
steppes ou des landes; on la trouve
dans les déserts sablonneux des environs
du Volga; elle jette un cri aigu en
s'élevant, mais ne fait point de bruit
dans son vol. Sa nourriture consiste
en graines d'astragale. C'est le *Desherdk*
des Tartares.

J'ai reçu des individus tués en Espagne,
ainsi qu'un mâle des déserts de Barbarie;

ceux-ci, comparés avec les exemplaires déposés tant au Muséum de Paris qu'ailleurs, et tués en Asie et en Allemagne, n'offraient d'autres différences que celles qui sont dues à la localité, et dont je viens de faire mention dans cet article.

# GANGA BIBANDE.

Pteroeles bicinctus. *Mihi.*

Près des bords verdoyans, où la grande rivière des poissons roule ses flots impétueux, Le Vaillant rencontra, pour la première fois dans ses courses, l'espèce nouvelle de Ganga qui fait le sujet de cet article; la, se dérobant dans les touffes d'herbes et de broussailles, elle se blottit par paire ou par compagnie à l'indice du plus léger bruit, et ne prend son vol, que lorsque tous les autres moyens de se soustraire à la poursuite des chiens et du chasseur lui deviennent inutiles; habitant des plaines sabloneuses, qui couvrent cette partie de l'Afrique, les eaux du fleuve, dans lequel elle vient se désaltérer, l'attirent journellement sur ses bords.

Le mâle, caractérisé par deux colliers de forme demi-circulaire et qui remontent

sur le dos, se distingue encore de la
femelle par une très large bande frontale.

La longueur totale de cette espèce, (dont
aucun auteur ne fait mention), est de
neuf pouces et demi; le bec grêle, droit
et foiblement courbé vers le bout mesure
neuf lignes; les ailes s'étendent jusqu'à
l'extrémité de la queue, qui est fortement
étagé sans que les deux plumes du milieu soient alongées et subulées.

Une petite tache blanche couvre la base
du bec, où une large bande noire s'étend
d'un œil à l'autre, ce noir est coupé
au-dessus des yeux par deux grandes
taches latérales, qui sont d'un blanc pur;
les plumes du haut de la tête et de
l'occiput, d'un roux jaunâtre, ont une tache noirâtre sur leur milieu; les joues,
le cou, la poitrine et les petites couvertures du haut des ailes sont d'un cendré
jaunâtre; le, dos les grandes et les moyennes
couvertures et les pennes secondaires des
ailes sont d'un cendré brun; chaque plume
de ces parties porte des raies et des
taches rousses, qu'on n'apperçoit qu'en re-

levant celles-ci; une grande tache blanche
de forme triangulaire termine toutes ces
plumes; le croupion, les couvertures
supérieures et inférieures de la queue, et
les pennes de celle-ci, sont rayés transversalement de brun et de roux jaunâtre;
une grande tache de cette couleur
termine toutes les pennes caudales; les
rémiges sont noires et les baguettes brunes; au-dessus de la poitrine se dessine
un premier collier blanc, suivi d'un second
qui est noir; les extrémités de ces colliers remontent jusques sur les parties
latérales du dos: le ventre, les flancs,
les cuisses et l'abdomen sont d'un blanc
terne coupé de fines raies brunes; les
petites plumes qui recouvrent le devant
du tarse sont d'un blanc terne; la partie
postérieure du tarse, les doigts, les ongles
et le bec sont jaunâtres.

La femelle, qui n'a point ces colliers
ni ces bandes sur le front, a tout le
haut de la tête d'un roux jaunâtre avec
de grandes taches longitudinales noirâtres;
sur les joues et sur la gorge de très petits

points bruns; le cou et la poitrine marqués
de larges bandes transversales brunes et
jaunâtres; le ventre les cuisses et l'abdomen comme chez le mâle; les plumes
du dos et toutes celles des ailes rayées
de brun et de roux; au lieu d'une tache triangulaire, qui chez le mâle termine
les moyennes et grandes couvertures, celle-
ci a sur le bout des plumes une zone
blanche; les rémiges sont d'un brun noirâtre avec un petit liseré blanc à leur
extrémité; le bec et les ongles sont bruns.
Les jeunes mâles, avant leur première mue,
ressemblent à la femelle.

Le Vaillant marque dans une note, où
il me fait part des observations recueillies sur les Gallinacés Africains dont il
n'a point encore enrichi son bel ouvrage
ornithologique, qu'il a commencé à voir
l'espèce du Ganga bibande dans les pays
des grands Namaquois, sur les bords et
au-delà de la grande rivière des poissons;
elle n'est point connue dans la colonie
du Cap de Bonne Espérance et paroît
habiter en plus grand nombre dans

les pays qui s'étendent vers la côte de
Guinée et d'Angole. Ces oiseaux vivent
par compagnies composées des parens et
de la couvée; ils se séparent au tems
des amours.

Le mâle et la femelle ont été déposés
dans mon cabinet par mon ami Le
Vaillant.

# GANGA QUADRUBANDE.

*Pterocles quadricinctus*, *Mihi.*

ETTE belle espèce de Gallinacé, un peu moins grande que le Ganga de l'article suivant, mesure en longueur totale neuf pouces et demi; elle n'a point comme le Ganga cata les deux plumes alongées en fil, mais sa queue fortement étagée présente la même forme que celle du Ganga bibande. Une couleur d'un gris terreux roussâtre est répandue comme teinte principale sur la livrée des deux sexes, dont le mâle porte aussi des colliers et des bandes frontales, par lesquelles il le distingue de sa femelle.

Le mâle a trois bandes sur le front; les deux latérales sont blanches et celle qui occupe le milieu est d'un noir profond; l'occiput est roussâtre; sur chaque plume il y a une bande longitudinale

noirâtre le cou et la poitrine sont d'un
cendré roussâtre ; le haut du dos est rayé
transversalement de brun sombre, de jaunâtre
et de noir ; les petites et les grandes
couvertures des ailes, d'un jaune clair, ont
vers le bout une large bande transversale
noire, bordée de chaque côté par une
étroite raie blanche ; sur la poitrine des mâles
adultes se dessinent en bandes demi circulaires quatre colliers ; le premier ou le
collier supérieur est d'un brun mordoré,
le second blanc, le suivant noir et le
quatrième blanc ; les rémiges sont d'un
brun noirâtre ; le ventre, les cuisses et
l'abdomen sont rayés alternativement de
fines bandes transversales blanchâtres et
noires ; les petites plumes très courtes qui
garnissent la partie antérieure du tarse, sont
d'un cendré jaunâtre semé de petits points
noirs ; les pennes de la queue sont rayées
de noir sur un fond jaunâtre. Le bec
grêle est rouge à sa base et noirâtre
vers le bout ; la partie postérieure du
tarse et les doigts sont jaunes.

La femelle n'a point de bandes sur

le front, point de colliers sur la poitrine, et les couvertures des ailes ne
portent point de ces bandes noires bordées de raies blanches; toute la tête
est garnie de plumes d'un roux jaunâtre
avec une bande longitudinale dans le
milieu; la nuque, le dos et le croupion
sont rayés de brun, de noir et de jaunâtre; les scapulaires sont marquées de même,
mais bordées et terminées par une bande
jaunâtre; les couvertures des ailes d'un
jaunâtre clair portent des bandes transversales noires. Nous avons dit que la
femelle manque les quatre colliers, les
plumes des parties inférieures sont chez
elle d'une teinte plus claire, mais du
reste colorées comme dans le mâle.

Les jeunes mâles dans la première
année ressemblent aux femelles.

Le Ganga quadrabande vit dans l'Inde;
Sonnerat, qui le premier a fait connoître
le mâle sans donner les moindres détails
concernant les mœurs, nous apprend
uniquement, que l'espèce a été vue
par lui à la côte de Coromandel, où

on l'appelle improprement Caille de la Chine.

Le mâle et la femelle font partie du cabinet de M. Raye de Breukelerwaert de cette ville.

# GANGA CATA.

*Pterocles setarius. Mihl.*

---

Le Ganga de cet article, appelé improprement *Gélinotte des Pyrénées*, est de tous ses congénères la seule espèce, qui se trouve en grand nombre dans les pays les plus méridionaux de l'Europe; son apparition accidentelle a même lieu dans les départemens du midi de la France, dont elle fréquente les landes stériles. Quoique plus à portée des recherches du naturaliste, l'espèce n'en a cependant pas été mieux observée, car nous ne connoissons de ses mœurs que certaines particularités, qui font desirer une description plus complette de cet oiseau nomade.

Nous savons qu'après le tems requis pour l'éducation des jeunes, les différentes compagnies de Ganga se réunisse

en bandes très nombreuses souvent composées de plusieurs milliers d'individus; que
ces essaims parcourent d'un vol rapide et
soutenu un espace considérable de terrain,
qu'ils traversent la Méditerranée, et ne
craignent point d'entreprendre le trajet des
vastes déserts de l'Arabie et du nord de
l'Afrique; le but de ces courses (du
moins à en juger d'après les habitudes
connues de l'espèce suivante), semble être
commandé par la nécessité de s'abreuver
dans les torrens et dans les fontaines d'eau
douce, où ces volées de Gangas se rendent journellement et à des heures régu-
lières; ils retournent après avoir étanché
leur soif dans les pays brulés, qu'ils ont
choisi pour demeure habituelle.

Si les naturalistes et les voyageurs n'ont
point mis de l'importance à nous trans-
mettre l'histoire des mœurs du Cata, leurs
recherches ont été plus minutieuses à
l'égard des noms différens, sous lesquels
l'espèce se trouve désignée chez quelques
auteurs anciens; cette matière a même
fait négliger à Buffon de nous donner une

description exacte des formes extérieures
et des couleurs du plumage de cet oiseau.
Mr. Virey dans la nouvelle édition rédi-
gée par Sonnini à sans doute voulu remplir cette lacune; mais il serait difficile,
pour ne pas dire impossible, de reconnoître l'espèce dans cette description supplé-
mentaire.

Comme le travail de Buffon, pour débrouiller cette confusion de noms, est du
nombre des recherches secondaires qui
servent à la connoissance plus parfaite des
êtres, je me fais un devoir de trans-
crire ce que ce savant en dit.

„ M. Brisson, qui regarde la perdrix
„ de Damas ou de Syrie de Bélon, comme
„ étant de la même espèce que sa Géli-
„ notte des Pyrénées, range, parmi les
„ noms donnés en différentes langues à
„ cette espèce, le nom Grec *Syropendix*,
„ et cite Bélon, en quoi il se trompe
„ doublement; car 1°. Bélon nous apprend
„ lui-même, que l'oiseau qu'il a nommé
„ *Perdrix de Damas* est une espèce diffé-
„ rente de celle que les auteurs ont ap-

„ pelée *Syroperdix*, laquelle a le plumage
„ noir et le bec rouge (*a*); 2°. en écri-
„ vant ce nom *Syroperdix* en caractères
„ grecs, Mr. Brisson paroît vouloir lui
„ donner une origine grecque, et cepen-
„ dant Bélon dit expressément que c'est
„ un nom latin (*b*): enfin il est difficile
„ de comprendre les raisons qui ont porté
„ M. Brisson, à regarder l'œnas d'Aristote
„ comme étant de la même espèce que
„ la Gélinotte des Pyrénées; car Aristote
„ met son œnas, qui est le *vinago* de
„ Gaza, au nombre des pigeons, des
„ tourterelles et des ramiers; (en quoi il a
„ été suivi par tous les Arabes); et il
„ assure positivement, qu'elle ne pond
„ comme ces oiseaux, que deux œufs à
„ la fois (*c*): or, nous avons vu ci-dessus,

---

(*a*) *Bélon, nature des oiseaux*; pag. 258. La
Perdrix de Damas dont Bélon parle ne peut sous
aucun rapport être comparée avec les Gangas; son
oiseau est un Tétras.

(*b*) *Ibid*, *Ibidem*.

(*c*) Aristote, *hist. animal*, lib. 6. cap. 1.

,, que les Gélinottes (d) pondoient un
,, beaucoup plus grand nombre d'œufs; par
,, conséquent l'œnas d'Aristote ne peut-
,, être regardé comme une Gélinotte des
,, Pyrénées; ou si l'on veut absolument
,, qu'il en soit une, il faudra convenir
,, que la Gélinotte des Pyrénées n'est
,, une Gélinotte (e).

,, Rondelet avoit prétendu qu'il y avoit
,, erreur dans le mot grec *oinas*, et qu'il
,, falloit lire *inas*, dont la racine signifie
,, fibre, filet, et cela, parceque cet oiseau
,, a, dit-il, la chair ou plutot la

-----

(d) Buffon et les naturalistes qui ont écrit
après lui, n'établissent point de différences génériques entre les Gélinottes, qui apartiennent avec
les Tétras dans le genre *Tetrao*, et les Gangas
(*Pterocles*) dont les mœurs et les formes offrent
tant de disparités.

(e) En effet, la Gélinotte des Pyrénées qui est
le même oiseau que le *cata* des Turcs et le *Perdix
de Garrira* des Espagnols, n'est point une Gélinotte, mais c'est un Gallinacé qui porte tous les
caractères des oiseaux, réunis dans mon genre
*Pterocles*.

„ peau si fibreuse et si dure que pour
„ la pouvoir manger, il faut l'écorcher (*f*);
„ mais s'il étoit véritablement de la même
„ espèce que la Gélinotte des Pyrénées,
„ en adoptant la correction de Rondelet,
„ on pourroit donner au mot *inas* une
„ explication plus heureuse et plus analogue
„ au génie de la langue grecque, qui
„ peint tout ce qu'elle exprime, en lui
„ faisant désigner les deux filets ou plumes
„ étroites que les Gélinottes des Pyrénées
„ ont à la queue, et qui font son attri-
„ but caractéristique; mais malheureusement
„ Aristote ne dit pas un mot de ces
„ filets qui ne lui auroient pas échappé, et
„ Bélon n'en parle pas non plus dans la
„ description qu'il fait de sa perdrix de
„ Damas: d'ailleurs le nom *d'oïnas* ou *vinago*
„ convient d'autant mieux à cet oiseau,
„ que, selon la remarque d'Aristote, il
„ arrivoit tous les ans en Grèce au com-
„ mencement de l'automne (*g*), qui est le

_______________

(*f*) Gesner, *de natura avium*, pag. 307.
(*g*) Aristote, *hist. animal*, lib. 8. cap. 3.

r 3

„ tems de la maturité des raisins, comme
„ font en Bourgogne certaines grives, que,
„ par cette raison, on appelle dans le
„ pays de *vinettes*.

„ Il suit de ce que je viens de dire,
„ que le *syroperdix* de Bélon et l'*anas*
„ d'Aristote ne sont point des Gangas ou
„ Gélinottes des Pyrénées, non plus que
„ l'Alchata, l'Alfuactas, la Filacotona, qui
„ paroissent être autant de noms arabes
„ de l'*anas*, et qui certainement désignent
„ un oiseau du genre des Pigeons (*h*).

„ Au contraire, l'oiseau de Syrie, que
„ M. Edwards appelle petit coq de
„ bruyère, ayant deux filets à la queue
„ (*i*), et que les Arabes nomment *Cata*,
„ est exactement le même que la Géli-
„ notte des Pyrénées; cet auteur dit
„ que Shaw l'appelle *Kittaviah*, et qu'il ne
„ lui donne que trois doigts à chaque
„ pied; mais il excuse cette erreur, en
„ ajoutant que le doigt postérieur avoit

---

(*h*) *Voyez* Gesner, *de nat. av. pag.* 307 *et* 311.

(*i*) Edwards, *glanures pl.* 49. *la femelle.*

„ pu échapper à Shaw, à cause des
„ plumes qui couvrent les jambes; cepen-
„ dant il venoit de dire plus haut dans
„ sa description, et on voit par sa figure,
„ que c'est le devant des jambes seule-
„ ment qui est couvert de plumes blan-
„ ches, semblables à du poil; or, il est
„ difficile de comprendre comment le doigt
„ de derrière aurait pu se perdre dans
„ les plumes de devant; il étoit plus
„ naturel de dire qu'il s'étoit dérobé à
„ Shaw par sa petitesse; car il n'a pas
„ en effet plus de deux lignes de lon-
„ gueur: les deux doigts latéreaux sont
„ aussi fort courts relativement au doigt
„ du milieu, et tous sont bordés de
„ petites dentelures comme dans le Tétras (k).
„ Cet oiseau se rapproche beaucoup de
„ celui connu à Montpellier sous le nom
„ d'angel, et dont Jean Culman avoit
„ communiqué la description à Gesner (l);
„ mais les deux longues plumes de la

------

(k) Buffon à *l'article du ganga.*
(l) Gesner *de naturâ*, avi. 307.

» queue ne parroissent point dans la
» description, non plus que dans la
» figure que Rondelet avoit envoyée à
» Gesner, de ce même angel de Mont-
» pellier, qu'il prenoit pour l'œnas
» d'Aristote (m); en sorte qu'on est
» fondé à douter de l'identité de ces
» deux espèces (l'angel et le Ganga),
» malgré la convenance du lieu et celle
» du plumage, à moins qu'on ne sup-
» pose que les sujets décrits par Ronde-
» let étoient des femelles, qui ont les
» filets de la queue beaucoup plus courts
» et par conséquent moins remarquables.

On voit par l'article cité que notre Ganga a été confondu avec les Pigeons, et en effet, quelques espèces qui composent ce genre présentent au premier coup d'œil une certaine afinité; cette ressemblance est même telle, qu'a n'examiner que le bec du Ganga bibande, quadrubande et namaqua, on croiroit voir un bec de pigeon de la famille que j'ai fait connoître

_____

(m) Ibid Ibidem.

dans le premier volume de cet ouvrage
sous le nom de *Colombi-galline*. Quand au
cata de cet article, je ne vois point comment on ait pu s'y méprendre; son bec
plus gros et plus fort le caractérisse
bien; je crois plutot, que la longueur de
ses ailes aura pu donner matière à cette
méprise: quoiqu'il en soit, pour éviter
qu'a l'avenir il n'y ait plus d'erreur ou
de double entendu dans les noms, qui souvent donnent matière à porter des doutes
sur les dissemblances réelles; j'ai cru nécessaire de rejetter le nom spécifique d'*Alchata*, puisque l'espèce de pigeon que j'ai
décrit sous le nom de *Colombin* (n), porte
chez les Arabes ce même nom.

Le Cata des Arabes, est nôtre Ganga
auquel je conserve ce nom. Il vit la
plus grande partie de l'année dans les
déserts de la Syrie (o), et ne se rappro-

_____________________

(n) *Voyez vol.* 1. *de cet ouvrage p.* 118. *et de
l'édit. en grand format p.* 24. *pl.* II.

(o) On trouve aussi cet oiseau en Barbarie.
*Voyez Poiret, voyage t.* 1. *p.* 269. — *Russel. Nat.
Hist. of Aleppo. p.* 64, *et Shaw travels, p.* 253.

che de la ville d'Alep que dans les mois
de mai et de juin, et lorsqu'il est contraint par la soif, de chercher les lieux
où les torrens ne sont point taris.

Le plumage singulièrement bigarré du
cata est une des causes que l'extérieur
de cet oiseau est si mal décrit; les figures que Buffon en donne sont presque
méconnoissables, et celle d'Edwards, qui
représente une femelle, n'est guère plus
correcte. La courte description de M.
Shaw (p) est si peu exacte, qu'il serait

_______________

(p) Le Kittaviah, dit-il, est un oiseau grani-
vore, et qui vole par troupes: il a la forme et
la taille d'un pigeon ordinaire; les pieds couverts
de petites plumes, et point de doigt postérieur;
il se plait dans les terrains incultes et stériles;
la couleur de son corps est un brunâtre taché de
noir; il a le ventre noirâtre et un croissant jaune
sous la gorge; chaque plume de la queue a une
tache blanche à son extrémité, et celles du milieu sont longues et pointues comme dans le Mérops
ou Guêpier; du reste sa chair est rouge sur la
poitrine; mais celle des cuisses est blanche: elle

difficile de reconnoître dans son *Kittaviah*
l'oiseau de cet article; s'il ne disait et
comme en passant, que le *Kittariah* dont
il fait très mal à propos un Lagopède,
a un croissant jaune sur le cou, et que
les deux plumes du milieu de la queue
sont longues et pointues comme dans le
Guépier; deux caractères qui, avec un
grand nombre d'autres, distinguent le cata
de ses congénères; mais il se trompe
sans doute en disant, qu'il a le ventre
noirâtre, car le cata a cette partie d'un
blanc pur; M. Shaw, qui n'a non plus
remarqué le doigt postérieur chez cet oiseau, se serait-il également abusé ici et
aurait-il voulu dire que la gorge est noire?
ce qui en effet est le cas chez le mâle.
La description, que donne M. Virey dans
la nouvelle édition de Buffon, surpasse
toutes les autres en défauts; M. Virey
en parlant du mâle dit: *que les sourcils
et les orbites des yeux du Ganga sont*

---

est bonne à manger, et de facile digestion. *Shaw
travels in Barbary and Levant p. 253.*

*élevés; sur la poitrine on observe une espèce de plaque noire en croissant, faite comme un hausse-col; les doigts ont des dentelures de chaque côté.* Tout ce-ci est écrit à bon plaisir, et fait voir assez, combien on peut s'en rapporter à des livres d'histoire naturelle, dont les auteurs n'ont point étudié le grand livre de la nature et se contentent d'embrouiller la science par des compilations. Je reviens à Brisson, cet auteur toujours vrai dans les descriptions des oiseaux; le moins estimé en France, mais dont les portraits ne s'écartent que très rarement de [la nature, et dans le seul cas où ces descriptions n'ont point été le fruit de ses propres observations; la Gélinotte des Pyrénées de cet auteur est notre cata, dont je vais tâcher de signaler le plus exactement possible les couleurs variées.

Le mâle adulte, mesuré depuis le bout du bec jusques au plus longues plumes latérales de la queue, a dix pouces et demi, sans compter les deux plumes du milieu ou les filets, qui dépassent la queue trois pouces; le bec porte sept lignes,

et sa hauteur à la base est de quatre
lignes (*q*). Toute la gorge est d'un noir
profond bordé d'un roux marron; derrière
les yeux est un petit trait noir; les joues,
les côtés et le devant du cou sont d'un
cendré jaunâtre; sur le bas du cou s'étend
en forme circulaire une bande noire très
étroite, [et à environ deux pouces plus
bas une seconde bande également étroite,
qui traverse le haut du ventre d'une
aile à l'autre, l'espace entre ces deux
bandes noires est d'un beau roux orange;
tout le reste des parties inférieures est
d'un blanc pur: le haut de la tête et
la partie postérieure du cou portent des
raies transversales noires et de couleur
d'ocre; les plumes du dos sont coupées
de bandes demi circulaires noires, rousses

---

(*q*) Je signale à dessein cette hauteur du bec,
puisqu'elle me servira, comparée avec la hauteur
du bec de l'espèce suivante, à prouver, que
Buffon commet une erreur grave en donnant sa
Gélinotte à filets du Sénégal pl. 130, comme une
simple variété de climat du Ganga de cet article.

et jaunâtres; le croupion et les couvertures supérieures portent encore des raies,
alternativement noires et jaunes; les petits
et les moyennes couvertures des ailes ont
sur le bord extérieur une large bande
oblique d'un rouge marron; un croissant
blanc, bordé en-dessus comme en-dessous
d'une fine raie noire, termine toutes ces
plumes: les plus grandes couvertures sont
d'un jaune olivâtre, terminées par un
croissant noir: les rémiges sont cendrées,
mais la barbe extérieure de la plus longue, ainsi que toutes les baguettes sont
d'un noir profond; les pennes de la queue,
d'un cendré olivâtre sur les barbes intérieures, ont les barbes extérieures rayées
de jaune et de noir; toutes sont terminées de blanc et la plus extérieure
de chaque côté est bordée de cette
couleur; en-dessous la queue est noire
terminée de blanc; les couvertures inférieures, rayées depuis leur origine de noir
et de jaunâtre, sont terminées par un
grand espace blanc ce qui fait paroître
cette partie d'un blanc pur; les deux

plumes du milieu de la queue rayées de jaune et de noir, deviennent très étroites et se terminent en fils noirs; le devant du tarse est couvert de petites plumes blanches: le bec et les pieds sont cendrés, et les ongles noirs.

La femelle adulte a tout le plumage plus bigarré; elle se distingue encore du mâle par le blanc pur de la gorge, et par un demi collier d'un noir profond qui se trouve un peu au - dessous du blanc de la gorge: l'espace entre ce collier et les yeux est d'un jaune roussâtre, mais il est d'un jaune plus clair entre ce collier et le large plastron roux-orange, aussi bordé de ces deux bandes noires également propres aux mâles; les parties inférieures sont d'un blanc pur: le haut de la tête, la partie postérieure du cou et le croupion sont encore comme dans le mâle: mais vers l'extrémité des plumes rayées du dos est une large bande d'un cendré bleuâtre, et toutes ces plumes sont terminées de jaune: au lieu de l'espace oblique de couleur marron, qui termine les

petites et les moyennes couvertures du mâle,
ont voit sur les plumes cendrées de la
femelle une bande oblique d'un jaune foncé;
toutes sont terminées par un large
croissant noir; les grandes couvertures
rayées de noir et de roux ont vers le
bout une large bande d'un gris argentin,
et toutes sont terminées de roux bordé
de noir: les filets qui ne dépassent la
queue que d'un pouce deux lignes, sont
plus large que dans le mâle.

Les jeunes avant leur première mue ont
touts sans distinction de sexe la gorge
blanche; les colliers foiblement prononcés
et souvent seulement indiqués par quelques taches noires; la tête, la nuque et le
dos sont d'un cendré olivâtre; le blanc des
cuisses et de l'abdomen est coupé de lignes
et de taches jaunâtres, brunes et cendrées;
le large plastron orangé est coupé par des
bandes transversales brunes et noirâtres.
On voit souvent des jeunes mâles en
mue, qui ont la gorge variée de blanc
et de noir, et le plumage plus ou moins
coupé de raies transversales.

Cette espéce, qui se plait dans les lieux
incultes, construit son nid dans la mousse
ou dans les petites touffes d'herbes et de
broussailles. On trouve un grand nombre
de ces oiseaux dans les déserts de la Syrie
et de l'Arabie, en Perse, en Turquie, et
vers les confins des déserts du Zahara, en
Sicile, dans les îles du Levant et en Espagne;
elle pousse ses voyages jusques au-delà
des Pyrénées, et visite aussi les autres
parties de la France situées le long de
la Méditerranée.

Les deux sexes dans l'état d'adulte et
le jeune mâle font partie de mon cabinet.

# GANGA VÉLOCIFER.

Pteroeles tachypetes. *Mihi.*

Heureux le voyageur presque, mourant de soif, qui, au milieu des plaines brulées et d'un sable mouvant, apperçoit dans la vaste étendue où se prolonge au loin sa vue, les bandes de ce Ganga Africain s'abattre dans quelque lieu de ce séjour de mort; une fontaine d'eau limpide, un reservoir ou une mare sont les indices certains de cette rencontre fortunée. Le Vaillant, dans ses courses au Sud de l'Afrique, fut plus d'une fois tiré d'un péril éminent, en suivant le chemin où ces oiseaux nomades dirigeaient leur vol accéléré vers les rochers, dont les creux recèlent souvent des reservoirs d'eau; mais, lorsque ces bandes, composées de plusieurs milliers d'individus, suivent à perte de vue leur course vaga-bonde, elles indiquent l'aridité du terrain,

et un manque total d'eau ; alors, le voyageur, plongé dans les plus sinistres pensées,
ne voit devant lui qu'une fin douloureuse
et certaine au milieu de ces sables,
dont les flots poudreux lui coupent la
respiration.

C'est de cette espèce, que Le Vaïlant
à souvent trouvé occasion de parler dans
les narrations de ses deux voyages (a) ;

---

(a) Les Gélinottes venaient s'abattre par milliers
sur les bords de la fontaine ; à dater du moment
où nous décampâmes, nous ne trouvâmes plus que
des plantes grasses et des sauterelles ; nous étions
dans un lieu de désolation. *Le Vaïlant* 1er. *voyage,
en Afrique*, p. 283.

Il vint heureusement au bassin plusieurs volées
de Gélinottes : car il n'y avoit au loin à la ronde
que ce seul réservoir qui contint de l'eau. *Le Vaïll.
2. voy. v. 1. p.* 283.

Tout montroit une aridité affreuse dont rien ne
m'annonçoit le terme.... Je suivais avec des
yeux avides les troupes de Gélinottes ; je savois
par expérience, que ces oiseaux se rendent régulièrement deux fois par jour à l'eau, pour s'y

l'aridité du terrain et le manque d'eau
étoient les marques certaines de leur

---

desaltérer et pour s'y baigner; mais dans cette
circonstance ils comblaient d'autant plus mon des-
espoir, qu'on passant du nord au sud, puis
revenant du sud au nord, sans s'arrêter, il
étoit infailliblement certain qu'il n'y avoit pas d'eau
dans tout mon voisinage. Ces oiseaux passoient
même à une si prodigieuse hauteur, que ma vue
ne pouvoit les suivre longtems; tout ce que je
pouvois augurer de leur passage, c'est qu'ils
poussoient jusqu'à la rivière des Eléphans pour
s'y abreuver; et ceci m'annonçoit le plus triste
abandon de la nature. *Le Vaill.* 2. *voy.* y. 1. *p.* 295.

Le lieu nourrissoit une quantité immense de
Gélinottes; elles venoient par milliers boire à la
source sans que notre présence parut les effarou-
cher... de ma tente je tirois sur leurs volées
avec mon grand fusil, qui, à chaque coup, en
tuoit au moins une vingtaine. *Vaill.* 2. *voy.* y. 2.
*p.* 146.

Qui le croiroit! toutes ces indications ont été
rangées par M. Virey comme appartenant à nôtre
Tétras Gélinotto (Tetrao bonasia), dont l'espèce

course précipitée dans les airs: lorsque les torrens viennent à tarir dans le désert, elles visitent les contrées coupées d'eau, qui avoisinent la ville du Cap de Bonne Espérance; vers le tems des pluies on ne les revoit plus dans ces lieux, et toutes se rendent dans les déserts situés sous la Ligne et le Tropique; ce qui fait, que les Hottentots de la colonie, donnent à ce Ganga le nom de *Namaquas Patrys* (Perdrix des Namaquois). Ce Ganga fait sa ponte vers les confins des déserts, dans les touffes d'herbes ou de broussailles; la ponte est de quatre ou de cinq œufs, d'un vert olivâtre marqué d'un grand nombre de taches noires; ils ressemblent aux œufs du Vanneau d'Europe. Leur nourriture consiste

---

vit dans les pays les plus froids du globe, et ne se montre pas même accidentellement dans les pays tempérés. M. Virey savoit, que la Gélinotte d'Europe ne quite jamais les grandes forêts, qu'elle ne prend son vol qu'à la dernière extrémité, et quelle ne se réunit point en bandes de plusieurs milliers.

en graines des herbes et des autres gra-
minées, ainsi qu'en insectes.

Buffon veut, que cette espèce caracté-
risée par sa plus petite taille, par un
bec mince et grêle, et par des couleurs
différents propres au plumage du Ganga de
l'article précédent , n'en seroit qu'une variété de climat; comme, si le climat du
Sénégal et de l'Afrique méridionale où se
trouve le Ganga Velocifer , différoit tant
de celui de la Barbarie et de l'Arabie où
vit le Ganga Cata. Latham fait par-con-
tre un double usage de nôtre Velocifer ,
en le décrivant sous les noms de *Tetrao
Senegalus Species* 17, et de *Tetrao namaqua
Species* 19. M. Virey en fait une espèce
distincte dans la nouvelle édition des
œuvres de Buffon, vol. 6, pag. 80, sous
le nom de Gélinotte namaquoise.

La longueur prise du bout du bec
jusqu'à l'extrémité de la queue, sans y
comprendre les filets, mesure neuf pouces
et demi, et chez les plus grands individus dix pouces; les deux filets dépassent la queue d'un pouce et demi; le

bec porte sept lignes, et sa hauteur à
la base est de deux lignes; il est
grêle, droit, très comprimé et diffère
beaucoup du bec du Cata, qui est plus
haut, plus gros et courbé. Le mâle
adulte a la gorge d'un beau jaune; la
tête et le cou d'un cendré uniforme;
cette couleur cendrée prend une teinte
pourprée sur la poitrine, au bas de laquelle se dessinent deux ceinturons étroits,
dont le supérieur est d'un blanc pur et
le second, attenant au premier, d'un rouge
marron très vif: le ventre jusqu'aux
cuisses est d'un beau cendré teint de
pourpré; les cuisses, l'abdomen et les
couvertures inférieures de la queue sont
d'un roux clair: le haut du dos, le croupion et les couvertures supérieures de la
queue sont d'un brun-cendré; les plumes
du milieu du dos, les scapulaires, et
toutes les couvertures des ailes, sont
brunes depuis leur origine, ensuite elles
ont un grand espace d'un jaune couleur
d'ocre, et sont terminées par une tache
cendrée et lustrée; les petites couvertures

des ailes n'ont point cette tache brillante,
mais elles sont bordées de roux marron: les
rémiges, dont les plus longues sont terminées de cendré et les plus courtes de
blanc pur, ont les baguettes des deux
pennes extérieures blanches; la queue est
d'un brun cendré, terminée de jaunâtre;
les deux filets se terminent en pointe et
sont noirs vers le bout; le devant du
tarse est garni de petites plumes roussâtres: le bec, les pieds et les ongles parroissent bruns dans l'oiseau déséché.

La femelle, un peu moins grande que le mâle,
porte une livrée très différente. La gorge est
roussâtre; les plumes de la tête, du cou et
de la poitrine sont d'un roux blanchâtre,
des bandes brunes et longitudinales en occupent le centre, elles forment sur quelques
unes des croissants; le brun noirâtre et le
roux sont distribués sur le dos, sur les
couvertures de la queue et sur celles des
ailes en bandes transversales; les couvertures
moyennes sont terminées de blanc jaunâtre;
le ventre est rayé transversalement de blanchâtre et de brun; l'abdomen et les cou-

vertèbres inférieures de la queue sont d'un
roux clair; les rémiges sont comme dans
le mâle, à l'exception, que les plus longues ne sont point terminées de cendré;
les pennes latérales de la queue portent
sur leurs barbes extérieures et sur une
partie des barbes intérieures des bandes
jaunâtres et brunes; du reste la queue
ressemble à celle du mâle, mais les filets
ne dépassent les autres pennes que d'un
pouce.

Ce Ganga vit dans toute la partie méridionale de l'Afrique; c'est probablement
la même espèce qui visite les bords du
Niger et de la Gambie; elle passe dans
ces contrées, lorsque les sources et les
torrens qui descendent des montagnes sont
taris dans le désert; on la trouve en
été dans les terres du Sénégal.

Le mâle et la femelle font partie de
mon cabinet; ils ont été tués dans l'A-
frique méridionale et ne diffèrent point
de ceux tués au Sénégal; les dimensions
de ceux-ci sont un peu plus fortes

# GENRE HÉTÉROCLITE.

## CARACTÈRES ESSENTIELS.

*Bec* court, grêle, conique; mandibule supérieure foiblement courbée; une rainure le long de l'arête. *Narines* basales, latérales, couvertes par les plumes du front. *Pieds* à trois doigts, diri-gés en avant et réunis jusques aux ongles; tarses et doigts couverts de plumes laineu-ses. *Queue* conique, les deux pennes du milieu alongées en fils. *Ailes*, la 1e rémige la plus longue, celle-ci et la 2e alongées en fils.

# HÉTÉROCLITE PALLAS.

Syrrhaptes Pallasii. *Mihi.*

COMME les Gangas, habitants des vastes déserts et des lieux arides, l'Hétéroclite s'est choisi pour demeure les contrées les moins fréquentées par les hommes; c'est dans les plaines brulées de la Tartarie Australe vers le lac Baikal, que le profes-seur Pallas fit la découverte de ce rare et singulier Gallinacé; en mémoire du savant voyageur Russe, je donne a la

seule espèce connue dans le Genre le
nom de ce naturaliste célèbre.

L'Hétéroclite Pallas ne s'éloigne pas
beaucoup quant aux mœurs des espèces
qui composent le Genre Ganga; le volume de son corps, ses longues ailes, ses
pieds courts, son bec grêle et seulement
courbé vers le bout, sa queue conique,
dont les deux pennes du milieu s'alongent
en fils, sont du nombre des caractères
extérieurs, qui donnent à ce Gallinacé et aux
espèces de Gangas, pourvues de filets à
la queue, un certain air de famille. Mais
l'oiseau, dont nous parlons, a des caractères particuliers qu'on ne voit dans
aucune des espèces du Genre Ganga: ses
pieds n'ont que trois doigts dirigés en
avant; le doigt de derrière très petit
armé chez les Gangas d'un ongle grêle et
pointu manque totalement dans l'Hétéroclite; les doigts de cet oiseau sont réunis jusques aux ongles, tandis qu'ils ne
le sont qu'à leur base chez les Gangas;
le bec présente aussi quelques disparités;
il est canèlé dans toute sa longueur par

une rainure, qui suit la courbure de l'arête; les deux rémiges extérieures très longues sont subulées vers la pointe en forme de fils; des pieds couverts jusques aux ongles de plumes laineuses, et dont la plante est rabotteuse, sont du nombre des caractères qu'on ne trouve dans aucune espèce du genre Ganga (*a*).

Le savant professeur Illiger de Berlin établit un genre nouveau pour ce Gallinacé dans l'avant-coureur (*b*) de la méthode qu'il se propose de publier, il le désigne par le nom de *Syrrhaptes*. Linné le range dans le cadre de ses

---

(*a*) Voyez les pieds, la tête et l'extrémité d'une rémige dans la planche anatomique 10, f. 4, 5 et 6.

(*b*) *Prodromus Mammalium et Avium*. Titre modeste qui indique le désir d'être vraiment utile à la science. C'est par de tels essais sur la classification méthodique, de nouveau confrontés avec la nature; que nous pouvons espérer, de voir naître avec le tems un système plus analogue à la nature des êtres.

*Tétraones.* Latham en fait une section dans ce genre d'oiseaux.

La longueur totale est de huit pouces dix lignes. La mesure étant prise depuis le bout du bec jusqu'à l'extrémité des pennes latérales de la queue, sans comprendre les filets, qui dépassent cette partie de trois pouces trois lignes; les filets alongés des rémiges atteignent à la motié de la longueur de ceux qui débordent la queue; le bec mesure cinq lignes; la longueur du doigt du milieu avec l'ongle est de huit lignes.

Le haut de la tête est d'un cendré clair; la gorge, le haut du cou et la nuque sont d'un orange foncé; le bas du cou et la poitrine sont cendrés, quelques plumes de cette dernière partie sont terminées par un croissant noir; elles forment par leur réunion un ceinturon, qui và de l'insertion d'une aile à l'autre; le ventre est d'un cendré jaunâtre; sur cette partie et à l'articulation des pieds s'étend une large bande noire, dont les deux extrémités remontent jusques sous les ailes;

l'abdomen , les cuisses , les plumes qui
recouvrent les tarses et les doigts, et
celles qui servent de couvertures inférieures de la queue sont d'un fauve
blanchâtre; un cendre jaunâtre est répandu sur les parties supérieures ; les
plumes du dos sont terminées de croissants noirs; les petites couvertures des
ailes portent une tache noire vers le
bout, mais les moyennes sont bordées et
terminées par une couleur pourprée ; les
pennes secondaires sont noirâtres, bordées
de brun jaunâtre; les rémiges d'un cendré noirâtre sont terminées de blanc, excepté les deux extérieures dont le prolongement filamenteux est noir; elles sont bordées de cette couleur; la queue très étagée est
d'un cendré foncé; toutes les pennes sont terminées par du blanc, mais sur leurs barbes intérieures sont quelques grandes taches
rousses; la penne extérieure de chaque
côté est aussi bordée de blanc pur; les
deux filets du milieu sont très déliés et
se terminent par des brins noirs: les tarses
et les doigts très courts de cet oiseau

sont abondamment garnis de plumes laineuses; les ongles sont noirs et très apla-
tis, celui du doigt du milieu est le plus
fort et il est sillonné.

A juger des longs filets à la queue et
aux remiges de cet oiseau, on a droit
de présumer, que cette description appartient à un mâle de l'espèce; j'ignore si
les femelles (qui sans doute ont les filets
plus courts) diffèrent par les couleurs du
plumage.

En langue Russe l'espèce est connue sous
la dénomination de *Sadtcha;* les individus
tués par Pallas, dont un sujet est dans
la possession du Professeur Schwægrichen
à Leipzig, sont de la Tartarie; celui,
qui a servi à la présente description,
a été envoyé par M. Ireskin des confins
de la Sibérie, de la Steppe Gobi; un
exemplaire, envoyé à M. Fischer professeur
à Moscou, avoit été tué à Irkoutsk
près du lac Baikal.

Je dois à M. Fischer le dessin et la
description de ce rare oiseau.

# DISCOURS

## SUR LE
## GENRE PERDRIX.

Parmi les oiseaux, sur lesquels l'homme s'est acquis une sorte d'empire, les Perdrix méritent d'être énumérées; quoique leur naturel sauvage ne se plie point à subir une servitude totâle et complette, ce naturel a cependant éprouvé dans nos contrées une pente très sensible vers un état approchant plus ou moins de la domesticité. Ces farouches habitans de nos vastes campagnes sont devenus nos tributaires; nous sommes même parvenu à élever quelques espèces en domesticité; celles-ci à la vérité pululent et se propagent moins bien que les faisans; nous en retirons cependant une utilité bien appréciée, sous le rapport d'un mets sain et délicat.

Persécutées par l'homme, les Perdrix

sont encore en bute aux fréquentes attaques des petits quadrupèdes carnassiers et
des oiseaux de rapines; ceux-ci leur font
une guerre opiniâtre et destructive: pour-
suivis sur la surface de la terre, qu'ils ne
quittent que dans le plus éminent danger,
leur vol, quoique ordinairement de peu
de durée, est accompagné d'autres périls;
c'est alors que le Milan, l'Autour, la Cresserelle et autres oiseaux chasseurs, fondent sur eux avec la rapidité de l'éclair,
ou les poursuivent avec avantage.

Habitans des campagnes, des champs et
de tous les pays découverts, les Perdrix
préfèrent les pays à blé; elles ne se
réfugient dans des taillis et dans les vignes, que lorsqu'elles sont poursuivies
par leurs ennemis communs; jamais on
ne les voit s'enfoncer dans l'épaisseur des
forêts, ou se percher sur les arbres, dont
le feuillage touffu présente à tant d'autres
espèces de Gallinacés un refuge assuré
contre la serre cruelle des tyrans des airs;
c'est là aussi, que ces derniers échappent
souvent à la poursuite obstinée de l'hom-

me, marchant environné des appareils de la destruction.

J'ai dit dans le discours sur la famille des Tétras de Linné, que nous devions au savant Latham une correction importante du système par la réintégration du genre *Perdrix* de Brisson, dans sa nouvelle méthode; mais j'ai fait voir en même tems l'insuffisance de cette mesure. Le genre *Tinamus*, que nous devons aussi à Latham, est une nouvelle division très nécessaire, et qui fait voir l'utilité d'une réforme dans cette partie du système de Linné. Les formes particulières, qui caractérisent un grand nombre d'autres oiseaux, que l'auteur Anglais continue encore à ranger avec les véritables Perdrix, me semblent offrir des motifs à suivre de préférence les vues des naturalistes, qui divisent le genre *Perdrix* de Latham en trois autres genres, qui comprendront, le 1er, tous ces Gallinacés qui ressemblent par leurs formes à notre Caille; le 2me. genre sera réservé pour les Cryptonix, dont le caractère marquant est de n'avoir point d'ongle au doigt pos-

térieur; enfin, dans le 3me. genre se trou-
veront réunis les Gallinacés Tridactyles, que je
nomme Turnix: Latham se contente de sectionner ces derniers dans son genre *Perdix.*

Ces nouveau genres paroîtront dans mon
Index avec les caractères qui sont propres
à chacun-d'eux; ennemi des reformes en
fait du système de la nature, je crois
cependant celles-ci nécessaires pour faciliter
la classification méthodique.

Si je continue à ranger les Francolins
ou Perdrix péronnées dans le même genre,
où sont placées toutes ces espèces exotiques,
qui ressemblent plus particulièrement à nos
Perdrix Bartavelle, Rouge ou Grise; c'est
que je dois avouer n'avoir trouvé dans
les formes du bec, des ailes et des pieds
des Perdrix Francolins, aucune dissemblance
assez apparente et assez facile à saisir,
pour me permettre de les séparer génériquement: les femelles des francolins, qui
sont dépourvues d'éperons, ressemblent même
tellement aux véritables Perdrix, que pour
les distinguer il faut une attention toute
particulière.

T 2

Si le méthodiste ou le naturaliste de cabinet ne voit point à l'intérieur de ces oiseaux des dissemblances bien prononcées; il n'en est pas de même de l'observateur de la nature libre ou sauvage; pour celui-ci, les différences qu'il observe dans les mœurs, dans les habitudes et dans le choix des alimens, tiennent lieu de système méthodique. A considérer les Perdrix Francolins sous ces derniers points de vue, on ne peut disconvenir, que les disparités sont bien marquées.

Je viens de dire que les véritables Perdrix, notamment celles, qui ressemblent aux espèces de la Bartavelle, de la Perdrix rouge et de la Perdrix grise n'habitent jamais les forêts; qu'ils ne se perchent point habituellement et qu'ils ne fréquentent jamais les lieux humides et marécageux.

Toutes les espèces de Perdrix Francolins, sur les quelles je suis parvenu à rassembler des notices sures, vivent dans les forêts le long des rivières; se perchent sur les arbres durant le jour et toujours pendant la nuit; fréquentent les marais

et les lieux humides, où elles trouvent
une nourriture différente de celle, que les
véritables Perdrix sont habituées à chercher
dans les champs et dans les campagnes. Voi-
là des différences bien marquées dans les
habitudes, et dans les mœurs, mais point
de disparités dans les formes; car, je
suis loin d'admettre, comme différence essentiel'e, l'existance d'un ou de deux éperons
dont les tarses des seuls mâles des Perdrix
Francolins sont armés; les femelles de ces
oiseaux devraient, en adoptant ce caractère,
être rangées avec les véritables Perdrix:
il est également hasardé d'admettre, comme
seul caractère distinctif des Francolins, leur
bec plus courbé et plus long, qu'il ne
se trouve dans quelques Perdrix, puisque
nous retrouvons la même forme du bec
à mandibule supérieure alongée et recour-
bée dans les Perdrix Africaines, qui n'en
sont pas moins de véritables Perdrix. Les
Francolins, qui se nourrissent principalement
de petites plantes bulbeuses cachées par un
terrain dur et souvent pierreux, trouvent
dans ce bec taillé en pioche un instru-

ment, qui leur devient indispensable pour
déterrer ces substances végétales.

Les raisons que je viens d'alléguer, me
semblent assez valables pour ne point
séparer génériquement les Francolins des
Perdrix; je me suis contenté de distinguer
les Perdrix éperonnées, en formant pour
ces oiseaux une section dans mon Genre
*Perdix.*

Les Colins ou Perdrix d'Amérique, désignées
par Fernandez, ont aussi un certain air de
famille; leur bec est plus gros que celui
des Perdrix proprement dites; dans quelques espèces on voit l'indice d'une dent
émoussée vers la pointe de la mandibule
supérieure. Mais, pour des disparités si
peu marquées, je ne vois point de motifs,
qui authorisent à placer ces oiseaux dans
un genre différent de celui de la Perdrix;
et à plus forte raison, vu que le plus
grand nombre des caractères conviennent,
et que les mœurs n'offrent pas à beaucoup près autant de disconvenances, que
dans les Francolins comparées avec les Perdrix
proprement-dites. Ces Perdrix d'Amérique for-

meront conséquemment une troisième section
dans ce genre d'oiseaux. Je vais passer en
revue les caractères communs aux différentes
espèces, qui composent ces trois sections.

Ces oiseaux sont très multipliés dans les
climats tempérés; le ciel brulant de la
zone torride leur paroît très favorable;
quelques espèces ne redoutent point le froid
de la zone arctique, puis-que la Perdrix
grise se rencontre en Suède et jusques en
Sibérie. Les Perdrix vivent par couple; il
arrive même le plus habituellement, qu'une
fois unis ils ne se séparent plus jusqu'à
leur mort; quoique la femelle soit seule
chargée du soin de couver les œufs, le
mâle ne la quitte guère, il ne s'éloigne
jamais beaucoup du nid, et lorsque la femelle
pourvoit au besoin de sa nourriture, le mâle se
place proche du nid pour le garder, et pour
en défendre l'accès aux animaux, qui recherchent les œufs pour s'en nourrir; lorsque
les jeunes sont éclos le père et la mère
les rassemblent sous leurs ailes; c'est alors
que le mâle prend une part plus active
aux soins de la progéniture; c'est lui, qui

les avertit pars ses cris, au moindre signe
de danger, ou prend le premier la fuite,
et ce signal est suivi de toute la troupe;
la couvée, dont le nombre va jusqu'à quinze
ou dixhuit individus, reste unie pendant toute
la saison et ne se sépare qu'au printems.
Les Francolins se rassemblent ainsi le
soir en famille sur les arbres, tandisque
les véritables Perdrix se réunissent dans un
très petit espace sur la terre; dans quelques contrées de l'Amérique, où les reptiles
venimeux abondent, on voit les Colins se poser la nuit sur les grosses branches des arbres.
Tous se nourrissent de blé vert, de plusieurs espèces de graines, de semailles,
d'insectes et de crysalides; le chant de
ces oiseaux est une annonce certaine de
l'approche ou du déclin du jour; les
Perdrix Francolins ont cependant la voix
beaucoup plus rauque et plus sonore que
les Perdrix proprement dites; les sons discordants, qu'ils font entendre le matin et
le soir, ont plus de rapport avec ces cris
aigus, que les Peintades répètent à conti-
nuité; le chant d'appel des véritables

Perdrix et des Colins est plus foible et moins assidu. La chair des oiseaux de ce genre est très succulente et agréable au goût.

Le corps est un peu oval et ramassé; la tête arrondie porte un bec oblong un peu fort, en cône recourbé, plus large que haut à sa base; la mandibule supérieure est légèrement inclinée, se courbe fortement vers la pointe et cache une grande portion de l'inférieure. Les narines sont basales, saillantes et à demi fermées par une membrane voûtée et nue. Les pieds sont nuds, armés dans les mâles des Perdrix Francolins d'un ou de deux éperons, et dans les Perdrix proprement dites pourvus d'une tubérosité, plus ou moins apparente; les doigts au nombre de quatre, ont ceux de devant réunis à leur base par une courte membrane. Les ailes courtes sont arrondies; les trois rémiges extérieures les plus courtes sont également étagées entre-elles; la quatrième et la cinquième sont les plus longues. La queue est courte, penchée vers la terre et foiblement étagée; elle varie dans le nombre des pennes, suivant les différentes espèces.

# LES FRANCOLINS.

## CARACTÈRES ESSENTIELS.

Les tarses des mâles munis de deux ou d'un seul éperon.

# FRANCOLIN CRIARD.

*Perdix Clamator. Mihi.*

C'EST à juste titre, que je donne à cette nouvelle et grande espèce le nom de criard; sa voix très sonore retentit au loin dans les bois, et semble faite pour les déserts où elle habite; semblable au cri desagréable des Peintades, il paroît que ce Francolin se plait comme ces derniers à le répéter continuellement; c'est vers le coucher du soleil, et lorsque cet astre nous annonce son retour par les clartés de l'aurore, qu'il donne un nouvel essor à sa voix glapissante par de grands cris, dont les sons discordants peuvent se rendre par les syllabes *Crohá - Crohá - Crohahach*. Cette espèce vit en famille, composée de la couvée; elle se perche le plus habitu-ellement sur les arbres, qui bordent les fleuves; la nourriture consiste en toutes sortes de graines, elle y ajoute encore les vers, les insectes et les racines de quel-ques espèces de plantes bulbeuses. Les colons de la partie Méridionale de l'Afrique connoissent ce Francolin sous le nom de *Fezant*, ce qui a fait dire à Kolbe (a), que le *Faisan Vulgaire de nos climats* habite la partie Méridionale de l'Afrique de là l'erreur, où est tombé Buffon et tous les auteurs, qui se sont appuyés du témoignage d'un homme dont le livre fourmille de mensonges grossiers (b); j'ai

---

(a) *Voyez* Kolbe, *tom.* 1. *p.* 152.

(b) Il n'est point déplacé de dire ici, que ce même Kolbe a plus d'une fois induit les natura-listes en erreur. Ce prétendu voyageur, que l'on sait n'être point sorti des limites de la ville du Cap, où il a composé son livre d'après les contes ridicules dont les habitués des tabagies qu'il fré-

déjà signalé cette erreur des naturalistes à l'article du Faisan vulgaire.

Sparman (c), en parlant d'un Tétras que les colons du Cap nomment Faisan, ne donne point de détails sur cet oiseau; tout ce que le savant Suédois nous en apprend se borne à ce que ces prétendus Faisans se réunissent soir et matin; qu'ils font entendre alors des cris très sonores.

---

quentait, l'ont gratifié; ce Kolbe est le premier et le seul voyageur qui ait assuré, que le Faisan Vulgaire habite la partie méridionale de l'Afrique; c'est lui encore qui a dit, que le Paon sauvage y est également indigène. Les Colons du Cap donnent effectivement le nom *de Wilde Pauw* à une espèce de grande Outarde (*Otis Arabs*), que Kolbe, qui n'a jamais vu l'oiseau, dit être le véritable Paon Sauvage. Dans un autre endroit il dit, que le Coq-knor, ou le *Knorhaan* des Colons, est la Peintade, tandis que ce Knorhaan d'Afrique est une espèce de petite Outarde, connue dans le système sous la dénomination *d'Otis Afra*.

(c) Sparman, *Voy. au Cap de Bonne Espérance*, trad. Franç. t. 1. p. 201.

Je suis très porté à croire, qu'en prenant les mesures convenables, on parvien-
dra quelque jour à faire la conquête de
cette espéce de Gallinacé, non seulement
comme un nouvel ornement de nos ménageries, mais aussi comme un oiseau utile
dans les basse-cours. Elle à beaucoup de
rapports avec la Peintade, tant par ses
moeurs, par le choix de sa nourriture,
que par sa taille, dont les dimensions
approchent de celles de nos Peintades; son
naturel est peu farouche, il ne serait point
difficile de l'accoutumer insensiblement à l'état
de captivité. Un colon au Cap de Bonne
Espérance, qui faisoit propager ces oiseaux
en domesticité, est même parvenu a en
obtenir des métis par l'accouplement avec des
poules vulgaires; ces bâtards ont toujours
été inféconds.

La longueur totale du mâle est le plus
souvent seize pouces et demi; les femelles
n'ont point cette dimension; la mandibule
supérieure du bec a un pouce trois lignes; le tarse a deux pouces neuf lignes; le mâle seul est armé de deux
puissans éperons à chaque pied.

Ce Francolin est à peu près de la taille d'une Peintade; la mandibule supérieure du bec, de couleur de corne, est large à son insertion, crochue et de quelques lignes plus longues que la mandibule inférieure; celle-ci s'emboîte totalement dans la supérieure, de façon, que lorsque l'oiseau a le bec fermé on n'apperçoit qu'une petite portion de cette mandibule, qui est rougeâtre; les pieds sont forts et musculeux; le tarse est armé de deux éperons, dont l'inférieur est le plus grand et le plus acéré: toutes les plumes ont une forme oblongue, l'extrémité arrondie étant moins large que le milieu de la plume.

La couleur dominante du plumage est d'un gris-brun terne, ou terre-d'ombre; les différentes parties de l'oiseau ont des raies et des taches grises dont les formes sont très variées. La couleur brune sur le haut de la tête et sur l'occiput s'y présente sans mélange; les plumes des joues et du haut du cou ont une seule bordure blanchâtre; le blanc domine davantage sur la gorge, où la couleur brune n'occupe que l'origine des plumes; sur la poitrine est un large plastron d'un brun noirâtre, mais chaque plume a une large bande longitudinale et blanche, qui suit la direction de la baguette; toutes les plumes des autres parties, tant supérieures qu'inférieures, ont plusieurs fines raies en zigzags, qui suivent le contour de la plume; de semblables zigzags, mais de couleur roussâtre, se trouvent sur les pennes secondaires des ailes et sur celles de la queue; les rémiges sont d'un gris-brun-clair; les pieds sont jaunâtres, les ergots de couleur de corne et les ongles bruns.

La femelle ne diffère du mâle que par le manque d'éperons; elle est aussi plus petite; elle dépose à terre et sans beaucoup de soins pour le nid, de douze jusqu'à dixhuit œufs, qu'elle couve seule, ainsi que le font tous les autres Gallinacés; on ignore la couleur des œufs.

Ce Francolin habite une grande étendue du pays, qui s'étend vers la pointe méridionale de l'Afrique; on le trouve depuis

la colonie du Cap de Bonne Espérance jusqu'
aussi avant que les voyageur ont pénétre
dans l'intérieur de la Caffrerie, partout où
les fleuves sont ombragés par des forêts,
dont il semble rechercher la fraicheur et
les aliments qui y croissent.

Ces oiseaux font partie de mon cabinet;
un malé se trouve dans la belle collection de mon ami M. Raye de cette ville; j'ai vu la femelle dans le Muséum
de Paris.

# FRANCOLIN ADANSON.

Perdix Adansonii. *Mihi.*

Quoique ennemi de reformes en fait de dénominations ornithologiques, contre lesquelles je me suis plus d'une fois prononcé dans les pages de la monographie des Pigeons, dans celles du présent ouvrage, comme dans l'introduction de mon Manuel élémentaire, je me vois cependant obligé de changer ici un nom adopté dans les méthodes et dans les sytèmes. L'oiseau que je signale ici, porte chez Linné le nom de *Tetrao bicalcaratus* et chez Latham celui de *Perdix bicalcaratus;* Buffon l'indique et en donne une figure planche 137, sous ce même nom de Bis-ergot; ces dénominations, données du tems de Linné et de Buffon à une Perdrix alors probablement la seule espèce dans le genre qui se fit remarquer par des doubles ergots aux tarses, ne peu-

vent plus servir, alors qu'un plus grand
nombre d'espèces portent les mêmes caractères ; nous connoissons de nos jours quatre
espèces différentes, qui, toutes ont les tarses
armés de deux éperons; nous en décrivons
sept autres également distinctes, dont le tarse
ne porte qu'un seul éperon. Cette circonstance m'ayant mis dans la nécessité de
changer l'ancien nom adopté pour le Francolin de cet article, je propose de le
remplacer par celui du voyageur qui le
premier en fit la découverte. Adanson
trouva l'oiseau dont il est question sur la
côte d'Afrique, qui porte le nom de Sénégal; c'est dans ce territoire arrosé par
les eaux de la Gambie, que pullule cette
belle espèce; elle habite les bords ombragés du fleuve et vit, ainsi que tous les
Francolins, dans les bois, se perche le
soir et fait alors entendre des cris très
aigus, qu'on entend à une grande distance.
Son bec, dont la mandibule supérieure est
longue, fortement courbée et en pioche,
est conformé comme celui de toutes ces
espèces de Gallinacés Africains et semble

destiné aux-mêmes usages, pour déterrer les racines des plantes bulbeuses, qui font la principale nourriture de toute cette famille. Adanson en parlant de la chair bonne et succulente des Lièvres du Sénégal, ajoute, que la même chose ne peut être dite de la chair des Perdrix qui vivent dans les bois de ces contrées; leur chair est d'une dureté qui la fait mépriser (*a*). Il est encore fait mention de notre oiseau dans un voyage exécuté à une date plus récente (*b*).

Le Francolin Adanson, mesuré du bout du bec jusqu'a l'extrémité de la queue, porte douze pouces huit lignes; sa taille est à peu près la même que celle de la

---

(*a*) Adanson, *Voy. au Sénégal*, p. 25.

(*b*) Sur les bords de la Gambie ou trouve des grandes Perdrix, qui ont deux éperons à chaqne patte; j'ai eu lieu d'en faire l'observation, car un jour que j'en avois tiré une, craignant qu'elle ne m'échappat, je me jettai dessus, et elle me déchira les mains avec ses éperons. *Voyez de Ledyard et Lucas, Voy. en Afriq. v. 2. p. 393.*

Bartavelle d'Europe; la longueur du bec
est d'un pouce et ses tarses mesurent
deux pouces une ligne; les vieux mâles
ont les deux éperons assez longs et
très acérés; les femelles et les jeunes
mâles n'ont point d'éperons, ou ceux-ci
sont courts et obtus chez ces derniers.

Le mâle a le haut de la tête roux,
du noir sur le front; ce noir s'avance
au-dessus des yeux et se dirige sur le
derrière de la tête, au-dessous est un
second sourcil d'un blanc pur; la gorge,
la partie supérieure du cou et les joues
sont aussi de cette couleur, mais variée
sur les dernières parties par de petits
traits longitudinaux et noirs; les plumes
de la nuque, de la partie inférieure du
cou, de la poitrine, du ventre et des
flancs sont dessinées ainsi qu'il suit; la
baguette blanchâtre porte une bande longitudinale noire en forme de cone long, sur
cette bande sont disposées quelques petites
taches blanches; de caque côté de ce noir
règne une bande longitudinale blanche et
toutes les plumes sont bordées par un

large espace d'un roux marron ; l'abdomen est blanchâtre ; les cuisses sont blanches marquées de raies longitudinales noires ; le haut du dos, les scapulaires et les couvertures des ailes sont d'un noirâtre, varié de nombreux zigzags d'un brun clair et chaque plume est bordée latéralement d'une large bande blanche ; les pennes des ailes sont brunes, marquées de lignes longitudinales et transversales disposées en zigzag ; le dos, le croupion, les couvertures supérieures de la queue et les pennes de celle-ci sont d'un brun cendré, que parcourt un grand nombre de zigzags très fins d'un brun noirâtre ; le bec et les pieds m'ont paru de couleur de corne brunâtre et les ongles sont bruns.

J'ignore si la femelle offre quelques disparités dans les couleurs de plumage, ou bien, si elle ne diffère du mâle que par le manque des éperons ; je n'en vis jamais un individu.

Ce Francolin habite nonseulement sur les bords de Gambie, mais il paroît également répandu dans l'intérieur de l'Afrique, puisque l'espèce se trouve sur les bords ombragés, où le majestueux Niger ou Joliba promène en silence ses ondes bienfaisantes.

J'ai vu trois mâles de cette espèce, un dans le muséum Britannique, un autre dans le London muséum appartenant à M. Bullock, le troisième a été déposé dans mon cabinet, par le possesseur de ce dernier établissement.

# FRANCOLIN HABAN-KUKELLA.

Perdix Ceylonensis. *Lath.*

Le Francolin de cet article, armé comme le précédent de deux éperons très acérés, vit dans l'île de Ceylan; les naturels le désignent dans leur langage par le nom de Habankukella, que je conserve à l'espèce; les Européens établis à Colombo chef lieu de l'île donnent à ce Francolin le nom de *Raleur coloré; (gecouleurde Ratelaar)* c'est apparemment le cri de cet oiseau, dont le son doit imiter une espèce de râlement, qui lui à valu cette dénomination.

Pennant et Forster en sont très succinctement mention dans la Zoölogie Indienne; les planches de cet ouvrage qui représentent ces oiseaux, donnent une idée très exacte du mâle et de la femelle. N'ayant

aucune particularité à citer relativement
aux mœurs, je passe au signalement des
formes extérieures.

Le mâle mesure en totalité douze pouces; la queue, qui est longue et arrondie,
porte seule quatre pouces; la tête et le
haut du cou ont de très petites plumes
noires, dans le milieu desquelles il y a
une raie blanche, cette couleur occupe
toute la gorge; les plumes distantes et
clair semées laissent apercevoir la peau
nue de cette partie; les joues sont dé-
garnies de plumes et d'un beau rouge; le
fond du plumage des parties supérieures
est d'un roux bai; sur le haut du dos et
sur les ailes sont de grandes taches noires,
dont le milieu, qui est d'un blanc pur,
forme sur le dos des raies longitudinales
et sur les ailes des taches en forme de
larmes; toutes les parties inférieures ont
des plumes noires sur les bords mais blanches dans le milieu; celles qui recouvrent
les flancs, n'ont qu'une bande longitudinale de couleur blanche, le reste de ces
plumes est noir; l'abdomen et les pennes

de la queue sont noirs; les rémiges sont
d'un brun foncé; les pennes secondaires, d'un roux bai, sont comme aspergées
de taches noires; les pieds et le bec
sont rouges; des deux puissants éperons
le supérieur est le plus fort et le plus
long, leur couleur est d'un brun rougeâtre; les ongles sont bruns.

La femelle, qui est à peu près de la
taille du mâle, n'a point une nudité aussi
grande à l'entour des yeux; les tarses sont dépourvus d'éperons, ce qui les
fait paroître plus grèles et plus longs,
la tête est variée de noir et de cendré;
les plumes du dos et des ailes sont
d'un roux bai ou ferrugineux sans raies
blanches, celles-ci sont remplacées par
des taches noires qui occupent le centre
des plumes; les parties inférieures également teintes de roux ferrugineux, ont
toutes les plumes bordeés de roux plus
clair; les rémiges et les pennes de la
queue sont brunes.

Le Francolin habankukella habite l'île
de Ceylan; les individus mâles et femelles,

qui font partie de mon cabinet, m'ont
été envoyés de Colombo; le muséum de
Paris possède aussi un mâle de cette rare
et belle espèce.

# FRANCOLIN SPADICÉ.

Perdix Spadicea. *Lath.*

CETTE troisième espèce de Francolin à double ergot a été découvert et très succinctement décrite par Sonnerat; ce voyageur a rapporté de Madagascar le seul individu que j'ai été à même de voir, l est maintenant déposé dans les galleries du muséum de Paris.

La taille du Francolin spadicé égale celle d'une Perdrix grise, sa longueur totale est de douze pouces; la queue de cet oiseau est de beauconp plus longue en proportion du corps, que ne l'est celle de ses congénères, elle porte quatre pouces quatre lignes; son bec est plus long et plus droit, et le bout de la mandibule supérieure moins recourbé que dans les espèces précédentes; deux éperons minces, longs et très acérés ressemblent à des épines plantées sur le tarse.

Le mâle, qui seul est connu, a toute la région des yeux jusques vers les oreilles dénuée de plumes; cette partie est d'un rouge jaunâtre ou couleur de peau d'oignon; le haut de la tête ainsi que la gorge sont d'un brun couleur de terre d'ombre; le reste du plumage, tant des parties supérieures que des parties inférieures est d'un roux rougeâtre; toutes les plumes portent un petit liseré d'un gris olivâtre; les grandes et les moyennes pennes des ailes sont de couleur de terre d'ombre; les plumes caudales, qui ont la même teinte que le dos, portent des ondes ou des zigzags très étroits et de couleur noire; les pieds sont d'un beau rouge; les deux ergots à chaque tarse ainsi que les ongles sont bruns.

Ce Francolin habite l'île de Madagascar d'où il a été rapporté par Sonnerat.

# FRANCOLIN À GORGE-NUE.

Perdix Nudicollis. *Lath.*

Je passe des Perdrix Francolins à tarses armés de deux ergots à la description de celles qui n'ont qu'un seul éperon à chaque tarse; nous connoissons sept espèces distinctes de ces Francolins.

La plus grande, celle qui est la mieux connue, a cependant donné lieu à trois différentes descriptions, qui se retrouvent sous trois dénominations spécifiques dans les méthodes des naturalistes; témoins celles de *Perdix Nudicollis, Rubricollis et Capensis* dont Latham fait autant d'espèces distinctes; Buffon décrit notre Francolin, dans ses articles de la Perdrix rouge d'Afrique et du gorge-nue; il en donne une figure peu exacte pl. 180; à ces deux indications, Sonnini en ajoute dans sa nouvelle édition

une troisième, sous le nom de Perdrix du
Cap de Bonne Espérance. On peut voir
dans l'Index de cet ouvrage, que j'ai réuni
ces différentes citations à la seule espèce
de mon Francolin à gorge-nue.

Cette espèce connue des Colons du Cap
de Bonne Espérance sous le nom de Faisan
rouge, (*roode fazant*) n'est point un vrai
Faisan, mais ce nom a prévalu chez eux,
et ils l'appliquent à toutes les espèces de
grandes Perdrix. J'ai déjà fait remarquer
à l'article du Francolin criard, que cette
espèce est aussi désignée au Cap par le
nom de *Fazant*.

Ce Francolin vit dans les bois; il s'y
perche de jour comme de nuit; lorsque
le soleil est sur le point de disparoître de
l'horison, alors les gorges-nues se réunissent
en famille sur les arbres et font retentir
l'air de leurs cris aigus, qu'ils répètent
également le matin. Les racines de plusieurs espèces de plantes bulbeuses leur
servent de nourriture; ils déterrent ces
substances végétales avec la mandibule supérieure de leur bec, long, très courbé et

profondément évasé, formant une espèce de pioche; ils ajoutent encore à cette nourriture celle des insectes et de leurs larves. La femelle couve à terre, dans un nid sans beaucoup d'apprêts, caché par les buissons; elle y pond jusqu'à dixhuit œufs; la petite famille suit le père et la mère, et ne se sépare qu'au renouvellement de la saison des amours.

Les caractères qui distinguent le mâle, sont, toute la gorge, une partie du devant du cou et les côtés de la tête jusque vers l'orifice de l'ouïe dénués de plumes, un puissant éperon au tarse, et à environ un pouce au dessus du celui-ci un petit tubercule calleux comme dans nos Perdrix grises; dans le mâle, comme chez la femelle la mandibule inférieure du bec est entièrement cachée par les bords saillants de la mandibule supérieure; la queue est courte et arrondie.

Le mâle mesure eu totalité quinze pouces; le bec à un pouce quatre lignes: sur le haut de la tête sont des plumes d'un gris-brun avec une tache noire à leur

centre ; les plumes de la partie postérieure
et des côtés du cou sont brunes ; sur leur
extrémité latérale, sont deux petites raies
blanches de forme longitudinale ; la poitrine, le
ventre et les plumes des flancs sont d'un
brun chatain, sur le centre de chacune d'elles est une raie noire, qui suit la
direction de la baguette ; de chaque côté
de celle-ci est une raie blanche, qui
suit la même direction, et ces bandes
blanches portent un liseré noir, ce qui
fait, que la couleur brune n'occupe que
les bords latéraux des plumes ; le haut
du dos et toutes les couvertures des
ailes sont d'un cendré foncé, mais avec une
large bande longitudinale qui occupe le
centre ; le dos et le croupion sont d'un
brun cendré avec une étroite raie d'un
brun plus foncé, qui suit la direction de
la baguette ; l'abdomen et les couvertures
inférieures de la queue ont sur un fond
gris - brun quelques raies longitudinales
brunes et blanchâtres ; les rémiges et les
pennes de la queue sont d'un gris-brun ;
avec les côtés de la tête, tout le devant

du cou ainsi que les pieds sont d'un
beau rouge; l'éperon et les ongles sont
bruns.

La femelle, toujours un peu moins forte
dans ses dimensions, n'a point de nudité
sur la gorge, cette partie est couverte de
petites plumes blanches; la nudité sur les
joues se borne à un très petit espace
qui entoure les yeux; le tarse est lisse
sans éperon ou tubercule calleux.

Le haut de la tête et le cou sont colorés comme dans le mâle, mais il n'y a
point de brun-châtain sur la poitrine ni
sur les plumes des flancs; celles-ci n'ont
que les trois bandes longitudinales noires
et les deux bandes blanches comme dans
le mâle; toutes les parties supérieures
portent plus de teintes brunes et les
taches foncées sont plus noires et plus
étendues; le bec, le tour de l'œil et les
pieds sont rouges.

Les jeunes de l'année ont toutes les parties supérieures d'un gris-brun foncé, comme
aspergé sur le dos, sur la queue et sur
les ailes de petites taches noires; de grands

espaces noirs occupent le centre des plumes; toutes celles de la poitrine, des flancs, du ventre et de l'abdomen sont transversalement rayées de brun, de jaune d'ocre et de blanc: à mesure que la mue s'opère, les plumes à bandes longitudinales paroissent mêlées avec celles qui sont encore rayées transversalement.

Ce Francolin, qui est beaucoup plus rare que le Criard, n'habite point comme ce dernier toutes les parties de la Colonie du Cap; on commence à le rencontrer sur les limites du pays des Caffres, qu'il habite dans toute son étendue jusqu'à la rivière de la Goa; on n'est pas instruit s'il pousse ses voyages plus avant dans le nord.

Différens individus de cette espèce font partie de mon cabinet; au Muséum de Paris se trouve un mâle, mais qui, ayant vécu en domesticité, a le bec difforme; le Muséum Britannique à Londres possède également un mâle.

# FRANCOLIN À LONG-BEC.

Perdix Longirostris. *Mihi.*

CET habitant des bois touffus de l'île de Sumatra n'a jusqu'ici été d'écrit par aucun naturaliste ; trois mâles et deux femelles me furent adressés de Batavia avec l'indication, que l'espèce ne se trouve point répandue dans l'île dont Batavia est le chef-lieu, mais qu'ils y avaient été apportés par un bâtiment venant de Sumatra. Ces Francolins habitent dans la partie septentrionale de cette île, qui est séparée de la presqu'île de Malacca par le détroit du même nom.

Le caractère marquant, qui distingue cette rare espèce de toutes ses congénères, consiste dans un bec formidable, qui, plus long et aussi robuste que le bec du Paon, le paroît encore davantage, étant porté par un oiseau dont le corps n'excède point de beaucoup les dimensions d'une Perdrix Bartavelle.

La longueur totale de cette espèce est de douze pouces et demi. Le mâle a la gorge, les côtes de la tête, le haut du cou, le ventre et les flancs d'un ferrugineux jaunâtre sans taches; le haut de la tête, l'occiput, le haut du dos et les scapulaires sont d'un brun marron, toutes ces parties ont des raies et des grandes taches d'un noir, qui imite le velours; quelques-unes de ces plumes sont, ou frangées de jaune d'ocre, ou portent le long de la baguette une étroite raie de cette couleur; dans le mâle seul, le bas du cou et la poitrine sont d'un gris couleur de plomb; les plumes du dos du croupion et des couvertures supérieures de la queue sont ferrugineuses, toutes sont nuancées de zigzags très fins de couleur plus sombre; vers l'extrémité et au centre de chaque plume est un petit espace d'un jaune d'ocre pur; toutes les couvertures des ailes ont leurs barbes intérieures de couleur marron avec des taches noires, leurs barbes extérieures sont ferrugineuses a zigzags bruns, le centre de ces

plumes porte un espace d'un jaune d'ocre;
les pennes secondaires des ailes et celles de
la queue sont ferrugineuses avec des raies
et des ondes brunes; les rémiges ont
leurs barbes extérieures seulement variées
de ces couleurs: le bec est noir; la peau
nue qui entoure immédiatement l'œil est
rouge; les pieds, les ongles et l'éperon
gros et court sont couleur de corne.

La femelle ressemble en tout au mâle,
excepté qu'elle n'a point ce plastron gris
couleur de plomb sur la poitrine; cette
partie est d'un roux ferrugineux; les
tarses n'ont point de tubercule, ni d'é-
peron.

Ces oiseaux font partie de mon cabinet;
un mâle et une femelle sont dans la
collection de M. Raije de Breukelerwaert
à Amsterdam.

# FRANCOLIN PERLÉ.

Perdix Perlata.   *Lath.*

On impute à juste titre aux nomenclateurs, de multiplier sans motif spécieux les espèces nominales; partout dans les systèmes d'ornithologie on voit les traces de cette négligence dans les compilations; ils donnent encore ici un libre cours à leur génie créateur en reproduisant dans leurs méthodes le Francolin de cet article sous trois dénominations différentes; le système de Latham, sous tous les rapports le plus correct et le plus riche de ceux qui ont été publiés jusqu'ici, n'est cependant point exempt d'un grand nombre de pareilles citations à double emploi: nous voyons dans cette méthode figurer sous deux noms différens cette espèce de Gallinacé; tels sont les *Perdix Perlata* et *Madagascariensis*; Brisson en fait son *Perdix Sinensis*; toutes ces descriptions se rappor-

tent au seul mâle de nôtre Francolin perlé,
dont la femelle n'a point encore été décrite.

Sonnerat décrit très exactement cette
espèce, il en donne une très bonne gravure sous le nom de Francolin d'île de
France; il nous apprend que cet oiseau
est naturel à l'île de Madagascar d'où il
à été importé à l'île de France. Notre Francolin perlé se perche sur les arbres; son
chant ou plutot ses cris ne diffèrent pas
beaucoup de ceux de la Pintade, ce qui
lui à fait donner par les habitans de cette
colonie le nom de Perdrix Pintade.

Parmi les nombreuses espèces qui composent le genre de la Perdrix, celle-ci occupe
le premier rang pour l'agréable distribution
des couleurs de son plumage; le blanc,
répandu par grandes taches ovales ou
arrondies produit, sur le fond de la livrée
noire et brune de cet oiseau, l'effet le
plus admirable.

Ce Francolin, modelé sur les formes de
la Perdrix rouge, a le tarse court, armé
d'un seul éperon gros et obtus, et la
région des yeux couverte de plumes, sans

aucune nudité. La longueur totale du mâle
est de dix pouces et demi ou onze pouces ;
le tarse a un pouce ne f lg es. Les plumes du sommet de la tête sont noires
bordées de roux, cet espace est entouré
par une large bande d'un roux-jaunâtre ; deux
raies longitudinales et noires commencent
à la base du bec, l'une passe vers l'œil
et l'entoure, l'autre passe plus bas en
suivant la même direction et vient rejoindre
la première, l'espace entre ces deux raies
est d'un blanc-pur ; toute la gorge est de
cette couleur ; les plumes de la partie postérieure du cou sont noires, elles portent
quatre taches blanches, longitudinales ; celles
du haut du dos, du devant du cou, de la
poitrine et toutes les petites couvertures
des ailes sont noires, variées de six grandes
taches blanches de forme arrondie ; les plumes scapulaires teintes de roux marron, ont
à leur extrémité quelques taches blanchâtres ;
le dos, le croupion, les couvertures supérieures des ailes et celles de la queue
depuis leur origine, portent sur un fond
noir une multitude de bandes blanches ;

l'extrémité des pennes caudales est noire;
cette couleur règne encore sur les pennes
secondaires des ailes et sur les rémiges,
mais les premières sont coupées de larges
bandes blanches, et les dernières de petites
taches de cette couleur; le blanc domine
sur le ventre, mais le roussâtre sur les
flancs; ces couleurs sont coupées de lignes
noires plus ou moins larges; les couvertures inférieures de la queue sont rousses;
le bec est noir et les pieds sont d'un
roux clair.

La femelle, qui n'a point encore été
décrite, diffère beaucoup du mâle; elle
est toujours un peu moins forte de taille;
la tête porte les mêmes distributions de
couleurs, mais la raie noire supérieure
ne prend son origine que derrière l'œil,
les côtés du bec et l'espace entre les deux
bandes noires sont d'un blanc légèrement
teint de roussâtre; les plumes de la partie postérieure du cou sont comme chez
le mâle; celles du haut du dos sont bordées
de brun-clair; les six taches blanches
ne sont point arrondies mais de forme irré-

gulière ; toutes les plumes des parties inférieures, au lieu de porter comme chez le
mâle six taches rondes sur un fond noir,
sont chez la femelle rayées de six bandes
transversales, alternativement blanches et
noires ; le roussâtre domine sur les plumes des flancs et de l'abdomen ; les scapulaires ne sont point teintes de cette belle
couleur d'un roux marron, mais celles-ci
de même que toutes les couvertures des
ailes, le dos, le croupion et les couvertures supérieures de la queue, sont d'un
gris-brun coupé de lignes blanches et de
grandes taches noires ; la queue et les
pennes secondaires des ailes sont comme
dans le mâle, excepté, que les raies transversales ont une teinte de blanc roussâtre ;
le tarse est lisse, sans éperon ou tubercule
calleux.

Ce Francolin vit en Chine, où il est
connu sous le nom de Tahecou ; il est
abondant au Bengale et à l'île de France ;
on le trouve également à Madagascar et
probablement aussi sur la côte d'Afrique,
qui est en face de cette île.

Le mâle et la femelle font partie de mon cabinet; j'en ai vu un couple chez M. Dufresne à Paris et le Muséum de cette capitale possède un mâle.

# FRANCOLIN À RABAT.

*Perdix Pondiceriana. Lath.*

Cette belle espèce, propre au continent de l'Inde, a été observée par Sonnerat, qui, le premier a signalé les couleurs de son plumage, mais cet auteur omet dans la description de cet oiseau comme dans celle de tant d'autres qu'il se contente d'indiquer succintement, la partie descriptive la plus agréable et la plus intéressante à connoître; je veux dire l'histoire de ses mœurs.

La longueur totale de ce francolin est de dix pouces; le tarse a un pouce sept lignes; la queue est assez longue et arrondie comme celle des Perdrix grises; le bec est absolument semblable à celui des Perdrix grises; les yeux ne sont point entourés d'un espace nu: le mâle porte un seul éperon très acéré.

Une espèce de petite gorgerette ou de
rabat dintingue ce Francolin: cet ornement, qui lui donne un air gracieux,
est produit par une large bande rousse
dessinée sur la gorge, les bords en sont
comme liserés par une étroite bande
noire; le front et la région des yeux
sont d'un roux-clair, cette couleur passe
en forme de sourcils sur les yeux et se
termine vers l'occiput; le haut de la tête
est d'un gris terreux; la poitrine est
rayée alternativement de blanc jaunâtre et
de brun-clair; le dos, les grandes et les
petites couvertures des ailes et le croupion ont des plumes colorées de gris-
brun, elles sont marquées sur les bords de
leurs barbes de grandes taches noires; trois
raies transversales d'un blanc-roussâtre sont
disposées sur toutes ces plumes. Les rémiges sont grises; les pennes secondaires
des ailes colorées de même ont quelques
raies transversales d'un blanc-jaunâtre,
disposées sur les barbes extérieures; toutes
les pennes latérales de la queue sont
rousses depuis leur origine, elles sont

noires vers leur extrémité et terminées de blanc-roussâtre; les deux pennes
intermédiaires sont grises, mais semées de
nombreux zigzags bruns, elles ont quatre
bandes d'un blanc-jaunâtre; le ventre et
l'abdomen sont blancs rayés d'une double
rangée de zigzags; les plumes des flancs
ont quelques taches rousses.

La femelle diffère du mâle par l'absence de l'éperon, qui est remplacé
chez-elle par un petit tubercule calleux;
les couleurs du plumage sont en général plus ternes et plus brunes; le
petit rabat qui se dessine sur la
gorge, n'est point aussi bien marqué que
chez le mâle, le roux en est plus clair.

Le bec du mâle et de la femelle
est rouge à sa base et jaunâtre
vers son extrémité; l'iris et les pieds
sont rouges.

Sonnerat a trouvé cette espèce sur la
côte de Coromandel, dans le territoire
de la ville de Pondichery: le mâle et
la femelle sont au Muséum de Paris.

# FRANCOLIN À PLASTRON.

Perd'x thoracica. *Mihi.*

Cette nouvelle espèce de Francolin, dont nous connoissons seulement la dépouille, est encore une de celles qu'à regret je me vois réduit à décrire succinctement, et sans pouvoir ajouter à la stérile énumération des couleurs du plumage cette partie de l'histoire animale, qui tient aux habitudes particulières ou à la manière de vivre des êtres.

La longueur totale du seul mâle que j'ai vu, est de onze pouces; un large plastron de forme arrondie lui couvre la poitrine; le gris-verdâtre règne sur cette partie qui est coupée de zigzags noirs fort étroits; la gorge est rousse, et la même couleur est encore distribuée sur les côtes du cou ou elle entoure le plastron; les parties inférieures sont d'un jaune-roussâtre; sur chaque plume de ces parties se trouve une tache noire, de forme plus ou moins arrondie; sur le gris-brun du dos se dessine de grandes taches, d'un brun-noirâtre; plusieurs petits croissants blancs répandus sur les plumes scapulaires égaient l'uniformité de la livrée de cet oiseau. La peau nue qui entoure les yeux, est semée de papilles charnues, d'un beau rouge; le bec, les pieds ainsi que les éperons sont d'un blanc argenté et comme lustré.

La femelle de cette espèce n'est point encore connue.

Ce Gallinacé a été envoyé de l'Inde, mais on ignore dans quelle partie de cette vaste portion de l'Asie l'espèce habite; M. Raije de Breukelerwaert possède dans son cabinet l'individu, qui a servi à cette description.

# FRANCOLIN OURIKINAS.

Perdix afra. *Lath.*

CE joli Francolin, connu des Hottentots du Cap de Bonne Espérance sous le nom d'Ourikinas, mesure en longueur totale à peu près douze pouces; le bec a un pouce trois lignes, la mandibule supérieure en est fortement courbée, très évasée et longue; les parois allongés des bords cachent totalement la mandibule inférieure; les tarses et les doigts sont plus courts que ceux de la Perdrix grise.

Sur le haut de la tête et sur l'occiput sont des plumes noires bordées de roussâtre; une étroite bande rousse, mouchetée de noir, s'étend sur la partie latérale du cou; une autre bande mais blanche, dont toutes les plumes sont terminées de noir, suit la direction parallèle de la première et aboutit avec elle sur la partie inférieure du cou, où elle se réunit avec une troisième

bande longitudinale, qui, partant de-dessous
les yeux, suit la même direction, ce
qui fait, que le roux moucheté de noir
est encadré par du blanc moucheté également
ment de noir; la gorge est blanche semée
de quelques petits points noirs; les plumes
de la poitrine sont d'un jaune roussâtre
terminé de cendré bleuâtre; les plumes
des flancs et celles de la partie latérale
de la poitrine sont nuancées du même
cendré, mais elles ont toutes une grande
tache d'un roux marron vers la moitié de
leur longueur; le reste de chaque plume
de ces parties se trouve rayé de blanc
jaunâtre, ou varié de taches blanches
de forme arrondie; ces taches rondes ou
ovoïdes sont très nombreuses sur le milieu
lieu du ventre et rapprochées les unes
des autres: les plumes des parties supérieures
rieures sont d'un cendré très foncé; sur
chacune est une tache noire coupée par
des raies en zigzag d'un roux clair; les couvertures
vertures des ailes, qui sont d'un cendré plus
clair, ont également de ces bandes roussâtres
ses; toutes les plumes des parties supé-

rieures et des ailes ont une bande blanche, qui suit la direction des baguettes;
les rémiges sont brunes avec une seule raie
en zigzag, qui s'étend sur toute la longueur de la barbe extérieure; la queue
est noire rayée transversalement de zigzags
d'un roux clair; les tarses des mâles
sont armés d'un petit éperon très acéré;
cette partie et les doigts sont d'un brun
jaunâtre; le bec est brun.

Je n'ai trouvé d'autre différence dans
les sexes, que le seul manque de l'éperon
chez la femelle, remplacé par un très
petit tubercule calleux.

La principale nourriture de l'Ourikinas
consiste en quelques espèces de plantes
bulbeuses, qu'il déterre très bien avec
la mandibule supérieure du bec, et qui
à cette fin est très longue, obtuse et
évasée en forme de pioche. La ponte est de
dix jusqu'à dix-huit œufs, d'un olivâtre
très clair marqué de grandes taches brunes.

Plusieurs individus de cette espèce m'ont
été adressés du Cap de Bonne Espérance,
où elle paroît très abondante.

# FRANCOLIN À COLLIER ROUX.

Perdix Francolinus. *Lath.*

JUSQU'ICI j'ai fait mention des seules espèces de Perdrix éperonnées, qui vivent dans les climats chauds, exposés sous l'Equateur et les Tropiques; celle, qui semble avoir franchi ces limites naturelles, visite même nos parties les plus méridionales de l'Europe, et paroît s'y arrêter pendant quelque temps; ses habitudes et sa maniere de vivre, quoique étant plus faciles à observer que dans les espèces exotiques, manquent encore à la connoissance parfaite de l'histoire de cet oiseau; je regrette, que mes tentatives pour obtenir des renseignemens positifs sur les mœurs d'un Gallinacé, qui vit dans nos contrées, ayent été jusqu'ici infructueuses: je me contenterai de rapporter le peu que les différens

auteurs nous apprennent sur les habitudes
de cette espèce.

Le Francolin de Ferrare de Gesner (a),
celui indiqué sous ce nom par Olina (b),
celui dont Tournefort fait mention dans
son voyage au Levant et celui dont il
est parlé dans le voyage en Egypte par
Sonnini, me semblent être le véritable
Francolin, celui que je désigne ici, et que
Buffon décrit sous ce nom; il est bon
cependant de faire observer, qu'on doit
se garder d'admettre comme synonyme à
cette espèce de gallinacé plusieurs indications d'oiseaux, qui, portent également
le nom de Francolin, mais qui sont
différents de genre.

Le Francolin à Collier est la seule
espèce de cette petite famille dans le
genre de la Perdrix, qui pousse ses
voyages jusques dans quelques contrées de
l'Europe méridionale; elle ne passe cependant jamais dans celles, que nous appelons

---

(a) Gesner, *de avibus*, *p.* 225.
(b) Olina, *p.* 27.

tempérés, et donne toujours la préférence aux parties les plus exposées à l'ardeur du soleil, où, suivant le dire des voyageurs, l'espèce n'est point très abondante: ce qui me porte à croire, que le plus grand nombre de ces oiseaux vivent dans des contrées plus chaudes, telles que celles de l'Inde et de l'Afrique, puisqu'il nous est parvenu des Francolins de cette espèce, des côtes de Barbarie, du Sénégal et du Bengale.

,, Buffon dit, que la rareté de ces ,, oiseaux en Europe, jointe au bon gout ,, de leur chair, à donné lieu aux défen- ,, ses vigoureuses qui ont été faites en ,, plusieurs pays, de les tuer; et de là ,, on prétend, qu'ils ont eu le nom de ,, Francolin, comme jouissant d'une sorte ,, de franchise sous la sauvegarde de ces ,, défenses."

,, Ces oiseaux vivant de grains, on peut ,, les élever dans des volières; mais il ,, faut avoir l'attention de leur donner à ,, chacun une petite loge où ils puissent ,, se tapir et se cacher, et de répandre

„ dans la volière du sable et quelques
„ pierres de tuf (c)."

Le Francolin à collier n'est pas très
commun dans les îles du Levant; il se
plait dans les lieux marécageux, ce qui
lui à fait donner le nom de Perdrix des
prairies (d).

Le peu que Tournefort dit ici des
habitudes de ce Francolin, est absolument
conforme aux mœurs des autres espèces
dont je viens de faise mention dans les
chapitres précédents. Ce que Olina dit
par rapport à la voix forte de notre
Francolin, dont le son est moins un
chant qu'un sifflement très fort, qui se
fait entendre de loin, s'accorde également

---

(c) Buffon, *édit. de Sonnini*, v. 7. p. 36.

(d) Les Francolins ne sont pas communs dans
l'île de Samos et ne quittent pas la marine
entre le petit Boghas et Cora, auprès d'un
étang marécageux... on les appelle Perdrix des
prairies. *Tournefort voy. au Levant v. 1. p. 412.*
Ou retrouve également cet oiseau sur les côtes
d'Asie. *Idem v. 2. p. 103.*

avec ce que je viens de dire des cris
sonores par lesquels les autres espèces de
cette famille se rappellent entre-eux.

La chair de ce Francolin est exquise,
elle est quelquefois préférée à celle de
Perdrix et des Faisans (e).

Le mâle mesure en totalité douze pouces, le tarse à un pouce onze lignes,
il est armé d'un petit éperon; la queue
est foiblement arrondie; le bec est plus
fort et plus long que celui de la Perdrix grise.

Sur le haut de la tête et jusques au
collier qui entouré le cou, sont des
plumes noires bordées de brun jaunâtre;
au dessous de chaque œil commence une
bande blanche, qui, en s'élargissant, vient
couvrir l'orifice des oreilles; un large
collier d'un beau roux-marron entoure le

_______________

(e) Le gibier de toute espèce est commun
en Sicile, et cet oiseau dont la chair d'un
gout exquis le fait préférer à l'oiseau même
du Phase, le Francolin n'y est point rare.
*Sonnini voy. en Egypte*, v. I. p. 54.

cou; le reste de cette partie, les côtés
de la tête, le front, une bande qui
passe au dessus des yeux, la gorge,
toute la poitrine, le ventre et les plumes des flancs sont d'un noir profond;
ce noir est coupé seulement sur les
plumes des flancs par de grandes taches
blanches; le haut du dos, qui est également noir, porte quelques petites taches
et des raies longitudinales et blanches; le
reste du dos, le croupion, les couvertures supérieures de la queue, et les
plumes des cuisses sont rayés transversalement de noir et de blanc; les ailes,
colorées de brun-noirâtre, ont leurs petites
couvertures semées de taches d'un blanc-
roussâtre, les grandes ont chaque plume
bordée de cette couleur; les pennes
secondaires ont des raies d'un roux clair,
et cette couleur produit sur les rémiges
des taches de formes variées; les pennes
caudales sont noires dans toute leur
longueur, elles ont à leur origine quelques
fines raies blanches; l'abdomen et les
couvertures inférieures de la queue sont

d'un roux-marron; le bec est noir et
les pieds sont rougeâtres.

Le plumage de la femelle diffère beaucoup de celui du mâle; un blanc terni
ou couleur de café-au-lait en forme la
teinte principale: les plumes du haut de
la tête sont brunes, de chaque côté est
un large espace d'un blanc-rougsâtre, qui
passe au dessus des yeux; le cou et la
poitrine ont de petites taches brunes;
celles-ci sont plus marquées sur les autres
parties inférieures du corps, où elles se
présentent en larges bandes: le dos et
toutes les couvertures des ailes sont d'un
gris-brun terne; mais les plumes de ces
parties sont bordées de blanc-jaunâtre; les
pennes secondaires des ailes sont alternativement rayées de roux clair et de brun;
ces couleurs se remarquent encore sur
les rémiges, mais le roux y produit
des taches de forme plus ovale; le
croupion et les deux pennes intermédiaires
de la queue sont d'un gris-brun, coupé
de raies transversales d'une couleur plus
claire; les autres pennes de la queue

portent à leur origine quelques raies blanches sur un fond noir, leur extrémité est entièrement de cette couleur; les tarses sont lisses, sans ergot ou tubercule calleux.

Ce Francolin vit dans la partie méridionale de l'Europe, en Sicile, dans la Calabre, dans les îles de l'Archipel et du Levant, en Afrique, sur toute la côte d'Asie et jusques au Bengale; l'espèce est très nombreuse sur les côtes de Barbarie.

Un mâle et une femelle, qui m'ont été envoyés du Bengale, sont en tout semblables à ceux tués dans le royaume de Naples; on voit par ce fait, et tant d'autres de le même nature, que l'influence des climats n'opère point sur la livrée des oiseaux avec cette force active, comme Buffon a toujours voulu se le persuader.

# LES PERDRIX.

## CARACTÈRES ESSENTIELS.

Les tarses munis d'une callosité, ou entièrement lisses.

# PERDRIX BARTAVELLE.

*Perdix saxatilis. Meyer.*

Après avoir terminé l'histoire des espèces de Perdrix éperonnées ou Francolins,
qui fréquentent les endroits humides et
marécageux, et qui habitent dans les bois où
elles se perchent de jour comme de nuit,
je vais m'occuper dans cette seconde section des Perdrix proprement-dites, de
celles, qui n'ont qu'une petite protubérance
calleuse, ou bien dont le tarse est lisse.
Ces Perdrix vivent dans les campagnes
découvertes, fréquentent les plaines et ne
se perchent jamais.

„ C'est aux Perdrix rouges et principa-
„ lement à la Bartavelle, que doit se
„ rapporter tout ce que les anciens ont
„ dit de la Perdrix. Aristote devait mieux
„ connoître la Perdrix Grecque (a) qu'aucune
„ autre, et ne pouvait guère connoître
„ que les Perdrix rouges, puisque ce sont
„ les seules qui se trouvent dans la Grèce,
„ dans les îles de la Méditérranée et selon
„ toute apparence, dans la partie de l'Asie
„ conquise par Alexandre, laquelle est
„ apeuprès située sous le même climat que
„ la Grèce et la Méditérranée (b), et qui
„ étoit probablement celle ou Aristote avoit
„ ses principales correspondances. A l'égard

(a) Dénomination sous laqu'elle l'espèce de
cet article est désignée chez plusieurs naturalistes modernes.

(b) Il paroît que la Perdrix des pays habités ou connus par les Juifs, depuis l'Egypte
jusqu'à Babylone étoit la Bartavelle, et n'étoit
ni la rouge ni la grise, puisqu'elle se tenoit
sur les montagnes. *Sicut persequitur perdix in
montibus. Reg. lib. I. cap. 26.*

„ des naturalistes qui sont venus depuis,
„ tels que Pline, Athénée, etc. on voit
„ assez clairement, que, quoiqu'ils connus-
„ sent en Italie des Perdrix autres que
„ les rouges, ils se sont contentés de
„ copier ce qu' Aristote avoit dit des
„ Perdrix rouges; il est vrai que ce
„ dernier reconnoit une différence dans le
„ chant des Perdrix, mais on ne peut
„ en conclure légitimement une différence
„ dans l'espèce, car la diversité du chant
„ dépend souvent de celle de l'âge et du
„ sexe, elle à lieu quelquefois dans le
„ même individu, et elle peut être l'effet
„ de quelque cause particulière, et même
„ de l'influence du climat, selon les anciens
„ eux-mêmes, puisque Athénée prétend
„ que les Perdrix qui passoient de l'Afri-
„ que dans la Béotie se reconnoissoient à
„ ce qu'elles avoient changés de cri (c).
„ D'ailleurs Théophraste, qui remarque aussi
„ quelques variétés dans la voix des Perdrix,
„ relativement aux pays qu'elles habitent,

---

(c) Voyez Gesner de *Avibus.* p. 671.

„ suppose expressément que toutes ces
„ perdrix, ne sont point d'espèces diffé-
„ tes, puis qu'il parle de leurs différentes
„ voix dans son livre: *de varia voce*
„ *avium ejusdem generis* (*d*).

„ Belon, qui avoit voyagé dans les pays
„ habités par les Bartavelles, nous ap-
„ prend, qu'elles ont le double de la gros-
„ seur de nos perdrix grises; qu'elles
„ sont fort communes, et plus communes
„ qu'aucun oiseau dans la Grèce, les îles
„ Cyclades, et principalement sur les côtes
„ de l'île de Crète (aujourd'hui Candie);
„ qu'elles chantent au tems de l'amour; qu'el-
„ les prononcent à peu prés, le mot *Chaca-*
„ *bir*, dont les latins ont fait sans doute
„ le mot *Cacabare* pour exprimer ce cri,
„ et qui peut-être a eu quelque influ-
„ ence sur la formation des noms cubeth,
„ cubata, bubey, &c. par lesquels on
„ a désigné la Perdrix rouge dans les
„ langues orientales.

---

(*d*) Il est aisé de voir que ces mots *ejus-*
*dm generis*, signifient ici de la même espèce.

„ Belon nous apprend encore que les
„ Bartavelles se tiennent ordinairement sur
„ les rochers; mais qu'elles ont l'instinct
„ de descendre dans la plaine pour y
„ faire leur nid, afin que leurs petits
„ trouvent en naissant une subsistance
„ facile; la Bartavelle a avec la poule or-
„ dinaire l'analogie de couver des oeufs
„ étrangers à défaut des siens; il y a
„ longtems que cette remarque a été fai-
„ te, puisqu'il en est question dans les
„ livres sacrés (e).

„ L'on a tiré parti de la haine violen-
„ te des mâles contre les mâles pour en
„ faire une sorte de spectacle ou ces
„ animaux, ordinairement si timides et si
„ pacifiques, se battent entre-eux avec
„ acharnement; cet usage est encore très
„ commun aujourd'hui dans l'île de Chypre;
„ et nous voyons dans Lampridius, que
„ l'Empereur Alexandre Sévère s'amusait
„ beaucoup de ce genre de combat. (f)

---

(e) *Perdix fovit ova quæ non peperit. Jerem. prop. Cap.* 17. *vs.* 2.

(f) Buffon à l'article de la Perdrix Bartavelle.

L'opinion émise par Buffon, à l'égard des écrits des naturalistes anciens, recevra un nouveau témoignage d'authenticité, par les observations des modernes, elles me serviront pour completter la partie historique, qui a rapport aux mœurs de cette espèce. Mon savant ami, le docteur Meyer, ayant rassemblé sur notre Bartavelle les observations les plus intéressantes, c'est de lui, que j'emprunterai celles, qui sont les fruits de ses nombreuses et intéressantes recherches.

Cette espèce, qui est aussi propre aux Alpes Allemandes, fait sa demeure dans les contrées moyennes des montagnes, et toujours au-dessous des régions où il ne vient plus de bois, excepté peut être dans les plus beaux jours de l'été: on ne la trouve jamais dans la plaine, ni dans les vallées basses; elle est très sauvage, court avec une extrême vitesse, mais elle a en revanche un vol plus lourd et plus bruyant que les Perdrix grises. Hors la saison de l'accouplement, ces oiseaux vivent en famille, mais au mois de mai temps de leurs amours, chaque couple vit isolé : c'est en juin ou au commencement de juillet, suivant que la saison est plus ou moins avancée, ou leur demeure plus ou moins élevée dans les montagnes, [qu'ils nichent et couvent; la femelle pond de quinze jusqu'à vingt quatre œufs, d'un blanc jaunâtre, semé de taches très peu distinctes d'un jaune roussâtre. C'est sous des racines d'arbres, ou sous des pierres inclinées dans les buissons, ou même tout simplement dans les touffes de bruyère, qu'elle dépose le fruit de ses amours; l'incubation dure trois semaines, et le mâle qui ne s'en mêle point se tient à quelque distance du nid; les petits sont plutôt abandonnés à eux-mêmes que ceux de la Perdrix grise. Les Bartavelles se nourrissent de différentes espèces de plantes, de semences, d'insectes, surtout de larves de fourmis; en hiver elles mangent les boutons de différentes sortes d'arbres, les baies et les piquants des Pins des Sapins et des Mélèses; la chair des Bartavelles est excellente à manger, elle est

blanche et quoique un peu seche, elle à
un gout résineux et aromatique avec une
légere amertume ; aussi cet oiseau très
estimé des gourmets se vend-il toujours
à un très haut prix. C'est le renard qui
est le plus grand destructeur des Bartavelles, elles deviennent aussi la proie des
Autours des Aigles et surtout du Faucon
Pélerin!

La Bartavelle dit Gérardin (g), n'est pas
fort commune en France, on ne la rencontre guère que sur les hautes montagnes de nos départemens méridionaux, d'où
elle ne descend dans la plaine, que vers
l'automne; elle cherche alors un abri dans les
bruyères et dans les broussailles des petits bois
taillis. On à essayé en vain de l'acclimater
dans l'intérieur de la France, où vivent les
Perdrix rouges; toujours elle y a péri,
ou bien, lorsqu'elle en a trouvé l'occasion, elle est retournée dans son pays
natal.

C'est encore à la Bartavelle et non à

_______________

(g) Voyez *Tableau Elém. d'ornith. v. 2. p. 80.*

la Perdrix rouge proprement-dite, que doivent se rapporter quelques particularités que Buffon attribue à cette dernière espèce ; de ce nombre sont les passages, où il assigne les montagnes et les rochers pour demeure habituelle des Perdrix rouges. Les particularités qui ont rapport à la singulière docilité des Perdrix rouges, à l'appui desquelles Buffon cite les témoignages de Gesner, de Tournefort, de Porphire, de Mundella et d'Athénée, sont encore des passages qu'il aurait dû indiquer dans sa description de la Perdrix Bartavelle ; car les parrages de l'Archipel, du Pont-Euxin et de l'Helvétie, où ces faits ont été observés, ne sont point habités par les Perdrix rouges proprement-dites, tandis que les Bartavelles sont très répandues dans ces contrées.

On a vu en Asie (h), dans les îles de

____________________

(h) In regione circa Trapezuntum... vidi hominem ducentem secum supra quatuor milla perdicum, &c. *Voyez, Odoricus de Foro-Julii apud Gesner, de Avibus*, p. 675.

l'Archipel (*i*) et même en Provence des troupes nombreuses de Perdrix, qui obéissoient à la voix de leur conducteur avec une docilité singulière. Porphire parle d'une Perdrix privée venant de Carthage, qui accouroit à la voix de son maître, le caressoit et exprimoit son attachement par des inflections de voix, qui etoient différentes de son cri ordinaire (*k*), Mundella et

---

(*i*) Dans l'île de Scio on élève des Perdrix avec soin; on les mène à la campagne chercher leur nourriture comme des troupeaux de moutons; chaque famille confie les siens au gardin commun, qui les ramène le soir: on les rappelle chez soi avec un coup de sifflet, même pendant la journée. *Voyez Tournefort*, *voy. au Lev. v.* 1. *p.* 386.

J'ai vu un homme en Provence, du côté de Grasse, qui conduisoit des compagnies de Perdrix à la campagne, et qui les faisoit venir à lui quand il vouloit, il les prenoit avec la main, les mettoit dans son sein, et les renvoyait ensuite. *Ibidem.*

(*k*) *Porphire, de Abstinentia a carnibus. Lib.* 3.

Gesner en ont élevé eux-mêmes, qui étoient
devenues très familières (I).

Les caractères par lesquels la Perdrix
Bartavelle se distingue de la Perdrix rouge,
sont: la gorge et une partie du devant du
cou, d'un blanc entouré par une large bande
noire, qui ne se dilate point en taches
sur la poitrine; toutes les parties supérieures sont d'un gris-cendré; des rayes blanchâtres et noires sont disposées transversalement sur les flancs; il n'existe point de roux
foncé sur le ventre ni sur l'abdomen; la queue
est composée de quatorze pennes; c'est
seulement à l'entour des yeux qu'il existe
une étroite membrane nue et rouge: enfin,
toutes les dimensions sont plus fortes que
dans la Perdrix rouge proprement dite.

Le mâle mesure en totalité de quatorze
à quinze pouces; les femelle ont d'ordinaire un pouce de moins. La gorge, le
devant et les côtés du cou sont d'un
blanc pur; sur le front est un espace
noir, qui donne de chaque côté naissance

---

(I) *Gesner de Avibus*, *p.* 682.

à une bande de cette couleur, qui passant
sur les yeux, se dirige au-dessus de l'orifice
des oreilles et vient se joindre sur le devant
du cou; le haut de la tête, les côtés
du cou, la poitrine et toutes les parties
supérieures, ainsi que les pennes du milieu
de la queue sont d'un gris-cendré, la teinte
de ce gris est un peu rougeâtre sur le haut
du dos; l'extrémité des scapulaires et des
grandes couvertures des ailes est d'un jaune-
d'ocre-clair; les plumes des flancs sont grises
depuis leur origine, elles portent vers leur
extrémité une étroite bande transversale noire,
puis une large bande blanchâtre, suivie
d'une seconde bande noire, enfin, chaque
plume est terminée par un petit espace
d'un brun-marron; le milieu du ventre et
l'abdomen sont d'un jaune-d'ocre; les pennes
de la queue au nombre de quatorze, ont
les cinq latérales cendrées à leur base
et rousses sur le reste de leur longueur, les quatres pennes du milieu sont
cendrées dans toute leur longueur; un
cercle nu et rouge entoure les yeux,
dont l'iris est d'un brun-gris; le bec

est d'un rouge vif; les pieds munis de
fortes tubérosités caleuses, sont d'un
rouge pale.

La femelle, toujours plus petite que le
mâle, a le gris-cendré du plumage lavé de
teintes moins pures; la bande noire qui
borde le blanc de la gorge a moins de largeur; les bandes noires des plumes des
flancs sont plus étroites.

Des individus variés accidentellement, sont
plus ou moins tapirés de plumes blanches;
d'autres ont toutes les couleurs foiblement
ébauchées; les plus rares sont celles, qui
approchent le plus du blanc parfait.

Cette espèce habit en grand nombre dans
l'Empire Ottoman, dans toutes îles de
l'Archipel, en Sicile, dans le royame de
Napels, dans le midi de l'Italie et de la
France; elle est également répandue sur les
Alpes du midi de la Suisse et de l'Allemagne.

# PERDRIX ROUGE.

*Perdix rubra. Brisson.*

L'espèce de cet article, ou la Perdrix rouge proprement-dite, qui vit dans nos climats méridionaux, a souvent été confondue par les naturalistes, nonseulement avec l'espèce précédente, mais aussi avec celle de l'article suivant; cependant des dissemblances bien marquées dans les mœurs, dans la distribution des couleurs du plumage et dans quelques autres caractères propres à chacune de ces espèces, les distinguent entre-elles, mêmes à ne pouvoir s'y méprendre. Quelques naturalistes, en décrivant les mœurs de la Bartavelle, y ont ajouté le signalement des couleurs du plumage et des caratères propres à la véritable Perdrix rouge, d'autres ont réuni dans une seule indication les trois espèces de Perdrix, qu'ils ont confondu sous une seule dénomination de Perdrix rouges, par-

Y 5

ceque, en effet ces trois espèces portent comme caractères commun, ceux du bec est des pieds rouges; enfin les nomenclateurs et les méthodistes ont singulièrement augmenté la confusion, en réunissant d'une part ces trois espèces comme simples variétés, et en créant d'autre-part de ces mêmes espèces réunies, deux espèces distinctes qui n'existent point dans la nature; ces espèces nominales indiquées dans les systèmes sous les noms de *Perdix Kakelik* et de *Perdix Caspia* ne sont effectivement, que des individus très peu disparats des Perdrix rouges, et que je considère comme des variétés de l'espèce de la Perdrix rouge proprement-dite, dont il est question dans cet article.

Brisson est le seul naturaliste, qui distingue avec précision les trois espèces de Perdrix dont les pieds et le bec sont rouges; on a eu tort de ne point s'en être rapporté à ses observations dans les systèmes, qui ont paru depuis.

Nous avons dit en parlant de la Bartavelle, que Buffon s'est abusé en citant à

l'article de sa Perdrix rouge quelques passages consignés dans Gesner, Tournefort,
Porphire et Athénée; les faits dont ces
auteurs font mention, doivent être rapportés
à l'espéce de la Perdrix Bartavelle; il en
est encore de même à l'égard de quelques
particularités, qui ont rapport à la manière
de vivre de ces oiseaux; tout ce que Buffon
nous apprend plus loin sur les mœurs de
cette Perdrix rouge, est exact, et me
servira comme signalement des habitudes
naturelles de l'espéce:

„ Les Perdrix Rouges différent des Grises
„ par le naturel et les mœurs; elles sont
„ moins sociales: à la vérité elles vont
„ par compagnies; mais il ne régne pas
„ dans ces compagnies une union aussi
„ parfaite: quoique nées, quoique ellevées
„ ensemble les Perdrix rouges se tiennent
„ plus éloignées les unes des autres; elles
„ ne partent point ensemble, ne vont
„ pas toutes du même côté et ne se
„ rappellent pas ensuite avec le même
„ empressement, si ce n'est au temps de
„ l'amour, et alors même chaque paire se

„ réunit séparément ; enfin , lorsque cette
„ saison est passée et que la femelle est
„ occupée à couver, le mâle la quitte et
„ la laisse seule chargée du soin de la
„ famille.

„ Par une suite de leur naturel sauvage,
„ les Perdrix rouges que l'on tâche de
„ multiplier dans les parcs , et que l'on
„ élève à peu près comme les Faisans , sont
„ encore plus difficiles à élever, elles exigent
„ plus de soins et de précautions pour
„ les accoutumer à la captivité, ou pour
„ mieux dire, elles ne s'y accoutument
„ jamais, puisque les petits perdreaux rouges
„ qui sont éclos dans la Faisanderie , et
„ qui n'ont jamais connu la liberté, lan-
„ guissent dans cette prison, qu'on cherche
„ à leur rendre agréable de toutes manières,
„ et meurent bientôt d'ennui ou d'une maladie
„ qui en est la suite , si on les lâche
„ dans le tems où ils commencent à avoir
„ la tête garnie de plumes (a).

Les caractères extérieures par lesquels
la Perdrix rouge proprement-dite se dis-

______________

(a) Buffon, *édit. de Sonnini*, v. 7. p. 25. et 26.

tingue de la Bartavelle, sont: la gorge blanche, entourée par une bande noire, qui se dilate en taches, répandues sur le cou et sur la poitrine; au-dessus des yeux sont de larges sourcils blancs; sur les plumes des flancs est une seule bande noire, toutes sont terminées par un large espace roux; la totalité du plumage est plus nancé de roux; la queue est composée de seize pennes; les yeux sont entourés par un large espace dénué de plumes et rouge; sa taille est moins forte que celle de la Bartavelle.

Cette espèce mesure douze pouces et neuf lignes; la gorge, les joues et une large bande qui passe au-dessus yeux, sont blancs; une bande noire prend son origine à la racine du bec, passe au-dessus des yeux et entoure le blanc de la gorge; le noir de ce collier se dilate en taches nombreuses, répandues sur le fond roux-blanchâtre du cou, ces taches sont plus grandes et plus nombreuses sur le devant du cou; le front est cendré, mais l'occiput est d'un brun-rougeâtre; tout le

plumage supérieur est d'un gris-brun; la
poitrine est d'un cendré pur; le ventre,
les jambes et les couvertures du dessus de
la queue sont d'un roux pur; les plumes
des flancs sont cendrées à leur origine,
ensuite elles ont une raie transversale
blanche, qui est suive d'une noire, et toutes
sont terminées par un large espece roux;
les rémiges sont d'un gris-brun, et leurs
barbes extérieures sont de couleur d'ocre;
la queue est composée de seize pennes,
les quatre du milieu sont d'un gris-brun,
celle qui les suit de chaque côté est
rousse du côté extérieur, et les cinq
latérales sont entièrement rousses: l'iris
des yeux, la membrane nue qui entoure
le bec et les pieds sont d'un beau
rouge; les ongles sont bruns: le mâle
a sur le tarse un tubercule calleux.

Cette espèce est sujet à des variétés
accidentelles, qui sont plus ou moins
tapirées de blanc; ces variétés ont toujours le bec, les pieds et l'iris rouge.
Je n'ai jamais vu des variétés d'un blanc
parfait; les plus communes ont le dessus

de la tête et les plumes des flancs teints
de roussâtre, le reste du plumage est
blanc avec de foibles nuances roussâtres.

La Perdrix rouge proprement-dite vit
dans le midi de la France et dans une
partie de l'Italie; mais on ne la voit
jamais en Allemagne, en Suisse, ni dans
le nord de la France.

# PERDRIX GAMBRA.

Perdix Petrosa. *Lath.*

Cette troisième espéce de Perdrix, dont le bec et les pieds sont rouges, ressemble par ce caractère à la Bartavelle et à la Perdrix rouge proprement-dite; mais elle diffère essentiellement de l'une et de l'autre par les couleurs du plumage: sa taille tient le milieu entre la Perdrix rouge et la Bartavelle, mais ses mœurs se rapprochent plus de ceux de cette dernière espéce. Vivant dans les rochers, et se plaisant dans le voisinage des précipices, elle fréquente exclusivement les contrées les plus méridionales de l'Europe, où on ne la voit même qu'accidentellement; elle est assez répandue dans l'Andalousie et dans quelques autre provinces de l'Espagne.

Les naturalistes et les auteurs systéma-tiques, font un double emploi de l'espéce dont il est ici question; Buffon, le premier qui a organisé cette erreur, il la décrit sous le nom de Perdrix rouge de Barbarie et de Perdrix de roche ou Gambra; cette dernière espèce nominale a été indiquée d'après le journal de Stibles, page 287, et de l'abbé Prévot vol. 3, page 309; Latham en fait également mention sous le nom de *Perdix petrosa*, que je conserve à cette Perdrix.

La Gambra est un peu moins forte de taille que la Bartavelle, sa longueur totale approche de quatorze pouces.

Les caractères extérieurs par lesquels la Perdrix Gambra se distingue de la Bartavelle et de la Perdrix rouge proprement-dite, sont: la gorge, les côtés de la tête et une bande au-dessus des yeux de couleur cendrée; ces parties sont entourées par une large bande ou collier d'un brun marron, taché de petits points blancs; sur les scapulaires sont neuf ou dix taches d'un bleu de turquoise; sur le bas de la poitrine est un espace couleur de feuille morte; les orifices des oreilles sont couverts de plumes brunes: elle a comme

la Bartavelle, seulement le tour des yeux
entouré par une étroite membrane rouge: et
comme la Perdrix rouge proprement-dite, la
queue composée de seize pennes: en général
les teintes du plumage sont plus sombres,
que dans les deux espèces précédentes.

Un brun marron couvre le front, le haut
de la tête et l'occiput; cette couleur est
séparée des yeux par de larges sourcis d'un
gris cendré; elle occupe également l'espace
entre le bec et l'œil, et s'étend sur les côtés
de la tête et sur la gorge; derrière l'orifice
des oreilles, qui sont couvertes de plumes
brunes, on voit l'origine d'un large collier
d'un brun-marron; ce collier, qui devient
plus étroit sur le devant du cou, est semé de
petites taches blanches; le haut de la poitrine
est d'un gris foncé; au-dessous de cette couleur est un espace d'un roux de feuille-morte
ou couleur de tabac; toutes les parties
supérieures sont d'une couleur olive teinte
de gris; les plumes scapulaires portent
neuf ou dix grandes taches d'un bleu
turquoise; ces plumes sont entourées d'une
large bande d'un roux orange; les plumes

des flancs sont grises à leur origine; elles
ont une étroite bande noire suivie d'une
couleur rousse, qui se nuance en blanc
pur; ensuite elles ont une seconde bande
noire, mais plus large que la première,
et sont terminées de roux foncé; les
quatre pennes du milieu de la queue
sont cendrées et les cinq latérales de
chaque côté sont rousses; le ventre, l'abdomen et les couvertures du dessous de
la queue sont d'un roux clair; le cercle
nu qui entoure l'œil, le bec et les
pieds sont rouges; les ongles sont bruns;
l'iris est couleur de noisette: le mâle a
sur le tarse un tubercule calleux.

La Perdrix Gambra habite les rochers,
elle se montre rarement en plaine. On la
trouve en Espagne le long des côtes de
la Méditerannée; l'espèce est plus nombreuse sur les côtes de Barbarie, de là
jusqu'à Ténériffe; elle habite aussi les bords
de la Gambie et du Niger au Sénégal (a).

_____________

(a) Il y a dans les environs des bords de
la rivière de Gambie quantité de toute sorte
de gibier, et surtout des *Perdrix de rochers*

Quelques individus font partie de mon cabinet.

---

je les nomme ainsi, parceque la plupart se trouvent parmi les roches et les précipices. Elles sont d'une couleur brune tachetée et ont sur la poitrine une tache couleur de tabac. Ces Perdrix ont les pattes et le bec rouges, ainsi qu'un cercle autour des yeux tel que les Pigeons en portent un. Elles ne sont pas si grosses que les Perdrix ordinaires, mais elles leur ressemblent beaucoup de figure. Elles sont difficiles à tirer, et c'est un manger extrêmement délicat. *Voyag. de F. Moore, dans les Voyt en Afriq. de Leyard et Lucas, v. 2, p. 508.*

# PERDRIX GRISE.

Perdix Cinerea. *Lath.*

QUOIQUE la Perdrix grise se soit répandue dans presque toutes les contrées de l'Europe, elle n'est point également commune partout; l'extrème chaleur paroît aussi defavorable à l'espèce, que le froid excessif semble contraire à sa propagation. Les contrées tempérées du centre de l'Europe sont la vraie patrie des Perdrix-grises, c'est dans ces pays qu'elles sont les plus communes et multiplient le plus; mais on ne les voit point en Lapponie ni dans la Norvège; dans les parrages situés le long de la Méditérranée elles sont également rares, et on ne les rencontre point en Turquie, ni dans les îles de l'Archipel.

La Perdrix grise diffère sensiblement des trois espèces précédentes qu'on est convenu d'appeler Perdrix rouges, parceque le bec et les pieds de ces Gallinacés sont de cette

couleur ; ce caractère ainsi qu'un nombre
d'autres peuvent servir à les distinguer,
mais ce qui met leur dissemblance spécifique hors de tout doute, c'est que les
Perdrix grises se tiennent quelquefois dans
les mêmes endroits que les Perdrix rouges
proprement dites, et ne se mêlent point
les unes avec les autres ; si l'on a vu
parfois un mâle vacant de l'une des deux
espèces, s'attacher à une paire de l'autre
espèce, la suivre et donner des marques
d'empressement et de jalousie, jamais on
ne l'a vu s'accoupler avec la femelle,
quoiqu'il éprouvât tout ce qu'une privation
forcée et le spectacle perpétuel d'un couple
heureux pouvoient ajouter au penchant de
la nature, et aux influences du printems.

Ces oiseaux se tiennent toute l'année
par compagnies composées du père, de la
mère et des enfans ; ils ne se séparent,
et toujours pour vivre par couples, que
vers le mois d'avril. C'est au moment
que se fait cette séparation d'une famille,
qui jusqu'alors a vécu en paix, qu'il s'élève
de grandes discussions et de fortes que-

relles entre les enfans; les mâles, et même
souvent les femelles, se livrent entre eux
des combats très-vifs, qui ne sé terminent,
que lorsque ces oiseaux sont assortis par
paires: alors chaque couple abandonne sa
famille, et s'eloigne pour ne plus s'occuper
que du soin de reproduire son espèce.

Les bleds ou les prairies sont les endroits
que les Perdrix grises préfèrent pour leur
ponte: là, sans autre préparation que
quelques brins de paille ou de foin, semés
comme au hasard dans un creux, tel que
celui qu'aurait fait l'empreinte du pied d'un
cheval, la femelle dépose sur cette espèce
de litière de quinze à vingt œufs d'un
gris jaunâtre. Tout le temps que dure
l'incubation dont le soin est confié à la
femelle seule, le mâle, comme pour l'a-
vertir des dangers qui la menaceroient, ou
pour veiller à ce qui pourroit l'inquiéter,
rôde sans-cesse autour du nid.

Dès que les petits, qui en naissant
courent et mangent seuls, sont éclos, le
père et la mère partagent ensemble le
soin de les conduire dans les endroits où

ils doivent trouver leur nourriture; il n'est pas rare, dit Buffon, de les trouver accroupis l'un auprès de l'autre (*a*), et couvrant de leurs aîles leurs petits poussins, dont les têtes sortent de tous côtés avec des yeux fort vifs: dans ce cas le père et la mère se déterminent difficilement à prendre leur essor, et un chasseur qui aime la conservation du gibier se détermine encore plus difficilement à les troubler dans une fonction aussi intéressante; mais si un chien s'emporte, et qu'il les approche de trop près, c'est toujours le mâle qui part le premier, en poussant des cris particuliers réservés pour cette seule circonstance; il ne manque guère de se poser à trente ou à quarante pas, et on en a vu plusieurs fois revenir sur le chien en battant des ailes, tant l'amour paternel inspire de courage aux animaux les plus timides! mais quelquefois

--------------------

(*a*) Cette particularité, que le mâle rassemble et réchauffe les poussins sous les ailes est seule propre aux différentes espèces de Perdrix; dans aucun autre genre de Gallinacé pareil soin de la part du mâle n'a lieu.

Il inspire encore à ceux-ci une sorte de prudence et des moyens combinés pour sauver leur couvée: on a vu le mâle après s'être presenté, prendre la fuite; mais pesamment et en trainant l'aîle; comme pour attirer l'ennemi par l'espérance d'une proie facile, en fuyant toujours assez pour n'être point pris, mais pas assez pour décourager le chasseur; cette tactique, qui est aussi propre aux Canards sauvages, aux Barges et à quelques autres espèces d'oiseaux, sert à écarter toujours d'avantage le danger auquel la couvée se trouve exposée; tandisque, d'autre côté la femelle, qui part un instant après le mâle, s'éloigne beaucoup plus et toujours dans une direction contraire; à peine s'est-elle abattue qu'elle revient sur le champ en courant le long des sillons, et s'approche de ses petits, qui se sont blottis chacun de son côté dans les feuilles; elle les rassemble promptement; et avant que le chien, qui s'est emporté àprès le mâle ait eu le tems de revenir, elle les a déjà emmenés fort loin, sans que le chasseur ait entendu le moindre bruit.

z 5

Lorsque les jeunes peuvent voler, les mêmes soins des parens ne cessent de leur être prodigués ; si la famille a été dans la nécessité de se séparer pour fuir leurs ennemis communs, le père les rappelle par des cris, auxquels les enfans se rallient autour de lui ; ceux-ci réunis, le mâle prend son essor, et suivi de sa famille il se rend auprès de la femelle, qui a déjà fait connoître à celui-ci par un petit cri, qui lui est particulier, le lieu de sa retraite.

Qui n'a point été témoin, dans une de nos belles et tranquilles soirées d'automne, des cris d'appel de ces habitans de nos champs cultivés ? quel est le cœur insensible, qui n'a jamais éprouvé les plus douces sensations, lorsque dans ces heures du repos majestueux de la nature, ce silence ne s'est trouvé interrompu que par les chants d'amour de ces êtres paisibles, ou par ces accents plus touchants encore que suscite en eux la conservation de leur progéniture ?

M. de Buffon dit, que la Perdrix grise est d'un naturel plus doux que la Perdrix rouge proprement dite et qu'elle n'est point difficile à apprivoiser; lorsqu'elle n'est point tourmentée, elle se familiarise aisément avec l'homme; cependant on n'en a jamais formé de troupeaux, qui sussent se laisser conduire comme font les Perdrix Bartavelles (*b*); les Perdrix grises ont aussi l'instinct plus social entre elles, car chaque famille vit toujours réunie en une seule bande qu'on appelle *volée* ou *compagnie*, jusqu'au temps où l'amour, qui l'avoit formée, la divise pour en unir les membres plus étroitement deux à deux.

**M.** Gérardin est d'opinion, que cette espèce est susceptible d'une sorte d'éducation, d'où on doit conclure, qu'il ne seroit pas difficile d'en faire un oiseau domestique et de l'introduire dans nos basses-cours.

---

(*b*) Buffon désigne en cet endroit la Perdrix rouge proprement dite, mais j'ai déjà fait remarquer tant à l'article de cette espèce, qu'à celui de la Perdrix Bartavelle, que c'étoit à cette dernière, que devoit être rapporté tout ce qui à été dit par les voyageurs, sur la grande docilité de ces Perdrix.

Je présume qu'il ne sera point desagréable à plus d'un lecteur, que je recueille dans cette monographie les moyens que M. Gérardin a vu mettre en usage par un religieux, qui est parvenu à réduire en domesticité une couvée entière de Perdrix grises.

„ On lui apporta une couvée de Per-
„ dreaux, qui n'étoient âgés que de quel-
„ ques jours; il les eleva sans poule,
„ avec des précautions qu'a la vérité tout
„ le monde n'auroit ni le loisir, ni la
„ patience de prendre; il les tenoit chau-
„ dement dans une petite caisse, qu'il
„ avoit garnie à cet effet d'une peau
„ d'agneau; il ne les en faisoit sortir lors
„ de leur première enfance, que dans un
„ endroit chaud où il avoit répandu sur
„ le plancher des larves, que l'on nomme
„ vulgairement œufs de fourmis, qu'il
„ mêloit avec du terreau sec, afin de
„ procurer à ces petits animaux le plaisir
„ de le gratter avec leurs pieds, pour y
„ chercher leur nourriture:

„ Devenus plus forts, et lorsque le

„ temps n'étoit point nébuleux, il les
„ sortoit dans le petit jardin de sa cel-
„ lule, et là, ces charmans petits hôtes
„ passoient une partie de la journée; puis
„ il les faisoit rentrer dans leur caisse
„ vers le déclin du jour. Il avoit pris
„ la précaution de répandre, avant leur
„ sortie dans le jardin, des grains de
„ millet, qu'ils savoient fort bien trouver;
„ enfin, il leur donna dans un endroit
„ à couvert de la pluie, une gerbe de bled,
„ une d'orge et une autre d'avoine, qui
„ leur servoient de retraite et de pâture.
„ Cette aimable petite famille devint si
„ apprivoisée avec son père nourricier,
„ que non seulement elle le suivoit, com-
„ me le feroit un chien, mais que lors-
„ qu'il s'asseyoit dans son jardin, aussitôt
„ chaque individu se disputoit le plaisir
„ d'être un des premiers sur lui; ils ne
„ craignoient et ne fuyoient pas même à
„ la vue des étrangers, qui venoient fré-
„ quemment visiter ce religieux, dont la
„ société, fort agréable, étoit très recher-
„ chée.

„ Après l'hiver, le moment de la pariade
„ arriva: des querelles s'élevèrent parmi
„ les mâles; mais on remarqua que l'édu-
„ cation ayant adouci leurs mœurs, leurs
„ combats étoient moins fréquens et moins
„ opiniâtres. Quand les couples furent
„ assortis, ce religieux les distribua à ses
„ amis, et ne se réserva que celui dont
„ le mâle lui avoit constamment donné
„ des preuves du plus tendre attachement.

„ Pour faciliter la nichée de ce couple
„ privilégié, il avoit eu la précaution de
„ semer avant l'hiver un petit carré de
„ blé dans son jardin, où ces oiseaux
„ pouvoient se retirer. La femelle y fit
„ sa ponte, et pendant tout le temps que
„ dura l'incubation, nous avons vu le mâle
„ rôder sans cesse autour de ce petit
„ champ, avec un air d'inquiétude; et
„ lorsqu'on s'en approchoit de trop près,
„ fût-ce même son hôte hospitalier, il
„ accouroit, la tête haute, les ailes à demi
„ étendues, et le corps fort relevé, d'un
„ air menaçant et paroissoit disposé à sau-
„ ter à la figure de celui qui auroit tou-

„ ché le blé, qui renfermoit les objets les
„ plus chers à son coeur (c)."

Willughby, dans son ornithologie, nous
apprend une anecdote semblable. Un particulier de Sussex étoit parvenu à apprivoiser
une couvée entière de Perdrix grises, les
chassoit devant lui quoiqu'elles eussent la
pleine faculté du vol; il gagna un pari
en les conduisant ainsi à Londres.

Nous avons dit, que les Perdrix grises
ainsi que toutes les espèces de Gallinacés
et même tous les oiseaux se rappellent
pour se réunir: le chant de ces Perdrix
est moins un ramage, qu'un cri aigre,
imitant assez bien le bruit d'une Scie;
et ce n'est point sans intention dit
Buffon, que les mythologistes ont mta-
morphosé en Perdrix l'inventeur de cet
insrument (d). Le chant du mâle peut se
rendre par les syllabes, *girllah!* la femel-
a un cri plus court semblable à *garl!*
elle n'emploie ces sons que pour rappeler les perdreaux ou pour faire con-

______

(c) Gérardin, *Tab. Elém d'Ornit.* v. 2. p. 72 et 73.
(d) Ovide, *Métamorphoses*, lib. 8.

noître au mâle le lieu de sa retraite; celui-ci fait entendre plus fréquemment son chant, soit pour exprimer ses passions de l'amour, soit pour rappeler sa famille; et c'est aussi le salut qu'il adresse journellement à l'astre bienfaisant, lorsque celui-ci vient ranimer la nature, par sa présence.

Dans cette espèce, comme dans beaucoup d'autres il naît plus de mâles que de femelles, et il importe pour la réussite des couvées, de détruire les mâles surnuméraires, qui ne font que troubler les paires assorties et nuire à la propagation.

Ces oiseaux vivent en monogamie; les paires une fois assorties, il n'y a que la mort qui puisse les séparer; ils reviennent chaque année pondre et élever leur progéniture dans les lieux témoins de leur premier élan d'amour. Les Perdrix sont sédentaires dans quelques contrées, dans d'autres elles reviennent chaque année, l'abondance ou le manque de nourriture détermine seul ces voyages; dans ce dernier cas, deux ou trois couvées se réunissent, et vont chercher dans

d'autres parrages les substances qui leur
servent de nourriture pendant l'hiver. Ces
prétendues Perdrix de passage dont on s'est
plu de faire une espèce distincte, ne
sont en effet que des Perdrix-grises, qui,
pendant l'été, ont habité les hauteurs et
les lieux arides, et qui, pressées par le
besoin, vont chercher d'autres climats. Je
me propose de revenir sur cette matière
à la fin de cet article, lorsqu'il sera fait
mention des variétés qu'on observe dans
la Perdrix grise vulgaire.

Des accidens imprévus font souvent périr un
nombre considérable de Perdrix, même dans
les pays abondamment pourvus des substances
qui leur servent de nourriture; ce-ci a lieu
durant la saison hybernale, lorsque sur
la neige épaisse qui recouvre la terre il
s'est formé une croute de glace, et que
les sources plus ou moins chaudes sont
prises par le froid excessif: dans le premier cas les Perdrix ne peuvent plus
écarter la neige de-dessus les substances
végétales, et la prise des sources chaudes dérobe à ces oiseaux les seuls ali-

mens, qu'ils trouvent à découvert le long de leurs bords dégelés, par la chaleur émanée des vapeurs de l'eau. Ce n'est donc point l'âpreté de la saison qui fait périr ces Perdrix, mais c'est plutôt le manque total de nourriture, qui les détruit avant qu'elles ayent pu abandonner des lieux si funestes.

La nourriture des Perdrix consiste en été d'insectes, principalement de larves de fourmis; de toutes sortes de semences, particulièrement de sarasin, de froment et d'orge; des tendres bourgeons des herbes et de feuilles des choux; l'hiver on trouve dans leur gésier des graines vertes, telles que celles de navette et de trèfle, quelquefois aussi des baies de genévrier, ou simplement les pointes des herbes: en captivité ils préfèrent la laitue, la chicorée, le mouron, le laitron le séneçon et même la pointe des blés verts; leur première nourriture seront toujours les larves des fourmis.

Ceux qui veulent peupler les terres, dénuées de Perdrix, les élèvent à peu

près comme on élève les Faisans. Il
ne faut pas compter sur les œufs des
Perdrix domestiques, quoiqu'elles s'apparient,
s'accouplent et pondent dans cet état
mais on ne les a jamais vu couver en
prison, c'est à dire, renfermées dans un
endroit quelconque. Pour se procurer des
œufs, il faut les faire chercher dans la
campagne, et les faire couver par des poules; chaque poule peut en faire éclore
environ deux douzaines, et mener pareil
nombre de petits; on observera pour la
nourriture des jeunes les mêmes soins, qui
ont été indiqués pour les jeunes Faisans.

Les Perdreaux gris sont beaucoup moins
délicats à élever que les rouges, et moins
sujets aux maladies; une de celles qui les
attaquent fréquemment, est une espèce d'épilepsie; elle se remarque surtout au tems
de la ponte, chez les mâles principalement, lorsqu'ils ont une nourriture abondante et échauffante.

On chasse cet oiseau de différentes manières; la plus usitée est au fusil avec un
chien d'arrêt; quelquefois en Allemagne

avec le Faucon; les piéges et les filets
dont on se sert dans les différentes contrées, pour les prendre vivants, sont en
grand nombre, et varient beaucoup (*a*).
Indépendamment de la quantité de Perdrix
grises qui sont détruites par l'homme, les
animaux carnassiers et les oiseaux de rapine leur font une guerre cruelle; le renard, le chat, le putois, la belette, l'autour,
le faucon, le busard, la cresserelle et la
pie s'attachent à leur poursuite. Les
renards les éventent de loin, les suivent
à la piste, et les saisissent en sautant
dessus; pour éconduire cet ennemi rusé,
la nature leur a enseigné, de quitter au
déclin du jour les lieux où ils ont cou-
ru pendant la journée, de prendre leur
essor et de s'abattre dans un endroit quelconque, s'y presser les uns contre les
autres, et ne plus quitter cette cachette
avant le lever du soleil.

---

(*a*) Bechstein, *Naturg. Dentschl.* à l'article de la
Perdrix, est l'auteur le plus recommandable à consulter pour ceux, qui desirent connoitre ces
différentes méthodes.

La longueur de la perdrix grise varie de douze pouces plus ou moins; le bec a neuf lignes. Au-dessous et derrière les yeux est un espace nu d'un rouge pâle, plus apparent dans les vieux que dans les jeunes. Le mâle a le front, les côtés de la tête et la gorge d'un roux clair, la partie supérieure de la tête est d'un brun-rougeâtre avec de petites lignes longitudinales et jaunâtres: la partie supérieure du cou est variée transversalement de cendré noirâtre et d'un peu de roux: le dos, le croupion et les couvertures supérieures de la queue sont de la même couleur, et chaque plume a vers le bout une étroite bande transversale rousse, les couvertures des ailes et les scapulaires ont une teinte plus foncée que le dos, et variée de grandes taches rousses, chaque plume a le long de la baguette une étroite raie d'un blanc roussâtre: la partie inférieure du cou et la poitrine sont d'un cendré bleuâtre, coupé par de petites lignes transversales noires, et semé de quelques petites taches rousses; au

*a a* 3

bas de la poitrine est un espèce de plastron
d'un marron foncé, et qui a la forme
d'un fer à cheval; les plumes des flancs
sont cendrées et variées de zigzags noirs,
elles ont vers le bout une grande tache
d'un roux rougeâtre; le milieu du ventre est blanchâtre; les rémiges sont brunes avec des raies en zigzags d'un roux
jaunâtre: des dixhuit pennes de la queue,
les latérales sont rousses et terminées
de cendré, celles du milieu sont de la
couleur du dos; le bec, les pieds et
les ongles sont d'un cendré bleuâtre; dans
quelques individus le bec est verdâtre;
les mâles ont un tubercule calleux au
tarse: l'iris est brun.

La femelle, n'a point le roux clair de
la face aussi étendu; toutes les couleurs
du plumage sont plus foncées; on voit
souvent sur le cou de petites taches
blanchâtres; les parties supérieures ont un
plus grand nombre de taches foncées; tout
le ventre est blanc, ou bien marqué
de quelques taches disséminées et d'un
marron foncé; les grandes taches sur

les plumes des flancs sont d'un roux noirâtre.

Les perdreaux en naissant, ont les pieds jaunes; cette couleur devient plus claire avec l'âge, d'abord elle prend du blanc, puis elle devient brune; les jeunes avant leur première mue ont tout le plumage d'un brun cendré, ces plumes font successivement place à celles propres à l'état d'adulte, on connoît l'âge des perdreaux à la couleur des pieds; un autre indice, qui sert à s'en assurer, consiste dans la forme de la dernière plume de l'aile qui est pointue après la première mue, et qui l'année suivante, est entièrement arrondie.

La chair de la Perdrix grise est connue depuis très-longtems pour être une nourriture exquise et salutaire; elle a deux qualités qui sont rarement réunies, c'est d'être succulente sans être grasse.

Le jabot est proportionellement à la taille plus petit que dans les autres espèces de Gallinacés: l'estomac est dur et musculeux; le tube intestinal a environ

deux pieds et demi de long, les deux
coecums ont cinq à six pouces chacun.

Un oiseau aussi multiplié, et dont le
produit est si abondant, doit éprouver
des variétés marquantes dans les couleurs
répandues sur son plumage; ces variétés
sont en effet très nombreuses. Quelques
ornithologistes ont fait de ces Perdrix
à plumage décoré de couleurs étrangères
autant d'espèces distinctes, qu'ils ont indiquées dans leurs méthodes; de ce nombre sont, *le Perdix montana*, et *le Perdix
damascena*; cette dernière espèce nominale
n'est, selon mon opinion, qu'une Perdrix
grise moins forte de taille que celles
qu'on rencontre habituellement dans nos
campagnes, et cette légère différence
semble tenir à des causes purement
locales. L'Espèce de la Perdrix grise est
à la vérité répandue dans presque toutes
les contrées de l'Europe, mais tous les
pays ne lui conviennent point également
bien, il paroît que le centre de l'Europe
est leur vraie patrie; c'est en Allemagne,
dans le nord de la France, dans la Bel-

gique et dans quelques provinces de la
Hollande, que l'espéce est plus multipliée,
que partout ailleurs; elle est moins abondante dans le midi de la France, en Italie
elle est encore moins commune; on ne la rencontre qu'accidentellement dans les pays plus
méridionaux; la Turquie, les îles de l'Archipel, la Norvége et la Lapponie n'ont point
de Perdrix grises. Le nombre plus ou moins
grand de ces Perdrix ne varie pas seulement
d'une contrée à l'autre, mais la taille de
l'oiseau et le goût de sa chair offrent des
différences marquées d'un canton à l'autre,
les couvées qui vivent dans le voisinage
des marais de nos départemens du Zuiderzée et des Bouches de la Meuse,
sont moins vigoureuses et ont les couleurs
du plumage plus sombres, que les couvées
qu'on rencontre dans la Belgique; une
différence semblable a lieu pour ces Perdrix, qui ont habité pendant l'été
un canton sec, aride ou pierreux;
l'abondance ou la disette de nourriture
influe beaucoup sur la taille et même
sur les couleurs du plumage de ces

oiseaux (*b*). Les mêmes causes déterminent dans quelques cantons la migration
des Perdrix grises, et cet oiseau sédentaire dans la plupart des pays qu'il
habite, abandonne ceux, où la nourriture
vient à lui manquer; ceci a lieu aux
approches de l'hiver dans les départemens du Zuiderzée et des Bouches de la

---

(*b*) Ceci est une observation générale, qui
peut s'appliquer à tous les pays; j'en ai vu
la preuve sur différens individus d'espéces pro-
prés à l'Afrique comme à l'Amérique; les dissemblances dans la taille, ou bien, dans les
couleurs plus ou moins pures ou brillantes du
plumage des individus d'une même espèce,
tiennent uniquement à des causes locales, et
sont déterminées par l'abondance ou par la
disette de nourriture. Il suffira d'un exemple.
Tous les oiseaux du Sénégal et de la Nigritie
sont plus forts dans leurs dimensions et les
couleurs du plumage sont plus brillantes, que
chez les individus de ces mêmes espèces,
mais qui habitent les contrées arides, situées
vers la partie méridionale de l'Afrique jusqu'au
Cap de Bonne Espérance.

Meuse, où on ne rencontre dans cette saison qu'une très petite quantité de ces oiseaux.

Les faits, que je viens d'exposer, m'authorisent à douter de l'existance de cette espèce de petite Perdrix grise ou Perdrix de passage, citée par les auteurs sous le nom de *Perdrix de damas*: je suis plus fondé encore à ne point admettre une semblable espèce, puisque, de tous les individus de cette Perdrix de passage, dont les amateurs de la chasse et les naturalistes m'ont offert l'inspection, je n'ai trouvé, dans aucun sujet, les moindres traces d'une disparité apparente et constante: dans le grand nombre que j'ai vu, l'examen le plus exact de toutes les parties m'a confirmé dans l'opinion, que cette espèce de petite Perdrix grise n'existe point dans la nature. On m'en à présenté à pieds verdâtres, à pieds jaunâtres, à plumage généralement décoloré et passant au gris-blanc; plus rarement une partie du ventre et tout l'abdomen étoient nuancés de verdâtre; d'autres enfin, qui

étoient moins fortes de taille que les Perdrix
ordinaires, mais qui pour le reste ne
différoient en rien de cette espèce.

Je conclus donc par être d'avis, que
ces prétendues Perdrix de passage ne
sont en effet que des Perdrix grises vulgaires, qui, ayant habité pendant l'été
des pays stériles, ou peu propres à leur
offrir une nourriture convenable ou abondante, se réunissent en bandes plus ou moins
nombreuses, et se transportent dans des
cantons où règne une plus grande abondance; arrivées à leur destination les bandes
se séparent, et vont vivre en famille, de
la même manière, que nos Cailles le font à
leur arrivée sur les côtes d'Afrique; celles-
ci, quoiqu'elles vivent la plupart du tems
isolées ou par paires, se réunissent spontanément, pour opérer en compagnie nombreuse leur long et périlleux voyage; celui-
ci étant heureusement terminé, les individus
se séparent avec une entière indifférence.

Je considère encore comme variété de la
Perdrix grise vulgaire, celle qui a été
présentée par Brisson et par Buffon sous

le nom de *Perdrix de Montagne* (c); tous
les ornithologistes Allemands et la plupart
des chasseurs qui se connoissent en Histoire
Naturelle, sont de mon avis. M. Bechstein,
(d) a été à même de voir souvent des
individus ainsi variés, qui étoient mêlés
avec les Perdrix vulgaires, et ce qui paroit
encore prouver plus évidemment que ce
n'est point une espèce particulière, c'est que,
les individus que j'ai vus et ceux que je
possède, varient plus ou moins dans
les nuances qui colorent leur plumage; il
est certain, que de tous ceux que j'ai été
à même d'examiner, pas un seul n'avoit
les pieds et le bec rouges, caractère que
des naturalistes, qui sont portés à en

---

(c) *Perdix montana*. *Lath. Ind. Orn.* v. 2
p. 646. *sp.* 11.

(d) *Bechst. Naturg. Deut.* B. 2. S. 1365,
dit: Que s'il étoit fondé que la Perdrix de
montagne est une espèce distincte, on devrait
la trouver en bandes ou en famille; mais
il est prouvé, qu'on la voit mêlée avec les
compagnies de Perdrix grises; et ce cas est rare.

faire une espèce distincte, donnent comme étant propre à cet oiseau. Brisson, qui décrit cette Perdrix, n'a point fait cette méprise, puisqu'il dit, que le bec est *cendré et les pieds et les ongles d'un gris-brun;* ceci est exact, et conforme à mes observations.

Voici le signalement de cet oiseau, que je considère comme une variété accidentelle du mâle de la Perdrix grise vulgaire.

La tête et le cou sont du même roux clair qui colore la gorge des mâles de la Perdrix grise; le roux clair et le roux marron se confondent sur la poitrine en taches et en ondes; le ventre, les flancs et toutes les parties supérieures du corps et des ailes sont d'un marron plus ou moins foncé, suivant l'âge des individus; ce marron est le plus souvent pur sur les parties inférieures, mains dans quelques individus il est tapiré de plumes blanches ou cendrées; sur les plumes des parties supérieures sont des bandes en zigzags

et des taches irrégulières d'un blanc
grisâtre, souvent coupées par des zigzags bruns; les baguettes sont blanches; très souvent les baguettes des
rémiges le sont aussi, et les barbes extérieures colorées de teintes plus claires
que dans les individus vulgaires; les
pennes de la queue sont d'un roux
marron clair, mais le plus souvent celles
du milieu sont variées de lignes brunes et
de petits zigzags cendrés. J'ai vu sur
deux individus ainsi colorés quelques plumes, qui étoient absolument semblables
à celles des Perdrix vulgaires; les formes
et toutes les dimensions ne diffèrent point
de celles de nos Perdrix grises.

La Perdrix grise présente encore plusieurs variétés; les plus communes sont:
la Perdrix grise-blanche à plumage décoloré et tirant au gris-blanc; on remarque dans sa livrée toutes les différentes
nuances, propres à l'espèce, mais seulement légèrement ébauchées; le bec et les
pieds sont livides; la Perdrix tapirée de
couleurs brunes, rousses et grises, sur

un fond plus ou moins blanc; la Perdrix à collier; celle-ci a un collier blanc,
qui entoure le cou; le reste du plumage
est semblable à celui des individus, tels
qu'on les rencontre habituellement. Souvent le plumage est tapiré de plumes
blanches, irrégulièrement distribuées.

Enfin, la Perdrix d'un blanc parfait; celle-ci est la plus rare de toutes les variétés;
elle a le plus souvent l'iris rougeâtre et
les pieds de couleur de chair livide.

# PERDRIX À GORGE ROUSSE.

Perdix gularis. *Mihi.*

Cette Perdrix, propre au continent de l'Inde, mesure en totalité onze pouces; le bec est semblable à celui de notre Perdrix grise, mais sa queue est plus longue, et ses ongles sont moins courbés et plus alongés que ceux de notre Perdrix.

Cette belle espèce, a la tête et le haut du cou d'un brun-olive; au-dessus des yeux est une bande blanche, une autre bande de la même couleur passe immédiatement au-dessous de cet organe; la gorge est d'un beau roux couleur de rouille; les plumes de la poitrine et du ventre portent une large raie d'un blanc pur qui suit la direction de la baguette, ce blanc est entouré d'un bord, et le reste de chaque plume est d'un brun-olivâtre; l'abdomen est revêtu d'un duvet soyeux de couleur blanche roussâtre: les ailes, le dos et le croupion ont une couleur brune, mais toutes les plumes de ces parties ont les baguettes blanches; sur chaque côté des barbes sont trois ou quatre bandes transversales, d'un blanc jaunâtre, ces bandes sont entourées par une étroite ligne noire; les grandes pennes des ailes sont grises à leur extrémité et rousses à leur origine; les moyennes sont rousses sur leurs barbes intérieures et brunes sur leurs barbes extérieures, ces dernières sont rayées transversalement de roux; les baguettes des grandes pennes sont blanches, celles des moyennes sont rousses; la queue est d'un roux foncé, mais les pennes latérales ont vers leur extrémité une étroite bande d'un blanc roussâtre, les deux pennes intermédiaires sont comme les parties supérieures du corps d'un brun-olivâtre, mais elles sont transversalement rayées de roux clair: les pieds sont d'un roux-rougeâtre; les ongles sont bruns; le bec est noir.

Cette nouvelle espèce de Perdrix, que l'on

dit être des environs de Calcutta au Bengale, est très rare dans les collections d'histoire naturelle; un individu est déposé au Muséum de Paris, un autre fait partie de mon cabinet.

————

# PERDRIX AYAM-HAN.

*Perdix Javanica. Lath.*

CETTE belle Perdrix, qu'on trouve dans les différens districts de l'île de Java, mais particulièrement dans celui de Passou-rouang, vit dans les plaines et sur les montagnes, on la voit assez habituellement à la lisière des bois; son cri d'appel est semblable à celui de la Perdrix grise d'Europe.

Une queue très courte, entièrement cachée par les couvertures supérieures; un bec long et fort, et des ongles droits et très longs, distinguent cette espèce de tous ses congénères. Les six individus, qui m'ont été envoyés de Batavia, ne diffèrent point entre-eux par les couleur du plumage, ce qui me fait croire, que le mâle et la femelle se ressemblent. Les Javanais désignent cette Perdrix par le nom d'*Ayam-ayam-han*.

Brown, dans ses illustrations de zoölogie,

donne une mauvaise gravure et une description très succinte de cette espèce; Latham en fait également mention, et en dernier lieu Sonnini dans sa nouvelle édition des œuvres de Buffon, l'indique dans une note, à l'article du *Reveil-matin ou de la caille de Javava* de Bontius (a), une espèce très anomale, sur laquelle aucun renseignement positif ne nous est parvenu depuis; Bontius dit, que le plumage du *Reveil-matin* ressemble beaucoup à celui de la Caille d'Europe; puis il compare la voix de cet oiseau aux cris retentissants du *Butor* (b), ce qui pour le moins est exagéré: quoiqu'il en soit, je n'ai jamais vu ce prétendu *Reveil-matin*, et des personnes qui ont séjournées dans l'intérieur de l'île de Java assurent, qu'un semblable Gallinacé à voix de *Butor*, n'est point connu dans le pays. Je ne fais mention de cet oiseau, que j'exclu de la liste des Gallinacés, que pour avertir les naturalistes, de ne point confondre l'a Per-

---

(a) *Perdix suscitator. Lath. Ind. Orn. v.* 2. p. 654. *sp.* 35.

(b) Ardea Stellaris. *Linn.*

drix Ayam-han avec l'oiseau indiqué par
Bontius.

La longueur de l'Ayam-han est de neuf pouces et demi; la queue dépasse les ailes pliées,
seulement de neuf lignes; le bec mesure
un pouce; le tarse a un pouce huit lignes
et le doigt du milieu avec l'ongle porte
un pouce neuf lignes. Le tour des yeux
est nu et d'un rouge cramoisi, mais parsemé
de très petites plumes; sur la gorge, qui
est également couverte à claire voie de petites
plumes, on apperçoit dans les interstices la
peau nue et rouge; le haut de la tête est
d'un roux-marron; la gorge, le devant du
cou et la nuque sont d'un roux-clair, sur
ce roux se dessinent de très petites taches
noires; une bande noire passe au-dessus
des yeux et une autre s'étend de chaque
côté du cou; la partie inférieure du cou et
la poitrine sont d'un cendré bleuâtre, ou
couleur de plomb, et c'est aussi la teinte
qui règne sur toutes les parties supérieures
du corps, mais elle y est coupée par
de larges bandes noires; les petites et
les moyennes couvertures des ailes, sont

d'un cendré-roussâtre; les plus grandes sont cendrées, mais vers leur extrémité se dessine une grande tache d'un noir profond, qui est de forme arrondie sur quelques unes et oblongue sur les autres, toutes ces couvertures sont terminées de roux marron; les rémiges sont d'un cendré-brun; les pennes de la queue sont d'un cendré bleuâtre et des zigzags noirs les parcourent; le ventre, les plumes des flancs, les cuisses, l'abdomen et les couvertures inférieures de la queue, sont d'un roux foncé, sans aucun mélange. Le bec est noir, mais rougeâtre vers la pointe; l'iris est gris; les pieds sont d'un rouge clair.

Cette Perdrix habite l'île de Java. Les individus qui font partie du Muséum de Londres et de celui de Paris, ne diffèrent point de ceux de mon cabinet.

# PERDRIX OCULÉE.

Perdix oculea *Mihi.*

VOICI encore une espèce de Perdrix nouvelle, dont je ne puis offrir que le signalement des couleurs très agréablement distribuées, qui ornent son plumage. Je vais les indiquer d'après le seul individu que j'ai vu.

La Perdrix Oculée est modelée sur les formes de notre Perdrix grise, mais son bec est plus long et ses pieds sont plus grêles.

La longueur est de dix pouces trois lignes; la queue dépasse les ailes pliées de quinze lignes; le bec mesure un pouce, le tarse porte un pouce neuf lignes et le doigt du milieu avec l'ongle un pouce trois lignes.

La tête, le cou, la poitrine et le ventre portent des plumes d'un beau roux-mordoré, mais cette couleur est coupée sur les côtés de la poitrine et sur les flancs par des bandes transversales noires; les plumes qui rétombent sur les cuisses sont d'un roux marron, toutes terminées par une grande

tache noire et ronde. La partie supérieure
du dos est rayée transversalement de blanc
sur un fond noir; le plumage est d'un noir
velouté depuis le milieu du dos jusqu'aux
couvertures supérieures de la queue; sur
chaque plume de ces parties noires il y
a une tache en forme de fer de lance,
d'un mordoré vif et dont la pointe est
dirigée du côté de la queue; les plumes
de la queue sont d'un brun noirâtre bordé
de brun plus clair; les couvertures des ailes
tant grandes que petites, sont d'un cendré
olivâtre foncé, sur chaque plume de ces
parties se dessine une tache noire de forme
plus ou moins arrondie; les rémiges et
les pennes secondaires sont d'un brun foncé, mais les dernières sont bordées de
marron; l'abdomen est blanc; le bec et les
pieds sont bruns.

Le mâle que j'ai vu, portoit au tarse une
petite protubérance calleuse, la femelle n'est
point encore connue.

Cette belle espèce fait partie du cabinet de
M. Raye de Breukelerwaert, à Amsterdam.

* * *

# PERDRIX À DOUBLE HAUSSE-COL.

*Perdix gingica. Lath.*

Sonnerat, qui le premier a fait connoître cette belle espèce de Perdrix, ne
donne point les moindres détails sur sa
manière de vivre et de se nourrir; ce
voyageur, par un long séjour dans l'Inde,
dont il a parcouru toutes les côtes, et
par différentes courses dans les mers de
l'Asie Australe, auroit été, plus que tout
autre à même de fournir des observations
intéressantes, sur les mœurs d'un grande
nombre d'oiseaux de ces contrées, peu
visitées par les naturalistes; mais, quoique
versé dans l'étude de l'histoire naturelle,
et voyageant même principalement, dans
le but de publier un jour le fruit de
ses recherches sur cette partie, Sonnerat,
ne donne presque d'aucune espèce, la
partie historique qui est la plus intéres-

sante à connoître, et qui seule ajoute
de l'agrément à une science, dont la
monotonie deviendrait insuportable, si on
bornait l'histoire des animaux, à une
énumeration stérile des couleurs de leur
robe, quelque variée, ou brillante qu'elle
puisse être.

Cette Perdrix, la moins grande des espèces connues, se distingue encore de ces
congénères par sa queue très courte et
par la longueur, proportionellement plus
grande du tarse, des doigts et des
ongles ; la membrane qui unit les
doigts à leur base, est aussi très peu
étendue. La longueur totale est de huit
pouces et demi; le bec est grêle et
peu courbé; la hateur du tarse est d'un
pouce huit lignes et le doigt du milieu
avec l'ongle mesure un pouce six lignes.

Le haut de la tête et l'occiput sont
d'un brun marron; au-dessus des yeux
s'étend jusques sur la nuque, une large
bande blanche, dont quelques plumes portent une petite tache longitudinale et noire;
la gorge et les joues sont d'un roux
clair; ce roux vers les côtés du cou

est parsemé de petites taches noires, dont la
réunion forme sur le devant du cou une
plaque d'un noir profond; immédiatement
au-dessous est un hausse-col blanc, qui
est suivi d'un autre plus large, de couleur marron; la poitrine et les flancs
sont d'un cendré pur, mais quelques
plumes de ces dernières parties ont sur
les bords, une raie longitudinale d'un marron clair; le milieu du ventre et l'abdomen sont d'un blanc pur; le dos, le
croupion et la queue ont une teinte de
cendré olivâtre; cette couleur est sans
taches sur les parties supérieures du dos,
tandis qu'on voit sur chaque plume du
croupion une petite tache noire, faite
comme une larme; les petites couvertures des
ailes sont d'un roux marron, lavées sur leur
bord extérieur d'un cendré roussâtre, près
de leur extrémité est une tache arrondie;
les moyennes et les grandes couvertures sont
aussi d'un roux marron sur les barbes intérieures, et jaunâtres sur celles extérieures,
une grande tache noire est placée vers
leur extrémité; les pennes secondaires sont

noires bordées de marron et terminées
de jaunâtre; les rémiges sont brunes; le
bec est noir; les pieds et les ongles
sont d'un jaune roussâtre.

De la femelle, que je n'ai jamais
eu occasion de voir, Sonnerat donne
le signalement en ces termes.

„ Elle est un peu moins forte que
„ le mâle et absolument différente pour
„ le plumage; le dessus de la tête,
„ et la partie postérieure du cou sont
„ d'un gris terreux; la gorge et le
„ devant du cou sont d'un brun foncé;
„ sur le haut de la poitrine il y a
„ une large tache grise; les plumes
„ qui la forment sont coupées trans-
„ versalement par des lignes noires on-
„ dulées; le ventre est d'un roux clair;
„ sur les premières plumes du côté de
„ la poitrine, il y a une tache noire
„ ronde, et sur les autres il y a une
„ tache de la même couleur, fait en
„ croissant; les petites plumes des ailes
„ sont jusqu'aux trois quarts d'un gris
„ terreux, coupé transversalement par

„ des lignes noires ondulées; leur extré-
„ mité est d'un marron foncé, ce qui
„ forme une tache presque ronde de
„ cette couleur, sur l'extrémité des plu-
„ mes: il y a sur chaque plume, dans
„ l'endroit où commence cette tache marron,
„ deux taches blanches, une sur le bord
„ extérieur, et l'autre sur le bord intéri-
„ eur: les moins longues des grandes
„ plumes des ailes sont d'un gris terreux,
„ lavé d'un roux clair du côté intérieur
„ jusqu'aux trois quarts, et d'un roux
„ foncé jusques près de leur extrémité, qui
„ est bordée de jaune roussâtre; sur le
„ côté extérieur, près de l'extrémité de
„ chaque plume, il y a une tache ronde
„ d'un jaune roussâtre, mais sur la pre-
„ mière plume ou la moins longue, cette
„ tache est circonscrite dans une ligne
„ circulaire de la même couleur. Les
„ plumes du croupion et de la queue
„ sont grises, lavées de roux et coupées
„ transversalement par des lignes noirse
„ ondulées; les pieds sont d'un gris ter-
„ reux; le bec est noir et l'iris jaune."

La Perdrix à double hausse-col vit dans l'Inde, sur la côte de Coromandel.

Un mâle de cette rare espèce de Gallinacé fait partie de mon Cabinet, j'en ai vu un semblable à Londres.

# PERDRIX À CAMAIL.

*Perdix ferruginea. Lath.*

CETTE belle espèce, que Sonnerat vit à la Chine, et dont il fait mention sous le nom de *Grande caille de la Chine*, a été observée depuis sur le continent de l'Inde, elle semble propre à toute cette vaste étendue de l'Asie orientale. Sonnerat ne nous apprenant rien de la manière de vivre de cet oiseau, nous devons nous renfermer dans les bornes d'une description succinte des formes et des couleurs, prise d'après le seul individu que nous ayons vu; cet individu faisoit jadis partie du Levérian Muséum à Londres.

La longueur totale est de onze pouces quatre lignes; les tarses ont deux pouces quatre lignes; le bec quoique conformé comme celui des Perdrix d'Europe, est cependant plus long en propor-

tion. Les plumes du haut de la tête
sont d'un brun cendré, rayées de bandes transversales noires; la face et les
joues sont d'un roux clair; les côtés et
le devant du cou d'un roux de rouille
nuancé d'une couleur plus pâle et varié
par un trait blanc, qui suit la direction
des baguettes; la poitrine est d'une teinte uniforme de roux-brun; le ventre
et l'abdomen sont nuancés par une couleur plus claire. Le caractère le plus
marquant dans cette espèce consiste en
des plumes longues d'environ un pouce
et demi, qui ornent la partie postérieure
du cou et du haut du dos; elles sont étroites, effilées et ressemblent beaucoup aux
longues plumes que portent les Coqs vulgaires et qu'ils redressent en se battant, ou
bien à celles qui parent le cou dans
la belle espèce du Tétras huppecol, décrit dans cet ouvrage. Ces plumes sont
d'une couleur noirâtre portant des reflets
verdâtres, et des bandes cendrées; sur
leur milieu est une bande longitudinale,
large par le haut et se terminant en

pointe, sa couleur ainsi que celle des baguettes est d'un blanc jaunâtre; il naît de l'angle supérieur du bec une ligne blanche, longitudinale, qui passe au-dessus de l'œil, et s'étend presque jusqu'au derrière de la tête; le dos, les scapulaires et les couvertures des ailes sont d'un brun roussâtre, marqué de petites taches et de zigzags noirs; toutes portent des bandes blanchâtres le long des baguettes qui sont aussi de cette couleur; les rémiges sont d'un brun foncé et bordées de noir sur les barbes extérieures; les trois pennes latérales de chaque côté de la queue ont une nuance uniforme de brun noirâtre; les autres pennes sont également teintes de cette couleur, mais les barbes extérieures de celles-ci sont variées de taches noires. Le bec est noir; les tarses et les doigts sont jaunâtres; Sonnerat dit que l'iris est rouge.

Nous ignorons s'il existe des différences entre le mâle et la femelle de cette espèce, encore très rare dans les collections d'histoire naturelle.

# LES COLINS.

## CARACTÈRES ESSENTIELS.

*Bec* gros, plus haut que large; souvent une
dent émmoussée à la mandibule supérieure.

## COLIN TOCRO.

Perdix dentata. *Milil.*]

Nous avons vu dans le discours sur
le genre Perdrix, que les espèces, qui
le composent, se divisent le mieux en
trois sections. Les oiseaux que je réunis
dans cette troisième division sous le nom
de Colin, sont tous propres au Noveau
Monde; les mœurs et la manière de vivre
et de se nourrir étant les mêmes chez
ces Perdrix Américaines, que chez les
espèces de Perdrix, qui sont propres au
sol de l'Europe; je n'ai point cru, que
de légères disparités dans certaines habitudes qui semblent dépendre uniquement

de causes locales, puissent servir à éloigner ces oiseaux du genre *Perdix*, pour
en former un genre séparé et distinct.
On ne doit se permettre ces distinctions
en histoire naturelle, que lorsqu'un nombre assez considérable de disparités dans
les formes et des dissemblances marquées
dans les mœurs et dans les habitudes se
réunissent pour rendre nécessaire une séparation semblable. Mais ici je ne vois
point de motifs assez spécieux, pour
suivre l'opinion de certains naturalistes
modernes, qui veulent, que les Perdrix
d'Amérique forment un genre distinct, et
qui prétendent encore avec bien moins du
fondement, constituer un genre séparé du
Torro (a), ou Uru, par la seule raison
que cet oiseau a le bec très gros, que
la mandibule supérieure s'alonge de chaque côté en une dent émoussée et
qu'il se forme une échancrure profonde
vers le bout de cette mandibule inférieure. Il est de fait, que ni les

______________

(a) Perdix Guyanensis. *Lath.*

Francolins ni les Perdrix proprement dites, ont des semblables dents ou échancrures: mais, lorsque nous voyons tous les autres caractéres se convenir et que les mœurs sont les mêmes dans des climats différents; il me semble qu'on ne doit plus être en suspend sur la réunion de ces oiseaux en un même genre. J'ai dit au discours que les différences dans la maniére de vivre des Francolins et des Perdrix proprement dites sont bien plus marquées, mais j'ai fait observer en même tems, qu'à tous autres égards et plus spécialement dans les formes extérieures de ces oiseaux, nous voyons les principaux caractères se convenir; et à tel point, que les seuls mâles des Francolins peuvent être distingués des Perdrix proprement dites par les éperons dont les tarses sont armés; tandisque les femelles de ces oiseaux, dont le tarse n'est jamais éperonné, ne différent en rien des espéces de Perdrix proprement dites qui habitent l'Asie, l'Europe et l'Afrique. Il est encore à remarquer,

(car en histoire naturelle les moindres
disparités sont dignes d'être observées),
que la forme du bec varie singulièrement
d'une espèce à l'autre, non seulement
chez les Francolins, mais aussi dans les
Perdrix proprement dites; car, si nous
comparons le bec du Francolin à plastron
gris (b) avec celui du Francolin à long
bec (c), les disproportions dans la courbure et dans la plus grande longueur
de la mandibule supérieure sont singulièrement marquées; nous n'avons point
omis de faire sentir une disproportion
semblable, dans la mandibule supérieure du
bec des Perdrix Africaines et des Perdrix
d'Europe; les mœurs et le genre de vie
de ces oiseaux nous étant mieux connus
on a pu voir, que ces différences dans
la structure du bec dépendent de la
manière dont ces espèces sont obligées
de pourvoir à leur nourriture, ou de
se procurer les substances qui leur con-

-----

(b) Perdix Thoracis. *Mihi.*
(c) Perdix longirostris. *Mihi.*

viennent le mieux. Des disparités de
la même nature, destinées (sans-doute aux
mêmes fins) se remarquent dans le Tocro et
dans les autres Colins: chez ces oiseaux le
bec est court, très comprimé, plus
haut que large, et la mandibule supérieure fortement courbée depuis son origine. Aucune espèce de Francolin ou
de Perdrix proprement-dice n'a un bec
semblable, et ce caractère distingue parfaitement toutes les Perdrix de ma troisième division; quand aux autres caractères essentiels, ils sont les mêmes pour
les Colins, et le discours sur le genre
les indique. On a souvent confondu les
Colins avec les Cailles, mais ils diffèrent de ces oiseaux par les formes
extérieures, comme par les mœurs; la
petite taille de quelques espèces d'entre-eux a seule pu donner motif à cette
erreur.

De toutes les espèces de Perdrix Colins
d'Amérique, aucune espèce n'approche autant par les mœurs de nôtre Perdrix
grise d'Europe, que le Colin de cet article;

en effet le Tocro vit en famille, le mâle
et la femelle conduisent et défendent leur
progéniture; la compagnie prend son vol
comme les volées de nos Perdrix; enfin
il n'y a de différences dans quelques habitudes, que celles qui naissent de la localité. Nos Perdrix pondent à terre et dans
les champs ou dans les broussailles; au
Brésil et au Paraguay où les insectes et
les reptiles venimeux sont en moins grand
nombre qu'à la Guiane, le tocro construit
son nid de même à terre; mais à la
Guiane, sur un sol couvert de reptiles,
de fourmis et d'animaux carnassiers, l'instinct apprend à ces oiseaux de placer leur
nid sur les arbres, comme le font tous
les autres Gallinacés, ainsi que les oiseaux
riverains est palmipèdes de ces contrées;
pour éviter les mêmes dangers, ils se
posent la nuit sur les branches des arbres;
mais semblent n'y monter qu'à regret, et
par la seule nécessité lorsque l'obscurité
de la nuit les y oblige, C'est par la
même raison, dit M. Virey, que les naturels de la Guiane exhaussent leurs huttes-

Voila donc des habitudes très étrangères
dans la même espéce, mais elles doivent
leur origine à des causes purement locales;
celles-ci influent beaucoup sur les êtres
par les différences dans les habitudes; tandis qu'elles n'opèrent aucun changement dans
leur organisation, ni dans les couleurs du
plumage; et c'est ici une nouvelle preuve
contre l'opinion de Buffon, qui croit, que
l'action de la température des climats produit ces différences, que nous voyons dans
les espéces analogues; lui, qui fait voyager nos oiseaux d'Europe en Asie, en
Afrique et même quelquefois jusques en
Amérique, pour s'y reproduire et y éprouver, par l'action d'une température différente, des altérations dans l'organisation
des formes et dans la distribution des
couleurs du plumage. Pour de plus amples
détails sur cette matière, on peut consulter
dans cet ouvrage les articles du Pigeon,
du Paon, du Coq, du Faisan et de
la Caille.

Je vais rapporter les habitudes du Tocro
que vit à la Guiane; que je ferai suivre

de celles propres à la même espèce, mais vivant sur le sol plus défriché du Paraguay.

„ Ces Perdrix du nouveau continent, dit
„ Sonnini (d), ont à peu près les mêmes
„ habitudes naturelles que nos Perdrix
„ d'Europe, seulement elles ont conservé
„ l'habitude de se tenir dans les bois,
„ parce qu'il n'y avoit point de lieux
„ découverts avant les défrichemens; elles
„ se perchent sur les plus basses bran-
„ ches des arbrisseaux, et seulement pour
„ y passer la nuit; ce qu'elles ne font
„ que pour éviter l'humidité de la terre,
„ et peut-être les insectes dont elle four-
„ mille: elles produisent ordinairement douze
„ ou quinze œufs, *qui sont blancs*; la chair
„ des jeunes est excellente, cependant sans
„ fumet; on mange aussi les vieilles Per-
„ drix, dont la chair est même plus
„ délicate que celle des nôtres. Les tocros

---

(d) Les détails sur le tocro de Buffon ont été fournis par Mr. Sonnini, qui a voyagé dans l'intérieur de la Guiane.

„ se perchent, comme tous les utres oiseaux
„ terrestres et aquatiques de la Guiane,
„ afin d'éviter les serpens et les quadrupèdes
„ féroces dont la terre est peuplée; ils
„ font par la même raison leur ponte sur
„ les arbres. Les naturels de la Guiane
l'appellent *tocro*, mot qui exprime assez
bien son cri (e).

Voici ce que d'Azara nous apprend des
mœurs de cet oiseau. „ Uru, est le cri
„ que cet oiseau prononce de quatre à
„ vingt et jusqu'à cinquante fois de suite
„ et sans interruption, ce qui lui a fait
„ donner ce nom par les Guaranis. Pour
„ l'ordinaire le mâle et la femelle se
„ font entendre en même tems et con-
„ fondent leurs voix. Ils ne quittent
„ point les forêts les plus grandes et
„ les plus épaisses, et ils ne se perchent
„ pas sur les arbres; ils marchent et
„ courent comme les Perdrix, et ils ne
„ prennent leur volée que quand on les

---

(e) Buffon *édit. de Sonnini*, v. 7, p. 130. et
*note additionelle.*

„ presse. Ils sont si brusques et si
„ étourdis, qu'ils se tuent quelquefois
„ contre les arbres, en se sauvant au
„ moindre bruit. Ils diffèrent principale-
„ ment des Ynambus (f) par la longueur
„ du doigt de derrière; la forme, la
„ longueur et la force des ongles; la
„ membrane qui unit une partie des
„ doigts; les plumes dont l'articulation
„ du tarse est converte; un cercle nud
„ autour des yeux; la conformation et
„ la force du bec; la conformation et
„ la force du bec; la langue; la gros-
„ seur de la tête et du cou; le plu-
„ mage plus épais et plus gonflé; la
„ première penne de l'aile moins courte;
„ le tarses et les doigts moins charnus

---

(f) Les Ynambus de M. d'Azara sont les
Tinamous de M. Buffon et de M. Sonnini, ainsi
que de cet ouvrage. M. Sonnini dans ses
notes aditionelles à la traduction Française des
ouvres de d'Azara; méconnoit les Ynambus de cet
auteur; j'en ai expliqué la cause dans mon
discours sur le genre Tinamou,

,, et le naturel moins stupide. On assure,
,, que bien que ces oiseaux se tiennent
,, ordinairement par paires, ils se réunissent
,, quelquefois en troupes, et que toutes
,, les femelles pondent et couvent dans
,, un nid qu'elles placent à terre sur une
,, couche de feuilles. Les œufs sont
,, d'un *bleu violet;* les petites suivent
,, leur père et mère, aussitôt qu'ils sont
,, éclos; et si quelqu'un les approche,
,, ils se mettent à crier d'une manière
,, extraordinaire. Quand on surprend les
,, urus dans un bois, ils s'envolent un
,, moment avec bruit et en criant *gri-*
,, *gri,* jusqu'à ce qu'ils se mettent à
,, terre et prennent leur course (g).

En confrontant ces détails sur le Tocro
de Buffon et de Sonnini avec ceux de
l'Uru de d'Azara, on ne voit d'autres
disconvenances, qui s'opposeraient à leur
réunion, que la différence de nom donné
par onomatopée, et celle de la couleur
des œufs; la première s'explique par les

---

(g) *d'Azara Ois. du Parag. et de a Plata Trad.
Franç. v. 4. p.* 158.

différens idiômes des naturels de ces contrées; pour la couleur des œufs, que
Sonnini dit être blancs, et d'Azara d'un
bleu violet, il se présentent des motifs assez
spécieux contre l'opinion du naturaliste Espagnol, qui semble avoir pris les œufs de
l'une ou de l'autre espèce de Tinamou
pour les œufs du Colin de cet article.
J'en juge par analogie; car, les œufs
des différentes espèces de Tinamous sont
constamment colorés de bleuâtre, de
verdâtre ou de violet; couleurs qui ne
se trouvent jamais sur les œufs d'aucune
espèce de Francolin, de Perdrix proprement-dite ou de Colin; tandis que chez
ces oiseaux c'est toujours une nuance
roussâtre jaunâtre ou blanchâtre qui colore
la partie calcaire de leurs œufs. Je ne
vois point d'autres disparités dans le Tocro
et dans l'Uru; les individus, tués à la
Guiane, au Brésil et au Paraguay portent
les mêmes caractères du bec, des formes,
et de la couleur du plumage; dans le
grand nombre d'individus que j'ai eu occasion de comparer, les seules différences

dans la taille et dans le plus ou le
moins de raies plombées et jaunâtres des
parties inférieures, étoient dignes de remarque; celles-ci sont probablement dues à
l'âge ou au sexe, et peuvent dépendre
aussi de causes locales. Ainsi l'Uru est
bien, comme M. d'Azara l'avait jugé, le
même oiseau que le *Perdix Guianensis* des
méthodistes; quoique M. Sonnini, qui veut
le contraire, prétend faire de l'Uru une
espèce nouvelle, par la seule raison que
les habitudes de cet oiseau, signalées d'après
sa manière de vivre au Paraguay, ne
s'accordent point avec celles qu'il dit être
propres aux Tocros de la Guiane; nous
avons déja vu que sous ces rapports il
n'y a de différences que celles qui naissent de la localité. M. Sonnini se trompe
encore en voulant comparer l'Uru à la
*Perdix naevia* de Latham (h), le même
oiseau que l'*Ocotolin* de Fernandez (i); indications d'une espèce de Tinamou dont les

_______________

(h) *Ind. Orn.* v. 2, p. 649. *sp.* 19.
(i) *Hist. Avi. nov. Hisp. Cap.* 85.

formes sont différentes et le dimensions
du double plus fortes que celle prises
sur les plus grands individus de nôtre
tocro. Finalement, l'Uru et le Tocro sont
une même espèce de Perdrix d'Amérique,
de la division des Colins, qui diffère de
tous ses congénères par le volume du bec,
la forte courbure que décrit la mandibule
supérieure, la dent qui s'y forme, et par
l'échancrure profonde vers le bout de la
mandibule inférieure.

Quoique ennemi de nouveaux noms,
je me vois cependant dans l'obligation de
changer celui de *Perdix guianensis* donné
par Latham; cet oiseau étant répandu
également au Brésil, au Paraguay, et peut-
être dans beaucoup d'autres parties de
l'Amérique méridionale: au lieu de ce
nom de contrée, je propose celui de
*Perdix dentata*. Nous avons dit, qu'à la
Guiane, on donne à ce Colin le nom
de *Tocro*: au Paraguay il porte celui
*d'Uru* et au Brésil on le désigne par
celui de *Curturada*.

Modelé sur les formes de notre Perdrix
grise, le Tocro la cependant la queue

beaucoup plus courte, le bec du double plus fort, le tarse plus grêle, et
la nudité du tour des yeux beaucoup
plus étendue; la longueur totale est de
dix pouces et demi; le bec est long
de huit lignes et haut à sa base de
six lignes; la longueur du tarse est d'un
pouce six lignes, ou huit lignes; celle du
doigt du milieu avec l'ongle porte la
même dimension; une dent émoussée a-
longe les bords de la mandibule supérieure; elle se forme en-dessous des
narines; une profonde échancrure existe
sur les bords de la mandibule inférieure, à quelque distance de son extrémité;
la nudité qui entoure les yeux va jusqu'au bec, et n'est couverte que de quelques petites plumes clair-semées; les plumes de la tête sont un peu allongées et
forment une huppe.

Le haut de la tête et l'occiput sont de
couleur marron avec de petits points noirs
et roussâtres; au-dessus des yeux s'étend
jusques aux oreilles une bande d'un roux
clair; les joues et le tour de la mandi-

bule inférieure sont d'un roux marron; le
cou et le haut du dos, qui sont de couleur
cendrée, portent de petits zigzags noirs; le reste
du dos et le croupion sont d'un roux cendré,
mais marqué de deux ou de trois petits points
noirs disposés sur chaque plume; les couvertures des ailes sont rousses sur les barbes
intérieures et marquées de grandes taches et
de zigzags noirs; les barbes extérieures sont
cendrées et portent des zigzags blanchâtres
et noirs; vers l'extrémité des plus grandes
couvertures, qui sont terminées de noir velouté, est une grande tache oblique d'un
roux clair ou jaunâtre; les rémiges sont
brunes, variées sur les barbes extérieures de
petites bandes transversales rousses; les pennes de la queue sont brunes et parsemées
de nombreux zigzags noirs; toutes les parties inférieures du plumage sont d'un roux
plus ou moins clair, suivant l'âge de l'individu et coupé de lignes transversales plombées
et jaunâtres; ces bandes sont très peu
apparentes dans les vieux, mais bien prononcées chez les jeunes, qui ont toutes
ces parties rayées transversalement de

couleur cendrée, de jaunâtre et de roux;
le bec est noir; le tour des yeux est
rouge, et le tarse de couleur plombée.
Il n'y a point de différence marquée entre
le mâle et la femelle.

On voit dans mon cabinet deux individus du Tocro, tués dans les bois de la
Guiane Française; celui que j'ai reçu de
M. le Comte de Hoffmannsegg, est origi-
naire du Brésil; ces trois sujets, et plusieurs autres, que j'ai vu dans les cabinets
publics, n'offrent aucune différence dans les
couleurs du plumage: il en est de même
pour ceux qui vivent au Paraguay.

# COLIN COLENICUI.

Perdix borealis. *Mihi.*

Cᴇ Colin, reproduit dans les systêmes et dans les ouvrages d'histoire naturelle sous quatre dénominations différentes, où l'on confond encore le mâle et la femelle, a été indiqué par Latham (*a*), sous les noms de *Perdix virginiana*, *marilanda*, *mexicana* et *coyolos*. Je crois trouver les motifs de ces emplois multipliés de la même espèce, en 1er lieu, dans les noms par onomatopée donnés par les habitans des différens pays de l'Amérique septentrionale, que cet oiseau visite à son passage périodique; en 2e lieu, aux différences assez marquantes entre le mâle, la femelle et les jeunes. Je tâcherai de debrouiller cette confusion de noms, dans

______

(*a*) *Index ornithologicus.* p. 650 • • • *sp.* 24. 25. 31. et 34.

l'Index systématique, qui termine ce volume; me bornant ici à donner une description plus exacte de l'espèce, je la ferai précéder des observations recueillies sur cet oiseau par M. Vieillot, naturaliste distingué, qui a été à même d'étudier ses mœurs et ses habitudes.

Les Natkes (peuples de la Louisiane), désignent cette espèce par le nom de *hoowi*, cri du mâle, qu'il répète plusieurs fois de suite et en deux tems, *ho* prononcé en traînant et *oui* bref. Les habitans du Massacuchet croient entendre prononcer *bob-white* et c'est le nom que, chez eux, ils donnent à cet oiseau; à Canada et à la nouvelle Écosse on lui donne des noms différens; au Mexique il porte celui de *coyolcozque*.

Cette espèce est plus nombreuse dans le nord; la plupart des compagnies émigrent aux approches de l'hiver et abandonnent la nouvelle Albion, le nord de la Louisiane, la nouvelle Écosse et le Canada, pour se répandre dans cette saison dans les parties méridionales des États

*d d 3*

unis, et dans le Mexique. Ce Colin a
le vol vif et inégal; tantôt toute la
bande se lève en même tems, perpendi-
culairement de quinze à vingt pieds de
haut et se disperse alors de tous côtés,
tellement que deux ou trois suivent rarement la même direction; les uns se
réfugient dans les broussailles les plus
épaisses, les autres sur les grosses branches des arbres, où ils se blotissent et
restent immobiles; alors on peut les
tuer, les uns après les autres, sans
qu'aucun d'eux s'enfuien; s'il y a un
bois taillis à portée, c'est presque toujours
l'endroit qu'ils choisissent pour éviter et pour
se soustraire le plus surement à tout danger:
lorsque les jeunes commencent à voler,
ils se lèvent ordinairement les uns après
les autres; alors les vieux partent les
premiers, ne jettent aucun cri et filent
droit. Au printems on rencontre souvent
le mâle perché sur les clôtures des
champs, où il fait entendre le cri dont
j'ai parlé, qui est son chant d'amour et
celui d'appel quand la petite famille est

dispersée. Ainsi que dans toutes les espèces
du genre Perdrix, le mâle reste uni à
sa femelle jusqu'à-ce-que la mort ou
quelque accident sépare le couple; il
se tient aux environs du nid, quand la
femelle couve, et c'est lui qui conduit
les jeunes de la première couvée lorsque
sa compagne fait sa seconde ponte; il
se tient ordinairement à la tête de la
compagnie. Les deux couvées se réunissent
à l'automne et se tiennent ensemble jusqu'au printems, où elles s'isolent par couple. Leur nourriture consiste principalement
en graines, et quand cet aliment vient
à manquer, ils mangent les boutons, les
bourgeons des arbres et les premières
pousses des végétaux. Ils pratiquent leur
nid dans les broussailles avec quelques
feuilles grossièrement arrangées; la ponte
est de vingt jusqu'à vingt-cinq œufs,
blanchâtres; la femelle fait deux pontes
par an, l'une au mois de mai et l'autre
au mois de juillet; ceci a lieu dans
les contrées chaudes des États-Unis, mais
au Canada et à la nouvelle Écosse

l'espèce ne fait qu'une ponte par an. Sa chair est blanche, délicate, rarement grasse et toujours sans fumet.

C'est la Perdrix la plus commune de l'Amérique Septentrionale; on la trouve jusques fort avant dans le nord, mais jamais dans l'Amérique Méridionale; ce Colin et la Perdrix grise d'Europe sont les seules espèces de ce genre nombreux, qui vivent jusques dans les contrées froides de notre globe; les autres espèces, ainsi que nous l'avons fait remarquer au discours, préfèrent les pays chauds et particulièrement ceux des régions australes. Comme les différentes dénominations de cette espèce sont prises de noms de pays, j'ai cru devoir remplacer celles-ci par un nom mieux assorti, en proposant à cette fin celui de *Perdix borealis*.

Modelé sur les formes de nôtre Perdrix grise, quoique presque de moitié moins grande, l'espèce du colin colénicui a comme elle, une queue aussi longue en proportion du volume de son corps, mais un bec beaucoup plus gros et plus fort, semblable en tout à celui des autres Colins, quoique différent de celui du Tocro, par le manque de la dent et de l'échancrure aux mandibules. La longueur totale est de huit pouces cinq ou six lignes; le bec a six lignes, et le tarse un pouce deux lignes.

La mâle adulte a le front noir; une large bande blanche surmontée d'une étroite bande noire, part de la base de la mandibule supérieure, passent au-dessus des yeux et se dirige jusques sur la nuque; toute la gorge est d'un blanc pur, mais ce blanc est entouré par une large bande noire, qui partant de l'angle du bec passe en-dessous des yeux, et se dirige sur le devant du cou, où elle se répand en taches noires, blanches et rousses, qui sont aussi distribuées irrégulièrement sur la partie postérieure du cou, et dans lesquelles les sourcils blancs se terminent; le haut de la tête est d'un roux marron avec des taches noires; le dos, d'un roux rougeâtre, a sur le bord de ces plumes un peu de cendré coupé de fines raies noires;

sur le milieu du dos sont quelques gran-
des taches noires, bordées de roux rougeâtre; il en est de même sur les plumes
du croupion, dont les teintes sont d'un
roux-cendré avec des zigzags bruns peu
distincts; les scapulaires et les grandes
couvertures des ailes ont des taches
noires et rousses sur leurs barbes intérieures, mais cendrées et rousses sur les
barbes extérieures; des zigzags très fins
parcourent toute la surface de ces plumes, qui sont bordées par une bande d'un
roux clair; les petites couvertures sont
rousses avec de petites lignes noires; les
rémiges et les pennes secondaires sont
brunes, mais les dernières ont quelques
zigzags roux sur leur bord; toutes les
pennes de la queue sont d'un cendré
bleuâtre, à l'exception de celles du milieu,
qui ont un peu de roux coupé de zigzags bruns, près de leur extrémité; la poitrine est d'un blanc roussâtre rayé transversalement de noir; le ventre est d'un
blanc pur, rayé de même, mais la dernière
bande sur chaque plume est de forme

demicirculaire; les plumes rousses des flancs ont sur les bords une rangée de taches blanches, de forme ovoïde et entourées de noir; les couvertures inférieures de la queue sont rousses, elles portent le long des baguettes une tache noire; le bec est noir, mais rougeâtre à sa base; les pieds et les ongles sont d'un brun roux.

La femelle, dont le bec est d'un brun foncé, a le rougeâtre, qui en occupe la base, plus étendu; la gorge et les sourcils sont d'un roux clair; le roux des sourcils n'est point accompagné d'une bande noire et celle, qui chez le mâle s'étend en-dessous des yeux, n'existe non plus chez la femelle; le roux clair de la gorge est entouré de taches noires, brunes et blanches; la nuque et le haut de la tête portent aussi des taches d'un roux clair; les bords cendrés sur les plumes du dos sont plus larges et coupés par un plus grand nombre de zigzags noirs; toutes les autres parties supérieures ont des teintes plus pâles; les bords des plumes sont d'un

roux clair, qui paroît terne; les plumes de
la poitrine sont d'un rouge de brique clair
et ont deux petites taches blanches vers leur
extrémité; les plumes rousses des flancs
sont bordées de blanc; les pennes de la
queue, d'un cendré bleuâtre, ont toutes vers
leur extrémité de très petits zigzags bruns
et blanchâtres; les deux du milieu sont
presque jusqu'à leur base d'un brun cendré
avec des zigzags noirs.

Les jeunes de l'année ressemblent
beaucoup à la femelle, mais les raies
transversales et les zigzags, disposés sur les
plumes du dos et sur les pennes de la
queue, sont dans cet âge en bien plus
grand nombre; le bec est alors d'un
brun rougeâtre, très clair.

De toutes les descriptions peu exactes que
les auteurs donnent de cette espèce, celles
du colenicui de Buffon, et de la caille
de la Louisiane de Brisson, sont les
moins succinctes; les figures que Frisch et
Buffon donnent du mâle, sont assez exactes,
mais les autres indications, surtout celles de Fernandez, ont le défaut d'entrer

dans si peu de détails, qu'il est difficile d'y reconnoître notre oiseau; quelques auteurs, qui ont décrit l'espèce d'après des sujets séchés, indiquent mal la couleur des pieds et du bec; d'autres ont décrit des jeunes ou des femelles, et tous en des termes succincts.

Nous avons dit, que le Colenicui vit dans les parties froides et tempérées de l'Amérique Septentrionale; les deux espèces suivantes, dont les mâles se distinguent par quelques plumes de la tête assez longues et capables d'érection, habitent les contrées chaudes de cette partie du Globe.

# COLIN ZONÉCOLIN.

*Perdix cristata.* *Lath.*

QUOIQUE dans le fait la dénomination de *cristata* n'appartient point exclusivement à cette espèce, puisque la suivante porte une huppe conformée de même et que le Colin tocro a également sur la tête des plumes alongées et capables d'érection: je ne veux cependant point changer ce nom adopté dans les systèmes; il suffit qu'on soit prévenu, que le même caractère est aussi propre à des espèces différentes.

Le nom de Zonéclolin, abrégé du nom Mexicain *Qnanhtzonecolin*, probablement donné en immitation du cri d'amour ou d'appel de cet oiseau, est le même que celui indiqué par Buffon. Le mâle se distingue par quelques plumes droites, longues, et qu'il peut relever; les plumes de la tête, chez la femelle, ne sont point

alongées; les plus grandes couvertures des
ailes aboutissent à l'extrémité des rémiges. La longueur totale est de sept
pouces et demi; quelques individus portent
des dimensions moins grandes; le bec est
long de cinq lignes et haut de trois lignes; le tarse porte un pouce une ou
deux lignes; quatre ou cinq plumes étroites, dont les deux plus longes mesurent
un pouce, sont fixées sur le front en
avant des yeux et se relèvent en huppe; ces plumes, le front, les sourcils et
la gorge sont d'un blanc légèrement teint
de jaunâtre, et cette couleur se nuance
en roussâtre clair sur le bas de la gorge,
dont toutes les plumes sont lisérées de
noir: des plumes noirâtres, bordées de
blanc et de roux clair, couvrent la tête
et l'occiput; celles de la nuque et des
côtés du cou sont blanches, et portent à
leur bout une tache noire, en forme de
fer de lance; les plumes du dos sont
cendrées, et marquées de grandes taches noires
et de zigzags très fins, bruns et blanchâtres; toutes celles des couvertures des

ailes sont colorées des mêmes teintes, elles
portent une grande tache noire vers le bout,
et sont entourées par une large bande d'un blanc jaunâtre; la poitrine est
rayée transversalement de noir et de
blanc; cette dernière couleur termine
toutes les plumes de cette partie, tandis
qu'un beau roux termine toutes celles du
milieu du ventre; les plumes des flancs sont
tachées de noir tout le long des baguettes,
elles ont de larges bords d'un blanc pur; les
rémiges sont cendrées; toutes les pennes de
la queue d'un brun cendré, portent des bandes en zigzags d'un blanc jaunâtre; le
bec est brun, mais la mandibule inférieure
est jaunâtre à sa base; les pieds des
individus adultes m'ont paru jaunâtres.

La femelle, qui n'a point ces plumes
étroites et longues sur le front, a cette
partie, les sourcils et la gorge d'un
blanc varié de petites taches noires et
roussâtres; elle porte, comme le mâle,
des grandes taches lancéolées, sur la
nuque et sur les côtés du cou; toutes les
parties supérieures d'un cendré brun sont

avec des taches noires coupées de zigzags
roux ; les couvertures des ailes sont colorées de même, mais plus claires et dépourvues de ces larges bordures blanchâtres,
qui se trouvent uniquement chez les mâles;
enfin toutes les plumes des parties inférieures rayées d'étroites bandes noires et
de larges bandes blanches sont terminées
par deux grandes taches ovoïdes de cette
couleur ; les pennes de la queue sont
comme chez le mâle, mais d'une teinte
plus foncée; et les deux mandibules du
bec sont jaunâtres à leur base.

Les jeunes de l'année ressemblent sans
doute beaucoup à la femelle, mais je ne
les ai jamais vus. Le mâle, qui n'est point
encore parvenu à l'état d'adulte, a les
plumes de la huppe, les sourcils et les
tempes teints davantage de roux clair; souvent celles de la huppe bordées de brun;
le roux du milieu du ventre est aussi plus
clair, et les tarses ont une teinte plombée.

Il est bon de remarquer que, dans les
méthodes, on a confondu cette espèce avec
la suivante qui lui ressemble sous cer-

tains rapports, et par ce caractère assez
particulier de la huppe frontale propre aux
mâles; les indications de Barrère et de l'abbé
Rozier appartiennent à l'espèce suivante;
je présume aussi que Brisson les a confondus
dans sa description de la caille huppée du
Mexique; mais la figure qu'il en donne,
de même que celle des planches enluminées
de Buffon ont rapport à cette espèce.

Le Zonécolin habite au Mexique et probablement aussi dans quelques parties de l'Amérique méridionale. Il est de mon cabinet.

# COLIN SONNINI.

Perdix Sonnini. *Mihi.*

Je conserve à ce Colin, qui n'a été désigné dans aucune méthode, et seulement d'une manière peu satisfaisante par les voyageurs, le nom du naturaliste, qui le premier nous a donné sur l'histoire de cet oiseau des renseignemens plus positifs. M. Virey le décrit dans la nouvelle édition des œuvres de Buffon (a); avant lui l'abbé Rozier l'avait indiqué dans le Journal de physique de l'année 1772, Tom. 2, part. 1re, page 217, et figuré planche 2; Barrère et Laborde en font aussi mention; mais ces indications ont été confondues avec les descriptions, également très succinctes, de l'espèce précédente.

Ce colin qui habite des climats, où la température ne se refroidit jamais à tel point, que les substances végétales languis-

____

(a) Buffon, *édit. de Sonn. v.* 7. *p.* 133.

sent dans une inanition temporaire, n'est
point contraint, par un manque de nourriture ou par un froid trop âpre d'abandonner les lieux qui l'ont vu naître; il n'é-
migre point comme le Coléniqui; mais l'e-
pèce est sédentaire dans les contrées de
l'Amérique méridionale. Ces colins ainsi
que tous leurs congénères vont par compagnies de sept ou huit, jusqu'à quinze ou
seize; lorsque la troupe prend son vol,
les vieux se lèvent les premiers. Ils habitent de préférence les petites bornes sur
la lisière des bois, et ils ne sont pas si
sauvages qu'on n'en rencontre plusieurs compagnies dans le voisinage des habitations.
Les jeunes ne se lèvent pas facilement,
et se cachent fort bien dans les grandes
herbes, entrelacées dans les buissons et les
petits palmiers épineux, où ils se retran-
chent. Quand ils partent, ils ne poussent
point de cri, et filent droit tout de suite;
leur vol n'est pas élevé, de plus de cinq
ou six pieds; les jeunes éparpillés se rap-
pelent entre eux par un petit sifflement
assez semblable à celui de nos Perdreaux.

Ce Colin pond en différens tems et fait deux couvées. Sonnini rapporte qu'il a vu nourrir en cage de ces oiseaux, avec de petites graines, mais ils conservoient toujours un caractère sauvage et farouche, et ils s'agitoient extraordinairement lorsqu'on s'approchoit d'eux.

J'ignore pour quelles raisons cette espèce de colin se trouve placée dans les œuvres de Buffon, sous le nom de caille de Cayenne; il semble probable que sa petite taille aura donné lieu à cette erreur; car sa conformation extérieure convient sous tous les rapports avec les autres Colins, ou Perdrix d'Amérique. Il est à remarquer que dans la plupart des livres d'histoire naturelle les petites espèces du genre Perdrix et celles qui appartiennent au genre Caille sont presque toujours indistinctement confondues; cependant rien n'est plus facile que de bien distinguer les espèces de l'un et de l'autre genre; les caractères essentiels indiqués dans cet ouvrage, serviront, je m'en flatte, à les mieux classer; indépendamment de ce que j'en ai dit, et lors même que tous les autres caractères qui distinguent les Perdrix des Cailles se trouveraient réunis dans une espèce, pour faire douter de la place qu'elle doit occuper; l'inspection des ailes relèvera toute incertitude. Dans les oiseaux du genre Perdrix, l'aile est étagée, parceque les trois rémiges extérieures vont en décroissant; mais dans tous ceux qui composent le genre Caille, la première rémige est toujours la plus longue.

Ce colin se distingue au premier coup d'œil de l'espèce précédente, par les couleurs plus foncées de son plumage; le roux marron, le cendré rougeâtre et le noir en forme les teintes principales; tandisque dans le Zonécolin, c'est le blanc jaunâtre, le cendré-brun, le noir et le roux qui dominent: chez ce dernier la femelle diffère beaucoup du mâle par les distributions des couleurs du plumage; tandisque chez le Colin Sonnini le plumage de la femelle ne diffère de celui du mâle que par les teintes moins vives: dans le Zonécolin les quatre ou cinq longues plumes droites qui forment la huppe sont implantées en avant des yeux, vers le front; dans le Colin Sonnini, de semblables plumes forment une huppe, mais qui se relève au milieu du crâne et dont les plumes sont implantées entre les yeux.

La longueur totale est de sept pouces et jusqu'à trois ou quatre lignes; le bec est comme dans le Zonécolin et le tarse a aussi la même longueur. Quatre ou cinq plumes étroites dont les deux plus longues mesurent un pouce sont implantées sur le haut de la tête entre les yeux; elles sont jaunâtres avec un peu de brun au milieu; le front est jaunâtre et c'est aussi la couleur qui entoure la base des deux mandibules; toute la gorge et une large bande derrière les yeux sont d'un roux foncé, sans que les plumes soient bordées d'une couleur différente; les plumes de la nuque et des cotés du cou portent des taches blanches, noires, et de couleur marron; le haut du dos est d'un cendré roux avec de nombreux zigzags noirs; toutes les autres parties supérieures porten

sur un fond cendré roux de grandes taches
noires et des zigzags bruns, et les couvertures des ailes ne sont point bordées
de couleurs claires; la poitrine d'un cendré
rougeâtre clair, qui est à points noirs, porte
encore quelques taches blanches disséminées;
toutes les plumes des parties inférieures
ainsi que les couvertures inférieures de
la queue, ont trois grandes taches ovri-
des d'un blanc pur, disposées de chaque
côté de la plume le long de ses bords;
ces taches sont entourées de noir et le
milieu de la plume est d'un beau roux
marron; les rémiges et les pennes secondaires sont brunes; les pennes de la queue
sont d'un brun très foncé, avec une multitude de petits zigzags noirs; le bec est
noir et les pieds sont jaunâtres.

La femelle, toujours un peu moins grande,
n'a point de ces plumes alongées sur la
tête; les couleurs de son plumage sont plus
pâles, mais les distributions en sont les mêmes.

Ces oiseaux font partie de mon cabinet;
de semblables sujets sont déposés dans le
Muséum de Paris.

Je termine cet article des Colins par
la remarque, que plusieurs autres oiseaux
portent ce même nom dans les écrits de
Fernandez (b). Nonobstant les indications
succinctes de cet auteur et l'impossibilité
de reconnoître les espèces différentes qu'il
se contente de signaler par les noms
les plus barbares; nous voyons cependant
les méthodistes s'aviser de les produire,
comme autant d'espèces distinctes d'oiseaux :
les méthodistes et les compilateurs sont
si avides de grossir le catalogue de leurs
espèces et par là le volume de leur livre,
qu'ils ne calculent point tout le tort que
par cette manie ils font à l'étude de l'ornithologie, et quel grand nombre de débutans
ils découragent à faire des recherches et
à s'instruire dans cette science agréable,
par les entraves multipliées dont ils l'encom-
brent. M. Buffon qui connoissoit aussi
les nommenclateurs de cette trempe dit ;
*qu'un méthodiste ne veut pas qu'une seule*

———————————————————————

(b) *Voyez Fernandez,* Hist. avium novae Hisp.
*cap.* 24, 25, 39, 85 *et* 134.

*espèce, quelque anomale qu'elle soit, échappe
à sa méthode.* C'est ainsi qu'en ornithologie, (car dans les autres parties du
Règne Animal ont s'est mieux avisé) les
livres systématiques se succèdent; chacun
en fait à sa manière; on accumule les
noms et ni les genres ni les espèces sont
à leur place; enfin quelques systêmes com-
posés d'un assemblage confus de compilations, donnent assez à connoître que l'auteur n'a jamais étudié le livre de la nature.

Parmi ces colins de Fernandez indiqués
plutôt que décrits on doit rayer les suivantes de la liste des espèces de Perdrix
d'Amérique. Le *Cacacolin*, du chapitre 134,
les deux espèces *d'Acolins* ou cailles d'eau,
aux chapitres 10 et 131; le grand colin de
Buffon (c) et que Fernandez indique au
chapitre 39, sans lui donner de nom;
*l'Ococolin* chapitre 85, indiqué par Buffon (d)

_______________

(c) Perdix novae Hispaniae. *Lath. Ind. Orn. v. 2,*
p. 653, sp. 33.

(d) Perdix naevia. *Lath. Ind. Orn. v. 2 p.* 649,
sp. 19.

sous le nom d'ococolin ou Perdrix de montagne du Mexique, le même oiseau dont
Brisson fait une espèce de Rollier (e) et
ensuite une espèce de Caille ou de Perdrix (f); Fernandez parle encore d'un
autre *Ococolin* au chapitre 211, mais celui-ci est du genre Pie. La prétendue
Caille des îles Malouines (g), figurée par
Buffon est encore un colin, mais que je
n'ai jamais vu en nature.

---

(e) Galgulus mexicanus cristatus. *Briss. Orn.*
v. 2, p. 84.

(f) Perdix montana mexicana. *Briss. Orn.* v. 1,
p. 226, sp. 3.

(g) Perdix falklandica *Lath. Ind.* v. 2, p. 653,
sp. 32.

# DISCOURS

## SUR LE
## GENRE CAILLE.

M. DE BUFFON dit, que Théophraste trouvait une si grande ressemblance entre les Perdrix et les Cailles qu'il donnoit à ces dernières le nom de *Perdrix naines*. C'est par suite de cette méprise et d'autres semblables, que les méthodistes (a) rangent les Cailles et les Perdrix dans le même genre ; d'autres à l'exemple de Linné, ne craignent point de les mettre avec les Tétras dans le vaste cadre que le Professeur Suédois avoit choisi, pour son genre *Tétras* (b). Il ne sera pas nécessaire d'indiquer ici les nombreuses disparités qui se trouvent entre les oiseaux compris dans la Famille

---

(a) Latham, Lacepède, Cuvier et Illiger.

(b) Voyez dans ce volume le discours sur le genre Tétras p. 98, et suivantes.

des vrais Tétras, comparés avec ceux
qui ressemblent à nôtre Caille d'Europe;
Cette matière, pour autant qu'elle a rapport aux mœurs et aux habitudes, a été
traitée dans le discours sur le genre Tétras; le lecteur est également renvoyé
à l'article cité, comparé avec celui-ci,
pour juger des différences qui constituent
les caractères essentiels des genres: je
pourrais en dire autant pour les disparités qui existent entre les Perdrix et
les Cailles; mais comme les espèces de
ces deux genres semblent avoir beaucoup
d'analogie, soit dans leur port, dans
la forme du bec et des pieds, et que
cette apparence d'identité générique jugée
au premier coup d'œil, est de nature
à éconduire et à embarasser le méthodiste sur la place qu'il doit assigner aux
espèces; j'indiquerai préalablement le
moyen le plus sûr, pour distinguer une
Caille d'une Perdrix; ce caractère marquant est pris de la forme des ailes.
Tous les oiseaux qui composent le genre
*Perdix*, ont les trois rémiges extérieures

les plus courtes, également étagées entre
elles et la quatrième et cinquième les plus
longues; tandis que chez toutes les
espèces qui forment le genre *Caturnix*,
c'est la première ou la rémige extérieure
qui est la plus longue. J'ai trouvé ce
caractère invariable dans toutes les espéces; toujours conforme aux autres différences moins faciles à saisir; enfin, en rapport
avec la manière de vivre et avec les
mœurs des différentes espèces de ces
deux genres.

M. Buffon étoit aussi d'opinion que les
Cailles et les Perdrix diffèrent beaucoup.
Il est vrai dit cet auteur ,, que les Per-
,, drix et les Cailles ont beaucoup de
,, rapports entre-elles; les unes et les
,, autres sont des oiseaux pulvérateurs, à
,, ailes et queue courtes et courant fort vite,
,, à bec de Gallinacés, à plumage gris mou-
,, cheté de brun et quelquefois tout blanc,
,, du reste se nourrissant, s'accouplant con-
,, struisant leur nid, couvant leurs œufs,
,, menant leurs petits à peu près de la
,, même manière, et toutes deux ayant le

,, tempérament fort lascif, et les mâles une
,, grande disposition à se battre : mais quel-
,, que nombreux que soient ces rapports,
,, ils se trouvent balancés par un nombre
,, presque égal de dissemblances, qui font
,, de l'espèce des Cailles une espèce tout
,, à fait séparée de celle des Perdrix (*a*).

L'inclination de voyager et de changer
de climat à des époques fixes de l'année,
n'est point la seule différence qui se trouve
dans les mœurs des Cailles comparées avec
celles des Perdrix; mais on se tromperait
en supposant que les émigrations de ces
oiseaux sont déterminées par le refroidis-
sement de l'atmosphère, puisque le Roitelet

––––––––––

(*a*) Buffon, qui parle des Cailles et des Perdrix
seulement d'après les espèces de Perdrix propres
à l'Europe (comparées avec la seule espèce de
Caille qui vit dans les mêmes contrées), a em-
ployé le mot *espèce* pour signaler les différences,
mais il auroit dû se servir du mot *Genre*. Car
il est évident, qu'on ne pourrait opter sur les
différences spécifiques de la Caille vulgaire et des
trois espèces de Perdrix d'Europe.

et d'autres oiseaux plus petits que la
Caille, soutiennent, sans en paroître souf-
frir, la rigueur de nos hivers; ajoutez
à ceci, que les Cailles sont des oiseaux
chauds, puisque les Chinois se servent de
deux espèces qui vivent dans cet Empire,
pour s'échauffer les mains au lieu de man-
chons: ces migrations, que souvent les
Perdrix exécutent aussi, sont déterminées
par la localité et par le manque de substances alimentaires; car nous savons que
même la Caille d'Europe, cet oiseau dont
le déplacement périodique semble un besoin
indispensable, est sédentaire dans quelques
pays du globe où elle n'émigre jamais;
sans doute une nourriture abondante
détermine l'espèce à ne point quitter ces
contrées: je m'occuperai de cette différence
dans les habitudes de la Caille d'Europe
dans l'article reservé à cette espèce.

Les Cailles sont des oiseaux peu sociables, et ils diffèrent encore en cela des
Perdrix; le mâle après avoir fecondé sa
femelle, s'en éloigne pour toujours; il ne
prend aucun intérêt à sa progéniture qu'il

ne connoît point, tandis que le mâle des Perdrix est le défenseur de sa couvée et le conducteur de sa petite famille; les cailletaux restent unis pendant le court espace de tems où les soins maternels leur sont indispensables; mais plus robustes que les Perdreaux, et moins sociables que ces derniers, ils peuvent se passer beaucoup plutôt de la protection et des soins de la mère; lorsque les Cailletaux sont parvenus à ce terme, la compagnie se sépare avec une entière indifférence, et il est rare alors, de trouver dans un même endroit deux Cailles réunies: à des époques, déterminées par la localité et par la température du climat, les Cailles se réunissent spontanément en troupes nombreuses qui partent pour opérer leur voyage, et revenir de la même manière dans les mêmes climats, où, à leur retour, une vigeur nouvelle a ranimé la fécondité de la terre et où la douce influence du printems vient de développer le germe de la vie qui donne l'existence aux insectes. Lorsque le voyage est terminé et que les bandes se trouvent dans

les lieux où règne l'abondance de nourriture,
elles se séparent avec une entière indifférence et chaque individu continue à vivre
isolément sur cette terre étrangère. Quelques
espèces effectuent ces voyages sans quitter
le continent; d'autres, se risquant de traverser des bras de mer, éprouvent souvent
les dangers inséparables de ces voyages,
plusieurs trouvent la mort dans les flots;
il n'y a que celles qui sont secondées
par un vent favorable, qui arrivent heureusement, et si ce vent favorable souffle
rarement au tems du passage, il en arrive
beaucoup moins dans les contrées où elles
ont contume de se rendre.

Ils vivent le plus habituellement dans
les champs couverts de moissons ou dans
les herbes, très rarement dans les bois;
pour autant que les différentes espèces nous
sont connues, nous pouvons assurer que
ces Gallinacés ne se perchent jamais. Le
vol des Cailles, quoique assez rapide, est
court et peu soutenu; ils ne s'élèvent
dans les airs que durant le tems du
voyage; à toute autre époque leur vol

est court, peu élevé de terre et droit.
Les espèces qui composent ce genre paroissent
rechercher de préférence les climats chauds;
la plupart sont répandues en Asie, dans
les îles de l'Océan Indien et de l'Océan Paci-
fique; en Europe nous ne connoissons qu'-
une seule espèce, qui est également propre
à l'Afrique et à l'Asie; deux climats très
différens pour la température, à celle des
contrées froides et tempérées de l'Europe;
mais sous les influences desquels la Caille
n'a éprouvé aucune espèce d'altération dans
les couleurs du plumage; un fait qui, appuyé
de tant d'autres de la même nature, dont
il a été souvent question dans cet ouvrage,
est une nouvelle preuve incontestable, que
la température de l'atmosphère, et les influences combinées de l'air et du jour,
n'operent point avec autant d'efficacité sur
les couleurs du plumage des oiseaux et du
pélage des quadrupèdes, que Buffon et plusieurs autres naturalistes le prétendent.

Les Cailles ont pour caractères essentiels;
un bec court, plus large que haut; la
mandibule supérieure seulement courbée vers

vers la pointe et très peu voûtée. Les narines basales, laterales, à moitié fermées par une membrane voûtée ; la tête couverte de plumes, et dans toutes les espèces connues de nos jours point de nudité derrière ni à l'entour des yeux (*a*). Les pieds à tarses lisses, sans éperons ou la moindre apparence de tubercule calleux ; la queue composée le plus souvent de quatorze pennes, étagées et arrondies ; cette queue est courte, dans quelques espèces rassemblée en faisceau, et

---

(*a*). Je signale ce caractère dans le genre Caille, pour servir plus particulièrement à distinguer notre Caille d'Europe d'avec nos espèce de Perdrix, qui toutes ont une nudité derrière les yeux ou un cercle dénué de plumes à l'entour de l'orbite ; mais ce caractère est nul pour l'ensemble de toutes les espèces du genre, puisque nous connoissons des Perdrix, propres aux deux continents, qui ont tout le tour des yeux dénué de plumes, et d'autres espèces qui n'ont aucune apparence de nudité à l'entour des yeux.

penchée vers la terre, presque totale-
totalement cachée par les couvertures supérieures et inférieures; les ailes mé'io-
cres, la première rémige la plus longue,
ou de la même longueur que la deuxième.

Nous suivrons l'ordre de description tel
qu'il a été observé pour tous les autres
genres, en plaçant la plus grande espèce
à la tête du genre.

# CAILLE À VENTRE PERLÉ.

*Coturnix perlata.* Mihi.

Cette belle et grande Caille d'Afrique, se distingue de tous ses congénères, par la force du bec et de la longueur de la mandibule supérieure; caractere que nous avons également fait observer chez toutes les espèces de Perdrix proprement dites et chez tous les Francolins qui habitent cette partie du globe; apparamment que la mandibule supérieure aongée et formée en pioche, sert à cet oiseau aux mêmes fins, et que, destiné comme les Perdrix Africaines à se nourrir de plantes bulbeuses cachées par un sol dur et graveleux, il fait usage de ce bec pour labourer la terre: sa queue est un peu plus longue proportionellement à celle de la Caille d'Europe, mais elle est, comme dans cette espèce, cachée par les couvertures supérieures; du reste, quoique modelée sur les mêmes formes, elle est d'un tiers plus grande dans toutes ses dimensions.

Sonnerat a fait connoître cet oiseau, mais ici, comme dans toutes ses descriptions d'animaux qu'il a été à même d'observer dans leur pays natal, nous regrettons que l'auteur s'est contenté de décrire l'extérieur de leur vêtement, sans entrer dans les moindres détails sur les mœurs et sur les habitudes, partie de l'histoire des êtres la plus intéressante à étudier.

La Caille de cet article porte en longueur totale neuf pouces; le bec mesure dix lignes et le doigt du milieu avec l'ongle un pouce quatre lignes. Le haut de la tête, la partie postérieure du cou, le dos et le croupion sont d'un brun roux, sur le centre de chacune de ces plumes est une large bande d'un blanc jaunâtre qui suit la direction de la baguette; sur les plumes de la nuque sont quelques taches noires et sur celles du dos des bandes transversales noires et rousses; l'espace entre l'œil, la gorge et

le devant du cou sont d'un noir profond;
au - dessus des yeux passe une étroite
bande blanche, qui se dirige sur la nuque;
depuis la base du bec une seconde bande
blanche, mais plus large, passe au - dessous des
yeux et vient border latéralement le noir
du devant du cou; sur la poitrine est un
plastron de forme ronde et de couleur
marron foncé; les côtés du cou (compris entre l'espace des deux bandes blanches), et les parties latérales de la poitrine sont d'un beau cendre - bleuâtre; le
milieu du ventre d'un noir profond porte
de grandes taches rondes d'un blanc
pur; sur le marron foncé des plumes
des flancs on voit une large bande blanche qui en occupe le centre, et ce
blanc est bordé de chaque côté d'une
étroite ligne noire; les couvertures des
ailes sont rayées transversalement de
noir et de blanc roussâtre; quelques-
unes portent une étroite ligne blanche le
long de la baguette et la plupart sont
terminées d'un peu de blanc; les rémiges
sont d'un brun cendré avec un peu de

roux sur la barbe extérieure; les pennes de la queue sont noires, coupées de fines bandes transversales rousses; le bec est noir; l'iris d'un jaune terne et les pieds rousssâtres.

Il est assez probable que cette description appartient au mâle de l'espèce; la femelle n'est point encore connue.

Cette belle Caille habite l'île de Madagascar; elle émigre sur toute l'étendue de la côte orientale de l'Afrique. Le mâle que je viens de décrire fait partie de mon cabinet, un individu semblable est déposé au Muséum de Paris.

# CAILLE AUSTRALE.

Coturnix australis. *Mihi.*

De la même taille et ayant le port de nôtre Caille d'Europe, celle-ci s'en distingue par un bec presque du double plus fort et par un plumage différent. Latham signale ce Gallinacé en des termes très succincts, et sous le nom de Caille de la Nouvelle Hollande, mais il ne nous apprend rein de la manière de vivre de cet oiseau.

La longueur totale de la Caille Austrle est de sept pouces; quelques individus ont un demi pouce de moins; la longueur du bec est de huit lignes et la hauteur à sa base est de quatre lignes; le tarse porte un pouce et le doigt du milieu avec l'ongle a dix lignes. Le mâle a le front, l'espace entre les yeux et le bec ainsi que la gorge d'un blanc terni et sans taches; sur le haut de la tête et sur la nuque sont des

plumes noirâtres avec du blanc dans leur
milieu; la nuque, le dos, le croupion,
les couvertures de la queue et les moyennes couvertures des ailes sont rayés transversalement de larges bandes noires et d'étroites bandes en zigzags d'un roux foncé;
toutes les baguettes de ces plumes sont
d'un blanc jaunâtre, ce qui produit une
fine raie longitudinale de cette couleur
sur leur milieu; les petites couvertures
vers le pli de l'aile, sont d'un cendré
brun; le devant du cou, la poitrine et
toutes les autres parties inférieures sont
d'un cendré roussâtre; la plupart des plumes de ces parties ont aussi les baguettes
blanchâtres, mais les raies transversales
noires se dessinent autrement que sur le
dos; au lieu de bandes et de zigzags,
on remarque sur toutes les plumes des
croissants noirs disposés deux ou trois à
la file sur chaque barbe, et renversés de
manière, qu'ils décrivent le contre-sens
du bout de la plume; les rémiges sont
brunes avec un peu de roussâtre sur les
barbes extérieures; la queue entièrement

cachée par les couvertures supérieures, est
brune avec de fines bandes en zigzags d'un
roux foncé; les pieds et les doigts sont
bruns; le bec est d'un bleu foncé ou
noirâtre.

La femelle de cette espèce diffère du
mâle par les couleurs généralement plus
foibles et des teintes de cendré clair; des
taches rousses irrégulières sont disposées
sur les parties supérieures, et les baguettes de ces plumes sont blanches, comme
dans le mâle; les parties inférieures n'ont
point de ces petits croissants renversés et
noirs sur chaque côté des barbes; la
couleur qui y domine, est un roux
cendré, coupé par de très petits zigzags
bruns.

Cette espèce, très abondante à la nouvelle Hollande (*a*), parroît avoir les mê-

___

(*a*) Nous vîmes au port d'Entrecasteaux à la
baie les tempêtes, dans le continent de la Nouvelle Hollande, près du Cap de Diémen, pour
la première fois, le 10 mai, des Cailles qui
volèrent à une grande distance. Il paroît aussi

mes mœurs que notre Caille vulgaire,
mais nous ignorons si elle est sédentaire
sur ce vaste continent, ou, si elle visite
aussi les nombreuses îles de l'Océan Paci-
fique. Les naturalistes de l'expédition du
Capitaine Baudin, ont déposé dans les
galeries du Muséum de Paris plusieurs
individus mâles et femelles de cette espèce;
j'en conserve aussi de semblables dans ma
collection.

----

qu'il y a des Perdrix. Les gens de l'expédition
rapportèrent en avoir vu une fois. *Labl. Voy.
à la recherche de la Peyr. v.* I, *p.* 177.

# CAILLE VULGAIRE.

*Cotournix dactylisonans. Meyer.*

Les mœurs et les habitudes de notre
Caille d'Europe méritent sous tous les
rapports de fixer l'attention du naturaliste.
Tant d'erreurs et de préjugés se sont
glissés dans l'histoire de cet oiseau, par les
contes ridicules que l'ignorance se plaît
à débiter, qu'il est difficile, de détruire
ces idées populaires si fortement enraci-
nées en passant de bouche en bouche;
les anciens et les modernes se sont beaucoup occupés du passage des Cailles et
des autres oiseaux voyageurs; que de
contes absurdes débités par le vulgaire
et chargés de circonstances merveilleuses,
ont pendant bien longtems été adoptés
par des gens sensés; combien n'en voit
on point encore de nos jours, qui
croient à l'engourdissement et à l'état de
torpeur des Hirondelles et des Martinets

qui suivant eux se retirent pendant l'hiver
dans des arbres creux où se précipitent
dans les eaux stagnantes pour en sortir
au printems; que de contes débités et
crus au sujet des Cigognes; que d'idées
ridicules ne circulent point encore au
sujet de la reproduction et de l'accouplement de certaines espèces de Mammifères et d'Oiseaux. Quelle absurdité de
croire, que les Cailles se retirent aux
approches des froids dans des trous en
terre, pour y passer l'hiver dans une
létargie pareille à celle de quelques espèces
de quadrupèdes; ceux-là, comme le remarque Buffon, ignoroient sans doute que
la chaleur intérieure des animaux sujets à
l'engourdissement, étant beaucoup moindre
qu'elle ne l'est communément dans les
quadrupèdes, et à plus forte raison dans
les oiseaux, elle avoit besoin d'être aidée
par la chaleur extérieure de l'air, et que
lorsque ce secours vient à leur manquer,
ils tombent dans l'engourdissement, et meurent
même bientôt, surtout s'ils sont exposés à
un froid trop rigoureux. Or certainememnt

cela n'est point applicable aux Cailles, dans
lesqu'elles on a même reconnu généralement
plus de chaleur que dans les autres oiseaux,
au point qu'en France la Caille a passé en
proverbe (a); et qu'à la Chine on se
sert habituellement de cette même espèce
de Caille et d'une autre beaucoup plus
petite pour s'échauffer les mains (b); particularité que j'aurai occasion de faire observer
également dans l'histoire de la Caille fraise.
Je ferai grace au lecteur des détails sur
quantité d'autres absurdités, débitées sur
la génération des Cailles. Nous allons nous
occuper des voyages réguliers que ce petit
oiseau opère dans nos climats à deux
époques de l'année, époques qui sont déterminées suivant les différentes contrées et
la température du climat, dont l'influence
agit sur la maturité des graines et sur la
génération des insectes qui servent de nourriture à ces oiseaux. Pour cette partie
de l'histoire de la Caille d'Europe, je me

---

(a) On dit vulgairement, *chaud comme une Caille.*
Note de Buffon.

(b) *Voyez Osborn. Her.* 190.

servirai du style éloquent de Guenau de
Montbeillard; et je ferai suivre ces détails
par quelques observations plus récemment recueillies sur la migration de ces oiseaux. Celles-ci
prouvent, que c'est en Égypte et le long
des côtes d'Afrique que les Cailles, qui
partent en automne des différentes contrées
de l'Europe, vont fixer leur séjour pendant les hivers de nos climats: c'est encore
en Égypte et le long des côtes septentrionales de l'Afrique, que la plupart des
espèces de nos oiseaux de passage vont
faire un séjour plus ou moins long,
suivant que les insectes, ou les substances alimentaires du règne végétal sont
précoces ou tardifs à parroître lorsque
la nature reprend au printems sa force
vitale.

L'inclination de voyager et de changer
de climat dans certaines saisons de l'année
est l'une des affections les plus fortes de
l'instinct des Cailles. La cause de ce
desir ne peut être qu'une cause très générale, puisqu'elle agit non seulement sur
toute l'espèce, mais sur les individus

mêmes séparés, pour ainsi-dire, de leur
espece, et à qui une étroite captivité
ne laisse aucune communication avec leurs
semblables. On a vu de jeunes Cailles
élevées dans des cages, presque depuis
leur naissance, et qui ne pouvoient ni
connoître ni regretter la liberté, éprouver
régulièrement deux fois par an, pendant
quatre années, une inquiétude et des agitations singulières dans le tems ord'naire
de la passe; savoir, au mois d'avril et
au mois de septembre. Cette inquiétude
duroit environ trente jours à chaque fois,
et recommençoit tous les jours une heure
avant le coucher du soleil. On voyoit
alors ces Cailles prisonnieres aller et venir
d'un bout de la cage à l'autre, puis s'é-
lancer contre le filet qui lui servoit de
couvercle, et souvent avec une telle violence qu'elles retomboient tout étourdies;
la nuit se passait, presque entièrement dans
ces agitations, et le jour suivant elles pa-
roissoient tristes, abattues, fatiguées et en-
dormies. On a remarqué que les Cailles,
qui vivent en liberté, dorment aussi une

grande partie de la journée; et si l'on
ajoute à tous ces faits, qu'il est très rare
de les voir arriver de jour, on sera, ce
me semble, fondé à conclure que c'est
pendant la nuit qu'elles voyagent (*a*), et
que ce désir de voyager est inné chez
elles; soit qu'elles craignent les températures
excessives, puisqu'elles se rapprochent constamment des contrées septentrionales pendant
l'été et des méridionales pendant l'hyver;
ou, ce qui semble plus vraisemblable, qu'-
elles n'abandonnent successivement les différens pays que pour passer de ceux, où
les récoltes sont déjà faites, dans ceux où
elles sont encore à faire, et qu'elles ne
changent ainsi de demeure, que pour trouver toujours une nourriture convenable pour
elles et pour leur couvée.     Je dis que

---

(*a*) Les Cailles prennent leur volée plutôt de
nuit que de jour. *Belon, Natur. des Ois. p.* 265.
*Et hæc semper noctu,* dit Pline, en parlant des
volées de Cailles. C'est aussi dans le crépuscule
du matin ou du soir et dans les nuits éclai-
rées par la lune, que la plupart des oiseaux
de passage entreprennent leurs voyages.

cette dernière cause est la plus vraisemblable; car d'un côté, il est prouvé
par l'observation que les Cailles peuvent très-bien résister au froid, puisqu'il s'en trouve en Islande selon M.
Horrebow (b), et qu'on les a conservées
plusieurs années de suite, dans une chambre
sans feu, et qui même étoit tournée au
nord, sans que les hivers les plus rigoureux aient paru les incommoder, ni
même apporter le moindre changement à
leur manière de vivre: d'un autre côté,
il semble qu'une des choses qui les fixent
dans un pays, c'est l'abondance de l'herbe;
puisque, selon la remarque des chasseurs,
lorsque le printems est sec, et que par
conséquent l'herbe est moins abondante,
il y a aussi beaucoup moins de Cailles
le reste de l'année. D'ailleurs le besoin
actuel de nourriture est une cause plus
déterminante, plus analogue à l'instinct

_______________

(b) Voyez *Horrebow. Hist. génér. des Voy.*
*7. 5, p.* 203. Une assertion qui cependant mérite
d'être confirmée, et contre laquelle il s'oppose
des doutes.

borné de ces petits animaux, et suppose
en eux moins de cette prévoyance que
les philosophes accordent trop libéralement
aux bêtes. Lorsqu'ils ne trouvent point
de nourriture dans un pays, il est tout
simple qu'ils en aillent chercher dans un
autre ; ce besoin essentiel les avertit, les
presse, met en action toutes leurs facultés ; ils quittent une terre qui ne produit
plus rien pour eux ; ils s'élèvent en
l'air, vont à la découverte d'une contrée
moins dénuée, s'arrêtent là où ils trouvent
à vivre ; et l'habitude se joignant à
l'instinct qu'ont tous les animaux, et
surtout les animaux ailés, d'éventer de
loin leur nourriture, il n'est pas surprenant qu'il en résulte une affection, pour
ainsi dire innée, et que les mêmes Cailles reviennent tous les ans dans les mêmes endroits ; au lieu qu'il seroit dur
de supposer avec Aristote (c), que c'est
d'après une connoissance réfléchie des saisons qu'elles changent deux fois par an
de climat, pour trouver toujours la *m*

-----

(c) *Aristote*, *lib.* 8, *cap.* 12.

pérature qui leur convient, comme faisoient autrefois les rois de Perse. Il est encore plus dur de supposer avec Catesby (d), Bélon (e) et quelques autres, que lorsqu'elles changent de climat, elles passent, sans s'arrêter dans les lieux qui pourroient leur convenir en deçà de la ligne, pour aller chercher aux antipodes précisément le même degré de latitude, auquel elles étoient accoutumées de l'autre côté de l'Équateur; ce qui supposeroit des connoissances, ou plutôt des erreurs scientifiques, auxquelles l'instinct brut est beaucoup moins sujet que la raison cultivée (f).

L'époque de l'arrivée des Cailles varie suivant les contrées. C'est une erreur de croire avec Bélon, Aristote et autres, que cette arrivée a lieu à des époques fixes; leur départ tient aussi à des causes locales, et est souvent déterminé par une gelée précoce, dont l'effet est d'altérer la qualité

---

(d) Catesby, *Transact. Philosoph.* n°. 486, art. 6, p. 161.

(e) Belon, *Nature des Ois.* p. 265.

(f) Voyez, *Buffon article la Caille.*

des herbes et de faire disparoître les insectes; et si les gelées du mois de mai ne
les déterminent point à retourner vers le
sud, c'est une nouvelle preuve que ce
n'est point le froid qu'elles évitent, mais
que, dans ces émigrations, elles cherchent
de la nourriture, dont elles ne sont point
privées par les gelées du mois de mai.
C'est aussi le besoin de nourriture qui
détermine les émigrations de plusieurs espèces
d'oiseaux de passage de nos climats; tandisque les mêmes espèces, qui habitent sous
une température plus favorable à l'abondance non interrompue des substances qui
leur servent d'aliment, ne songent point
à quitter ces lieux, et y sont sédentaires
pendant toute l'année. Et c'est ici encore
une nouvelle preuve qui vient confirmer
l'opinion que j'ai émise à l'égard de la
prétendue espèce de *Perdrix de passage*
des auteurs (*f*), qui n'est rien moins qu'une
espèce distincte, comme je l'ai dit à l'article de la Perdrix grise d'Europe (*g*).

______

(*f*) *Tetrao damascenus* Linn. Gmel. *Perdix damascena.* Lath.

(*g*) *Voyez l'article cité p. 392, de ce volume.*

Le passage des Cailles qui changent de contrée étant prouvé, nous allons le confirmer encore par un grand nombre d'observations.

Bélon se trouvant, en automne, sur un navire qui passoit de Rhodes à Alexandrie, vit des Cailles qui alloient du septentrion au midi; plusieurs de ces Cailles ayant été prises par les gens de l'équipage, on trouva dans leur jabot des grains de froment bien entiers. Le printems précédent, le même observateur, passant de l'île de Zante dans la Morée, en avoit vu un grand nombre qui alloient du midi au septentrion; et il dit, qu'en Europe comme en Asie, les Cailles sont généralement oiseaux de passage.

Buffon dit que M. le commandeur Godeheu les a vu constamment passer à Malte, au mois de mai, par certains vents, et repasser au mois de septembre (*h*). Plusieurs chasseurs ont assuré à M. de Buffon, que, pendant les belles nuits du printems, ou les entend arriver, et que

_______________________

(*h*) Mémoires de Mathém. et de Physiq. Tom. 3, f. 91 et 92.

l'on distingue très bien leur cri, quoiqu'elles soient à une très grande hauteur;
ajoutez à cela, qu'on ne fait nulle part une
chasse aussi abondante de ce gibier, que
sur celles de nos côtes qui sont opposées
à celles d'Afrique ou d'Asie, est dans les îles
qui se trouvent entre-deux; selon Tournefort, presque toutes les îles de l'Archipel
en sont couvertes jusques aux écueils,
dans certaines saisons de l'année (*i*); et
plus d'une de ces îles en a pris le nom
d'*Ortygia* (*k*). Dès le siecle de Varron,

-------

(*i*) Tournefort *Voy. au Lev.* tom. 1, p. 169, 231,
313, *etc.*

(*k*) Buffon dit, que ce nom d'*Ortygia*, formé
du mot grec *Ortus*, qui signifie *Caille*, a été
donné aux deux Délos, selon Phanodemus dans
Athénée : on l'a encore appliqué à une autre
petite île vis-à-vis Syracuse, et même à la
ville d'Ephèse, selon Etienne de Byzance et
Eustache.

Tournefort, *Voy. au Lev.* v. 1, p. 334, dit,
qu'à Mycone on confit grand nombre de
Cailles au vinaigre. Les rochers de l'Archipel
méritent mieux le nom d'*Ortygia* que les deux
Délos.

l'on avoit remarqué qu'au tems de l'arrivée
et du départ des Cailles, on en voyait
une multitude prodigieuse dans les îles de
Pontia, Pandataria et autres qui avoisinent
la partie méridionale de l'Italie, où elles
faisoient apparemment une station pour se
reposer. Vers le commencement de l'automne, on en prend si grande quantité
dans l'île de Caprée, à l'entrée du golfe
de Naples, que le produit de cette chasse
faisoit autrefois le principal revenu de l'É-
vêque de l'île, appelé, par cette raison,
*l'Évêque des Cailles.* On en prend aussi
beaucoup dans les environs de Pessaro,
sur le golfe Adriatique, vers la fin du
printems qui est la saison de leur arrivée
(*f*) : enfin, il en tombe une quantité si
prodigieuse sur les côtes occidentales du
royaume de Naples, aux environs de Net-
tuno, que sur une étendue de côte de
quatre ou de cinq milles, on en prend quelquefois jusqu'à cent milliers dans un jour,
et qu'on les donne pour quinze jules le

---

(*f*) Aloysius Mundella, *apud Gesnerum*, p. 354.

cent (un peu moins de huit livres tour-
nois) à des espèces de courtiers, qui les
font passer à Rome, où elles sont beaucoup moins communes (m). Il en arrive
aussi des nuées au printems, sur les côtes
de Provence; elles sont si fatiguées, dit-on,
de la traversée, que les premiers jours
on les prend à la main. Leur passage
se fait en troupes extrêmement nombreuses, a l'île de Capri, autrefois Caprée,
célèbre par les sales voluptés de Tibère.
Près de Naples, ou prend annuellement de
douze à soixante mille Cailles; en une
année on en prit cent soixante mille (n).

---

(m) *Voyez* Gesner, *de Avibus*, *p.* 356, *et*
Aldrov. *Ornit.* v. 2, *p.* 164. Cette chasse est si
lucrative, que le terrain où elle se fait par les
habitans de Netthuns, est d'une cherté exorbitante.

(n) *Voyez Guide du Voy. en Ital. par Martyn*,
*traduct. Franç* 1791, *part.* 2, *p.* 61.

Les Cailles, qui passent en Chypre en grande
quantité, y ont un goût délicieux, suivant divers
voyageurs. *Hist. de Cyp. de Jérusal. d'Armén. etc.*
*Leyden*, 1747, *in* 4to, *p.* 69.

Il ne fut jamais mangé tant de Cailles à Ancone,
mais bien maigres. Montaigne, *Voy. Ital.* v. 2,
115.

Voici ce que dit M. Sonnini (o), témoin oculaire du passage de ces oiseaux et de leur séjour en Égypte.

„ Le passage des Cailles, sur les côtes
„ de l'Égypte, se fait en septembre; on
„ peut en prendre alors une grande quantité
„ le long de la mer, et sur-tout, sur
„ la petite île qui est à l'embouchure
„ de la branche du Nil qui va à Ro-
„ sette, et qu'on nomme *Tamith*. Quel-
„ ques-unes restent dans ce pays, n'a-
„ yant pu sans doute partir avec les
„ autres. J'en ai tiré le 9 de novembre
„ en chassant dans le Delta, et j'en
„ ai entendu le 4 janvier aux environs
„ de Dentchéll.

„ Elles arrivent en troupes nombreuses
„ sur le rivage: la petite île de Tamith
„ en est quelquefois couverte; mais le
„ passage n'est pas uniforme tous les
„ jours; il y en a, où l'on n'en voit
„ point. Les Égyptiens les prennent vi-
„ vantes au filet; car les Mahométans
„ ne mangent d'aucune bête qu'ils n'ayent

_______________

(o) *Voy. de Sonnini dans la haute et basse Egypte*, v. 1, p. 37, 95, 337, *et v.* 3. p. 263.

,, saignée; on en donne jusqu'à quatre
,, pour un medin. Les capitaines de
,, navires, qui sont très-économes, nour-
,, rissent leurs équipages avec des Cailles
,, dans les du tems passage; car c'est ce qui
,, est à meilleur marché. Des matelots se
,, sont même plaints de ce qu'on ne les
,, nourrissoit que de Cailles. Quoique
,, excessivement grasses, elles ne sont pas
,, aussi bonnes à manger qu'en Europe.
,, Les habitans de Santorin en font des
,, provisions, qu'ils conservent dans des
,, jarres, en les confisant dans du vinai-
,, gre. A Cérigo (ancienne Cythère) les
,, habitans les salent.

,, Souvent des troupes de Cailles tom-
,, bent en foule sur les batimens qui
,, naviguent dans le Levant; elles se lais-
, sent prendre à la main. (p). Le passage

---

(p) C'est ici le lieu de citer la description
chargée de merveilleux, que nous lisons dans Pline.

Les Cailles dit-il, volent par troupes, comme
les Grues, non sans danger pour les navigateurs
lorsqu'ils approchent des rivages; car souvent la
volée entière s'abbat sur les voiles, toujours

„ des Cailles à Malte est considérable;
„ elles n'y abordent qu'avec un vent fa-
„ vorable; souvent un rumb de vent
„ contraire les force de s'abattre dans
„ la mer, et il en périt beaucoup de
„ toute manière. Ce voyage leur est fa-
„ tal et il faut une nécessité bien pres-
„ sante pour les forcer à l'entreprendre."

A ce que Sonnini nous apprend dans les articles précités, on peut encore ajouter les observations suivantes.

---

pendant la nuit et submerge le vaisseau. Elles ont dans leurs voyages des stations réglées. Elles ne volent point par le vent du midi parcequ'il est humide et lourd. Cependant elles ont besoin que le vent les soutienne, à cause de leur pesanteur et de leur foiblesse. Aussi expriment elles la peine et l'effort par le cri qu'elles font entendre en volant. Elles voyagent donc surtout par un vent du nord, ayant à leur tête *l'Ortygomètre*, le roi des Cailles. L'épervier enlève la première qui arrive à terre. Quand elles repartent, elles sollicitent d'autres oiseaux pour les accompagner. Le Glottis, le Hibou, le Chychrame, cédant à leurs instances, partent avec elles. *Plin. Hist. nat. des anim. trad. franc. v. 2, Liv. 10. p. 262.*

M. le commandeur de Godeheu remarque dans les mémoires, présentés à l'Académie Royale des Sciences vol. 3, page 92, qu'au printems les Cailles n'abordent à Malte qu'avec le nord-ouest, qui leur est contraire, pour gagner la Provence, et qu'à leur retour, c'est le sud-est qui les amène dans cette île, parce qu'avec ce vent elles ne peuvent aborder en Barbarie.

Nous voyons, dit Buffon, que l'auteur de la Nature s'est servi de ce moyen, comme le plus conforme aux loix générales qu'il avoit établies, pour envoyer de nombreuses volées de Cailles aux Israélites dans le désert (q); et ce vent, qui étoit le sud-est, passoit en effet en Égypte, en Éthiopie, sur les côtes de la mer Rouge,

---

(q) Il excita dans les cieux le vent d'orient, et il amena par sa force le vent du midi. Et il fit pleuvoir sur eux de la chair comme la poussière, et des oiseaux volans, en une quantité pareille au sable de la mer, *drs* comme le sablon de la mer. *Pseaume*, LXXVIII: 26, 27.

et en un mot, dans les pays où les
Cailles sont en abondance(r).

Les navigateurs dans la Méditerannée
assurent, que quand les Cailles sont sur-
prises dans leur passage par le vent contraire, elles s'abattent ainsi que beaucoup
d'espèces d'oiseaux voyageurs, sur les
vergues et sur les cordages des vaisseaux
qui se trouvent à leur portée; ne pouvant
atteindre ce but elles tombent dans la
mer, et qu'alors on les voit flotter et
se débattre sur les vagues, une aile en
l'air, comme pour prendre le vent; d'où
quelques naturalistes ont pris occasion de
dire, qu'en partant elles se munissoient
d'un petit morceau de bois, qui pût leur
servir d'une espèce de point d'appui ou
de radeau, sur lequel elles se délassoient
de tems en tems, en voguant sur les

_____________

(r) Sinus Arabicus coturnicibus plurimum abundat,
*Flav. Joseph. lib.* 3, *cap.* 1.

Ces oiseaux sont nombreux aux environs de la
mer Rouge, et dans les lieux que les Israélites
traversèrent en émigrant d'Egypte en Palestine:
*Hasselqu. voyag. en Palest. p.* 279.

flots, de la fatigue de voguer dans l'air
(s): on leur a fait aussi porter de petites pierres dans le bec, selon Pline (t),
et Oppien. Il en est de ceci, comme
de quelques autres circonstances chargées
de merveilleux et indiquées par Pline; le
Râle de genêt de Buffon (u), (probablement
l'ortygometra de Pline) et d'autres oiseaux,
accompagnent quelquefois les volées de
Cailles, et une telle circonstance a suffi, pour
leur supposer un guide ou chef.

Quoique les Cailles changent de climat,

_______

(s) *Voyez* Aldrov. *Orn.* v. 2, p. 156.

(t) Si les Cailles se sentent arrêtées par un
souffle contraire elles enlèvent de petits cailloux,
et se remplissent le gésier de sable pour s'affermir contre le vent. Elles sont très avides de la
graine d'ellébore ; ce qui les a fait bannir des
tables. Une autre raison de cette répugnance
pour leur chair, c'est qu'elles sont sujettes
à l'épilepsie. *Voyez* Pline *traduct. Franc. Liv.* 10.
p. 265.

(u) *Gallinu'a crex, Lath. Ind.* v. 2, p. 765. Cette
espèce appartient plutôt dans le genre *Poule-d'eau*,
et point dans celui du *Râle.*

Il en reste toujours quelques-unes, soit qu'elles n'aient point la force de suivre les autres, ou que, provenant d'une couvée tardive, elles soient trop foibles et trop jeunes pour suivre les autres au tems du passage; il en reste aussi en Espagne dans le royaume de Naples dans les îles de la Méditérannée, où elles s'arrêtent à leur passage, dans l'Archipel, en Turquie, enfin partout dans les pays méridionaux, où l'hiver n'est presque jamais assez rude pour faire périr ou disparoître entièrement les insectes ou les graines qui leur servent de nourriture.

Telles sont les habitudes de la Caille vulgaire répandue dans nos climats; en Asie, où cette même espèce abonde, elle émigre dans les pays méridionaux mais parroit ne point passer les mers, puis-qu'on ne la trouve pas dans les îles de l'Archipel Indien. En Afrique, et particulièrement vers le Cap de Bonne Espérance (v), on en voit un grand nombre, qui

_________________

(v) On rencontre aussi des Perdrix de diverses espèces plus ou moins grosses, plus ou moins dé-

viennent des des contrées situées plus proches de l'équateur ; mais ce qui mérite
attention, c'est que les Cailes qui habitent l'île Roben, située en face de la baie,
y sont sédentaires pendant toute l'aannée
(w). M. Le Vaillant, qui rapporte ce fait,
en tire pour conclusion, que la Caille
d'Europe ne passe point les mers ; car,

———————————————————————————

lieuses que dans nos contrées ; mais la Caille et
la Bécassine ne diffèrent point de celles d'Europe.
On ne les voit là qu'à leur passage. *Le Vaillant*, 1 *Voy. en Afriq.* v. 1, p. 10.

(w) Les Cailles de l'île Roben et celles du Cap
n'offrent absolument qu'une seule et même espèce,
sans aucune différence qui puisse rendre mon assertion même douteuse : cependant la Caille du Cap
est un oiseau de passage ; ce fait est reconnu de
tout le monde ; et, quoiqu'il n'y ait que deux
lieues de l'île Roben à la terre ferme, il est
également constant, que jamais il n'y a d'émigra-
tion de ces oiseaux ; ils y sont toujours aussi
abondans en toutes saison. J'ajouterai encore, que
les Cailles d'Europe sont absolument de la même
espèce que celle-ci. *Le Vaillant*, 1 *Voy. en Afriq.*
v. 1, p. 46.

*h h* 2

dit ce naturaliste: „ Si les Cailles de l'île
„ de Roben n'osent franchir le petit
„ espace qui les sépare de la côte, bien
„ moins encore oseront-elles risquer un
„ trajet incomparablement plus considérable."
Mais nous venons de voir plus haut,
que ce voyage des Cailles, qui abandonnent en automne nos climats, et qui vont
en Afrique, s'effectue en passant d'une île
à l'autre, et en franchissant, par des vents
favorables, des bras de mers assez considérables. J'attribue plutôt le séjour non
interrompu des Cailles dans l'île Roben à des
causes locales, que nous voyons influer
également sur celles qui vivent en Europe,
dans les contrées où un manque d'insectes
ou de graines ne les oblige point à
quitter des lieux qui leur fournissent une
nourriture abondante, et dont la température est moins variable. En résumé, cette
différence dans les habitudes de la Caille
et de tant d'autres espèces d'oiseaux voyageurs, dont je ne puis parler ici, nous
indique d'une manière assez claire, que
les disconvenances dans la manière de vivre

des animaux ne doivent point servir de
motifs pour déterminer le naturaliste à
séparer ou à réunir des espèces, que la
Nature à placées dans des positions contraires.

La Caille vulgaire vole avec célérité,
mais elle se lève difficilement, et seulement
lorsqu'on la poursuit; elle file droit, à une
petite élévation de terre et ses remises sont
fréquentes; en tous tems elle court plus
qu'elle ne vole. Vers le tems de l'accou-
p'ement les mâles ont un chant ou un cri
d'appel, qui peut se peindre par les mots
*warra*, *warra* suivis de *Pickwerwick* (x);
ce dernier, qu'ils repètent plusieurs fois
de suite, est un son qu'ils articulent ayant
le cou tendu, les yeux fermés, et avec
un mouvement de tête d'arrière en avant.
Au commencement du printems les jeunes
de l'année précédente articulent d'abord
indistinctement la seconde syllabe, mais plus
tard, ils l'articulent distinctement et à

---

(x) C'et d'après ces cris que M. Meyer à imposé
à cette espèce de Caille le nom de *Coturnix
dactylisonans*.

*h h* 3

plusieurs reprises; ordinairement de trois jusqu'à cinq fois; souvent de quatre à six fois; plus rarement de six à huit fois, et c'est un cas extraordinaire que quelques individus repètent ce cri jusqu'à dix et douze fois de suite: plus il est clair et sonore, plus on fait cas de ces individus que les oiseleurs vendent fort chers. La femelle articule des sons différens pour rappeler sa couvée (y).

Le passage des Cailles, comme je l'ai dit plus haut, a toujours lieu dans les nuits claires ou au crépuscule. Elles vivent dans les différents climats de l'Europe, suivant la température qui y règne, le plus habituellement nous les voyons dans nos champs au commencement du mois de mai, et rarement plus tard que les derniers jours d'avril; leur départ est limité, entre les derniers jours de septembre et les premiers jours d'octobre.

Le mâle est très lascif; on a vu un mâle, dit Buffon, réitérer dans un jour jusqu'à douze fois ses approches avec

---

(y) Bechstein, *Naturg. Deutschl.* v. 3, p. 1408.

plusieurs femelles indistinctement; Bechstein
semble ne point croire à la polygamie
de cet oiseau, mais je crois qu'il a tort.
La femelle ne fait qu'une couvée dans
nos climats, mais il est probable qu'elle
en fait deux dans les pays plus méridi-
oneaux, comme nous le voyons dans le
plus grand nombre des espèces d'oiseaux
qui habitent des climats différents: elle
pond assez tard vers la fin de juillet
et dépose dans un petit trou, entouré
de quelques brins d'herbe, depuis huit
jusqu'à quatorze œufs, dont le fond de la
couleur est d'un jaune verdâtre, ou olivâtre,
toujours couvert d'un grand nombre de
taches d'un brun foncé; ces taches sont
ou très grandes, ou très petites et souvent comme des grains de sable; la
forme de l'œuf est obtuse, courte, mais
grosse. La femelle couve trois semaines;
les jeunes courent au sortir de l'œuf;
elle continue à leur prodiguer des soins
pendant quelque tems et à l'âge de
huit jours ils peuvent être nourris en
cage. Il ne faut au cailletaux que trois

mois et demi pour prendre leur accrois-
sement et se trouver en état de suivre
leurs pères et mères dans les voyages.
Le mâle abandonne les femelles aussitôt
qu'elles se mettent à couver et ne prend
aucun intérêt à la couvée, on peut con-
séquamment, sans faire tort à la jeune
famille, tendre des appeaux et des filets
aux mâles dans les derniers jours de
Juillet et au commencement du mois d'août;
la même chasse, faite à cette époque de
l'année aux Perdrix, détruirait des couvées
entières. M. Bechstein dit, que les jeunes
ne muent point en automne dans nos
climats, mais qu'ils partent pour le voyage
avec la livrée du jeun âge. Il est certain que la Caille mue deux fois par an,
les vieux au mois d'août avant de quitter
nos climats; au printems les jeunes
et les vieux muent une seconde-fois avant
d'entreprendre le voyage, qui les ramène
dans nos contrées. Les mâles dans la
première année ne diffèrent point des
femelles, et c'est seulement à la mue
d'automne, qu'on peut les distinguer

par les couleurs dont il sera fait mention plus bas. Leur nourriture consiste en toutes sortes de semences, de graines, et de jeunes pousses des herbes; les insectes et les œufs de fourmis des prés leur sont encore plus nécessaires qu'aux Perdrix. La manière de chasser cet oiseau s'exécute de différentes manières, mais le plus habituellement au fusil avec le chien d'arrêt. La manière de construire les appeaux et les filets, et la méthode pour s'en servir, se trouvent dans le précieux recueil des recherches en histoire naturelle, publiées dans la deuxième édition des œuvres de M. Bechstein sur les oiseaux de l'Allemagne.

Le caractère querelleur des Cailles a aussi servi pour les faire battre en public, comme les Coqs; ces espèces de joutes étoient, suivant Buffon, très usitées du tems des anciens; Solon vouloit même que les enfans et les jeunes gens vissent ces sortes de combats pour y prendre des leçons de courage; et il falloit bien que cette sorte de gymnastique, qui nous semble puérile, fût en honneur parmi les Romains, et qu'elle tînt à leur politique, puisque nous voyons qu'Auguste punit de mort un préfet d'Égypte, pour avoir acheté et fait servir sur sa table un de ces oiseaux, qui avoit acquis de la célébrité par ses victoires (z). J'aurai occasion de parler plus au long de ces combats de Cailles, de Turnix et même de différentes espèces d'insectes, qui ont lieu dans quelques pays de l'Asie, lorsque je décrirai l'espèce de Turnix, désigné sous le nom de *combattant*.

La Caille vulgaire mesure en totalité de sept pouces trois lignes, jusqu'à six lignes et quelquefois d'avantage, suivant les lieux qu'elle habite; le bec est long de sept lignes, et haut à sa base de trois lignes; le tarse mesure un pouce; le doigt du milieu avec l'ongle porte la même longueur; dans le mâle âgé d'un an, et après sa seconde mue, les plumes de la tête sont d'un brun foncé avec des bords roussâtres; au-dessus des yeux est une bande d'un blanc-jaunâtre qui se dirige de chaque côté sur la nuque, où elle

_______________

(z) Buffon à l'article de la Caille d'Europe.

s'élargit; une semblable bande, mais moins large, passe au-milieu du crâne, et aboutit à l'occiput; les tempes sont d'un roux brun; sur la gorge, qui est d'un roux foncé se dessine immédiatement en dessous du bec un espace noirâtre, plus ou moins foncé suivant l'âge, la gorge est entourée de deux bandes demi-circulaires, d'un brun-marron; la première part de la base du bec, mais la seconde de l'orifice des oreilles; les plumes qui couvrent la partie supérieure du cou, le dos, le croupion et les scapulaires ont chacune dans leur milieu une bande longitudinale jaunâtre, qui s'étend sur toute la longueur de la baguette; le reste de ces plumes est varié ou rayé transversalement de noir, de roux et de gris; les couvertures des ailes sont d'un gris-roux avec de petites bandes transversales, jaunâtres et roussâtres, et chaque plume a dans son milieu une petite ligne longitudinale, jaunâtre, et très étroite; les rémiges sont d'un brun cendré, coupé sur les barbes extérieures par de petits zigzags roux; les plumes de

la partie inférieure du devant de cou et celles de la poitrine sont d'un roux très clair,
avec une bande longitudinale, disposée sur le
haut de la plume; tout le reste des parties
inférieures est d'un blanc jaunâtre, à
l'exception des plumes des flancs, qui ont
une bande longitudinale, blanche dans leur
milieu et d'un roux marron avec quelques
taches noirâtres sur les côtés des deux
barbes. En été, le bec est de couleur de
corne noirâtre, mais en hiver il est cendré;
l'iris est d'un brun olivâtre; les pieds ainsi
que les ongles sont de couleur livide.

La femelle se distingue du mâle adulte,
par la gorge qui est blanchâtre sans aucune tache; par les couleurs du dos
qui sont plus foncées; par les plumes de la
partie inférieure du cou et par celles de la
poitrine qui portent de petites taches noires et
paroissent grivelées; enfin par les plumes des
flancs, dont les bords sont d'un jaunâtre clair,
mais avec quelques grandes taches noirâtres.
Elle, a comme dans le mâle, les trois bandes
jaunâtres sur le haut de la tête; et à la base
du bec; vers l'orifice des oreilles se dis-

tinguent deux petites bandes brunes, mais qui ne se prolongent point autour de la gorge comme chez le mâle.

A la première année, les mâles ne diffèrent point des femelles, et ce n'est qu'après la seconde mue d'automne, qu'on distingue les premiers par le brun de la gorge, et par le noir plus ou moins profond qui se trouve immédiatement au-dessous du bec; ce n'est qu'à la troisième mue, que les petites taches disparoissent totalement sur les plumes du cou et sur celles de la poitrine, et c'est alors que la gorge devient d'un brun noirâtre.

La Caille vulgaire est répandue dans toutes les contrées du midi et du centre de l'Europe; vers le nord, on ne la voit point pousser ses voyages jusques en Lapponie, ni du côté de l'Asie jusques en Sibérie dont elle ne visite que la partie la moins froide; elle est également répandue dans la plus grande partie de l'Asie; en Chine elle est très abondante, mais elle ne passe point la chaîne de hautes montagnes, qui séparent l'Inde du reste de cette vaste partie du monde ; on ne la trouve non plus, dans les îles de l'océan Indien. En Afrique l'espèce est très nombreuse, mais il est certain qu'elle n'est point répandue en Amérique, puisqu'elle ne peut traverser, d'un seul vol, des espaces de mers aussi considérables, et qui ne lui fourniraient point, comme dans le trajet d'Europe en Afrique par la mer Méditérannée, des îles, pour servir de lieux de repos : elle n'a pu passer, dans le nouveau continent, en franchissant les glaces du pôle, par-ce-qu'elle ne pousse point ses voyages jusque dans les contrées du globe couvertes de glaces éternelles. Les Cailles d'Amérique, ainsi nommées par les auteurs, sont toutes du genre de la Perdrix ; ces prétendues Cailles d'Amérique appartiennent dans la troisième division de ce genre avec tous les autres Colins.

Comme une variété, produite par la localité et par une nourriture surabondante, on peut énumérer le *Chrokiel ou la grande Caille de Pologne* indiquée par le jésuite

Rhazynski ; celle-ci ne diffère de la Caille vulgaire que par la grandeur. Jobson dit aussi, que les Cailles de la Gambra sont aussi grosses que nos Bécasses ; mais il est à présumer que cette Caille du Sénégal est d'espèce différente.

La Caille varie aussi accidentellement; dans ce cas on voit des individus d'un blanc pur sur toutes les parties du corps; d'autres sont variés de quelques plumes blanches, ou bien l'une on l'autre partie du corps est blanc, ou d'un jaune blanchâtre.

# CAILLE NATTÉE.

Coturnix textilis, *Alb.*

MODELÉE sur les formes de notre Caille vulgaire, l'espèce distincte de cet article est toujours d'une taille inférieure, mais son bec est plus gros et plus fort que celui de cet oiseau; son plumage, paroît encore au premier coup d'œil le même, cependant, il est bien plus maculé de raies et de taches foncées, et les parties inférieures ne portent point une couleur uniforme, mais la livrée du mâle comme celle de la femelle, imite assez bien un tissu natté de couleurs noires, blanches et rousses; une large bande noire, longitudinale, qui s'étend au milieu de la poitrine, jusques sur le ventre, distingue encore cette espèce de la Caille vulgaire.

La longueur totale est de six pouces; le bec est long de six lignes et haut à sa base de quatre lignes; le tarse mesure onze lignes, et le doigt du milieu avec l'ongle porte la même longueur.

Le mâle se distingue, en ce que sur la gorge il se dessine dans un espace d'un blanc pur, une bande noire de forme triangulaire; des angles latéraux de cette bande s'étend de chaque côté une étroite raie demi-circulaire qui se termine à l'orifice des oreilles; sur le devant du cou est une large bande longitudinale noire, qui s'étend jusques sur la poitrine; les plumes de cette partie, de même que celles de toutes les autres parties inférieures sont blanchâtres; au milieu de chaque plume est une bande longitudinale d'un noir profond; cette bande est bordée, de chaque côté, par un trait longitudinal qui est blanc; les bandes sur-cillaires, et celle qui passe sur le milieu du crâne sont absolument semblables à celles de la Caille vulgaire; les plumes du cou, du dos, des scapulaires et du crou-pion ont dans leur milieu une large tache lancéolée d'un blanc roussâtre, bordée de noir; le reste de chaque plume a sur un

sond brun-cendré, de grandes taches noires
coupées par des bandes rousses fort étroites ; les couvertures des ailes sont cendrées et coupées par des bandes jaunâtres
bordées de noir ; les pennes secondaires et
les rémiges sont cendrées.

La femelle diffère du mâle, en ce que
la gorge est d'une seule couleur de roux
clair, ou de blanchâtre terminé par une
raie noire ; elle a comme le mâle la bande
noire, qui est inégale dans sa largeur, et qui
se prolonge depuis le milieu du cou jusque
sur le ventre ; les parties supérieures sont
aussi colorées des mêmes teintes ; mais les
parties inférieures diffèrent, en ce qu'elles
sont d'un blanc roussâtre, qui est irréguliére-
ment marqué de points et de taches noires.
Le bec est brun et les pieds sont jaunâtres.

La Caille nattée paroît de la même
espèce que celle indiquée par Sonnerat,
sous le nom de *petite Caille de Gingi*, et
par Sonnini, sous celui de *Caille de la côte
de Coromandel* (a) ; il semble par les de-

______

(a) Perdix coromandelica. *Lath. Ind.* p. 654.
sp. 28.

scriptions de ces auteurs, que la tache noire
et triangulaire que le mâle adulte porte sur
la gorge, n'existe point chez les jeunes.

On trouve l'espèce sur le continent de
l'Inde. Les individus qui font partie de
mon cabinet m'ont été envoyés du Bengale
le Muséum de Paris possède aussi un mâle
et une femelle, qui viennent de ce pays.

# CAILLE FRAISE.

Coturnix excalfactoria. *Mihi.*

J'ai dit à l'article de la Caille vulgaire, que les Chinois de la partie septentrionale de ce vaste empire, font encore usage d'une seconde espèce pour se chauffer les mains en hiver, le bois étant fort rare chez eux. En effet, ces peuples nourrissent une multitude de ces petits oiseaux, qu'ils tiennent dans des cages, et les portent vivans pour se tenir les mains chaudes, ce qui fait supposer dans ces animaux une chaleur naturelle très forte. Les Chinois se servent encore des Cailles fraises pour faire battre les mâles les uns contre les autres, et ils font à cette occasion des gageures considérables. Je parlerai plus au long de ces combats, en usage dans l'Inde, à l'article du *Turnix combattant.*

Il paroît que cette petite Caille, dont la longueur totale n'excède pas quatre pouces, opère aussi des voyages réguliers et pério-

diques, même, qu'elle traverse des bras
de mer; car on ne la trouve pas uniquement sur le continent en Chine, mais
elle visite aussi les nombreuses îles répandues dans l'océan Indien, puisqu'on la voit
aux Philippines, à Timor et probablement
aussi dans quelques autres îles des Moluques;
on ne sait point si elle visite aussi les
îles de la Sonde où elle peut se rendre
par la presqu'île de Malaca, en traversant
le détroit de ce nom pour arriver à l'île
de Sumatra, d'où elle peut se répandre plus
surement d'une île à l'autre, jusques aux
Philippines; car il s'oppose des difficultés
pour croire, que ces petits animaux puissent franchir, d'un seul vol, l'espace de mer
qui sépare les Philippines du continent.

Comme le mâle et la femelle de cette
jolie espèce diffèrent assez par les couleurs
du plumage, il n'en a pas fallu davantage
aux méthodistes pour en former deux espèces
distinctes, et c'est ce qui a eu lieu; le
mâle sous la dénomination de Fraise ou
petite Caille de la Chine (a) a été très

_______________

(a) Courturnix philippensis *Briss. Orn.* v. 1. p. 254.
erdix chinensis. *Lath. Ind.* v. 2, p. 52, sp. 29.

exactement figuré par Buffon et par Edwards; nous voyons la femelle décrite
et figurée dans le voyage de Sonnerat à
la Chine et à la Nouvelle Guinée, sous
le nom de petite Caille de Manille (*b*),
et reproduite dans tous les livres d'histoire
naturelle, comme espèce distincte du mâle.
L'un et l'autre sont cependant très bien
caractérisés par le manque de queue,
remplacée par les longues plumes du croupion, qui recouvrent cette partie.

La longueur totale est de quatre pouces;
le bec à cinq lignes, le tarse neuf lignes, le doigt du milieu avec l'ongle
en a huit. Le mâle adulte ou vieux, a
sur la gorge un grand espace triangulaire,
d'un noir profond; depuis la racine du
bec s'étend une large moustache blanche,
bordée tout à l'entour de noir; un hausse-
col, d'un blanc pur, se dessine en-dessous
du noir de la gorge; les bords latéraux
de ce hausse-col remontent jusques à l'orifice des oreilles, il est entouré par une

______

(*b*) Perdix manillensis, *Lath. Ind.* r. 2, p. 655,
sp. 42.

petite bande noire, qui semble en faire le
liséré; le front, une bande au-dessus des
yeux, la poitrine et les flancs sont d'un bleu
de plomb, seulement marqué sur quelques
plumes des flancs par de petites bandes noires:
le milieu du ventre, les cuisses et l'abdomen
sont d'un roux marron; toutes les parties
supérieures ainsi que les longues plumes
qui recouvrent le croupion, sont d'un
brun cendré varié de grandes et de petites
taches noires, et de bandes de cette
couleur; le plus grand nombre de ces
plumes a les baguettes blanches; les
ailes sont d'un cendré brun, mais les
plus grandes couvertures ont du bleu
couleur de plomb vers leur extrémité, et
elles sont bordées et terminées de marron:
le bec est noir; les pieds et les ongles
sont jaunâtres.

La femelle adulte à toute la gorge et le
milieu du ventre d'un blanc pur; les
joues, le front et une large bande au-dessus des yeux d'un roux clair; les plumes
de la tête noirâtres, terminées de cendré;
une étroite bande longitudinale s'étend sur

le milieu du crâne ; les plumes du dos
et celles qui recouvrent le croupion, sont
rousses avec des taches noires et des traits
longitudinaux d'un blanc roussâtre ; les
scapulaires et les couvertures des ailes
sont d'un brun cendré, marqué de zigzags
noirs très déliés et de quelques grandes taches
noires disposées sur les barbes intérieures ; la
poitrine les côtés du ventre, les cuisses et
l'abodmen sont d'un cendré clair rayé transversalement de bandes noires ; les plumes
des flancs ont une légère teinte roussâtre ;
les ailes sont d'un cendré brun ; le bec
est brun et les pieds sont comme dans
le mâle.

Plus les femelles sont vieilles, plus les
couleurs du plumage sont claires, le contraire a lieu chez les mâles ; ceux-ci, dans
la première année, ressemblent aux femelles,
mais on distingue les jeunes mâles dès leur
première mue, par les couleurs plus sombres,
par un plus grand nombre de taches noires
sur les parties supérieures et par la couleur
plus foncée du bec : on voit des mâles, à
l'époque de leur seconde mue, qui portent
encore quelques plumes du jeun-âge.

Plus de vingt individus, de tout âge et des deux sexes, m'ont été adressés de Batavia dans une collection d'oiseaux, faite aux Moluques et aux Philippines; ce grand nombre d'individus, m'a servi de comparaison dans la description que je viens de tracer. Les naturalistes, qui accompagnèrent le capitaine Baudin dans son expédition autour du Monde, disent avoir trouvé cette espèce à l'île de Timor, l'une des Moluques; Sonnerat l'a vue à Manille dans l'île de Luçon; à la Chine l'espèce est également très abondante.

Les indications suivantes ont rapport à des espèces de Cailles, que je n'ai point eu occasion de voir en nature.

## CAILLE À GORGE BLANCHE.

coturnix torquata. *Maud.*

Mauduit fait mention de cette espèce, en ces termes. Elle a le sommet de la tête noirâtre; les joues d'un noir foncé, qui s'étend sur les côtés et sur le devant du cou, et forme un cadre autour de la

gorge, dont la couleur est d'un blanc pur
et éclatant: une bandelette blanche prend
son origine à la base de la mandibule
supérieure, passe au-dessus des yeux, et
se prolonge en arrière presque jusqu'à l'extrémité du cou: le derrière de la tête
est brun; le haut du cou noirâtre, rayé
longitudinalement de blanc-sale; le dos
est d'un brun ondé transversalement de noir;
le ventre jaunâtre parsemé pareillement de
petites lignes posées en zigzags; le croupion
et les couvertures supérieures de la queue
sont d'un gris varié de brun; celles de
l'aile sont brunâtres: les plumes scapulaires
et les petites pennes des ailes ont du brun
mêlé de gris du côté extérieur, varié de
roussâtre intérieurement, et coupé de noir
dans le centre; il y a sur les flancs de
larges bandes longitudinales, brunes, bordées
extérieurement de points blancs environnés
de noir; les rémiges sont brunâtres, et
les pennes de la queue sont cendrées. On
ignore la patrie de cet oiseau.

## CAILLE BRUNE.

*Curturnixg risea. Mihi.*

Cette espèce est la *Caille brune de Madagascar*, décrite par Sonnerat en ces termes. Elle est de la grosseur de la Caille d'Europe; le dessus de la tête, le haut du cou en arrière sont converts de plumes noires et de plumes rousses; les noires sont en plus grand nombre. La gorge est d'un gris terreux clair: les plumes du bas du cou, de la poitrine et du ventre, sont de la même couleur, et elles ont deux bandes noires circonscrites qui suivent le coutour de la plume: les plumes du dos, du croupion, de la queue, les petites des ailes et les moins longues des grandes sont aussi d'un gris terreux clair, coupées par des bandes transversales qui sont noires; les plus grandes plumes des ailes sont brunes; l'iris est jaune; le bec et les pieds sont noirs. Elle habite à l'île de Madagascar.

## CAILLE DE NOUVELLE GUINÉE.

Coturnix novæ Guineæ.    *Mihi,*

Espèce ainsi nommé, par Sonnerat d'a-
près le pays où il en fit la découverte,
et qu'il décrit en ces termes. Elle est
d'un tiers moins grosse que celle d'Europe ; tout son plumage est brun, mais
plus foncé sur le dos et les ailes que
sous le ventre et à la tête; les petites
plumes des ailes sont entourées d'un re-
bord jaune, terni et obscur; l'iris et les
pieds sont de couleur grisâtre. La planche 105 de l'ouvrage cité, représente cet
oiseau.

Je termine l'article du genre Caille par
la remarque; que tous les *Colins* ou
prétendues *Cailles d'Amérique* doivent être
éloignées de ce genre, et placées avec les
Perdrix, dont ils forment la troisième
division. Les *Tridactyles* ou *Turnix* doivent également être éloignés du genre
*Caille* et former un genre isolé. La *Caille* de

*Bontius*, que Buffon nomme *reveil-matin* (a)
est une espece trop succinctement indiquée,
pour la placer comme reellement distincte dans
un système; je l'exclus de la liste méthodique,
en attendant que des découvertes nouvelles
fassent mieux connoître cet oiseau.

---

(a) Perdix Suscitator. *Lath. Ind. v.* 2, *p.* 654.

# GENRE CRYPTONIX.

## CARACTÈRES ESSENTIELS.

*Bec* fort, gros, comprimé; mandibules d'égale longueur; la supérieure droite, courbée vers la pointe. *Narines* latérales, longitudinalement fendues vers le milieu du bec, couvertes en dessus par une membrane nue. *Pieds*, à tarses longs; trois doigts devant, réunis à leur base par des membranes; le doigt de derrière sans ongle. *Ailes* courtes, les 3 rémiges extérieures les moins longues, la 1e très courte, la 4, 5 et 6e les plus longues.

# CRYPTONIX COURONNÉ.

Cryptonix coronatus. *Mihi.*

J'AI dit dans le discours sur le genre Tétras (*a*), que le Rouloul de l'Encyclopédie étoit aussi du nombre des oiseaux rangés par Gmelin, dans l'édition treizième des œuvres de Linné, dans son genre *Tétrao*, par Latham dans son genre *Perdix*, et

(*a*) Voyez à la page 110 de ce volume.

qu'a l'exam'iner avec attention il ne peut occuper une place dans aucune des divisions établies dans les systèmes. La forme du bec et des narines des Cryptonix distingue ceux-ci, au premier coup d'œil, des oiseaux compris dans le genre des Perdrix, tandis que le manque de l'ongle au doigt postérieur est un caractère, qu'on ne trouve dans aucun genre d'oiseaux; il est même probable, que ce manque d'ongle à paru aux yeux de certains naturalistes, comme une difformité individuelle, puisque Sparman et Latham, qui donnent des figures, sous tous les autres rapports assez exactes du mâle de l'espèce de cet article, le représentent, portant un ongle au doigt postérieur: cependant, je puis assurer, que ce manque d'ongle n'est point accidentel dans les oiseaux de ce genre, puisque sur plus de vingt individus qui m'ont été envoyés de Batavia, je n'ai vu dans aucun sujet, des deux sexes, le moindre indice d'une substance cornée au doigt postérieur.

Sonnerat est le premier qui ait fait

connoître ce singulier Gallinacé; Indécis
sur la place que l'espèce doit occuper,
il établit des rapprochemens entre le Faisan et le Ramier d'Europe, et cette circonstance semble avoir déterminé Sparman
à en faire un Faisan, sous le nom de
*Phasianus cristatus* (*b*); Latham et Gmelin
par contre, se sont avisés d'en faire un
Pigeon, sous le nom de *Columba cristata* (*c*);
ces derniers, font ensuite de la femelle
une véritable Perdrix, sous le nom de
*Perdrix viridis* (*d*), et finalement, nous
voyons l'auteur Anglois réunir toutes
ces indications dans le supplément à l'Index,
sous la dénomination de *Perdix coronata*.
Quand à moi, j'ai cru devoir faire de ces
oiseaux un genre distinct, également différent
de celui du Pigeon, du Faisan et de la
Perdrix, ainsi que les caractères essentiels
le donnent assez à connoître.

---

(*b*) Sparman, *Muséum, Carls. fasc.* 3, t. 64.

(*c*) Gmel. *Syst. natur.* 1, p. 774. *et Lath. Ind.
Orn.* v. 2, p 596,

(*d*) Tetrao viridis. *Gmel. p.* 761.

Le Cryptonix couronné se distingue de l'espèce suivante par sa taille plus forte, par la nudité très considérable dans laquelle les yeux sont placés, et qui forme autour de l'orbite une membrane proéminente, dont le bord est profondément échancré; les deux sexes portent encore sur la base du bec cinq ou six crins, qui se courbent en quart de cercle.

La longueur totale du mâle adulte est de dix pouces; le bec mesure neuf lignes; sa hauteur, à la base, est de cinq lignes; le tarse porte un pouce huit lignes, il est dépourvu d'ergot et de tubercule calleux; le doigt du milieu avec l'ongle mesure un pouce quatre lignes, et le moignon ou doigt de derrière a cinq lignes.

Ontre que le mâle diffère beaucoup de la femelle par les couleurs du plumage, il s'en distingue encore par cette belle touffe de longues plumes, à barbes décomposées, qui ceint l'occiput en forme de diadème, et que l'oiseau porte toujours à moitié redressé. Le front est noir; de

la base du bec s'élèvent six crins, dont
les plus longs mesurent un pouce quatre
ou cinq lignes; ces crins, assez épais, sont
courbés en arrière; ils forment une huppe
que l'oiseau peut relever ou abaisser à
volonté; l'espace entre ces crins et le
diadème est d'un blanc pur; les plumes
qui forment le diadème, sont d'un rouge
mordoré, longues d'un pouce neuf lignes,
et disposées en demi cercle autour de
l'occiput; le tour des yeux ainsi qu'un
grand espace derrière est nud, d'un rouge
clair, et ce rouge paroît également dans
les interstices, que laissent les petites plumes clair semées, disposées sur les côtés
de la tête et à l'entour du bec; un cercle proéminent, de couleur rose et garni
d'échancrures, entoure l'orbite des yeux
et s'élève un peu au-dessus; les joues,
la nuque, les scapulaires et toutes les
parties inférieures du plumage sont d'un
noir à reflets brillants de couleur violet;
le dos, le croupion et les plumes qui
recouvrent une grande partie de la queue,
sont d'un vert très-foncé, les pennes de

la queue sont noires ; toutes les couvertures des ailes et les pennes secondaires
sont d'un brun rougeâtre très-foncé ; sur
les plus petites couvertures règnent des
reflets violets ; les rémiges sont d'un brun
foncé sur leurs barbes intérieures ; mais
les barbes extérieures sont rousses et marquées de petits zigzags noirs. La mandibule supérieure du bec est presque entièrement noire ; l'inférieure ne l'est qu'à la
pointe ; le reste ainsi que la base de la
mandibule supérieure est rouge ; les pieds
sont d'un rouge jaunâtre ; les ongles sont
bruns et l'iris d'un rouge vif.

La femelle, toujours un peu moins grande
que le mâle, en diffère assez par les couleurs du plumage ; cette différence est
vraisemblablement la cause que Latham
décrit la femelle comme une espèce distincte,
sous le nom de *green partridge*.

Elle porte, comme le mâle, les six
crins arqués sur la base du bec, mais
point de diadème sur l'occiput ; la nudité
qui entoure les yeux a la même forme que
chez le mâle. Tout le haut de la tête,

les joues, la nuque et la gorge sont couverts de petites plumes très courtes et cotonneuses; elles sont d'un brun cendré, mais avec une légère nuance violette; le cou, la poitrine, les flancs, tout le dos et les couvertures supérieures de la queue sont d'un beau vert céladon; le ventre et l'abdomen sont d'un vert cendré, et les pennes de la queue sont d'un noir verdâtre; les scapulaires et toutes les couvertures des ailes sont d'un beau roux marron; les pennes secondaires sont brunes; les rémiges sont de couleur plus claire que chez le mâle.

Le Cryptonix couronné vit dans les grandes forêts, sans jamais se montrer dans les plaines; c'est un oiseau très méfiant et farouche, qui ne peut résister à la captivité; le cri d'appel du mâle est un petit gloussement, plus sonore que celui de la Perdrix grise.

Ces oiseaux habitent dans les forêts de la presqu'île de Malacca; ils sont très abondants dans cette partie de l'île de Sumatra, qui est séparée de la terre ferme par le

détroit de Malacca; ils sont assez communs
dans le district de Palanbang; on ne les
trouve point dans l'île de Java. Plusieurs individus m'ont été envoyés de
Batavia, où on en voit quelquefois de
vivants dans les ménageries.

# CRYPTONIX ROUX.

*Cryptonix rufus.* Mihi.

CETTE petite espèce, qui se distingue aussi par le manque d'ongle au doigt postérieur, a été indiquée plutôt que décrite par Latham, sous le nom de *Cambaian partridge*; nous ne connoissons aucune particularité relative à sa manière de vivre.

Le Cryptonix roux porte en longueur totale à peu près six pouces de mesure anglaise, ce qui fait cinq pouces six lignes mesure de Paris, qui est celle dont je me suis servi pour indiquer les dimensions de toutes les espèces décrites dans cet ouvrage. Le bec de notre oiseau est court, fort et plus haut que large; les pieds sont pourvus d'un petit tubercule calleux.

Un roux jaunâtre forme la couleur de la presque totalité du plumage; sur les parties supérieures ce roux est assez foncé et coupé transversalement par de fines raies en zigzags d'un brun roussâtre; les pennes de la queue et les rémiges sont également variées de zigzags bruns; mais les deux rangées de couvertures des ailes sont terminées par du roux jaunâtre uniforme, ce qui produit deux larges bandes transversales sur chaque aile; les joues, les côtés et le devant du cou, la poitrine et le ventre sont d'un roux jaunâtre très clair, mais chaque plume est terminée par une teinte plus foncée; la base du bec est jaunâtre; mais la pointe est brune; les pieds sont jaunes.

Cette description est prise sur un mâle de l'espèce; la femelle n'est point encore connue.

Ce petit Gallinacé vit dans l'Inde; l'espèce a été trouvée dans la partie de cette vaste portion de l'Asie, qui forme le royaume de Guzurat. Le seul individu que j'ai vu et d'après lequel j'ai fait faire le dessin pour l'édition en grand format de cet ouvrage, se trouvé à Londres; il est déposé dans le Museum Brittannique.

# DISCOURS

## SUR LE

## GENRE TINAMOU.

Sɪ les oiseaux de l'Ancien continent et ceux de la partie septentrionale du Nouveau monde, qui composent le genre de la Perdrix, sont exposés aux poursuites d'une multitude d'ennemis; ceux de la partie méridionale de l'Amérique, compris dans le genre qui fait le sujet de cet article, sont encore plus que les premiers en but aux attaques d'animaux qui cherchent à en faire leur proie. Une multitude d'espèces différentes d'oiseaux de rapine, attirées par l'abondance du gibier; les troupes affamées des jaguars et autres mammifères carnassiers; le nombre considérable de reptiles qui se propagent dans ces chaudes contrées; plusieurs espèces d'insectes vénimeux dont le sol est couvert; les fourmis marchant en essaims

nombreux et en colonnes pressées, tout
enfin concourt à la destruction d'un genre
d'oiseaux, dépourvu de défense et souvent
incapable par son vol lourd et peu soutenu de se dérober à la poursuite de
ses adversaires: point de tranquilité pour
eux sur la surface de la terre où ils
se trouvent enveloppés par leurs persécuteurs; point de réfuge assuré dans les
airs, où les véloces oiseaux de proie,
dont les espèces sont très nombreuses
dans ces contrées, fondent dessus avec
la rapidité de l'éclair; aucun espoir d'échapper dans l'épaisseur des humides forêts,
où l'animal carnassier et les serpens ont
établi leur repaire.

L'instinct a enseigné aux Tinamous des
bois un moyen plus sur de se soustraire
à tous ces dangers; cet instinct, qui
paroit être commandé par la localité, les
fait échapper pendant le jour à la poursuite opiniâtre, et les garantit pendant la
nuit d'être enveloppés dans leur sommeil:
c'est en se posant sur les plus grosses
branches des arbres, et par une habitude

qui semble contraire en quelque sorte à
celles de tous les autres oiseaux auxquels
on pourroit les comparer, qu'ils se dérobent aux enquêtes de leurs nombreux ennemis: c'est pour se soustraire aux mêmes
dangers, que les Colins ou Perdrix d'Amérique, et presque tous les oiseaux fissi-
pèdes et palmipèdes de ces contrées, se
perchent la nuit sur les arbres, ou se
dérobent, sous l'ombre hospitalier du feuillage,
aux poursuites de cette multitude d'oiseaux
de rapine et de mammifères carnassiers
attirés par l'abondance du gibier.

Plus exposées aux poursuites de leurs
énnemis, ces espèces de Tinamous, qui ont
reçu pour demeures habituelles les champs et
les pays découverts, se voient réduites
à chercher leur refuge dans un autre ex-
pédient, qui leur réussit pour se dérober
aux yeux des animaux, mais duquel l'homme
a su profiter pour leur livrer une guerre
à mort. Opiniâtrement blotis dans les fourrés
des herbes très hautes, les Tinamous des
champs ne prennent que rarement recours au vol
et se laissent facilement tuer à coup de bâton,

par le chasseur qui a pu découvrir leur remise.

Avant de tracer les mœurs des Tinamous, il est nécessaire de concilier les écrits contradictoires de quelques observateurs judicieux, dont les opinions sur les habitudes de ces oiseaux, émises avec un peu trop d'animosité, ont fait présumer à plus d'un lecteur, que les Tinamous de Sonnini et les Ynambus de d'Azara formaient deux genres distincts. Tout ce que Buffon dit au sujet de ces oiseaux dans son histoire naturelle, lui a été communiqué par Sonnini rédacteur de la nouvelle édition des œuvres de ce naturaliste, et qui, par un séjour de plusieurs années dans les provinces du nord de l'Amérique méridionale, a acquis des notions exactes sur les habitudes des oiseaux propres à la Guiane. Il se trouve que ce savant est aussi le traducteur de l'ouvrage Espagnol sur les oiseaux du Paraguay par don Félix d'Azara, et l'auteur des notes additonelles à cet ouvrage intéressant.

On ne peut nier que d'Azara accumule dans son histoire des Ynambus les propos les plus outrageans contre ce que M. Son-

nini avance au sujet des Tinamous; mais
ce dernier dans ses notes additionelles a
eu tort de se recrier avec amertume contre l'opinion de M. d'Azara ; son ressen-
timent va même, jusqu'à le porter à méconnoître les Ynambus et à les éloigner
de ses Tinamous en les rapportant aux
Coins de Fernandez, autres oiseaux Gallinacés d'Amérique avec lesquels les Ynambus de d'Azara n'ont aucun rapport.

Si les Tinamous de la Guiane ont toujours
l'habitude de se poser sur les branches basses
des arbres, c'est qu'ils y ont trouvé un
réfuge contre les poursuites de leurs nombreux ennemis: l'absolue necessité, qui
commande cette précaution à la Guiane,
n'est point la même au Paraguay ni au
Brésil, vu que ces oiseaux, très nombreux
dans ces contrées, y sont moins en but
aux persécutions d'animaux et de reptiles
voraces. Toutefois, il est certain que
M. d'Azara a eu tort de dire si positivement, que les Yuambus ne se posent
jamais sur les arbres, puisque des observations plus récentes, faites au Brésil, nous

ont appris que deux espèces, également
propres aux contrées de la Guiane, s'y
posent de même pendant la huit sur les
branches basses des arbres. J'observerai
encore, qu'à l'exception de ces deux espèces, toutes les autres décrites par M.
d'Azara sous le nom d'Ynambus, sont étrangères aux contrées de la Guiane, et ne
se trouvent qu'au Paraguay; quelques-unes
de ces dernières vivent aussi au Brésil.

La seconde discussion, à laquelle le manque
de queue chez quelques espèces de Tinamous
a donné lieu, est également hasardée.
Deux espèces d'Ynambus de d'Azara n'ont
effectivement point de queue, et dans
toutes les autres espèces qui composent
ce genre, la queue est si bien cachée
par les couvertures supérieures et inférieures, qu'il est très pardonnable de se
méprendre sur son existance ou sur le
manque total de ce membre; d'autant
plus que, chez tous les Tinamous pourvus d'une queue, celle-ci a des baguettes très foibles et toutes les plumes
qui la composent sont étroites et réunies

en faisceau à leur insertion dans le croupion.

En résumé, les Ynambus de d'Azara et les Tinamous de Sonnini sont un même genre d'oiseaux, dont les nombreuses espèces ont toutes les mêmes caractères génériques: de légères différences, qui consistent dans le manque ou l'existance de la queue; dans la partie postérieure du tarse garnie d'écailles rabotteuses, ou bien lisses, ne peuvent servir qu'a former des subdivisions dans ce genre, où l'on ne comptait du tems de Buffon que quatre espèces distinctes, aujourd'hui nous en comptons treize.

Il est essentiel de prévenir les naturalistes, que le Choro (a) de M. d'Azara, n'est point un Tinamou, l'oiseau décrit sous ce nom est une Poule d'eau des mieux caractérisées. l'Uru, (b) du même auteur est le véritable Tocro ou le *Perdix guyanensis* des nomenclateurs; cette espèce se trouve également à la

---

(a) *d'Azara* voy. au Parag. v. 4, p. 156, no. 333. Trad. Franc.

(b) *Ibid.* no. 334.

Guiane, où elle est absolument la même, ce que j'ai eu occasion de vérifier sur des individus des deux pays, qui font partie de mon Cabinet (c).

Je ne m'occuperai point à prouver ici que les Tinamous ne sont point des Perdrix ni des Cailles, bien moins des Outardes; le naturaliste un peu exercé à observer les caractères distinctifs des genres, se gardera bien de les confondre avec les espèces qui composent les genres d'oiseaux mentionnés.

Il paroît que Linné n'a point été à même de voir une dépouille de Tinamou, puisqu'il range ces oiseaux dans le vaste cadre qu'il a donné au genre *Tetrao*; des caractères marquants et faciles à saisir distinguent les Tinamous de tous les Gallinacés, tant de l'ancien que du nouveau Monde. C'est Latham, qui leur a le premier assigné un genre particulier, sous la dénomination de *Tinamus*; depuis, le savant Professeur Illiger a pu trouver bon de

_______________

(c) *Voyez dans ce volume l'article du Colin tocro, p. 419.*

changer ce nom adopté contre celui de *Cryprurus* (*d*).

Une des causes, qui a le plus contribué à faire croire aux naturalistes, que les Tinamous d'Amérique étoient du même genre que les Perdrix ou les Cailles de l'ancien continent, c'est que les colons, tant ceux de la Guiane, que les Espagnols établis au Paraguay et les Portugais du Brésil donnent aux grandes espèces de Tinamous le nom de Perdrix et aux petites espèces le nom de Cailles. Les indigènes de la Guiane désignent ces oiseaux par le nom de *Tinamou*; au Paraguya et au Brésil ils sont connus sous le nom *d'Ynambu*.

Les Tinamous sont des oiseaux stupides, peu sociables, dont le vol est lourd, peu élevé et de très peu de durée, mais en revanche ils courent avec une extrême vitesse. Quelques espèces habitent les pays découverts et les champs, d'autres vivent toujours dans l'épaisseur des forêts. Ils vivent en petite famille mais ne se réu-

---

(*d*) Illiger, *prof. Mamm. et Av.* p. 244, gen. 23.

nissent point comme le font nos Perdrix,
qui prennent leur vol ensemble; la jeune
famille des Tinamous est davantage éparpillée; chaque individu se choisit un abri, ce
qui fait que lorsqu'une telle compagnie prend
l'essor, elle se disperse toujours de côté
et d'autre, et ne vole point vers un
même endroit, comme le font le plus
souvent les compagnies de Perdrix. Ils se
nourrissent d'insectes et de fruits, qu'ils
ramassent à terre; leur nid est comme
celui de la plupart des Gallinacés, sans aucun
apprêt; leur ponte est de plusieurs œufs,
et communément deux fois par an: le cri
d'appel qu'ils font entendre de jour comme
de nuit, est un sifflement lent, mais assez fort.
Il n'y a guère de différences dans les sexes,
leur plumage est coloré des mêmes teintes.

Sonnini dit, que leur chair est blanche,
ferme, cassante et succulente, surtout celle
des ailes dont le gout a beaucoup de
rapport avec celui de la Perdrix rouge, mais
les cuisses et le croupion ont d'ordinaire d'une
amertume qui les rend desagréables: cette
amertume vient des fruits de balisier dont

ces oiseaux se nourrissent, et l'on trouve
la même amertume dans les pigeons ramiers
qui mangent de ces fruits; mais, lorsque
les Tinamous se nourrissent d'autres fruits,
comme de cerises sauvages etc. alors toute
leur chair est bonne, sans cependant avoir de
fumet: aureste on doit observer que, comme
l'on ne peut garder aucun gibier plus longtems
que vingt-quatre heures à la Guiane, sans
qu'il soit corrompu par la grande chaleur
et l'humidité du climat, il n'est pas
possible que les viandes prennent le dégré
de maturité nécessaire à l'excellence du
gout, et c'est par cette raison qu'aucun
gibier de ce climat ne peut acquérir de
fumet. Ils aiment de préférence, non
seulement les cerises sauvages, mais encore
les fruits du palmier *Comon*, et même
ceux de l'arbre de café, lorsqu'ils se
trouvent à portée d'en manger; ce n'est
pas sur les arbres mêmes qu'ils cueillent
ces fruits, ils se contentent de les ra-
masser à terre; ils les cherchent; ils
grattent aussi la terre et la creusent pour
y faire leur nid, qui n'est composé,

pour l'ordinaire, que d'une couche d'herbes séches; ils font communément deux
pontes par an et toutes deux très nombreuses (e).

Les plumes des Tinamous, particulièrement celles du dos et du croupion ont
des baguettes très larges, lisses et vou-
tées à leur partie supérieure, profondément cannelées en dessous et très peu
adhérantes à la peau; les baguettes, vers
le milieu des plumes, deviennent tout-à-
coup très minces, elles sont à tel point
déliées, que vers le bout, il n'est plus
possible de les distinguer des barbes:
dans quelques espèces il sort deux plumes
du même tuyau, l'inférieure est simplement
garnie de duvet; nous avons vu que
la même particularité a lieu dans le genre
des véritables *Tetrao*. Les Tinamous ont
le corps massif, très charnu; le cou long
et mince, portant une tête petite et plate;
les jambes longues et grêles.

Les caractères essentiels qui distinguent

______

(e) *Buff. édit. de Sonn. v.* 14, *p.* 33.

ce genre, sont. Le bec médiocre ou long, grêle, droit, déprimé, beaucoup plus large que haut, la pointe arrondie et obtuse; une arête voutée dans le milieu, forme de chaque côté, sur toute la longueur du bec, une rainure dans laquelle les narines sont percées, elles sont placées à peu près vers le milieu de la mandibule supérieure, latérales, ovoïdes et percées de part en part. Les pieds ont le tarse long, dans la plupart des espèces à écailles lisses, dans le plus petit nombre garni à sa partie postérieure d'aspérités dont les pointes sont tournées en haut; les doigts sont courts, entièrement divisés, celui de derrière très court, articulé sur le tarse et ne portant point à terre; les ongles petits et plats; dans quelques espèces la queue est nulle, dans la plupart elle est courte, fortement étagée, composée de dix pennes entièrement ou à peu près cachées par les longues plumes qui recouvrent la queue, tant en dessus qu'en dessous; les ailes courtes sont très arrondies; des quatre rémiges extérieures la première

est très courte, elle aboutit au tiers de la
longueur de la cinquième et de la sixième
rémige, qui sont les plus longues.

Je comprends deux sections dans le
genre Tinamou, la première se composera
du petit nombre d'espèces qui sont entièrement dépourvus de queue; elles sont
en outre distinguées par la courbure et
par le renflement en voute de la mandibule
supérieure, ainsi que par le doigt postérieur
qui est plus long et portant à terre.
La seconde section comprendra toutes les
autres espèces dont je viens d'indiquer
les caractères principaux.

On pouroit également sectionner celles
de ces espèces qui ont des aspérités à la
partie postérieure du tarse, de même que
celles, qui ont deux plumes sortant d'un
même tuyau; mais, ces caractères me semblent de trop peu de conséquence; aulieu
que celui du manque total de queue, porte
sur un caractère marquant, dont l'absence
ou l'existance influe sur les habitudes, vu
que la queue est d'un secours reconnu
dans le vol des oiseaux et dans la cé-

lérité de leurs mouvemens. Toutes les
espèces de Tinamous qui sont dépourvus
de queue ne volent presque point, et ils
se dérobent aux poursuites des ennemis
par la rapidité de leur course.

Fidèle à ma maxime, je préviens les
naturalistes, que la description de l'espèce
du *Tinamus tao* et celle du *Tinamus
adspersus* sont du très petit nombre de celles
dont je fais mention, sans en posséder les
dépouilles ou en avoir vu les individus :
je m'écarte ici de la règle dont je me
suis fait une loi, persuadé, que l'auto-
rité du célèbre professeur Illiger ne saurait
être révoquée en doute; ce savant (*a*),
dont la correspondance m'a souvent servi
de guide dans plusieurs détails, vient de
me communiquer les descriptions et les
figures de ces oiseaux, faites d'après les
individus que M. le Comte de Hoffmann-
zegg a reçu du Brésil; ces oiseaux se

_______________

(*a*) La mort prématurée de M. Illiger m'a été
communiquée pendant que ce dernier volume étoit
sous presse.

trouvent maintenant dans le Muséum de Berlin. Je me vois dans le même cas pour la description du *Tinamus nanus*; les détails, très circonstanciés, que nous donne l'ouvrage de M. d'Azara, m'ont déterminé à faire mention de cette espèce nouvelle.

PREMIÈRE SECTION.

Queue nulle; mandibule supérieure du bec
un peu voutée; doigt de derrière long,
portant à terre.

# TINAMOU GUAZU.

Tinamus rufescens. *Mihi.*

D'A ZARA a décrit cet oiseau sous la
dénomination que les Guaranis lui donnent,
elle signifie *Grand Ynambu;* les Espagnols
l'appèlent grande Perdrix. Le naturaliste
Espagnol nous aprend, qu'on ne trouve
l'espèce que dans les paturages gras et
fournis d'herbes hautes; elle se tient cachée dans l'herbe et ne s'envole que lorsqu'on est prêt à lui marcher sur le
corps ou qu'on lui jette des pierres:
elle va ordinairement, au clair de la
lune et des crépuscules, dans les blés
et les mais nouvellement semés; elle ra-

masse les grains qui ne sont pas recou-
verts de terre, et retire même ceux
qui sont enterrés; son cri, que l'on
entend de fort loin, est un sifflement triste et un peu tremblant.
Quelques personnes élèvent au Paraguay
des Tinamous guazu, mais ils sont toujours farouches et ils s'échappent aussitôt
qu'ils le peuvent. Leur ponte est composée de sept œufs, colorés en violet très
brillant, d'une égale grosseur aux deux
bouts, et dont les diamètres ont 27 et
20 lignes. Cet oiseau prend soin de cacher
son nid dans quelque touffe de paille ou
d'herbe; on ne rencontre point la petite
famille réunie en troupe, mais toujours
à quelque distance les uns des autres et
guère plus rapprochés que de quarante
pas; leur chair passe pour être meilleure
que celle de l'espèce suivante; à Monte-
Video on les chasse avec des chiens qui
les font lever, les suivent et les prennent
à la seconde ou à la troisième remise: on les tue aussi facilement à
coups de fusil; mais il est nécessaire

d'avoir un chien qui les fasse lever; on
les prend aussi au piège.

La longueur totale du Tinamou guaza
est de quinze pouces et demi; le bec
mesure dix-neuf ou vingt lignes; le tarse
a deux pouces et demi; les plumes qui
dans les oiseaux pourvus d'une queue
servent de couvertures, dépassent la partie
charnue du croupion d'un peu plus de
deux pouces.

Un roux clair, ou couleur de café au
lait est répandu sur le cou, sur la poitrine et sur le ventre, cette dernière
partie est égayée par des raies transversales, très peu apparentes; l'abdomen et
les flancs ont des nuances grisâtres, coupées par des rayes fauves et noires; la
gorge est blanche; sur le haut de la
têtesont quelques taches oblongues, noires,
mais bordées de roux clair; une tache
noirâtre couvre l'orifice de l'oreille, et un
trait délié part de l'angle de la bouche;
le manteau, le dos, les couvertures des
ailes, le croupion et les longues plumes
qui recouvrent les dernières vertèbres dor-

sales sont d'un gris foiblement nuancé de roussâtre; toutes les plumes de ces parties sont rayées transversalement de blanc et de noir, les deux raies étant adhérantes; les rémiges, le bord extérieur de l'aile et l'aile bâtarde sont d'un roux rougeâtre. Le bec, qui est long et d'ont la pointe est foiblement courbée, a une teinte d'un brun bleuâtre; les pieds sont d'un roux pale.

Dans la traduction française des oiseaux du Paraguay M. Sonnini a placé une note, par la quelle il semble vouloir rapporter le Tinamou guazu au Zonécolin (a) de Buffon; on voit par cette note et par plusiers autres rapprochemens de cette nature, qui sont également faux, que le traducteur à entièrement méconnu les Ynambus de M. d'Azara.

Ce Tinamou, le plus beau de plumage de toutes les espèces qui composent ce

---

(a) Perdix Cristata. *Lath. Ind. orn. v. 1, sp.* 30. Cette espèce est le Colin zonécolin de cet ouvrage, *voyez. p.* 446.

genre, habite au Paraguay; il est très rare au Brésil. Le seule individu que j'ai vu, fait partie du Muséum de Paris.

# TINAMOU YNAMBUI.

*Tinamus maculosus. Mihi.*

Nous devons aussi à M. d'Azara la connoissance des mœurs propres à cette espèce; les Guaranis appèlent cet oiseau *Ynambui et Ynambumi*; ces deux mots signifient petit Ynambu; les Espagnols lui donnent le nom de petite Perdrix, et quelques-uns celle de Caille, à cause de la conformité de couleurs et autres attributs. l'Yambui fait entendre fréquemment, pendant toute l'année, son cri long, cadencé, mélancolique, point agréable et assez fort pour être entendu de loin : sa ponte est de six à huit œufs violets et semblables à ceux de l'espèce précédente; leur teinte est seulement plus sombre, et ils ont de diamètre treize et dixhuit lignes. Il ne quitte pas les campagnes, ne boit pas, même en domesticité, et le gout de sa chair est médiocre.

Ces oiseaux ne se cachent pas autant
que ceux de l'article précédent, et ils
évitent difficilement la serre de l'oiseau de
rapine. Personne ne leur fait la chasse
ni ne les mange au Paraguay; mais comme
il y a moins de plaines, ils sont aussi
moins nombreux qu'à Monte-video et à
Buenos-ayros, où on les payait six pour
un demi-réal; aprésent ils y valent davantage, parcequ'ayant été détruits aux
environs de ces deux villes, on les y
apporte de loin. La manière de les prendre est une preuve de leur naturel stupide.
Le chasseur a une gaule de six à neuf
pieds de long, au bout de laquelle est
ajusté un lacet en noeud coulant, fait avec
une plume d'autruche, afin qu'il se tienne
ouvert: muni de cet instrument et d'un
sac, le chasseur entre dans les campagnes,
et quand il rencontre un Ynambui, il en
approche en faisant quelques circuits avec
son cheval; l'oiseau se tapit, et reçoit
sans bouger le lacet au cou. Le quantité innombrable d'Ynambuis que l'on mange
à Buenos-ayros, se prend de cette ma-

nière. On en tue quelquefois à coup de fusil ou d'épée, et on peut même les saisir à la main.

Il n'est point surprenant que les Espagnols donnent le nom de Caille à cette espèce de Tinamou, puisqu'en effet son manque de queue, sa petite taille et toutes les couleurs et les taches irrégulières d'ont son plumage est couvert lui font avoir beaucoup de ressemblance avec notre Caille d'Europe.

Sonnini, établit encore ici des rapports avec les Colins de Fernandez, il rapproche l'espèce de l'Yambui, au Coyolcos de Buffon (a), qui n'est qu'une description à double emploi de l'espèce du Colenicui du même auteur; aureste l'ynambi est un véritable Tinamou, et des mieux caractérisés.

La longueur totale de cet oiseau est

---

(a) Perdix coyolcos *Lath. Ind. Orn. v. 2, p. 653, sp 34.* Synonyme avec *Perdix virginiana, marilauda et mexicana* du même auteur. Voyez l'article de mon Colin colenicui *p. 436.* de ce volume.

de dix pouces, quelques individus sont
plus grands, d'autres sont plus petits:
les plumes du croupion dépassent le dernier vertèbre du dos d'un pouce neuf
lignes; le bec a un pouce; et le tarse
a vingt lignes.

Les plumes du sommet de la tête
sont d'un brun foncé, marquées de blanc
et bordées de roussâtre; la gorge est
blanche; les côtés de la tête, le cou et
toutes les autres parties inférieures sont
d'un roux blanchâtre; sur le devant du
cou sont des taches longitudinales, noirâtres,
qui occupent le milieu de chaque plume:
les plumes des parties supérieures du corps,
sont d'un brun roussâtre, irrégulièrement
marqué de noir, et toutes sont bordées
de blanc roussâtre: les petites et les
moyennes couvertures des ailes sont d'un
blanc roussâtre, marqué de roux plus foncé
et rayé transversalement de noir: les
pennes secondaires des ailes sont rayées
alternativement de roux et de noir; les
rémiges le sont de même, mais seulement
sur leurs barbes extérieures; les barbes

intérieures étant grises avec quelques raies
rousses, très-foiblement prononcées. Le
bec est brun en dessus et blanchâtre en
dessous; l'iris est d'un roux vif, et les
pieds sont d'un brun pâle.

Ce Tinamou est très abondant dans les
possessions des Portugais et des Espagnols
en Amérique, mais on ne le voit
point à la Guiane; deux individus, qui
diffèrent entre-eux pour la taille font
partie du Muséum de Paris: j'ai vu également quelques sujets dans des cabinets
à Londres.

# TINAMOU MAGOUA.

*Tinamus brasiliensis. Lath.*

JE commence, en premier lieu, par la
description de ces espèces de Tinamous
dont les tarses son garnis à leur partie
postérieure d'aspérités très dures, dont les
pointes sont dirigées en-haut. La première
espèce, la mieux connue de toutes celles
qui composent le genre, est le Magoua,
décrit et figuré par Buffon sous le nom
*Tinamou de Cayenne* (a), Linné en a fait
son *Perdix major.*

_________________________________

(a) Voyez *les planches enluminés no.* 476, une
figure peu exacte de l'oiseau.

Voici ce que Buffon nous apprend sur cet oiseau d'après les détails qui lui furent donné par M. Sonnini, naturaliste voyageur, qui avait observé les habitudes de cet oiseau et de quelques autres espèces du genre, dans ses voyages à la Guiane française.

» Nous donnons, dit Buffon, au plus
» grand des Tinamous le nom de *magoua*,
» par contraction de *macousagoua*, nom qu'il
» porte au Brésil. Cet oiseau est au
» moins de la grandeur d'un Faisan; son
» corps est si charnu, qu'il a selon
» Marcgrave, le double de la chair d'une
» poule. Pison a observé que toutes les
» parties intérieures de cet oiseau étoient
» semblables à celles de la poule. Le
» sifflement par lequel ces oiseaux se rap-
» pellent, est un son grave qui se fait
» entendre de loin et régulièrement à six
» heures du soir, c'est-à-dire au moment
» du coucher du soleil dans ce climat;
» de sorte que quand le ciel est couvert
» et qu'on entend le magoua, on est
» aussi sur de l'heure que si l'on con-

„ sultoit une pendule; il ne siffle jamais
„ la nuit, à moins que quelque chose
„ ne l'effraie (*b*).

Cette espèce est du nombre de celles
qui dans les climats de la Guiane, où le
sol fourmille d'animaux voraces et destruc-
teurs se choisit, pour passer la nuit,
les plus grosses branches des arbres; plusieurs individus se rassemblent ainsi sur
les branches basses des plus gros arbres
de la forêt et ne se rendent à terre
que lorsque les premiers rayons du soleil
pénètrent sous l'ombrage hospitalier de ces
bois solitaires. Il est possible que dans
certains climats de l'Amérique méridionale,
où les animaux voraces et vénimeux sont
m'oins multipliés qu'à la Guiane, les Tinamous n'ont pas besoin de se précau-
tionner contre ces ennemis, et peuvent,
sans risquer d'être enveloppés dans leur
someil, passer la nuit dans les mêmes
lieux où ils ont coutume de vivre pendant la journée; car, ainsi que j'ai

_______________

(*b*) Buffon, *édit. de Sonnini*, v. 14. p. 36.

souvent trouvé occasion de dire, les
mœurs et les habitudes des animaux dépendent le plus souvent de causes locales, et varient suivant la nature des
lieux et celle des climats.

La femelle place le nid à terre, caché
dans la mousse ou dans les herbes, proche
ou contre le tronc des gros arbres; elle
fait deux pontes par an; la couvée est
communément de douze jusqu'à quize œufs,
dont la couleur est d'un beau vert bleuâtre; les jeunes suivent la mère et se
blotissent si bien à terre à l'indice du
danger, qu'ils se laisseraient plutôt marcher
dessus que de prendre la fuite. Leur nourriture consiste en graines et en insectes,
ils mangent aussi des fruits, tels que celui
du cafier et autres. Les Indiens en tuent
beaucoup au crépuscule, lorsque ces oiseaux
se sont retitrés sur les branches basses
des arbres; leur chair de même que leurs
œufs sont un manger très délicat et très
recherché dans différens districts de la
Guiane.

Buffon observe, et j'ai fait la même remar-

que sur plusieurs individus, que la taille
n'est pas la même dans tous, j'en ai mesuré
qui ne portoient point quinze pouces, d'autres avoient plus de dixsept pouces en
longueur totale; dans le grand nombre
d'individus que j'ai vu, les différences
dans les couleurs du plumage étoient nulles
ou de très peu de conséquence; ce qui
me fait présumer, que dans ce genre
comme chez le plus grand nombre de
Gallinacés, la taille et les dimensions
varient suivant la fertilité des lieux que
les compagnies de ces oiseaux habitent,
et que cette différence dépend encore de
causes locales, ainsi que je l'ai prouvé à
l'article de notre Perdrix grise d'Europe.

Le terme moyen des dimensions de
cette espèce m'a paru, pour la longueur
totale de quinze pouces; le bec jusqu'aux
coins de la bouche, d'un pouce huit lignes;
la hauteur du tarse deux pouces neuf lignes;
la queue dépasse les ailes pliées d'un pouce
deux lignes. Il n'existe aucune différence bien
marquée dans les sexes, et les jeunes, dès
leur première mue, ont le plumage absolument semblable à celui des vieux.

Un roux marron couvre tout le sommet de la tête et se dirige sur la nuque; l'espace entre l'œil et le bec, de larges sourcils, la région en-dessous des yeux et la partie supérieure du cou sont couverts de petites plumes très courtes, d'un roux jaunâtre plus ou moins foncé, bordées ou lisérées de très fines raies d'un brun noirâtre; sur la région des oreilles il existe une grande tache d'un brun cendré; toute la gorge est d'un blanc pur; la partie inférieure du cou et la poitrine sont d'un cendré légèrement nuancé de bleuâtre ou de verdâtre; tout le dos, les scapulaires ainsi que les couvertures alaires et caudales sont d'un olivâtre nuancé de brun; on remarque sur les plumes du dos quelques petits traits noirs placés à grande distance, sur celles des ailes il y a de semblables bandes noires, très distantes les unes des autres et qui forment des zigzags; les pennes secondaires des ailes sont d'un brun marron, marqué transversalement de zigzags noirs très fins; les rémiges sont d'un brun cendré sans

taches ; les pennes de la queue sont d'un
marron rougeâtre, également sans taches ;
la poitrine et les autres parties inférieures sont d'un cendré blanchâtre, que parcourt un grand nombre de zigzags très
fins et d'un cendré foncé ; les zigzags
et les tâches de cette couleur sont plus
grands sur les cuisses ; les pieds, selon
le dire des voyageurs, sont d'un brun
jaunâtre, la partie postérieure est garnie
d'aspérités très rudes ; la mandibule supérieure du bec est d'un brun foncé ; l'inférieure est en partie blanchâtre ; l'iris est
d'un brun noirâtre.

Cette espèce habite les grandes forêts
de la Guiane française, et probablement
aussi quelques districts du Brésil, puisque
j'ai vu des individus pareils en tout à
ceux tués à Cayenne, dans une collection
d'oiseaux rassemblée au Brésil. Je conserve dans mon cabinet deux individus,
qui ne diffèrent que par la taille ; le plus
grand a été tué au Brésil, l'autre m'a
été envoyé de Cayenne.

# TINAMOU TAO.

*Tinamus tao, Mihi.*

LA seconde espèce à partie postérieure du tarse garnie d'aspérités très rudes est connue au Brésil, dans la province de Parà, sous le nom de *Ynambu tao*; c'est le plus grand des Tinamous qui habitent les parties méridionales de l'Amérique; sa longueur totale est de vingt pouces; son bec mesuré depuis la pointe jusqu'au front porte dix-sept lignes; le tarse mesure deux pouces neuf lignes et le doigt du milieu avec l'ongle un pouce six lignes.

M. le professeur Illiger, qui m'a communiqué la description de cette espèce d'après un individu que M. le comte de Hoffmannsegg avoit reçu du Brésil, m'en fait le portrait suivant.

La tête est noirâtre avec des taches grisâtres, à peine distinctes; du côté du front naît un trait qui s'avance sur les

yeux et forme un sourcil, qui continue
jusques sur le milieu de la partie postérieure du cou, où il se joint au même
trait de l'autre côté; ces bandes, les joues
en-dessous des yeux, la partie inférieure
de la gorge et la partie supérieure du bas
du cou, ainsi que les côtés du cou,
sont variés de noir et de blanc, de manière
que les petites plumes de ces parties
ont de petites bandes blanches sur un
fond noir; le menton et la gorge sont
blanchâtres, mais obscurément variés de
noirâtre; les côtés de la tête sont noirâtres, le noir descend par l'oreille, de
chaque côté jusqu'à la partie inférieure
du cou par une bande, qui sépare la
bande superciliaire des côtés variés du cou;
la partie inférieure du cou et la poitrine
sont cendrés, mais finement pointillés
de noirâtre; tout le dos, le croupion et
les couvertures des ailes sont d'un noir
rayé de zigzags cendrés; les bandes on-
dées noires et cendrées sont très serrées
et tellement disposées, que deux bandes
étroites cendrées alternent avec une bande

noire, du double plus large; toutes ces plumes sont terminées de cendré; les bandes sont moins distinctes sur les couvertures supérieures de la queue, où la couleur noire domine vers la pointe, qui est en outre parsemée de points cendrés; le ventre est cendré, marqué de zigzags plus obscurs et très serrés; l'abdomen et les cuisses sont roussâtres mais ondés de noir; un cercle brun entoure le genou; les couvertures du dessous de la queue sont ferrugineuses avec quelques ondes noires sur les bords des plumes; les rémiges sont noirâtres sans taches; les pennes secondaires ont des fines bandes transversales, en zigzags et d'un cendré très foncé, ces bandes deviennent plus claires et plus distinctes sur les pennes les plus proches du corps; les pennes de la queue sont noirâtres avec des zigzags d'un gris blanchâtre; le tarse a une teinte plombée peu foncée; le bec est d'un noir cendré, et l'iris d'un brun roussâtre.

Il est très incertain si l'on doit consi-

dérer l'*Ynambu mocoicogoé* dont il est fait
mention dans les œuvres de don Félix
d'Azara, comme étant de la même espèce
que notre Tinamou tao; il est de fait,
que les descriptions offrent seulement de
légères disparités dans les couleurs du
plumage, qui sont variées de roux et de
plombé verdâtre dans le *mocoicogoé*; deux
couleurs qui paroissent ne point exister sur
le plumage du *tao*; ce qui me porte à
soupçonner quelques différences entre ces
deux oiseaux, d'espèce très voisine. Je les
réunis ici, en attendant que des observations plus détaillées nous fassent mieux
connoître ce *Tinamou mocoicogoé*, désigné
assez vaguement par l'auteur Espagnol.

Le naturaliste voyageur qui a observé
le Tinamou de cet article dans la province de Parà en Brésil dit, qu'il y
porte le nom de *Ynambu tao*, mais il
ne donne aucune particularité concernant
les mœurs de cette espèce, encore très
rare dans les collections d'histoire naturelle,
puisque nous n'en connoissons que deux
individus, dont l'un fait partie du

Cabinet de curiosités à Lisbonne et l'autre se trouve déposé dans le Muséum de Berlin.

# TINAMOU CENDRÉ.

*Tinamus cinereus.* *Lath.*

Cette espèce de même que les suivantes, sont du nombre de celles dont la partie postérieure du tarse n'a point d'écailles rabotteuses à pointes dirigées en haut; cette portion du tarse est lisse et couverte d'écailles plates.

Ce Tinamou, le moins bigarré de toutes les espèces congénères, ne se trouve point exclusivement à la Guiane française, d'où il avait été envoyé à Buffon par son correspondant le naturaliste voyageur Sonnini; l'espèce se trouve également répandue au Brésil, surtout dans la province de Parà, où il est même plus multiplié qu'à la Guiane. Don Félix d'Azara n'en fait point mention dans son histoire des oiseaux du Paraguay, ce qui nous fait présumer, que l'espèce n'est point répandue dans cette partie du Brésil.

La longueur totale de ce Tinamou est

d'environ douze pouces; le bec depuis
la pointe jusqu'aux coins de la bouche
mesure un pouce six lignes; le tarse porte
deux pouces trois lignes, et le doigt du
milieu avec l'ongle a un pouce cinq lignes;
la queue est très courte, rassemblée en
faisceau et entièrement cachée par les couvertures supérieures.

Tout le plumage de cet oiseau est d'un
brun cendré, sans aucune tache; cette uniformité n'est variée que par les nuances
des plumes de la tête et de la partie
postérieure du cou, qui sont légèrement
teintes de roussâtre; la mandibule supérieure du bec est noirâtre, et l'inférieure
d'un blanc sale; les pieds sont d'un gris
brun.

Le Tinamou cendré n'est point rare dans
les collections d'histoire naturelle. Les individus du Brésil ne diffèrent point de ceux
tués à la Guiane.

# TINAMOU VARIÉ.

*Tinamus variegatus. Lath.*

C'EST ici l'une des quatre espèces dont Sonnini a le premier fait connoître les mœurs à Buffon, qui les a décrit dans ses œuvres; toutes ont la même habitude de se poser au soleil couchant sur les branches basses des arbres, à quelques pieds de terre. Le Tinamou *magoua* et le Tinamou cendré qui sont également répandus au Brésil, et que du tems de Buffon on croyait uniquement propres aux contrées de la Guiane, ont conservé les mêmes habitudes dans les deux pays. Nous ne sommes point encor certain si l'espèce de cette article, qui est très répandue dans les dif-férens districts de la Guiane, vit également au Brésil; il est dumoins hors de tout doute, que l'oiseau désigné dans l'histoire des oiseaux du Paraguay par don Felix d'Azara, sous le nom *d'Ynambu rayé*, n'est

point de la même espèce que celui de
cet article, quoique à en juger superficiellement et seulement d'après les descriptions,
on seroit tenté de les réunir; mais pour
autant que j'en puis juger, il me semble,
que Sonnini a eu bon droit de les séparer dans la traduction française des
oeuvres du voyageur Espagnol (a), quoi-

--------

(a) La note que Sonnini ajoute à l'article de
l'Ynambu rayé de d'Azara est dans les termes
suivants. — Ce n'est point le *Tinamou varié* (Buffon
v. 8. p. 294. — *Tinamus variegatus* Latham),
comme le pense d'Azara. Il est vrai que pour
appuyer ce rapprochement, cet auteur emploie sa
logique ordinaire, c'est à dire, qu'il signale
comme autant d'erreurs les traits de description
et d'habitudes naturelles désignées par Buffon et
qui ne s'accordent pas avec ce qu'il a observé de
son *Ynambu rayé*. Mais ce que l'illustre auteur
de l'Histoire naturelle a rapporté du *Tinamou varié*
étant exact, il en résulte que cet oiseau est
fort différent de l'*Ynambu varié*; et celui-ci me
paroit une espèce nouvelle. Sonn. *Traduc. franc.
des ois. du Parag.* v. 4, 153.

Tome III. n n

que d'Azara qui souvent à commis de
ces rapprochemens forcés, soit d'opinion
contraire.

Pour débrouiller ces opinions contradictoires, je vais tacher de signaler, le plus
exactement qu'il me sera possible, les formes et les couleurs du plumage du *Tinamou
varié* de la Guiane, qui fait le sujet de
cet article, que je ferai suivre de la
description donnée par d'Azara de son
*Tinamou rayé*. J'observerai encore, que sur
plus de vingt dépouilles du *Tinamou varié*
que j'ai vu, toues portoient les mêmes
caractères, et toues avaient été envoyées
de Cayenne ou d'autres distructs de la
Guiane; tandis que je n'ai jamais vu un
semblable sujet dans les collections d'oiseaux faites au Brésil, où le genre Tinamou est si nombreux en espèces différentes.

Cette espèce, dit Buffon, est assez
commune dans les terres de la Guiane,
quoiqu'en moindre nombre que le Tinamou magoua, qui de tous est celui
qu'on trouve le plus fréquemment dans

les bois, car aucune des trois espèces
que nous venons de décrire, ne fréquente
les lieux découverts : dans celui - ci la
femelle pond dix ou douze œufs, un
peu moins gros que ceux de la poule
faisane, et qui sont très remarquables par
la belle couleur de lilas dont ils sont
peints par tout et assez uniformément.
Les créoles de Cayenne appellent cette
espèce *perdrix peintade*, quoique cette dénomination ne lui convient point, car
elle ne ressemble en rien à la peintade,
et son plumage n'est pas piqueté, mais
rayé.

La longueur totale du Tinamou varié
est de onze pouces, mais quelquefois de
deux ou de trois lignes de moins; le
bec mesuré depuis la pointe jusqu'aux
plumes du front porte treize ou quatorze lignes, et jusqu'aux coins de la
bouche un pouce neuf lignes; le tarse a
un pouce dix lignes et le doigt du
milieu avec l'ongle mesure quatorze lignes.
Cette espèce se distigue de toutes ses congénères par la longueur du bec et par

sa queue très courte, qui l'est même
davantage que l'extrémité où viennent
aboutir les ailes; cette queue, rassemblée
en faisceau, est entièrement cachée par les
longues plumes des couvertures qui la
dépasse de deux ou de trois lignes.

Le sommet de la tête, l'occiput et
une une partie de la nuque sont d'un
noir profond; les joues sont d'un noir
varié de brun et de roux; la gorge est
d'un blanc légèrement nuancé de roussâtre; tout le cou, la poitrine et la partie du haut du ventre sont d'un roux
vif et pur; le ventre est d'un blanc
roussâtre ou jaunâtre; les plumes des
flancs sont brunes, marquées de bandes
transversales d'un jaune roussâtre; ces
bandes sont plus larges, mais nuancées de
blanchâtre vers les cuisses et sur les
couvertures inférieures de la queue; le
dos et toutes les autres parties supérieures
du corps sont d'un brun noirâtre très
foncé; les plumes du dos et les scapulaires portent vers leur extrémité une
seule bande transversale d'un jaune rous-

sâtre; sur les couvertures des ailes il y
a une seconde bande de cette couleur, mais
peu distincte, et disposée sur le milieu
des plumes; sur les plumes du croupion
et sur les longues plumes des couvertures
de la queue existent deux de ces bandes
transversales; les pennes secondaires et
les rémiges sont d'un brun cendré; l'uniformité de cette teinte est seulement variée sur le bout des pennes secondaires
par un très petit nombre de taches et
de raies roussâtres, plus nombreuses sur
celles qui sont les plus proches du corps;
les pennes de la queue sont d'un cendré
noirâtre, rayées, vers le bout, de roux
très vif; la mandibule supérieure du bec
est d'un noir cendré, l'inférieure est blanchâtre; les pieds sont d'un brun noirâtre,
et les ongles sont bruns. Les deux sexes
n'offrent aucune différence bien marquée dans
leur plumage.

Le Tinamou varié habite la Guiane; le
plus grand nombre des individus envoyés
en Europe nous viennent de Cayenne.

# TINAMOU RAYÉ.

*Tinamus undulatus. Illig.*

Cette espèce indiquée par d'Azara, dont je viens de faire mention dans l'article précédent, ne m'est connue que par la description du naturaliste Espagnol; je n'en ai jamais vu un sujet en nature; elle est par conséquent du très petit nombre de celles que je place dans cette ouvrage, sans avoir pu m'assurer, par mes propres observations, des différences qui la distingue de ses congénères.

d'Azara (a) dit, ,, qu'il ne sort pas ,, des grandes forêts, où il vit solitaire, ,, et sa ponte est de quatre oeufs d'un ,, violet lustré. J'ai vu huit individus de ,, cette espèce au 24e. degré de latitude; ,, leurs habitudes sont les mêmes que

(a) *Voyez la trduct. franc. des ois. du parag. v. 4. p. 153. no. 331.*

„ celles indiquées à l'article du *tataupa*.

„ La longueur totale est de douze pou-
„ ces neuf lignes; les individus que je
„ crois femelle ont un pouce de moins.
„ Les dernières plumes du croupion le
„ dépassent de deux pouces; le tarse
„ mesure deux pouces trois lignes et le
„ bec un pouce.

„ Le dessus de la tête est d'un brun
„ bleuâtre, et le reste, aussi bien que
„ *le cou entier* et le dessus du corps,
„ est rayé en travers de noirâtre et de
„ roussâtre. Le dessous du corps est
„ d'un blanc jaunâtre ; les plumes des
„ cuisses et des jambes sont bordées de
„ blanc roussâtre et festonnées sur le
„ reste de la même teinte de noir. Les
„ couvertures supérieures de l'aile sont
„ rayées comme le dessous du corps,
„ mais leurs raies sont combinées avec
„ des piquetures irrégulières; *les grandes*
„ *ont une couleur marron*, de même que
„ les pennes. Le tarse a la couleur de
„ feuille morte, le bec un noir bleuâtre
„ et l'iris un roux vif."

n n 4

C'est là tout ce que nous savons de ce Tinamou, qui habite la province du Paraguay en Brésil. Je le regarde comme espèce douteuse.

# TINAMOU MACACO.

*Tinamus adspersus. Mihi.*

Ynambu macaco est le nom que porte cet oiseau dans la province de Para en Brésil; l'espèce n'a point été observée par d'Azara et me paroît nouvelle. Ses dimensions portent en longueur totale environ onze pouces; le bec depuis la pointe jusqu'aux plumes du front mesure un pouce; le tarse a un pouce huit lignes.

Le sommet de la tête est d'un brun foncé; la gorge porte une couleur blanche, légèrement nuancée de grisâtre; la partie supérieure du cou est d'un brun-rougeâtre ondé de fines raies noirâtres, mais la partie antérieure du bas du cou est d'un grisâtre également ondé de raies noirâtres; toutes les parties supérieures du corps sont d'un brun rougeâtre, rayé transversalement et irrégulièrement de fines bandes noires, qui forment des zigzags; la couleur brune rougeâtre qui se trouve sur les couvertures des ailes et sur les plumes du croupion est moins pure que sur le dos, et paroît nuancée de grisâtre; la poitrine est d'un gris fauve, mais qui est varié de petits traits et de points plus foncés; le ventre est de la même couleur, mais plus claire; l'abdomen et les cuisses sont d'un blanc sale ondé de lignes ferrugineuses, excepté sur le milieu de l'abdomen, qui est uni-color; les couvertures qui cachent la queue en-dessous, sont d'un blanc fauve, mais marqué de bandes irrégulières noires et de quelques bandes ferrugineuses; les rémiges sont brunâtres, sans taches; les pennes secondaires et les plus grandes couvertures des ailes sont d'un brun cendré, mais variées comme les plumes du dos par des bandes en zigzags, disposées transversalement; les pennes de la queue sont brunâtres depuis leur base, mais la pointe est rayée de zigzags noirs très fins; les couvertures du dedans des ailes sont brunâtres; l'iris est d'un brun rougeâtre.

C'est à quoi se borne la description de

cette espèce, encore très rare dans les
collections d'histoire naturelle; le seul exemplaire connu, sur lequel cette courte
notice a été faite, se trouve déposé dans
le Muséum de Berlin, et a été envoyé
à M. le Comte de Hoffmansegg de Para
en Brésil.

# TINAMOU APEQUIA.

Tinamus obsoletus. *Miki.*

LES Guaranis appèlent cette espèce *Ynambu apequia*, ce qui veut dire *Ynambu sans éclat.* Le très exacte observateur d'Azara nous apprend dans son histoire des oiseaux du Paraguay, qu'il a eu seize individus de cette espèce, tous tués vers le 24<sup>e</sup> degré; quatre individus que j'ai vu dans différentes collections d'histoire naturelle ressemblent parfaitement à celui que d'Azara décrit sous le nom de *Ynambu bleuâtre.* Le Tinamou apequia, porte communément en longueur totale de dix pouces et demi jusqu'à onze pouces et demi ou trois quarts; le tarse mesure deux pouces ou deux pouces deux lignes; le bec depuis la pointe jusqu'aux plumes du front a dix lignes; la queue est très courte, cachée par les couvertures supérieures.

Un cendré roussâtre est la couleur qui domine sur les plumes du côté de la

tête et de la gorge; le sommet de la
tête et la partie postérieure du cou sont
nuancés par une teinte plus sombre, ou
d'un brun noirâtre; tout le devant du
cou, la poitrine, les flancs et le ventre
sont d'un roux de rouille clair; les longues plumes des côtés, qui recouvrent les
cuisses, et les plumes de l'abdomen portent
de larges bandes noires, disposées sur un
fond roux; le dos, le croupion, les petites couvertures des ailes et les barbes
extérieures des pennes secondaires sont
d'un brun noirâtre nuancé de roux; les
barbes intérieures des pennes secondaires
et les rémiges sont d'un gris brun uniforme; le tarse est couleur de feuille
morte; l'iris orange et le bec d'un brun
rougeâtre.

Cette espèce habite le Brésil; les deux
individus déposés dans les galeries du Muséum de Paris diffèrent très peu, (et
seulement par quelques légères nuances
dans le roux du plumage), de l'individu
qui fait partie de mon cabinet.

# TINAMOU TATAUPA.

*Tinamus tataupa. Mihi.*

D'**A**ZARA qui à soigneusement observé cette espéce au Paraguay, en donne les détails suivants. ,, Cet oiseau porte chez ,, les Guaranis le nom de *tataupa* qui ,, signifie *Ynambu de chiminée*, peut-être ,, parce qu'il s'approche ordinairement des ,, habitations champêtres et voisines des ,, cantons les plus couverts. Il se tient ,, dans les bosquets et les forêts, et même ,, dans les plantages où il se trouve des ,, buissons touffus, ou de grandes herbes ,, dans lesquelles il peut se cacher. Il ,, niche à terre dans les grosses touffes ,, d'herbes près des troncs des arbres; sa ,, ponte est de quatre œufs, d'un bleu ,, foncé et brillant. La chair de ces oi- ,, seaux est blanche mais insipide. Les ,, sexes n'offrent point de dissemblances ,, extérieures, et ils vivent isolés: on

,, élève quelquefois des petits dans les
,, maisons; j'en ai eu chez moi plusieurs qui
,, étaient adultes, ils se tenaient toujours
,, cachés et ils ne sortoient pas de leur
,, cachette, même pour manger, tant qu'ils
,, voyaient du monde. Leur cri est plus
,, fort et plus sonore que dans toutes les
,, autres espèces; ce n'est pas seulement
,, un sifflement, et je ne puis mieux
,, l'exprimer qu'en disant qu'il commence
,, par *pi*, d'un ton élevé et répété pré-
,, cipitamment, pendant plusieurs secondes,
,, jusqu'à ne plus être qu'une espèce de
,, fredon, suivi de *chororo*, répété deux
,, ou trois fois de suite. Quand le ta-
,, taupa se couche, il appuie la poitrine
,, sur le tarse, baisse le devant du corps
,, et la tête, étale les dernières plumes
,, du corps et les soulève en demi-cercle,
,, de sorte que l'on voit son ventre par
,, derrière, sans appercevoir son corps;
,, dans cette attitude, les plumes qui sont
,, dans les autres oiseaux les couvertures
,, inférieures de la queue, font un effet
,, agréable par leur forme concave, leur

„ pointe dirigée en haut et leurs cou-
„ leurs (b)."

La longueur totale du Tinamou tataupa varie
de neuf pouces, a neuf pouces et demi; le
bec a neuf ou dix lignes; le tarse mesure
un pouce quatre ou cinq lignes; d'Azara
porte cette longueur a dix neuf lignes,
mais je ne l'ai point trouvée ainsi sur
les deux individus que j'ai vu.

Le sommet de la tête, les joues, l'occiput et une partie de la nuque sont
d'un noir légèrement nuancé de couleur
de plomb; la gorge et une partie du
devant du cou sont blancs; la partie
inférieure du cou, la poitrine et le ventre sont d'un gris couleur de plomb; le
dos, les petites et les moyennes couvertures des ailes sont d'un roux noirâtre,
mais les couvertures les plus proches des
bord des ailes ont une teinte plombée;
les pennes secondaires et les rémiges sont
d'un gris brun; les plumes des flancs

---

(b) d'Azara ois. du Parag. traduct. franc. v. 4.
p. 150.

sont d'un brun plombé; celles des cuisses et des côtés du croupion sont noires, mais toutes sont bordées et comme lisérées d'une étroite bande blanche, qui en trace le contour; les couvertures du dessous de la queue sont rayées de roux clair et de noir; le tarse est d'un rouge violet et lustré; le bec, de même que l'iris sont d'un rouge de corail.

Le tataupa habite au Brésil; plusieurs individus ont été envoyés au cabinet de curiosités à Lisbonne; on voit deux sujets très bien conservés dans les galeries du Muséum de Paris.

<hr>

# TINAMOU OARIANA.

*Tinamus strigulosus. Mihi.*

LES habitans de la province de Parà en Brésil, désignent ainsi la nouvelle espèce qui fait le sujet de cet article; quelques uns lui donnent le nom *l'Ynambu pinime.* La longueur totale est de dix pouces un ou deux lignes; le bec depuis la pointe jusqu'aux plumes du front mesure neuf lignes; le tarse un pouce neuf lignes, et le doigt du milieu avec l'ongle onze lignes; la queue dépasse de beaucoup le bout des ailes, et les couvertures supérieures ne la cache point totalement.

Le front est noir, et cette couleur forme une espèce de couronne sur le sommet de la tête; la gorge est d'un blanc très légèrement teint de roussâtre; les joues, l'occiput, la nuque et toutes les parties du bas du cou sont d'un roux foncé; la poitrine et les flancs sont d'un

plombé nuancé d'olivâtre ; le ventre est
d'un cendré jaunâtre, que parcourt un
grand nombre d'ondes, presque imperceptibles, d'un cendré clair ; le milieu de
l'abdomen est d'un blanc pur, mais les
côtés sont variés de brun noirâtre et
de jaunâtre ; les couvertures de la queue
sont rousses, toutes sont terminées de
blanc roussâtre et variées de bandes transversales noires, disposées en zigzags ; le
dos, les scapulaires, les petites couvertures
des ailes et les plumes du croupion,
sont d'un roussâtre très foncé ; chaque
plume porte, vers le bout, un petit bord
noir, qui est presque imperceptible sur les
trois premières parties, tandis que ces
bandes sont plus larges et très distinctes
sur les plumes du croupion et des couvertures supérieures de la queue ; les grandes couvertures alaires et le bord extérieur des pennes secondaires portent, dans
tous les sens, de petites zigzags noirs, et
sont irrégulièrement parsemés de petites
taches jaunâtres ; les pennes de la queue
sont d'un cendré bleuâtre, mais vers le

bout la couleur est olivâtre, et toutes ont
à peu de distance de la pointe une grande
tache noire et une petite tache jaunâtre;
la base du bec et la mandibule inférieure
sont blanchâtres, le reste du bec est brun;
les tarses et les doigts, (sur les individus
dressés), m'ont paru d'un cendré jaunâtre.

L'Oariana habite le Brésil. M. Siber naturaliste voyageur, a tué plusieurs individus
dans la province de Para; je dois le sujet qui fait partie de mon cabinet aux
soins obligeants de M. le Comte de
Hoffmansegg de Berlin.

# TINAMOU SOUÏ.

*Tinamus soui. Lath.*

C'EST, dit Buffon, le nom que porte cet oiseau à la Guiane, et qui lui à été donné par les naturels du pays. Sa chair est aussi bonne à manger que celle des autres espèces de Tinamous. Cette espèce ne pond que cinq ou six œufs, et quelquefois trois ou quatre, un peu plus gros que des œufs de piegeon; ils sont presque tous sphériques et blancs. Les Souïs de la Guiane ne font point, comme les Magouas, leur nid en creusant la terre; ils le construisent sur les branches les plus basses des arbrisseaux, avec des feuilles étroites et longues; ce nid de figure hemisphérique, est d'environ six pouces de diamètre, et cinq pouces de hauteur. C'est l'une d'entre les nombreuses espèces de Tinamous, mais la seule des quatre qui habitent la Guiane, qui ne

reste pas constamment dans les bois ; car
elle fréquente souvent les halliers, c'est-
à-dire les lieux anciennement défrichés,
et qui ne sont couverts que de petites
broussailles ; le souï et le tataupa approchent même des habitations.

Le souï porte à peu près neuf pouces
en longueur totale ; le bec depuis la
pointe jusqu'aux plumes du front a environ
sept lignes, et jusqu'aux coins de la bouche un pouce ; le tarse un pouce quatre
ou cinq lignes, et le doigt du milieu
avec l'ongle un pouce : la queue dépasse
les ailes pliées de dix lignes, et elle
est dépassée et entièrement cachée par les
couvertures supérieures.

Le sommet de la tête, les joues et
toute la partie postérieure du cou sont
d'un noir cendré ; la gorge blanche ; le
devant du cou, la poitrine et les flancs
d'un brun ou d'un cendré olivâtre, varié
de roux sur quelques individus ; le ventre
et les cuisses d'un roux jaunâtre clair ;
l'abdomen d'un roux foncé varié par quelques petites raies jaunâtres ; les couvertures

de la queue d'un blanc jaunâtre; le dos,
le croupion, les scapulaires, les couvertures des ailes et de la queue d'un roux
brun, sans aucune tache ni raie; enfin, les
pennes des ailes et de la queue d'un brun
cendré; la mandibule supérieure du bec
d'un cendré noirâtre, l'inférieure blanchâtre,
et les pieds bruns.

Tel est la livrée triste et peu variée
de ce Tinamou, dont l'espèce est très
multipliée dans toutes les contrées de la
Guiane, et que l'on trouve dans la plupart des envois d'oiseaux, faits de ce pays;
dans le grand nombre d'individus que j'ai
vu, les variétés dans les couleurs du plumage m'ont paru nulles ou très peu
marquées; les nuances varient quelquefois,
dans le cendré ou dans le brun qui domine
sur la poitrine, et dans le roux plus ou
moins vif des parties supérieures.

# TINAMOU CARAPÉ.

Tinamus nanus. *Mihi.*

C'est d'après les détails, très circonstanciés, donnés par don Felix d'Azara, que je décris cette espèce nouvelle dont je n'ai point encore vû un sujet. Il est assez probable, que sa petite taille la dérobant aux yeux dans les hautes herbes où elle se tient cachée, est aussi la cause que l'espèce est peu connue et rare dans les collections d'oiseaux.

d'Azara dit, „que le nom de cet „oiseau équivaut à *nain;* les Guaranis „des missions lui donnent le nom *d'ynambu* „*carapé*, d'autres l'appèlent *ynambu yarii,* „c'est-à-dire, *grand père de l'ynambu.* „Il est très rare aux Missions; et il le „paroît encore plus qu'il ne l'est en effet, „parce qu'il se cache dans les herbes, et „qu'il n'en sort que quand on marche pour „ainsi dire sur lui; alors à peine vole-

„ t-il l'espace de vingt pas, et il se ca-
„ che ensuite; de sorte qu'on ne peut
„ trouver sa remise, ni le faire enlever
„ de nouveau. Si l'on parvient, avec
„ beaucoup de peine, à le faire envoler
„ encore, on peut compter qu'il ne se
„ montrera plus quoiqu'on lui marche sur
„ le corps et qu'on l'écrase. Il ne s'éloi-
„ gne pas ordinairement de deux palmes
„ de l'endroit où il s'est posé, et il se
„ laisse prendre à la main. Il se tient
„ constamment dans les campagnes et les
„ paturages bien fournis d'herbes, et il
„ ne pénétre jamais dans les bois. C'est
„ un oiseau solitaire, qui fait entendre,
„ dans le mois d'octobre et de novembre,
„ un cri perçant qu'exprime la sylabe *pi*.
„ Noseda prit un de ces oiseaux adultes,
„ et il lui offrit dabord du maïs concassé,
„ qu'il mangea dans la main, comme l'oi-
„ seau le plus familier et quoique mon
„ ami le retint de l'autre main. Cepen-
„ dant j'eus moi-même deux de ces oi-
„ seaux adultes; ils refusérent le maïs et
„ le pain, ils ne prenaient d'autre nour-

„ riture que les araignées qu'ils rencon-
„ traient dans la maison; aussi moururent-
„ ils le troisième jour. Ces deux Ynam-
„ bus, aussi bien que les quatre de Noseda,
„ n'offraient aucune différence entre-eux;
„ ensorte que l'on peut présumer que les
„ sexes n'apportent point de changement, ni
„ dans la taille, ni dans les couleurs du
„ plumage. Leur démarche est aisée; mais
„ elle n'est par aussi vîte que celle des
„ autres espèces auxquels ils ressemblent
„ par les formes et les habitudes; en
„ sorte que ceux qui ne connoissent pas
„ les *carapés* les prennent pour des jeunes
„ oiseaux de l'espèce de *l'ynambui.*

„ La longueur totale et seulement de six
„ pouces; il a neuf pouces six lignes d'en-
„ vergure; le tarse mesure neuf lignes et
„ le bec six lignes; les pennes de la
„ queue sont cachées par les couvertures,
„ qui les dépassent.

„ Les parties inférieures sont presque
„ blanches; mais il y a des taches longues
„ et roussâtres sur la partie du devant du
„ cou, et des lignes transversales noirâtres

„ et d'un blanc lavé de roux varient les
„ côtés du corps; le front, les côtés et
„ le derrière de la tête ont de petites
„ taches noirâtres sur un fond d'un roux
„ clair; les plumes du sommet de la tête
„ sont noirâtres, avec quelques points et
„ une bordure presque inperceptible de
„ blanc sale: celles du dessus du cou
„ et du croupion sont variées de roux,
„ de blanc et de noir; on voit aussi
„ des taches blanches sur le cou: les
„ pennes et les couvertures extérieures
„ des ailes sont rayées transversalement
„ de noir et de roussâtre, avec des
„ taches blanches; les tarses sont d'un
„ olivâtre clair; la mandibule supérieure
„ du bec est brune, l'inférieure est blan-
„ châtre (a)."

Je termine l'histoire des Tinamous par
la remarque, que toutes les espèces qui
composent ce genre paroissent confinées
dans les contrées de l'Amérique méridio-

_______________

(a) d'Azara Ois. du Parag. Trad. Franc. v. 4,
p. 148, no. 328.

nale; on ne les trouve jamais dans celles des parties septentrionales de ce vaste continent; elles sont surtout très multipliées dans ces pays encore peu visités par les Européens; c'est au Brésil, au Pérou et au Chili que les espèces sont multipliées. Des découvertes dirigées dans l'intérieur de ces terres vierges et de ces forêts antiques, nous reservent peut-être encore, la connoissance de plusieurs espèces nouvelles dans ce genre d'oiseaux.

# DISCOURS

SUR LE

# GENRE TURNIX.

Cₑs pigmés parmi les oiseaux qui composent l'ordre des Gallinacés, ont aussi été du nombre des espèces, comprises par Linné dans son genre *Tétrao* (a); Latham en fait une section dans le genre *Perdix*, les auteurs de l'Encyclopédie méthodique ont jugé plus convenable d'en faire un genre distinct, et en effet, nous verrons que les formes de ces petits oiseaux, donnent lieu à cette séparation. M. Illiger (b) est du même avis, ce savant naturaliste, donne aux Turnix de l'Encyclopédie, pour nouveau nom de genre, celui *d'ortygis* ou *ortux*, qui est synonyme

------

(a) Voyez le discours sur le genre Tétras, à la page 110 de ce volume.

(b) *Prodromus mammalium et avium.*

avec *coturnix*, dont le premier grec et
le second latin, servent dans ces deux
langues, à désigner notre caille d'Europe,
la seule espèce dans ce genre d'oiseaux
qui fut connue du tems des anciens. Le
nom de *coturnix* ayant déja servi à
Brisson comme nom de genre, et étant
adopté également dans cette monographie
pour indiquer tous les oiseaux congénéres
de la *caille d'europe;* nous ne pouvons
adopter pour nom de genre des Turnix
celui, proposé par le savant professeur
de Berlin; en donnant ce nom *d'ortygis*
aux petits tridactyles ou Turnix, il pou-
rait donner matière à des méprises, et
faire soupçonner quelque identité entre les
espèces de l'un et de l'autre de ces
genres; et à plus forte raison, puisque
nous avons dit à l'article de la caille (c),
que le nom *d'ortygia* a été donné à plusieurs petites îles de l'Archipel, et que
les deux Délos sont très souvent désignés
par cette dénomination, à causse du grand

_______________

(c) Voyez la note, à la page 489. de ce volume.

nombre de cailles, dont ces îles sont couvertes, surtout dans les deux époques de
l'année que les cailles voyagent. Ces motifs
me déterminent à proposer un autre nom
pour ces petits oiseaux, dont les caractères
essentiels diffèrent beaucoup de ceux qui sont
propres aux espèces qui composent le genre
Caille (*coturnix*); à cette fin, M. le professeur Reinwardt d'Amsterdam a choisi le
mot *hemipodius*, pour indiquer, que seulement la partie antérieure de la plante des
pieds, composée des trois doigts de devant,
existe dans ce genre, et que la partie
postérieure, ou le doigt de derrière
est nul.

Ces petits Gallinacés, dont le volume
du corps n'est point aussi considérable
que celui d'une grive, sont polygames;
ils vivent dans les landes stériles et dans
les herbes, et habitent sur les confins des
déserts; ils courent plus qu'ils ne volent,
et avec une vitesse surprenante; c'est à la
course qu'ils savent se dérober à leurs
persécuteurs, mais ils paroissent trouver
un moyen plus sûr encore d'échapper aux

enquêtes de ceux-ci, en se cachant dans
les touffes d'herbes, où blottis, il est
plus facile de les saisir lorsqu'on a eu
le bonheur de découvrir leur remise, que
de leur faire prendre la fuite, par le
vol; les jeunes et les vieux vivent solitaires, ils ne se réunissent point en
bandes.

Les particularités qui ont rapport à
leurs mœurs, ne nous étant point encore
toutes connues; nous ignorons, si les
Turnix sont erratiques comme les Cailles.
Leur nourriture se compose le plus habituellement d'insectes; ils touchent rarement
aux menues semences et jamais aux
grains. Ce genre, dans lequel nous ferons
connoître plusieurs espèces nouvelles, est
répandu en Afrique et dans les contrées
les plus chaudes de l'Inde et de la
Nouvelle Hollande; deux espèces vivent
dans les provinces les plus méridionales
de l'Espagne.

Les caractères essentiels de ces petits
oiseaux consistent; en un bec médiocre,
grêle, assez long, droit et très comprimé;

l'arête en est exhaussée, et ce n'est que
vers le bout, que la mandibule supérieure se courbe légèrement; le bec des
Turnix ressemble beaucoup au bec des
petites espèces du genre Pigeon. Les
narines sont latérales, longitudinalement
fendues jusques vers le milieu du bec,
et en partie fermées par une petite membrane nue. Les pieds, dont le tarse est
assez long, n'ont que trois doigts, tous
dirigés en avant et entièrement divisés.
La queue est composée de dix petites
pennes très foibles, rassemblées en faisceau
comme celle des Tinamous; et cette
queue, très difficile à distinguer des longues
plumes du croupion, est cachée en son
entier par les plumes de recouvrement.
Les ailes sont médiocres, elles ressemblent
à celles des Cailles, en ce que la première rémige est la plus longue.

# TURNIX À BANDEAU NOIR.

Hemipodius nigrifrons. *Mihi.*

CE rare et beau tridactyle, dont le seul individu dressé, que j'ai eu occasion de voir, se trouve au Muséum de Paris, mesure en totalité six pouces; son bec porte huit lignes; le tarse à onze lignes et le doigt du milieu avec l'ongle en a sept. Trois larges bandes transversales sont placées sur le front; la première, formée de petites plumes blanches s'avance sur la base du bec, jusque vers les orifices des narines; la seconde, du double plus large, est d'un noir profond, et la troisième, qui ne s'étend point au-de-là des yeux est d'un blanc pur; le haut de la tête est d'un roux clair, avec de petites rayes noires disposées sur le milieu des plumes; celles de la nuque sont légèrement nuancées d'oli-vâtre clair; le dos, le croupion et les couvertures supérieures de la queue sont d'un roux jaunâtre mêlé de noir et de fauve; les petites et les moyennes couvertures des ailes sont plus teintes de jaunâtre, et chaque plume porte vers le bout une petite tache noire; les pennes secondaires et les rémiges sont cendrées; la gorge est d'un jaune roussâtre clair, et sans taches; le cou et la poitrine ont cette même teinte, mais toutes les plumes en sont parsemées de petites taches noires, de forme demi-circulaire; le ventre, les cuisses et l'abdomen sont d'un blanc pur. Le bec est rouge; les pieds sont d'un rougeâtre clair et les ongles bruns.

L'individu, probablement le mâle, qui est au Muséum de Paris, a été envoyé de l'Inde, mais on ignore de quelle partie.

# TURNIX COMBATTANT.

*Hemipodius pugnax, Mihi.*

RIEN de bien surprenant de voir que des animaux carnassiers, harcelés et excités sans-cesse dans des prisons étroites, s'entre-déchirent; ou, ce qui est plus fréquent, que des animaux chez qui l'antipatie semble innée, se livrent des combats, au milieu de ces cirques où la foule s'empresse d'accourir pour jouir du spectacle barbare d'un Tigre, rendu plus féroce par la faim qui le presse, livrer un combat à mort au Buffle, au Taureau, ou à l'Éléphant écumant de rage, et pret à lui déchirer les flancs. Rien de bien surprenant encore, de voir l'homme, se jouant de sa vie, lutter, par son adresse, dans un combat inégal contre le Taureau; dans les premiers c'est une passion, une haine innée; dans le dernier c'est le vain honneur d'obtenir des aplaudissements. Les

combats que se livrent certaines espèces
d'oiseaux, nous paroissent plus extraordinaires,
surtout, puisque nous les voyons avoir
lieu le plus souvent dans les classes de
volatiles les plus dociles d'ailleurs, et dont
la naturel se plie si facilement à l'état
de domesticité; ce qui surtout est digne
de remarque, c'est que les individus d'une
même espèce s'entre-déchirent; et de cette
antipatie, l'amour seul est la cause; faire
la guerre et l'amour sont à la vérité des
actions fort communes chez les animaux.

L'homme a bien su mettre à profit, pour
son amusement, cette jalousie dans quelques
oiseaux de la classe des Gallinacés. Ce
genre de spectacle et d'amusement populaire,
semble avoir pris son origine en Asie
et spécialement dans l'Inde; des combats
publics, qu'on fait livrer entre toutes
sortes d'animaux, y sont fréquens; la
mode de ces joutes s'est introduite depuis
dans beaucoup de pays; les combats de
Buffle et de Taureau se voyent souvent
en Espagne et en Italie; celle des Coqs
est organisée en Angleterre et en Amé-

rique; celle des Cailles, de l'espèce vulgaire, dans quelques parties de l'Italie;
mais nulle part ces amusemens sont plus
fréquens que dans l'Inde et à la Chine.
Parmi les Gallinacés dont la jalousie en
amour est la plus forte, on a distingué
les différentes espèces de Coqs qui ont
reçu ces climats pour berceau; quelques
espèces de Cailles (a), parmi lesquelles on
remarque en Chine notre *Caille vulgaire* et
la petite espèce que j'ai décrite sous le
nom de *fraise;* dans l'île de Java ce sont
deux espèces de Cos et le petit oiseau
que j'ai nommé *Turnix combattant* que l'on
excite ainsi à s'entre-déchirer, et qu'on
élève à cette fin (b); et cette habitude

---

(*a*) Déjà les anciens savoient par expérience que le
caractère de la caille est hargeux, puisque suivant
Buffon ils disoient des enfans querelleurs et mutins,
*qu'ils étoient querelleurs comme des cailles tenues
en cage.*

(*b*) Outre les Coqs les Javanais s'amusent aussi
à faire battre une caille appelée *bouron cema,*
qui met autant d'acharnement au combat que le

dé faire battre des animaux, semble être
à tel point l'amusement favori des peuples
de l'Asie, que M. Barrow rapporte avoir
vu à la Cochinchine des sauterelles dressées
à ces sortes de spectacles (c). Le petit
Turnix de cet article est très estimé à
Java et fort recherché des Javans pour les
combats, et l'argent qu'on parie pour et
contre les deux adversaires est quelquefois
très considérable; il y des paris qui
vont jusqu'a cent piastres; ces oiseaux
lorsqu'ils sont vaillants et éprouvés valent
jusqu'à vingt cinq piastres; on dit aussi
que les femelles de cette espèce se battent. Les Malais de l'île de Java appellent ce Turnix *bouron-gema.*

---

meilleur Coq. — *Anales des Voy. de Géog. et
d'Hist. par Me. Brun; tiré d'un extrait d'un Voy.
à l'île de Java par Déchamps.*

(c) Un groupe bruyant de jeunes gens, s'amu-
soit d'un combat de coqs, et de jeunes enfans à
l'imitation de leurs aînés excitoient des Cailles,
d'autres petits oiseaux, et jusqu'a des Sauterelles
à se déchirer les uns les autres. *Barrow, Voy. à
la Cochine. v. 2, p. 257, trad. franc.*

La longueur totale mesurée depuis la pointe du bec jusqu'à l'extrémité des longues couvertures supérieures de la queue est de cinq pouces dix lignes, ou, tout-au-plus six pouces; le bec jusqu'aux coins de la bouche porte neuf lignes; le tarse a onze lignes, et le doigt du milieu avec l'ongle en a huit et demi. Le bec de ce petit Gallinacé a beaucoup de rapport, dans sa forme, au bec des espèces de Pigeons que j'ai décrit sous le nom de Colombi - gallines, et particulièrement de celui du *Colombi-galline à cravate noire* (d).

Le sommet de la tête est d'un brun noirâtre mêlé de roux; de larges sourcils, l'espace entre le bec et les yeux, les joues et la région derrière les yeux sont variés de petits points noirs et blancs; la gorge est d'un noir profond; la nuque est rousse; le dos, le croupion, les couvertures qui cachent la queue et les scapulaires sont d'un brun varié de roux et marqué, vers l'extrémité de chaque

---

(d) Voyez le premier volume de cet ouvrage, p. 390.

plume, par quelques bandes transversales, d'un noir profond et en zigzags; quelque-unes des plumes scapulaires ont encore des taches irrégulières noires, et toutes sont bordées longitudinalement de blanc; les côtés et le devant du cou, la poi-trine, la partie supérieure du ventre et toutes les couvertures des ailes sont rayées, à égale distance, de larges bandes noires et blanches, mais les bandes blanches sont quelquefois nuancées de roussâtre clair; le bas ventre et toutes les autres parties inférieures sont d'un roux de rouille sans taches; les rémiges et les pennes secon-daires sont brunes; la première rémige est bordée extérieurement, dans toute sa longueur, de blanc jaunâtre; le bec est jaunâtre, mais brun à la pointe; les pieds sont d'un brun jaunâtre; les yeux sont de couleur de paille.

Cette description appartient au mâle; j'ai tout lieu de croire que la femelle ne diffère pas beaucoup, car je n'ai point trouvé de disparités dans les couleurs du plumage des individus que j'ai vus.

J'ai reçu de Batavia plusieurs individus de cette belle espèce ; le Muséum de Paris possède aussi un sujet bien conservé.

# TURNIX CAGNAN.

Hemipodius nigricollis. *Mihi.*

Si les tentatives, que font les naturalistes pour connoître les mœurs et les habitudes des oiseaux qui vivent autour de nos demeures, et des espèces erratiques qui visitent périodiquement nos climats, sont souvent sans succès; il paroîtra moins surprenant que nos connoissances ne soient point encore enrichies par les lumières sur le genre de vie d'une famille, telle que celle qui compose le genre Turnix; des êtres si petits, si prompts à se cacher et que l'œil apperçoit à peine dans les hautes herbes et les endroits fourrés où ils se tiennent blottis, peuvent échapper facilement aux vaines tentatives du naturaliste, qui desire tracer l'histoire de leurs mœurs. En effet nous ne savons encore rien de bien positif sur la manière de vivre de ces petits Gallinacés, ce qui nous oblige à borner nos descriptions à l'énumération succinte des couleurs répandues sur leur plumage, assez agréablement varié.

La longueur totale de cette espèce est de six pouces six ou huit lignes; le bec jusqu'aux coins de la bouche mesure huit lignes; la queue ou les longues plumes des couvertures dépassent les ailes d'un pouce six lignes; le tarse a neuf lignes et le doigt du milieu avec l'ongle en a onze.

Le sommet de la tête, les joues et les côtés du cou sont variés irrégulièrement de noir, de blanc et d'un peu de roux; du noir profond s'étend depuis la mandibule inférieure, sur tout le devant du cou et jusques sur la poîtrine; la nuque, le dos, le croupion, les scapulaires et les couvertures du dessus de la queue sont rayées transversalement de cendré, de noir et de roux; de manière qu'en quelques endroits les raies noires sont plus larges que les autres, ce qui produit sur le corps quelques taches de cette couleur; les scapulaires ont encore, de chaque côté, une bande longi-

tudinale, blanche. Les couvertures des
ailes sont mêlées confusément de cendré
et de roux, mais cette couleur paroît
dominer, et elles ont chacune plusieurs
taches blanches, rondes, surmontées d'autres petites taches noires eu demi-cercle.
Les côtés de la poitrine sont d'un beau
roux; mais le milieu de la poitrine,
ainsi que le ventre, les flancs, les cuisses et l'abdomen sont d'un cendré clair;
les rémiges et les pennes secondaires sont
d'un brun cendré, et les quatre premières rémiges sont bordées extérieurement
de blanc jaunâtre; les pennes de la
queue sont rayées transversalement, à peu
près comme le dessus du corps. Les pieds
et le bec, à en juger sur les individus
dressés, paroissent d'un cendré jaunâtre.

L'île de Madagascar est la patrie de cette
espèce; il est probable qu'elle se trouve
aussi sur le continent de l'Afrique, mais
je ne saurais le dire avec certitude. J'ai
reçu cet oiseau du Cap de Bonne Espérance; celui du Muséum de Paris a été
envoyé de Madagascar.

# TURNIX À PLASTRON ROUX.

*Hemipodius thoracicus. Mihi.*

A juger de ce que Sonnini dit dans la nouvelle édition des œuvres de Buffon, à l'article de sa *Caille à trois doigts de l'île de Luçon*, on serait porté de croire qu'il n'a jamais vu un sujet de l'une d'entre les espèces qui composent le présent genre (*a*); car, il est difficile de supposer qu'un naturaliste puisse se méprendre à tel point, et meconnoître si complette-

---

(*a*) Dans la gallerie des oiseaux du Muséum de Paris se trouvent des individus bien conservés de trois espèces distinctes de Turnix; deux de ceux-ci, envoyés par Sonnerat au cabinet du roi, y sont déposés depuis le tems de Buffon. M. Sonnini aurait pu s'assurer par l'examen de ces individus des différences très essentielles, qui distinguent ces oiseaux des cailles.

ment les nombreuses disparités qui distinguent les oiseaux du genre Caille (*coturnix*), de ceux qui forment le genre Turnix (*hemipodius*).
,, Quelque différence, dit l'auteur cité, que
,, semble devoir établir l'absence d'un doigt
,, dans les oiseaux qui en ont ordinairement
,, quatre à chaque pied, elle n'est pas
,, sans exemple. Non seulement cette espèce,
,, mais la caille de Madagascar, celle de
,, Gibraltar et celle d'Andalousie sont de
,, ce nombre. La forme extérieure, le
,, port, l'ensemble, tout rapproche cepen-
,, dant ces espèces des autres cailles; ainsi
,, la nature semble se jouer des méthodes
,, par l'immense variété des ses produc-
,, tions. Elle est plus vaste que le cer-
,, cle dans lequel on voudroit vainement
,, la circonscrire (*b*)."
Il suffit de comparer un Turnix et une Caille pour donner un démenti formel à tout ce que Sonnini dit ici des grands rapports, qui existent entre ces oiseaux,

---

(*b*) Sonn. *Nouv. édit. des œuvres de Buffon*, v. 7, p. 144.

et je ne doute nullement que les caractères indiqués par moi dans l'introduction des genres, serviront à distinguer facilement, les espèces de l'une et de autre. Je vais passer à la description du plumage de l'espèce de cet article, dont nous devons les premiers détails à Sonnerat.

La longueur prise sur deux individus, en tout pareils, est de six pouces huit ou dix lignes; le bec, qui est droit et très foiblement courbé vers la pointe, mesure dix lignes; le tarse a un pouce, et le doigt du milieu onze lignes.

Le sommet de la tête, les joues et la nuque sont couverts de taches noires et blanches, les noires sont cependant en plus grand nombre; les plumes de la gorge sont blanches, terminées de noir; la partie inférieure du cou et la poitrine sont d'un roux mordoré très vif; le ventre est d'un jaunâtre clair et lavé; les flancs, les cuisses et l'abdomen sont aussi colorés de cette nuance; le dos, le croupion et les longues plumes qui cachent la queue sont d'un gris-brun, marqué de zigzags noirs très

déliés; sur les grandes et les petites couvertures des ailes sont quelques grandes
taches noires, posées sur un fond d'un blanc
jaunâtre, et au-dessus de chaque tache noire
est une raie transversale d'un roux vif;
les grandes pennes des ailes sont d'un gris-
brun, sans taches. Sonnerat qui doit avoir
vu l'oiseau vivant, dit, que les pieds et
le bec sont grisâtres.

Cette espèce a été observée par Sonnerat
dans l'île de Luçon une des Philippines.
Le muséum de Paris possédoit l'individu
rapporté par Sonnerat, aujourd'hui on ne
l'y voit plus.

# TURNIX TACHIDROME.

Hemipodius tachydromus. *Mihi.*

CETTE espèce, qui a l'Afrique pour berceau, visite, dans ses passages périodiques, les contrées les plus méridionales de l'Espagne; elle n'est cependant pas mieux connue que les autres espèce du genre, apportées de bien loin au de là des mers. Nous savons seulement qu'elle court très vite, et se dérobe par ce moyen à la poursuite du chasseur; elle se tapit sous les touffes d'herbes de façon, qu'elle se laisseroit plutôt écraser que de prendre la fuite par le vol. C'est de cette espèce dont M. Desfontaines fait mention dans les mémoires de l'Académie des sciences année 1787, page 500; et Schaw (*a*) la désigne également dans

___

(*a*) The three toed quail is a bird of passage, and is caught by runnig it down; for having been sprung once or twice, it becomes so fatigued as to be overtaken and knocked down with a stick. — *Traveles p.* 300.

ses voyages, sous le nom de caille à trois doigts.

Ce Turnix porte six pouces en longueur totale; le bec jusqu'aux coins de la bouche a huit lignes, et jusqu'aux petites plumes qui s'avancent sur sa base seulement quatre lignes; le tarse mesure un pouce, et le doigt du milieu avec l'ongle huit lignes. Le bec de cette espèce est très petit, très comprimé, de la même forme et guère plus gros que celui de l'alouette vulgaire.

Le haut de la tête est d'un brun noirâtre partagé longitudinalement par trois bandes d'un jaune roussâtre, deux de ces bandes forment des sourcils et la troisième passe sur le milieu du crâne; la gorge est blanche; le devant du cou et la poitrine sont d'un roux pur; ce roux est bordé paralellement sur les côtés de plumes jaunâtres, qui ont un croissant noir à quelque distance de leur extrémité; les flancs sont d'un roux clair, parsemé de quelques taches rares; le milieu du ventre, l'abdomen et les couvertures inférieures de la queue sont

blancs; la nuque est d'un cendré roux, raié de
zigzags noirs et roux; le dos, le croupion et
les scapulaires sont variés de zigzags noirs et
roux, qui sont disposés longitudinalement et qui
suivent le coutour de la plume; chaque plume
des scapulaires est de plus encadrée par
une étroite bande blanche; toutes les couvertures des ailes sont jaunâtres, les plus
grandes portent une tache rousse sur les
barbes intérieures et une tache noire sur
les barbes extérieures; mais les petites couvertures ont deux taches noires, une sur
chaque barbe; les rémiges sont cendrées, l'extérieure est lisérée de blanc;
les pieds et le bec m'ont paru bruns.
J'ignore si les sexes sont distingués par
les couleurs du plumage.

De mon cabinet.

# TURNIX À CROISSANTS.

Hemipodius lunatus, *Lath.*

L'ESPÈCE que je signale ici, se montre de tems en tems sur les côtes d'Espagne, mais elle est également du nombre des oiseaux peu connus. La longueur totale est de six pouces deux ou trois lignes; Latham dit, que l'individu qu'il a observé avoit six pouces six lignes.

Le dos est brun, rayé transversalement de noir; les couvertures des ailes sont d'un roux clair bordé de blanc, au milieu de chaque plume de ces parties est une tache noire, entourée par un cercle blanc; la gorge est noire rayée de blanc; les plumes de la poitrine blanches vers leurs bords, sont ferrugineuses au au milieu et entourées de noir; les rémiges sont noires; les pennes de la queue, cachées par les longues couvertures supérieures, sont rayées de noir et de blanchâtre et bordées de blanc; les pieds et le bec m'ont paru jaunâtres sur l'individu dressé.

Le Turnix à croissants habite les pays de l'Afrique situés le long des bords de la Méditerranée; il paroît qu'il visite accidentellement les contrées méridionales de l'Espagne, puisque l'espèce a été vue sur les rochers de Gibraltar.

Le seul individu que j'ai vu, se trouvait dans le Leverain muséum à Londres.

# TURNIX MOUCHETÉ.

*Hemipodius maculosus.* **Mihi.**

Très facile à reconnoître de tous ses congénères, le Turnix qui fait le sujet de cet article se distingue par sa queue très courte, qui ne dépasse point le bout des ailes; le croupion et très garni de plumes, et celles-ci dépassent l'extrémité de la queue et par conséquent aussi le bout des ailes, mais seulement d'un ou de deux lignes; le bec de cet oiseau est conformé comme celui du Turnix combattant.

La longueur totale est de cinq pouces; le bec mesure huit lignes; le tarse huit lignes et demi, et le doigt du milieu avec l'ongle huit lignes.

Le sommet de la tête porte des taches noires et toutes les plumes sont terminées par du roux cendré; une bande blanche partage le crâne en longueur; de larges sourcils, les côtés du cou et la nuque sont d'un roux vif et pur; la gorge et les joues sont d'un blanc roussâtre; le devant du cou, la poitrine, le ventre, les flancs et les cuisses sont d'un roux clair, sans taches, si l'on en excepte les plumes des flancs et des côtés de la poitrine qui ont des raies noires et d'un blanc roussâtre; les plumes du haut du dos et les scapulaires ont un grand espace noir au milieu, du roux foncé vers leur extrémité, et toutes sont bordées latéralement par une bande blanchâtre; les plumes du milieu du dos et celles très longues du croupion, sont d'un noir profond varié de petits zigzags roux, elles sont liserées, tout a l'entour, par une fine bande jaunâtre, qui l'est ensuite de gris bleuâtre; et cette dernière teinte forme aussi quelques taches sur les scapulaires; les couvertures des ailes sont d'un jaune roussâtre, toutes ont une grande tache noire à quelque distance de leur extrémité, et les plus longues ont du roux taché de noir sur leurs barbes intérieures; les rémiges et les pennes secondaires sont d'un cendré clair, toutes sont bordées extérieurement de blanc roussâtre; les pieds et le bec sont d'un beau jaune. Il n'existe aucune différence dans les sexes.

Nous devons la découverte de ce joli Gallinacé au dernier voyage aux terres Australes, fait sur les corvettes le naturaliste et le géogaphe, sous la conduite du capitaine Baudin. Du grand nombre de naturalistes qui furent de cette expédition désastreuse, seulement deux eurent le bonheur de revoir leur patrie; le muséum de Paris leur doit la conservation des objets précieux recueillis dans ces contrées peu visitées. Le Turnix moucheté a été trouvé par eux sur le continent de la Nouvelle Hollande; trois individus, pareils en tout, sont déposés dans les galeries du muséum de Paris; celui qui fait partie de mon cabinet ne diffère point des trois autres.

# TURNIX RAYÉ.

Hemipodius fasciatus. *Mihi.*

Je n'ai vu qu'un individu de cette espèce nouvelle. La longueur totale est de cinq pouces une ou deux lignes; le bec a huit lignes, le tarse un pouce et le doigt du milieu avec l'ongle neuf lignes. Le volume du corps de cet oiseau ne dépasse point celui de l'Alouette vulgaire.

Tout le devant du cou, les côtés de la tête ainsi que la poitrine, sont rayés transversalement de noir et de blanc roussâtre; le ventre et l'abdomen sont d'un roux pur, sans taches; le sommet de la tête est noir; autour des yeux sont de petites plumes, alterativement rayées de noir et de blanc; la nuque est d'un roux vif; le dos et le croupion sont de couleur brune, mêlée de noir et de roux; les couvertures des ailes sont rayées transversalement de blanc et de noir, mais les plus longues de ces plumes, qui sont proche du corps, ont les barbes extérieures noires et sont terminées de gris; les rémiges sont d'un gris pur et sans aucun mélange; les pieds et le bec m'ont paru jaunes sur l'individu dressé.

Cette espèce, si on doit ajouter foi à l'étiquette que portoit le seul individu que j'ai vu, habite les îles Philippines. J'ai fait cette description sur un individu déposé dans les galeries du muséum de Paris.

# TURNIX HOTTENTOT.

Turnix hottentottus. *Mihi.*

Ce Turnix, l'un des plus petits du genre, n'a guère le corps plus gros qu'une alouette; il se distingue de tous ceux de sa tribu par les doigts, qui sont très courts en proportion de la longueur du tarse; son bec est très menu et ressemble beaucoup à celui d'une alouette. Nous devons la connoissance de ce Gallinacé à Le Vaillant, qui en fait très succinctement mention dans son premier voyage en Afrique, et seulement en ces termes. „Outre la Caille commune à „l'Europe et à l'Afrique, on trouve „encore au Cap un oiseau beaucoup „plus petit, qu'on nomme aussi *Caille*, „mais très improprement; car il n'a que „trois doigts aux pieds, et tous dirigés „en avant, caractère suffisant pour ne

„ pas devoir les confondre. J'en donnerai
„ la description, et je pense qu'il sera
„ nécessaire d'en faire un genre neuf qui
„ formera le passage de la Caille à l'Ou-
„ tarde, avec laquelle il tient par la
„ conformation des doigts." Pour completter ces détails mon savant ami m'a
communiqué, très récemment, ce qui suit.
„ Cet oiseau se trouve aux environs du
„ Cap, car j'en ai tué un individu à
„ *ronde bosch;* cependant c'est le seul que
„ j'ai vu si près de la ville, quoique
„ j'aie beaucoup chassé dans tous les
„ environs et dans le *zwart-land.* Mais
„ elle est excessivement abondante sur
„ les montagnes *d'Auteniquoi-land,* vers la
„ baie de Plettemberg. Cet oiseau part
„ très difficilement, et se chache si bien
„ que le hasard seul peut le faire dé-
„ couvrir; son corps se charge à tel
„ point de graisse, qu'il ne peut souvent
„ pas s'envoller et qu'il se laisse prendre
„ à la main, lorsqu'on a pu découvrir sa
„ remise; quand par hasard il s'envolle,
„ si on remarque la place où il se re-

„ pose on est sur de le prendre sans
„ qu'il bouge.   Il vit dans les herbes
„ qui croissent sur les confins des dé-
„ serts.  La femelle pond huit œufs,
„ d'un gris sale; elle ne diffère du mâle
„ que par des teintes plus foibles."

La longueur totale est d'environ cinq
pouces; le bec mesure six lignes et demi, le tarse onze lignes, le doigt du
milieu avec l'ongle six lignes, et le doigt
intérieur seulement quatre lignes; la queue
et ses couvertures dépassent les ailes
pliées de dix ou de onze lignes.

Le sommet de la tête est noir, mais
chaque plume est terminée de roux foncé;
un petit trait très fin partage le crâne
dans sa longueur et vient aboutir a la
nuque; de petits sourcils roux surmontent
les yeux; la gorge est blanche, mais
chaque plume est terminée de roux clair,
et cette couleur est également répandue
sur les joues; les côtés et le devant
du cou, la poitrine et les flancs ont,
pour couleur de fond, un blanc roussâtre,
vers le bout de chaque plume est une large,

mais très courte bande, d'un noir profond
et toutes sont terminées de blanc jaunâtre,
ce qui forme une moucheture irrégulière
sur ces parties; le milieu du ventre et
l'abdomen sont d'un blanc jaunâtre, clair-
semé de quelques taches brunes; la nuque est cendrée, variée de cendré plus
foncé; le dos, les scapulaires et le croupion portent des raies et des taches en
zigzags, d'un roux foncé et d'un noir
profond, mais toutes les scapulaires sont
bordées latéralement par une large bande
blanchâtre, qui est accompagnée intérieurement par une seconde bande, mais d'un
noir profond; les couvertures des ailes
sont variés de roux, de blanc et de
noir, de manière que le roux occupe les
barbes intérieures de ces plumes, et que
les taches noires et blanches sont distribuées sur les barbes extérieures; les rémiges et les pennes secondaires sont d'un
brun clair, toutes terminées et lisérées de
blanc jaunâtre; les pennes de la queue
sont rayées de zigzags noirs et roux,
elles portent de grandes taches blanchâ-

tres ; le bec est brun et le les pieds sont jaunes.

Ce Turnix, très rare dans les collections d'histoire naturelle, habite, ainsi que je viens de le dire, les parties méridionales de l'Afrique. Je dois les deux individus qui font partie de mon cabinet, aux soins obligeants de mon ami M. le Vaillant, qui, au retour de ses voyages en Afrique, à déposé dans mon cabinet les fruits nombreux de ses intéressantes découvertes.

---

Je me vois a regret dans la nécessité de terminer cette monographie par un article étranger à la science de l'histoire naturelle.

L'ouvrage que j'offre au public dans le présent format, étoit destiné à paroître en format in folio accompagné de planches colorées. Le premier volume de cette édition en grand format, contenant la Monographie des Pigeons parut à Paris en l'année 1808 et fut terminée en 1811; j'en confiai la direction a Mademoiselle Pauline de Courcelles depuis Madame Knip, peintre en histoire

naturelle, très habile, et dont tous les
ouvrages en ce genre attestent les talents
distingués. Cette dame fut chargée de
surveiller la gravure des planches; les
dessins avaient été faits par elle d'après
les espèces de pigeons qui se trouvaient au
Muséum de Paris au nombre de quarante-
sept individus, ainsi que quarante dessins
qu'elle copia d'après ceux que j'avais fait
faire sous mes yeux, par Monsieur Prêtre;
qui, à cette fin étoit venu passer quelques
mois en Hollande.

La première livraison parut en 1808
accompagnée du titre que porte la présente édition; Madame Knip, alors Mademoiselle de Courcelles s'y trouvait nom-
mée, comme de droit, pour la part
qu'elle avait à l'entreprise, et dans les
termes suivants: *Avec figures en couleurs
peintes par Mademoiselle Pauline de Courcelles, gravées, imprimées et retouchées sous
sa direction.*

L'ouvrage ne fut pas plutôt terminé,
que Madame Knip, abusant de mon in-
dulgence et ingrate envers le desintéresse-

*Tom. III.*                                  r r

ment que j'avais montré en sa faveur,
trouva bon de changer le titre (a), en le
remplaçant par un nouveau où elle se
nomme auteur ; elle supprima 40 pages
d'impression du texte, qui auraient pu
servir de témoins contre le prétendu auteur, et fit éprouver le même sort à
l'Index latin, formant 16 pages, imprimées en deux colonnes. Cet ouvrage
ainsi mutilé, fut présenté à S. M. l'Impératrice et Reine Marie Louise, et servit
à obtenir des gratifications que l'ambition
de Madame Knip convoitoit depuis longtems. Cependant, afin de me laisser
ignorer, à une distance de cent lieues,
toutes les trames de cette action arbitraire, Madame Knip eut la prévoyance
de ne me faire parvenir que des exem-

---

(a) Le nouveau titre de l'invention de Madame
Knip est conçu ainsi, *les Pigeons par Madame
Knip, née Pauline de Courcelles, première peintre
d'histoire naturelle de S. M. l'Impératrice et Reine.
Le texte par* C. J. Themminck (Temminck). — *Se
vend à Paris, chez l'auteur rue Serbonne Musée
des artistes.*

plaires complets, portant le titre de l'année 1808 et auxquels on n'avait rien retranché du texte ni de l'index (*b*).

Un voyage que je fis à cette époque à Paris, pour y publier les deux volumes de l'histoire naturelle des Gallinacés, qui étoient destinés à faire la suite des Pigeons, me fit découvrir les artifices de cette dame. Tous les moyens mis en œuvre pour en appeler contre un acte si arbitraire, furent sans effet, et ma voix ne put alors s'élever contre l'intrigue soutenue par des protecteurs puissants; les journalistes refusèrent de placer mes réclamations dans leurs feuilles; même celle en réponse à l'article que le nouvel auteur avait fait publier par ces journeaux, me fut interdite.

Tel est le sort qu'éprouva ce premier

---

(*b*) Suivant nos conditions, je m'étois reservé comme auteur, seulement huit exemplaires de l'ouvrage; ceux-ci et quatre autres qu'on reconnoîtra au titre, qui porte la date de l'année 1808 et à l'index latin par lequel ils sont terminés, sont les seuls approuvés par moi.

volume; les suppressions très conséquentes
qui y ont eu lieu, m'ont fait prendre la
résolution de publier cet ouvrage dans le
format en 8vo.

Je préviens le public, que les dessins
originaux des Gallinacés au nombre de
160, exécutés par l'habile peintre M.
Prêtre, sont en ma possession; je me
reserve de les publier, lorsque les tems
se montreront plus propices à l'exécution
d'une entreprise aussi conséquente.

## FIN DU TROISIÈME ET DERNIER VOLUME.

# EXPLICATION

### DES

## PLANCHES ANATOMIQUES,

### DE CE VOLUME ET DU PRÉCÉDENT.

### VOLUME II.



*r r 3*

3 et 4. Plumes des mêmes parties de l'espèce du Coq villageois ou domestique.

5 et 6. Le larynx supérieur et son adhérance à la queue de l'os hyoïde dans le genre Dindon.

7. *Idem* overt; *aa* les branches du compas mobile; *b*, protubérance du fond de la glotte.

8 et 9. Les parties du larynx inférieur du Dindon.

10. Une plume de la huppe du Macartney, mâle.

## VOLUME III.

Pl. 4. — Fig.

1. Sinuosités de la trachée dans le Pauxi à pierre.

2. Bec du Pauxi mitu.

3. *Idem* du Hocco à barbillons.

Pl. 5. — Fig.

1. Sinuosités de la trachée et larynx inférieur dans le Hocco mituporanga.

2. Le larynx supérieur de cet oiseau ouvert, et l'adhérance de cette partie à la queue de l'os hyoïde; *aa* les branches du compas mobile; *b*. le socle du fond de la glotte.

2. Le cartilage *a* couvre, dans l'état naturel, l'ouverture *o*, en formant une voûte.

3. Larynx inférieur, vu par derrière, fermé.

4. *Idem*, ouvert.

5. Os ou traverse du tube de la trachée, qui soutient la base du larynx inférieur; l'extrémité *i* se trouve dans la partie antérieure du larynx.

Pl. 9. — Fig.

1. Sinuosités du tube de la trachée dans le Tétras auerhan; *a a* les deux grands muscles latéraux, qui accompagnent la trachée.

2. Bec de grandeur naturelle du Tétras auerhan.

3. *Idem*, du Tétras rakkelhan.

4. *Idem*, du Tétras birkhan.

5. Tête du Tétras des saules lorsque l'oiseau est revêtu du plumage complet d'été.

Pl. 10. — Fig. 1 et 2. Tête et bec du Tétras ptarmigan mâle, en plumage d'hiver.

3. Le pied de cet oiseau.

4. Bec de l'Hétéroclite Pallas.

5 et 6. Pieds de cet oiseau.

Pl. 11. — Fig. 1 et 2. Tête et bec du Tétras des saules, lorsque l'oiseau est revêtu du plumage complet d'hiver.

3. Le pied de cet oiseau.

4. Le pied d'un oiseau du genre Ganga.

7. Extrémité de l'une des rémiges extérieures de l'Hétéroclite Pallas.

FIN DE L'EXPLICATION DES PLANCHES ANATOMIQUES.

# INDEX.

## AVES GALLINÆ.

*Rostrum* breviusculum, convexum, saepius cerigerum; maxilla aut tota, aut versus apicem inflexum, fornicata; culmine rarius carinato gibbo.

*Nares* laterales, vel ceromate, vel membrana, vel squama fornicali semitectae, vel plumis tectae.

*Pedes* tetradactyli, digiti tres antici basi membranula conjuncti, rarius tetradactyli aut tridactyli fissi; halluce insistente; digitis subtus scabris.

---

## GENUS PAVO.

Linn. Lath. Cuv. Bonat. Dumér. Meyer. Illiger.

*Rostrum* mediocre, crassiusculum, basi nudum, maxilla versus apicem deflexa, convexa, fornicata.

*Nares* basales, laterales, patulae.

*Caput* plumatum, cristatum.

*Pedes* tetradactyli, tarso calcarato conico.

*Pennae uropygii* elongatae, latae, expansiles, ocellatae.

*Cauda* cuneata, rectricibus 18.

*Alae* breves; remigibus quinque exterioribus sexta longissima brevioribus.

---

**P.** CRISTATUS. *primus.* P. Capite crista compressa, corpore supra ex viridi-aureo, nitore aeneo; tegminibus alarum viridi-aureo cum caeruleo et

æneo reflexu, subtus nigricante viridi-aureo inter-
mixto; duabus utrinque taeniis albis in capite; tectricibus caudae superioribus longissimis, arcubus
versicoloribus et auratis conspicuis.

Feminam *non vidi.*

PAON SAUVAGE. Temm. *Hist. Nat. Pig. et
Gall. v.* 2, *p.* 16.

Habitat *in India, Java, Sumatra, et Insulis Moluccis.* — Long 4 ped. 5 poll. Cauda pennis 18.
Rostro pedibusque grisels. Ovum album, punctis
rufis adspersum.

(*A*) CRISTATUS. *Domesticus.* P. Differt tantum a
precedente, tectricibus alarum transversim striatis.

PAVO CRISTATIS. Lath. *Ind. Orn v.* 2, *p.* 616,
*sp.* 1. — Linn. *Syst.* 1, *p.* 267. — Gmel. *p.* 729,
*sp.* 1. — Retz. Linn. *Faun. Suec. p.* 205. —
Frisch. *t.* 118. — Brun. *Orn. Bor. p.* 58. —
Will. *p.* 112, *t.* 27. — Klein, *Av. p.* 112. B. —
Id. *Ov. p.* 82, *t.* 14, *f.* 1 et 2. — *Stor. degli
ucc. v.* 2, *pl.* 217.

LE PAON. Buff. *Os. v.* 2, *p.* 288, *t.* 10. — Id.
*pl. enl.* 433. et 434. — Id. *édit. de* Sonn. *v.* 6,
*p.* 86. — Briss. *Orn. v.* 1, *p.* 281, *sp.* 7, *t.* 27. —
Id. 8vo, *v.* 1, *p.* 79. — Gmel. *Trad. Franç. v.* 2,
*p.* 392. — Temm. *Pig. et Gall. v.* 2, *p.* 35. *Pl.
Anat.* 1, *f.* 2 et 3. — Gérard. *Tab. Elém v.* 2,
*p.* 87.

DER PFAU. Gunth. *Nest. U. Ey. t.* 22. — *Na-
turf.* 4, *p.* 605. — Bechst. *Naturg. Deutschl. v.* 3,
*p.* 1096.

CRESTED PEACOCK. Lath. *Gen. Syn. v.* 4,
*p.* 658.

Habitat *per omnem Europam,* passim in hortis nobi-
lium et curiosorum cicur.

(B.) VARIUS. P. a precedente differt, genis, gutture, supremo ventre, tectricibusque alarum albis.

PAVO VARIUS. Lath. *Ind. Orn.* v. 2, p. 616, *var.* B. — Briss. *Orn.* v. 1, p. 288. — Id. 8vo, v. 1, p. 81. — Frisch *t.* 119. — Gmel. *Syst.* 1, p. 729. B.

LE PAON PANNACHÉ. Buff. *Ois* v. 2, p. 327 — Id. *édit. de* Sonn. v. 6, p. 154. — Gmel. *Trad. Franç.* v. 2, — Temm. *Pig. et Gall.* v. 2, p. 40.

(C.) ALBUS. P. variat corpore toto albo.

PAVO ALBUS. Lath. *Ind. Orn.* v. 2, p. 617, *var.* Γ. — Gmel. *Syst.* 1, p. 730. — Briss. *Orn.* v. 1, p. 288. — Id. 8vo, p. 81. — Frisch *t.* 120. — *Stor. degli. uccell.* v. 2, pl. 218.

LE PAON BLANC. Buff. *Ois.* v. 2, p. 323. — Id. *édit. de* Sonn. v. 6, p. 148. — Temm. *Pig. et Gall.* v. 2, p. 46. — Gmel. *Trad. Franç.* v. 2, p. 392. *var.* C.

P. MUTICUS. P. Corpore supra ex virescente-caeruleo, nitore aeneo; subtus cinereo, maculis nigris albo striatis vario; crista erecta, spicata; pectore caeruleo et viridi-aureo; tectricibus caudae superioribus longissimis ocellatis.

PAVO MUTICUS. Lath. *Ind. Orn.* v. 2, p 617, *sp.* 2. — Linn. *Syst.* 1, p. 268. — Gmel. p. 731, *sp.* 3.

PAVO JAPONENSIS. Briss. *Orn.* v. 1, p. 289, *sp.* 8. — Id. 8vo, v. 1, p. 81.

LE SPICIFÈRE. Buff. *Ois.* v. 2, p. 366. — Id. *édit. de* Sonn. v. 6, p. 230. — Gmel. *Trad.*

*Franç.* v. 2. p. 396. — Temm. *Pig. et Gall.*
   v. 2. p. 56. t. *Anat.* 1. f. 1. *la tête, de gran-*
   *deur naturelle.*

JAPAN PEACOCK. Lath. *Gen. Syn.* v. 4.
   p. 672.

Habitat *in Japonica.*

*Mas*, tarso calcarato; orbitae oculorum et macula
   quadrangularis sub oculis flavae; rostro pedibusque cinereis.

# GENUS GALLUS.

### Brisson, Cuvier, Illiger.

*Rostrum* mediocre, crassiusculum, maxilla fornicata,
   convexa, in apicem arcuatim deflexa.
*Nares* basales, laterales, squama fornicali semitectae,
   patulae.
*Pedes* tetradactyli, tarso calcarato magno incurvato.
*Cauda* rectricibus 14.
*Alae* breves; remigibus tribus exterioribus quarta lon-
   gissima brevioribus, prima brevissima.

G. GIGANTEUS. G. —— —— —— —— ——?
   COQ JAGO. Marsden *Voyage à Sumatra, Trad.*
      *Franç.* — Temm. *Pig. et Gall.* v. 2. p. 84. et
      *le pied de grandeur naturelle,* t. *Anat.* 2. f. 1.
   Habitat *in Java et Sumatra.* — Gallo vulgari duplo
      major. Caruncula et palearibus rubris.

(A.) PATAVINUS. G. Caruncula denticulata, pulchris coloribus variegatus. — *Domesticus.*
   GALLUS PATAVINUS. Briss. *Orn.* v. 1, p. 170.

G. — Id. 8vo, v. 1, p. 46. — Aldrov. av. 2,
t. p. 310 et 311. — Rom. Orn. t. 8 et 9,
p. 63. — Stor. degli ucc. v. 2, pl. 209 et 210.

LE COQ DE CAUX OU DE PADOUE ET LES POULES DE SANSEVARRE. Briss. Ois. v. 2, p. 125. — Gmel. *Trad. Franc.* v. 2, p. 409. — Temm. *Pig. et Gall.* v. 2, p. 86.

DAS PADUANISCHE HUHN. Bechst. *Naturg. Deutschl.* v. 3, p. 1293.

PADUAN COCK. Lath. *Syn.* v. 4. p. 707.

Magnitudine convenit cum gallo giganteo, et gallo vulgari duplo major.

G. BANKIVA. G. Caruncula denticulata, compressa; ore subtus barbato; cauda subfastigiata subhorizontali; pennis colli elongatis, apice rotundatis; capite, dorsoque fulvis; tectricibus alarum fuscis nigrisque; abdomine, caudaque nigris. *Mas.*

*Femina,* fusco-cinerea et flavicans; crista et barba minores quam maris.

COQ ET POULE BANKIVA. Temm. *Pig. et Gall.* v. 2, p. 87.

Habitat *in Java.* — Caruncula palearibusque rubris; pedibus cinereis.

(*A*) DOMESTICUS. G. Caruncula denticulata compressa, ore subtus, barbato; cauda compressa adscendente; pennis colli linearibus elongatis; pulchris coloribus variegatus.

*Femina.* Crista et barba minores quam maris.

GALLUS DOMESTICUS ET GALLINA. Briss. Orn. v. 1, p. 166. — Id. 8vo, v. p. 45. — Raii. *Syn.* p. 51, A. — Will. 4. 109, t. 26. —

Schaef. *El. Orn. t.* 38. — Rom. *Orn. v.* 1, *p.* 56
*t.* 9 et *p.* 59, *t.* 7. — *Stor. degl uec. v.* 2, *t.* 207
et 208. — Frisch *t.* 127, 128 et 129.

PHASIANUS GALLUS DOMESTICUS. Lath.
*Ind. Orn. v.* 2, *p.* 626, *B.* — Linn. *Syst.* 1,
*p.* 270. — Gmel. *Syst.* 1, *p.* 737, *sp.* 1, *B.* —
Retz. Linn. *Fauna. Suec. p.* 206. — Borowsk.
*Nat.* 2, *p.* 177.

ALECTOR. Klein Av. *p.* 111, *A.* 1. — Id. *Ov.*
*p.* 31, *t.* 13, *f.* 1.

COQ COMMUN à CRÊTE DU COQ VILLAGEOIS.
Buff. *v.* 2, *p.* 116, *t.* 2. — Id. *pl. enl.* 1. —
Id. *édit. de* Sonn. *v.* 5, *p.* 104, *t.* 35, *f.* 1. —
Bonat *Tab. Encyc. Orn. p.* 181, *pl.* 87, *f.* 1. —
Gmel. *Trad. Franc. v.* 2, *p.* 407, *var. b.* —
Temm. *Pig. et Gal. v.* 2, *p.* 92, et *t. Anat.* 2,
*f.* 2, 3, 4 et 5. — Id. *t. Anat.* 3, *f.* 3 et 4,
une plume du cou et une des couvertures
alaires.

DOMESTIC COQ. Alb. *Birds v.* 3, *t.* 32. — Brown.
*Jam. p.* 470. — Sloan. *Jam.* 2, *p.* 301. — Phil.
*Trans. v.* 12, *p.* 923. — Lath. *Gen. Syn. v.* 4,
*p.* 700.

DAS GEMEINE RAMM ODER HAUSHUHN.
Bechst. *Naturg. Deutschl. v.* 3, *p.* 1212, *t.* 44.
(*a*) Das huhn mit dem kleine kamme. *Bechst.*
(*b*) Das kronenhuhn. *Bechst.*
(*c*) Das silberfarbige huhn. *Bechst.*
(*d*) Das schieferblaue huhn. *Bechst.*
(*e*) Das chamoisfarbige huhn. *Bechst.*
(*f*) Das geschupfte oder hermelynartige huhn. *Bechst.*
(*g*) Die wittwe. *Bechst.*
(*h*) Das feuerfarbige und steinfarbige huhn. *Bechst.*

GALLO COMMUNI. *Stor. degl. ucc.* v. 2,
*pl.* 207. — *pl.* 211 et 213. individus qui portent
des cornes antées.

(*B*.) CRISTATUS. G. Cristata in vertice plumosa
densissima; pulchris coloribus variegatus.

GALLUS CRISTATUS ET GALLINA CRISTATA,
Briss. *Orn.* v. 1, p. 169. — Raii. *Syn.* p. 51,
A. 1. — Ald. *av.* 2, p. 307. *var. Alba.*

PHASIANUS CRISTATUS. Lath. *Ind. Orn.* v. 2,
p. 626, *var. T.* — Linn. *Syst.* 1, p. 270, B. —
Gmel. *Syst.* 1, p. 738. — Retz. Linn. *Faun.
Suec.* p. 206, no. 182. — Borowsk, *Nat.* 2,
p. 178, *a.* — Rom. *Orn.* 1. p. 60.

LE COQ HUPPÉ ET DE HAMBOURG. Buff.
*Ois.* v. 2, p. 116. — Id. *pl. enl.* 49. — Id. *Edit.*
*de* Sonnini, v. 5, p. 170, t. 36. — Bonat. *Tab.
Encyc. Orn.* p. 182. — Gmel. *Trad. Franç.*
v. 2, p. 408, *var. c.* — Temm. *Pig. et Gall.*
v. 2, p. 239.

CRESTED COCK. Lath. *Syn.* v. 4, p. 703.

DAS HAUBEN HUHN. Bechst. *Naturg. Deutschl.*
v. 3, p. 1183.

   (*a*) Das Hamburgische huhn. *Bechst.*

   (*b*) Das weisse huhn mit schwartzem feder-
busch. *Bechst.*

   (*c*) Das schwarze huhn mit weissem feder-
busch. *Bechst.*

   (*d*) Das weisse huhn mit dem grossen barte.
*Bechst.*

In omnibus crista plumosa excepta, cum aliis
convenit.

(a) Das Englische huhn.  *Bechst.*

(b) Das Turkische huhn.  *Bechst.*

Aliqui pedibus ad digitos plumosis, alii digitis
plumosis, alii pennis posticis elongatis.

(D.) PUMILIO.  G. Pedibus brevissimis, magnitudo
columbae.

GALLUS PUMILIO. Briss. *Orn.* v. 1, *p.* 171
sp. 2. — Id. 8vo, v. 1, *p.* 46. — Rall. *Syn.*
*p.* 51. a. var. 2. — Frisch. t. 133 et 134. —
Will. *p.* 110. t. 26. — *Stor. deg. ucc.* v. 3,
*pl.* 214.

PHASIANUS GALLUS PUMILIO. Lath. *Ind.*
*Orn.* v. 2. *p.* 627. var. n. — Gmel. *Syst.* 1,
*p.* 738. y.

LE COQ NAIN. Buff. *Ois.* v. 2, *p.* 118. — Id.
*édit. de* Sonnini, v. 5, *p.* 183. — Temm. *Pig.
et Gall.* v. 2. *p.* 244.

L'ACANO OU COQ DE MADAGASCAR. Buff.
*édit. de* Sonnini, v. 5, *p.* 182. — *Hist. Génér.
des Voy.* v. 8. *p.* 603.

LE COQ DE JAVA. Bonat. *Tab. Encyc. Orn.*
*p.* 182. β.

DWARF COCK OR CREEPER. Lath. *Syn.*
v. 4, *p.* 705.

DAS ZWERGHUHN. Bechst. *Naturg. Deutschl.*
v. 2, *p.* 1288.

In omnibus cum nostratibus conveniunt excepta
magnitudine.

(E.) PENTAEDACTYLUS. G. Domesticus, quinque
digitis in utroque pede.

GALLUS PENTANDACTYLUS. Briss. *Orn.* v. 1,
*p.* 169. — d. 8vo. v. 1, *p.* 46. — Frisch. t. 127
et 128. — Rom. *Orn.* *p.* 62.

Le Coq et la Poule à cinq doigts. Buff.
*Ois. v.* 2, *p.* 124. — Id. *édit. de* Sonnini. *v.* 5,
*p.* 190. — Gmel. *Trad. Franc. v.* 2, *p.* 408. —
Bonat. *Tab. Encyc. Orn. p.* 182. c.

Darking Cocq. Lath. *Syn v.* 4, *p.* 703.

Das funfzehiger huhn. Bechst. *Naturg.
Deut. v.* 3, *p.* 1295.

(*a*) Das sechzehige huhn. *Bechst.*

(*b*) Die spornhenne. *Bechst.*

Haec varietas monstrosa ab aliis differt solo
numero digitorum.

G. SONNERATII. G. Caruncula denticulata;
compressa, ore subtus barbato; auribus nudis;
cauda compressa adscendente; pennis colli apice
maculis cartilagineis flavis; tectrices alarum rufo-
castaneae, *apice dilatato*, *cartilagineo*, fulvo;
pectus rufescens; corpus griseo, albo rufoque
varium; rectricibus violaceis nitentibus.

*Femina* minor, absque caruncula et palearibus;
capite plumato, corpore obscuriore, fusco rufoque vario.

Phasianus Gallus. Lath. *Ind. Orn. v.* 2,
*p.* 625. — Gmel. *Syst.* 1, *p.* 737. *sp.* 1. —
Linn. *Faun. Suec. no.* 19.

Le Coq Sauvage. Sonnerat, *Voy. Ind. v.* 2,
*p.* 158. *t.* 94. *mas et p.* 160, *t.* 95. *fem.* —
Buff. *édit. de* Sonn. *v.* 5, *p.* 206, *pl.* 37. *f.* 1 et
2. — Bonat. *Tab. Encyc. Orn. p.* 180, *pl.* 86.
*f.* 5.

Coq et Poule Sonnerat. Temm. *Pig. et
Gall. v.* 2, *p.* 246, *t. Anat.* 3, *f.* 1 et 2, une
plume du cou et une des couvertures alaires.

WILD COCK. *Lath. Syn. v.* 4, *p.* 698.
Habitat *in India.* — Long 3 ped. 4 pol. Caruncula
palearibusque rubris: pedes calcare magno incurvato armati.

G. MORIO. G. Caruncula et palearibus nigris;
pulchris coloribus variegatus. — *Domesticus.*

GALLUS MORIO ET MOZAMBICUS. Briss.
*Orn. v.* 1, *p.* 174. — Id. 8vo, *v.* 1, *p.* 48. —
Will. *Orn. p.* 298.

PHASIANUS GALLUS MORIO. Lath. *Ind.
Orn. v.* 2, *p.* 618. var. *6.* — Linn. *Syst.* 1,
*p.* 271. — Gmel. *Syst.* 1, *p.* 739. var. *U et V.*

GALLUS PERSICUS, EPIDERMIDE NIGRI-
CANTE. S. G. Gmel. *Voy. v.* 3, *p.* 286.

LE COQ NÈGRE OU DE MOSAMBIQUE.
Buff. *Ois. v.* 2, *p.* 122. — *Voy. de Siam. v.* 1,
*p.* 279. — Marsd. *Voy. à Sumatra, v* 1, p. 181.
*Trad. Franç.* — Buff. *édit. de Sonn. v.* 5,
*p.* 191. — Gmel. *Trad. Franç. v* 2, *p.* 409 et
410, var. *m* et *n.* — Temm. *Pig. et Gall. v.* 2,
*p.* 253.

BLACK MORE PULLET. Preyer *Trav. p.* 53.
Harris. *Coll Voy.* 2, *p.* 468.

NÈGRE COCK. Lath. *Syn. v.* 4, *p.* 708.

Habitat *in India.* — Haec avis ab aliis discrepat,
cristata, paleis, epidermide et periosteo nigris,
ita ut cocta in atramento elixa putetur.

G. LANATUS. G. Albus, pennis pilorum aemulis.

GALLUS JAPONICUS. Briss. *Orn. v.* 1, *p.* 175,
*n.* 6, *t.* 17, *f.* 2, *fem.* — Id. 8vo, *v.* 1, *p.* 48.

Habitat *in China et India.* — Haec species differt
pennarum pinnulis disjunctis et pilorum aemulis;
pedibus squamatis nudis aut plumosis: crista et
palearibus rubro-caeruleis; epidermide et periosteo nigris; iridibus flavis, rostro et pedibus
caeruleis.


G. CRISPUS. G. Pennis sursum reflexis, aut revolutis; pulchris coloribus variegatus.

CRISPER OR FRIZZLED COCK. Lath. *Syn.*
v. 4, *p.* 704. — Bancr. *Guian.* p. 175. — *Descr.*
*of Surin.* v. 2, *p.* 159.

DAS STRUPPHUHN. Frisch. *Vögel.* t. 135. —
Bechst. *Naturg. Deut.* v. 3. *p.* 1290.

Habitat *in Asia, Java, Japonia.* — Pennae revolutae; remiges absque radiis; alii pedibus et
digitis plumosis, alii pedibus nudis.

G. FURCATUS. G. Caruncula integra; gula medio
barbata; cauda horizontali furcata; pennis colli
brevibus, rotundatis; corpore supra viridi - aureo;
subtus nigro; tectricibus alarum aurantiis fascis-
que. *Mas.*

*Femina*, Crista barbaque nullae; oculi ambitu
nudi.

COQ ET POULE AYAMALAS. Temm. *Pig. et*
*Gall.* v. 2, p. 261.

Habitat *in Java.* — Rostrum et pedes fusco flaves-
centes; crista gula et caruncula gularis sangui-
neae. — Long. 2 pedes. Pennis caudae 14. —
*Femina*, long. 14 pollices.

G. ECAUDATUS, *Primus.* G. Caruncula integra;
mandibula inferiore barbis duabus; cauda nulla;
uropygio tectricibus majoribus tecto; corpore utrinque fusco - aurantio. *Mas.*

*Feminam* non vidi.

COQ WALLIKIKILI. Temm. *Pig. et Gall.* v. 2,
p. 267.

Habitat *in Ceylona.* — Pedibus cinerascentibus; crista
et palearibus sanguineis. Long. 13 aut 14 poll. —
Haec species uropygio et rectricibus prorsus caret

(A.) ECAUDATUS. *Domesticus* G. Cauda seu uropygio carens: pulchris coloribus variegatus.

GALLUS PERSICUS. Briss. *Orn.* v. 1, p. 174,
no. 5. — Jonst. *av.* p. 58.

PHASIANUS GALLUS ECAUDATUS. Lath.
*Ind. Orn.* v. 2, p. 627. — Linn. *Syst.* 1. p. 271,
var. β. — Gmel. *Syst.* 1, p. 738. — Raii. *Syn.*
p. 51. a. 1. var. 3. — Frisch t. 131 et 132. —
Borowsk. *Nat.* v. 2. p. 181.

LE COQ SANS CROUPION, Buff. *Ois.* v. 2,
v. 2, p. 122. — Id. *édit. de* Sonn. v. 5, p. 193,
no. 16. — Gmel. *Trad. Franç.* v. 2, p. 408, f. —
Temm. *Pig. et Gall.* v. 2, p. 271. *à l'article du
Coq Walikiki.*

PERSIAN FOWL OR RUMKIN. Will. *Orn.*
p. 156, no. 6. t. 26.

RUMPLES OR PERSIAN COCK. Lath. *Syn.*
v. 4, p. 795.

DAS KLUTHUHN. Frisch. t. 131 et 132. —
Bechst. *Naturg. Deutschl.* v. 3, p. 1287.

(a) Das gehaubte kluthuhn. *Frisch.* t. 130.

---

* *Caput utrinque nudum: vertex cristatus: tarsi
longiores.*

G. MACARTNYI. G. Niger chalybeo-nitens,
dorso imo igneo-ferrugineo; plumis lateribus corporis rufis cum ignito reflexu; rectricibus intermediis
subfulvis. *Mas.*

*Femina;* Saturate-rufa, supra lineis transversis
atris, plumis albo-marginatis; gula alba.

Habitat *in Sumatra Sylvis.* — *Mas* long. 2 ped. *Fem.* long. 20 poll. — Regio genarum nuda, caerulea; rostro flavicante; pedibus cinereis, maris calcaratis.

---

# GENUS PHASIANUS.

## Linn. Briss. Lath. Cuv. Dumér. Bonat. Meyer, Illiger.

*Rostrum* mediocre, crassiusculum, basi nudum; maxilla fornicata, convexa, versus apicem deflexa; culmine basi convexo.

*Nares* basales, laterales, squama fornicali superne tectae.

*Genae.* cute nuda, verrucosa.
*Pedes* tetradactyli, tarso calcarato, angulato.
*Cauda* elongata, cuneata, rectricibus 18.
*Alae* breves; remigibus tribus exterioribus brevioribus
quarta quintaque, utraque longissima.

––––––––

**P. NYCTHEMERUS.** P. Albus; crista, gula,
pectore, abdomineque nigro-violaceo; cauda cuneata, compressa. *Mas.*

*Femina.* Fuscescens, fusco undulata; rectricibus
lateralibus albo nigroque maculatis.

PHASIANUS NYCTHEMERUS. Lath. *Ind. Orn.*
v. 2, *p.* 631, *sp.* 6. — Linn. *Syst.* 1, *p.* 272. —
Gmel. *p.* 743, *sp.* 6. — Scop. *Ann.* 1, *no.* 167. —
Borowsk. *Nat.* 2. *p.* 176, *sp.* 4.

PHASIANUS ALBUS SINENSIS. Briss. *Orn.* v. 1,
*p.* 276, *sp.* 5. — Id. 8vo, v. 1, *p.* 77. — Klein
*av. p.* 114.

FAISAN NOIR ET BLANC OU LE BICOLOR.
Buff. *Ois.* v. 2, *p.* 359. — Id. *pl. enl.* 123 et
124. *mâle et femelle.* — Id. *édit. de* Sonn. 2. 6,
*p.* 211. — Bonat. *Tab. Encyc. Orn. p.* 187,
*pl.* 89, *f.* 1 et 2. — Gmel. *Trad. franc.* v. 2,
*p.* 420. — Temm. *Pig. et Gall.* v. 2, *p.* 281. et
*pl. Anat.* 2. *f.* 6 et 7.

BLACK AND WHITE PHEASANT. Edw. *Ois.*
*t.* 66. — Alb. *Ois.* v. 3, *pl.* 37.

PENCILLED PHEASANT. Lath. *Syn.* v. 4,
*p.* 719.

DER SILBERFASAN. Bechst. *Naturg. Deutschl.*
v. 2, *p.* 1207, *t.* 43, *f.* 1.

GEMEINER FASAN. Bechst. *Naturg. Deutschl.*
v. 3, p. 1160. — Frisch. t. 123. — Naum.
*Vög. Deut.* t. 21 et 22, f. 40 et 41.
GERÄNDETER FASAN. Meijer. *Taschenb.*
*Deut.* v. 1, p. 291.

Habitat *in China, Asia et India*; hodie *in Europa*
frequens, *Sibiria et Norvegica* non varius. —
Mas long. 2 ped. 11 poll. — *Femina*, 2 ped. 1—2
poll. Genae verrucosae, coccineae; irides flavae,
pedibus griseis. Ovum pallide rufum.

(A). VARIUS, *Var.* A priore differt colore albo,
maculis, phasiani vulgarim coloribus imbutis, vario.
PHASIANUS VARIUS. Lath. *Ind. Orn.* v. 2,
p. 630. γ. — Briss. *Orn.* v. 1, p. 267. a. t.
25. f. 3. — Id. 8vo, v. 1, p. 75. — Borowsk,
*Nat.* v. 2, p. 175. — Gmel. *Syst.* 1. p. 742.
LE PAISAN PANNACHÉ. Buff. *Ois.* v. 2,
p. 252. — Id. *édit. de* Sonn. v. 6, p. 192. —
Gmel. *Trad. Franc.* v. 2, p. 415. *var.* C. —
Bonat. *Tab. Encyc. Orn.* p. 184. B. — Temm.
*Pig. et Gall.* v. 2, p. 309.
VARIEGATED PHEASANT. Hayes. *Brit. Birds.*
t. 21. — Lath. *Syn.* v. 4, p. 267.
DER GEMEINE BUNTE FASAN. Bechst,
*Naturg. Deutschl.* v. 3, p. 1164. *var.* 2.

(B). ALBUS. *Var.* Corpus totum album immaculatum.

PHASIANUS ALBUS. Lath *Ind. Orn.* v. 2,
p. 630. *var.* — Gmel. *Syst.* 1, p. 742, *sp.* 3.
d. — Briss. *Orn.* v. 1, p. 268. — Id. 8vo,
v. 1, p. 75. — Borowsk. *Nat.* v. 2, p. 175. —
*Stor. degli acc.* v. 3, pl. 259.

LE FAISAN BLANC. Buff. *édit. de Sonn.*
v. 6, *p.* 190. — Bonat. *Tab. Encyc. Orn.* p. 184.
*var. C.* — Gmel. *Trad. Franç.* v. 2, *p.* 416.—
Temm. *Pig. et Gall.* v. 2, *p.* 512.

WHITE PHEASANT. Lath. *Syn.* v. 4, *p.* 716.

DER GEMEINE WEISSE FASAN. Bechst.
*Naturg. Deutschl.* v. 3, *p.* 1164, *var.* 1.

A priore differt colore albo: tempora verrucosa livida,
rostrum pedes et irides livida.

(n°. 1). HYBRIDUS?   Area oculorum nuda
rubra, reliquo capite colloque viridi aureo nitore
violaceo; partibus inferioribus nitenti-spadiceis, abdomen et crissum alba; rectricibus fasciis transversis
nigris striatis.

PHASIANUS GALLOPAVONIS. Gmel. *Syst.*
1, *p.* 742. *sp.* 3. *h.*
FAISAN DINDON. Buff. *Ois.* v. 2, *p.* 160.
TURKEY PHEASANT. Edw. *t.* 377. — *Phil.*
*Transact.* p. 883, *t.* 19. — Lath. *Gen. Syn.*
v. 4, *p.* 717.
DIE GEMEINE TURKISCHE FASANT.
Bechst. *Naturg. Deutschl.* v. 3. *p.* 1165, *var.* 4.

Haec avis hybrida singularis. Pedes obscuri,
calcarati; rectricibus 18.

(n°. 2). HYBRIDUS. Superne rufus et fusco
albicante varius, rectricibus nigris, margine albidis
cauda cuneata compressa.

PHASIANUS HYBRIDUS. Lath. *Ind. Orn.*
v. 2, *p.* 630. — Gmel. *Syst.* 1, *p.* 742. —
Briss. *Orn.* v. 1, *p.* 268, *var. C.* — Id. 8vo,
v. 1, *p.* 75. — Borowsk. *Nat.* v. 2, *p.* 175.

Hybridus phasiani colchici et galli domestici.

(n° 3). HYBRIDUS. Rufus aureus cum violaceo
refixu; capite cristato; cauda in fasciam coarctata.



Hybridus phasiani cholchici et picti.

(n°. 4.) HYBRIDUS. Rufus, capite caeruleo,
collo torque albo; cauda plana cuneata.



Haec varietas ab phasiano colchico differt, solo
torque albo.

PHASIANUS SUPERBUS. Linn. *Mant.* 1771.
p. 526. — Lath. *Ind. Orn.* v. 2, p. 628. —
Gmel. *Syst.* 1, p. 744, sp. 7.

FAISAN SUPERBE. Buff. *édit. de Sonn.* v. 6,
p. 243. — Temm. *Pig. et Gall.* v. 2, p. 336. —
Bonat. *Tab. Encyc. Orn.* p. 188. — Gmel. *Trad.
Franç.* v. 2, p. 421.

SUPERBE PHEASANT. Lath. *Syn.* v. 4,
p. 709. — Id. *Supp.* v. 2, p. 273. — *Nat.
Misc.* v. 10, pl. 353.

Habitat *in China.* — Long. 5½ pedes. *Pedibus flavis
muticis?*

P. PICTUS. P. Crista flava, occipitis pennae fas-
cae, lineis nigris variae; corpore supra ex flavo
aureo, subtus coccineo; remigibus secundariis; cauda
cuneata, in fasciam coarctata.

*Fem.* Cristata, nigro, rufo et flavicante fasciata.

PHASIANUS PICTUS. Lath. *Ind. Orn.* v. 2,
p. 630. — Linn. *Syst.* 1, p. 272 — Gmel.
*Syst.* 1, p. 743. — Borowsk. *Nat.* 2, p. 173,
t. 29.

PHASIANUS SANGUINEUS. Klein. *Av.*
p. 114.

PHASIANUS AUREUS SINENSIS. Briss.
*Orn.* v. 1, p. 271, sp. 4. — Id. 8vo, v. 1,
p. 76. — *Stor. degl. ucc.* v. 3, pl. 160.

FAISAN DORÉ ou TRICOLOR. Buff. *Ois.*
v. 2, p. 355. — Id. *pl. enl.* 217. *Mâle et
femelle.* — Id. *édit. de Sonn.* v. 6, p. 203,
t. 45. — Bonat. *Tab. Encyc. Orn.* p 186. —
Gmel. *Trad. Franç.* v. 2, p. 419. — Temm.
*Pig. et Gall.* v. 2, p. 341. — Gérard. *Tab.
Elém.* v. 2, p. 94.

Habitat *in China.* Facile mansuescens; hodie in
    Europa domesticus. — Long. a ped. et poll. Mas.
    iridibus rostrum et pedibus flavis. Ovum Colchici
    simile, rubedine tinctum.

---

* *Cornucu'a gularis.*

**P. SATYRUS.** P. Corpore supra et subtus fusco
    rufescens, ocellis albis - nigro circumdatis, cornibus
    in capite binis caeruleis, membrana sub gutture
    pendula.

Habitat *in India in montibus Thibetanis.*

Nares, frons, orbitae pennis, pilorum instar, nigris tectae; vertex ruber; caruncula gularis dila-
tabilis caerulea, rufo variegata; cornua duo
callosa, caerulea pone oculos, retrorsum vergen-
tia; pedibus et calcaribus albidis; cauda pennis
20. *Mas.*

*Femina* capite pennis tecto; absque cornibus et
caruncula gulari; capitis et colli superioris pennae
caeruleo - nigrae, elongatae, decumbentes; reli-
quum corpus, uti maris rubrum, ocellato - maculatum. *Lath. Ind.*

---

# GENUS LOPHOPHORUS.

## Mihi.

*Rostrum* capite longius, crassum, aduncum, basi latum; maxilla fornicata, elongata, in apicem arquata;
culmine elevato; mandibula occulta.

*Nares* basales, laterales, membrana plumosa superne
semiclausae.

*Pedes* tetradactyli, mediocres, validi; tarso supra
plumato, maris calcarato.

*Alae* breves; remigibus tribus exterioribus brevioribus
quarta quintaque, utraque longissima.

---

L. REFULGENS. I. Corpore supra pennis splendide purpureis, margine aeneis vestito; subtus nigro, nitore aeneo; crista in vertice, scapis erectis,
apice rhombeis; cauda cinnamomea, plana, rotundata. *Mas.*

*Femina*, copore fusco undulato; cauda breviore; sub oculis fascia alba.

PHASIANUS IMPEYANUS. Lath. *Ind. Orn.* v. 2, *p.* 632, *sp.* 11.

LE MOMAUL. Sonn. *édit. de* Buff. *v.* 6, *p.* 244.

FAISAN D'IMPEY. Bonat. *Tab. Encyc. Orn. p.* 186, *t.* 88, *f.* 1. *Sous le nom de Honizin.*

LOPHOPHORE RESPLENDISSANT. Temm. *Pigg. et Gall.* v. 2, *p.* 355.

IMPEYAN PHEASANT. Lath. *Syn. Supp.* v. 1, *p.* 208, *t.* 114.

Habitat *in India.* — Mas long. 2 pedes. Rostrum fuscum; pedibus caeruleo nigris. Orbitae nudae, pennis viridibus splendidis semitectae; maxilla (seu mandibula superior) 2 pollices et 2 lineas longa, valde incurvata; pennae colli elongatae mucronatae ut in gallo vulgari; cauda fusca, rectricibus 14.

---

# GENUS POLYPLECTRON.

## Mihi.

*Rostrum* mediocre, graciles, rectum, compressum; maxilla versus apicem deflexa.

*Nares* in medio maxillae sitae, laterales semitectae, antrorsum patulae.

*Pedes* tetradactyli, graciles; tarso longo, calcaribus pluribus.

*Cauda* elongata, rotundata.

*Alae* breves; remigibus quatuor exterioribus brevioribus quinta sextaque, utraque longissima.

---

P. CHINQUIS. P. Corpore supra cinereo, nigri-
canti-striato et albo-punctato maculis; tectricibus alarum maculis orbiculatis splendide coeruleis adspersis;
subtus griseo, lineis nigricantibus undulato; remigibus secundariis guttis ex nitente-caeruleis; tectricibus
caudae duabus guttis nitenti-viridibus.

PAVO BICALCARATUS ET TIBETANUS.
Lath. *Ind. Orn.* v. 2, p. 617, *sp.* 3 et 4. —
Linn. *Syst.* 12, p. 268. — Gmel. p. 730,
*sp.* 2 et 3.

PAVO SINENSIS ET TIBETANUS. Briss.
*Orn.* v. 1, p. 291 et 294, *sp.* 9—10, *t.* 28, *A.*
*f.* 2. — Id. 8vo, v. 1, p. 82 et 83. — *Stor.*
*degli. ucc.* v. 2, *pl.* 219, 220 et 221.

PHASIANUS PAVONEUS ET FUSCUS.
Klein. *Av.* p. 114, *sp.* 6.

LE PETIT PAON DE MALACCA. Sonnerat.
*Voy. Ind.* v. 2, p. 173, *t.* 99.

L'ÉPERONNIER ET LE CHINQUIS. Buff.
*Ois.* v. 2, p. 368 et 365. — Id. *pl. enl.* 492 et
493, *mâle et femelle.* — Id. *édit. de* Sonn.
v. 6, p. 227 et 234, *pl.* 46, *f.* 2. — Gmel.
*Trad. Franç.* v. 2, p. 394 et 395. —
Bonat *Tab. Encyc. Orn.* p. 178 et 179, *pl.* 83,
*f.* 2 et 3.

ÉPERONNIER CHINQUIS. Temm. *Pig. et*
*Gall.* v. 2, p. 363.

PEACOK PHEASANT. Edw. *Glan. t.* 67 et 68.

IRIS, AND THIBET PEACOCK. Lath. *Syn.*
v. 4, p. 673 et 675, *sp.* 3 et 4.

Habitat *in India, Malacca, China.* — Long. 22 poll.

Temporibus nudis, plumis semitectis; irides flavae;
rostro pedibusque cinereis; cauda plana rotundata; tectricibus caudae elongatis.

------

# GENUS MELEAGRIS.

## Linn. Lath. Cuv. Dumér. Illiger.

*Rostrum* breviusculum, crassiusculum; maxilla deflexa, convexa, fornicata, basi cerigera, ceromate
in carunculam laxam pendulam, teretem elongato.

*Nares* laterales, in ceromate sitae, membrana fornicali semi clausae.

*Gula* palea carunculosa longitudinali pendula.

*Cauda* rectricibus 18 in orbem erectum expansilis.

*Pedes* tetradactyli, mediocres, validi, tarso calcarato
obtuso.

*Alea* breves; remigibus tribus exterioribus fastigiatis
quarta longissima brevioribus.

------

M. GALLOPAVO. *Primus.* M. Corpore supra
et subtus nigro, purpureo violaceo et aureo nitente; capite et collo superiore cute subnuda,
caerulescente, papillosa, pilosa; caruncula frontali
et gulari. *Mas.*

*Fem.* A mare discrepat in eo quod calcare careat,
et caruncula praedita sit minori multo et breviori,
et caudam non gerat erectam.

GALLOPAVO SYLVESTRIS. Briss. *Orn. v. I,*
*p.* 162. *B.*

DINDON SAUVAGE. Bonat. *Tabl. Encyc. Orn.*
*p.* 162. — Temm. *Pig. et Gall. v.* 2, *p.* 374.

AMERICAN TURKEY. Lath. *Syn.* v. 4, p.
678. — Penn. *Arct. Zool.* v. 2, n°. 178. —
Penn. *Act. Angl.* 72, p. 67.

Habitat *in America septentrionali.* — Ultra 3½ pedes
longa. Hospitatur apud nos ubique culta; maris
pectore barbato; calcare brevi et obtuso.

M. GALLOPAVO. *Domesticus.* M. Colore mire
varians, non raro toto corpore candido aut rufo.

MELEAGRIS GALLOPAVO. Lath. *Ind. Orn.*
v. 2, p. 618. — Linn. *Syst.* 12, p. 268. — Id.
*Faun. Suec. n°.* 198. — Gmel. *Syst.* 1, p. 732,
*sp.* 1. — Briss. *Orn.* v. 1, p. 158. *t.* 16. —
Id. 8vo, v. 1, p. 41. — Raii. *Syn.* p. 51. *a.* 3. —
Will. p. 113, *t.* 27. — *Phill. Transact.* 18,
p. 992. — Id. 72. p. 67. — Borowsk. *Nat.*
v. 2, p. 168. — Schaef. *El. Orn. t.* 37. —
Klein. *Av.* p. 112. — Id. *Ov.* p. 32, *t.* 13,
*f.* 4. — *Stor. degl. ucc.* v. 2, *pl.* 223, 224,
225 et 226.

GALLINA INDIANA. Zinnan. *Ucc.* p. 27, *t.*
2, *f.* 3. — Rom. *Orn.* v. 1, p. 47. *t.* 5.

DINDON DOMESTICQUE. Buff. *Ois.* v. 2,
p. 132. *t.* 5. — Id. *pl. enl.* 97. — Id. *édit. de*
Sonn. v. 5, p. 228, *pl.* 38, *f.* 1. — Gmel. *Trad.*
*Franç.* v. 2, p. 397. — Bonat. *Tab. Encyc.*
*Orn.* p. 169. — Temm. *Plg. et Gall.* v. 2,
p. 381. et *pl. Anat.* 3, *f.* 5, 6, 7, 8 et 9.

DOMESTIC TURKEY. Lath. *Syn.* v. 4,
p. 679. — Penn. *Brit. Zool.* v. 1, n°. 97. —
Alb. *Birds.* v. 3, *t.* 35.

DAS GEMEINE TRUTHUHN. Frisch. *Vögel.*
*Deutschl. t.* 122. — Bechst. *Naturg. Deutschl.*
v. 3, p. 1112, *t.* 41.

---

# GENUS ARGUS.

## Mihi.

*Rostrum* capite longius, compressum, rectum, basi
nudum; maxilla fornicata, versus apicem deflexa.

*Nares* laterales, in medio maxillae sitae, membrana
semiclausae.

*Caput* latera et collum deplumata.

*Pedes* tetradactyli, graciles, tarso mutico.

*Cauda* mediocris ascendens, compressa; rectricibus 12,
maris 2 mediae elongatae.

*Alae* pennis secundaris remigibus longioribus, maris
duplo longioribus; remige priore brevissima.

---

A. GIGANTEUS. A. Collo inferiore et corpore
subtus fusco-rufis nigro lineatis; dorso et tectricibus caudae flavescentibus, maculis rotundatis fuscis; pennarum secundariarum ocellatis plurimis;
remigum rachi coerulea; cauda fusco nigra, albo
punctata. *Mas.*

  *Fem.* Fusco-nigra; flavo fuscoque maculata;

remigum rachi coeruleo nigra; maculae ocellatae in pennis secundariis nullae.



Habitat *in Sumatra, Siam, Malacca.* — Mas long. 5 ped. 3 poll. Rectricibus 2 intermediis long 3 ped. 8 poll. — Femina long. 2 ped. 2 poll. Partibus nudis pedibusque rubris; rostro unguibusque flavis.

---

# GENUS NUMIDA.

### Linn. Lath. Cuv. Dumér. Illiger.

*Rostrum* breviusculum, crassiusculum; maxilla deflexa convexa, fornicata, basi cerigera.

*Nares* in ceromate sitae, laterales, cartilagine semi-
     divisae.

*Caput* deplumatum, rarius plumatum, vertice aut cornu
     calloso, aut crista munito.

*Pedes* tetradactyli, mediocres, mutici.

*Cauda* brevis deflexa, rectricibus 14, aut 16.

*Alae* breves, remigibus tribus exterioribus fastigiatis
     quarta longissima brevioribus.

---

N. MELEAGRIS.  N. Corpore supra et subtus,
     griseo - caerulescente, guttis albis consperso; capite
     et collo superiore nudis, griseo - caeruleis; tubere
     conico apice reflexo in vertice; membrana lata ad
     rictum gemina.

> NUMIDA MELEAGRIS. Lath. *Ind. Orn.* v 2,
>      *p.* 621. — Linn. *Syst.* 12, *p.* 273. — *Mus.*
>      *Adolph. Fr.* 2, *p.* 27. — Gmel. *Syst.* 1, *p.* 744,
>      *sp.* 1. — Scop. *Ann.* v. 1, n°. 165. — Borowsk.
>      *Nat.* v. 2, *p.* 182, *t.* 20. — Hasselq *It. t.* 274.
>      — Id. *voy. p.* 274. 42. — Schaef. *El. Orn.*
>      *t.* 46. — Rom. *Orn.* v. 1. 69. *t.* 10. — Briss.
>      *Orn.* v. 1, *p.* 176, *t.* 18. — Id. 8vo, v. 1,
>      *p.* 49. — Klein *Av. p.* 111, *sp.* 2. — Id. *Stem.*
>      *p.* 25, *t.* 26, *f.* 1, *a* et *b.* — Id. *Ov. p.* 32,
>      *t.* 13, *f.* 5 et 6.
>
> GALLUS ET GALLINA GUINEENSIS. Rail.
>      *Syn. p.* 52, *sp.* 8. — Id. *p.* 182. *sp.* 17. —
>      Will. *p.* 115, *t.* 26 et 27. — *Stor. degli. uce.*
>      v. 2, *pl.* 230.
>
> LA PEINTADE. Buff. *Ois.* v. 2, *p.* 163. *t.* 4.
>      — Id. *pl. enl.* 108. — Id. *édit. de* Sonn. v, 5,
>      *p.* 270. — Bonat *Tab. Encyc. Orn. p.* 191, *pl.*

82, f. 1. — Gmel. *Trad. Franc.* v. 2, p. 421.
— *Voy. en Barbarie.* v. 1, p. 268. — *Zinn.
Nouv.* p. 27, t. 2, no. 4.

POULE DE GUINÉE. Belon. *Ois.* p. 246.|

PEINTADE MÉLÉAGRIDE. Temm. *Pig. et
Gall.* v. 2, p. 431; pl. anat. 1. f. 4 et 5.

GUINE PINTADO. Sloan. *Jam.* p. 303. —
Brown. *Jam.* p. 470. — Lath. *Syn.* v. 4, p.
685. — Id. *Supp.* p. 204.

DAS GEMEINE PERLHUHN. Bechst. *Naturg.
Deutschl.* v. 3, p. 1142. — Frisch. *Vög.* t. 126.

Habit *in Africa*, *Guinea:* in Europa frequens in
ornithone. — Long 20 pollices. Pennae colli a
tergo reversae sunt; carunculis maris caerulescen-
tibus, feminae rubescentibus; rostro ex rubescente
corneo; pedibus ex fusco rubris.

VAR. *a.* N. Corpore toto albido, maculis rotundatis albis.

NUMIDA MELEAGRIS CANDIDA. *Stor. degli. ucc.* v. 2, t. 231. — Bechst. *Naturg.
Deutschl.* v. 3, p. 1147. n°. 3. — Temm. *Pig.
et Gall.* v. 2, p 433.

VAR. *b.* N. Ab aliis distinguitur, pectore albo.
NUMIDA MELEAGRIS PECTORE ALBO.
Briss. *Orn.* v. 1, p. 181. var. a. — Id. 8vo,
v. 1, p. 50. — Bechst. *Naturg. Deutschl.* v. 2,
p. 1147. n°. 2. — Temm. *Pig. et Gall.* v. 2,

WHITE BRAESTED PINTADO. Lath. *Syn.*
v. 4, p. 687. — Brown. *Jam.* p. 470. — Alb.
*Birds.* v. 2, t. 35.

VAR. ε. N. Hybrida numidea meleagri et gallo vulgari.

> NUMIDA MELEAGRIS HYBRIDA. Bechst. *Naturg. Deutschl.* v. 3, p. 1147, nº. 4. — Temm. *Pig. et Gall.* v. 2.

Haec avis hybrida sterilis, rara est.


N. MITRATA. N. Corpore supra et subtus nigro, maculis albis consperso; tubere verticis rubro, rotundato apice reflexo; membrana angusta ad rictum gemina; plica gulari longitudinali.

> NUMIDA MITRATA. Pall. *Spic.* v. 4, p. 18, t. 3, f. 1, *Caput.* — Lath. *Ind. Orn.* v. 2, p. 622. — Gmel. *Syst.* 1, p. 745, sp. 2. — Borowsk. *Nat.* v. 2, p. 184.

> PEINTADE MITRÉE. Sonn. *édit. de Buff.* v. 5, p. 311. — Gmel. *Trad. Franc.* v. 2, p. 423. — Bonat. *Tab. Encyc. Orn.* p. 192, pl. 85, f. 2. — Temm. *Pig. et Gall.* v. 2, p. 444.

> MITRED PINTADO. Lath. *Syn.* v. 4, p. 688.

Habitat *in Madagascaria, Guinea, Caffria.* — Long. 20 poll. Rostro flavescente, pedibus nigricantibus. Caput et carunculae rubra; collum superius nudum, caerulescens; corpus nigrum, guttis majoribus conspersum quam meleagridi.


N. CRISTATA. N. Cristata, corpore supra et subtus nigro, guttis caeruleo-albis consperso; crista in vertice, pectoreque atris; plica membranacea ad rictum oris; gutture sanguineo; collo superius nudo, caerulescente.

Habitat *in Africa ad Caput Bona Spei.* — Facile
mansuescens. Long. 15 pollices; rostro corneo
pedibus nigricantibus. Collum corpusque subtus
nigrum, immaculatum; remigibus fuscis.

---

# GENUS PAUXI.

## Mihi.

*Rostrum* breviusculum, crassiusculum, compressum;
maxilla basi cornea, altissima, in gibberem variae
formae elevata.

*Nares* basales, laterales, fronti proximae, orbiculares,
supra semitectae, infra patulae.

*Pedes* tetradactyli, mutici.

*Alae* breves, remigibus omnibus pennis secundariis
multo brevioribus.

---

P. GALEATA. P. Corpore supra et subtus atro,
viridi nitente; abdomine apiceque caudae albis; tu-

berculo corneo ad basim rostri, caeruleo, pyri-
formi. *Mas.*

*Femina* non multum differt.

# GENUS CRAX.

### Linn. Lath. Cuv. Dumér.

*Rostrum* mediocre, crassum, altius quam latum, convexum, fornicatum; culmine basi carinato, nudum, cera obductum.

*Nares* laterales, in cera positae, semitectae, antrorsum patulae.

*Caput:* vertex pennis revolutis.

*Pedes* tetradactyli, mutici.

*Alae* breves, remigibus omnibus pennis secundariis multo brevioribus.

———

C. GLOBICERA.　C, Corpore supra et subtus nigro, abdomine imo albo; pennis in vertice crispis, atris; tuberculo ad basim rostri rotundato, lato, magnitudine cerasi; cera lutea; cauda apice alba. *Mas.*

*Femina* non multum differt.

CRAX GLOBICERA. Lath. *Ind. Orn. v.* 2, *p.* 624, *sp.* 3. — Linn. *edt.* 12, *p.* 695. — Gmel. *Syst.* 1, *p.* 736. — Borowsk. *Nat. v.* 2, *p.* 171.

GALLUS INDICUS ALIUS. Klein *Av. p.* 111, *sp.* 3. — Rail. *Syn. p.* 52, *sp.* 7. Will. *p.* 110.

MUTUPORANGA CURASSAVIA. *Stor. degli. ucc. v.* 2, *p.* 239.

CRAX CURASSOUS. Briss. *Orn. v.* 1, *p.* 300, *sp.* 13. — Id. 8vo, *v.* 1, *p.* 85.

HOCCO DE CURASOW. Gmel. *Trad. Franç. v.* 2, *p.* 406. — Bonat. *Tab. Encyc. Orn. p.* 175.

Hocco faisan de la Guiane. Buff.
*Ois. pl. enl.* 86. (Un jeune).

Hocco teuchoLi. Temm. *Pig. et Gall.*
v. 3, *p.* 12.

Curassou cock. Alb. *Ois.* v. 2, *t.* 31. —
Edw. *Glan. t.* 295, *f.* 1.

Globose curassow. Lath. *Syn.* v. 4,
*p.* 695.

Habitat *In Guiana, Curassao insula.* — Long. 3 pedes. — Pilei pennis revolutis atris; gibber sub-
globosus, luteus; rostro cinereo; temporibus
plumis tectis; pedibus pallide ferrugineis.

(no. 1.) Hybrida. *Var.* C. Obscure fusca;
ventre supremo albo; cauda nigra; fasciis quatuor
albis; cristae pennae revolutae, apice albae.

Crax globicera. *Femina.* Lath.

Haec varietas hybrida est, Crax globicera, et
rubra.

(nº. 2.) Hybrida. *Var.* C. Cera flava; corpore
nigro ruffo fasciato; crista alba, apice nigra, collo
albo nigroque fasciato.

Crax alector. *Var.* d. Lath. *Ind. Orn.*
v. 2, *p.* 623. — Id. *Syn.* v. 4, *p.* 692. C.

Curassow hen. Alb. *Ois. v.* 2, *t.* 32.

In hac varietate collum inferius et femora fusca;
crissum album.

C. RUBRA. *Prima.* C. Spadicea; cervicis et colli
superioris lineis alternis albis et nigris; cera
nigra; cauda fasciis novem albo-luteis, nigro marginatis; temporibus plumis tectis.

Habitat *in America Australi.* — Long. 2 pedes, 10
aut 11 poll. — Rostro cinereo-albo; pedibus ro-
bustis, cinereis, iridibus flavis.

(nº. 1.) HYBRIDA. *Var.* C. Corpore spadiceo-
atro, rufo variegato; crista et colli superioris lineis
alternis albis et nigris; collo inferiore, pectore et
rectricibus intermediis atris.



In hac varietate tempora plumis tecta.

(n°. 2.) HYBRIDUS. *Var.* C. Capite collo crista-
que nigris; corpore supra et rectricibus luteo nigroque fasciatis.

AUTRE HYBRIDE DU HOCCO COXILITL
ET MITUPORANGA. Temm. *Pig. et Gall.*
*v.* 3, *p.* 43.

In hac varietate tempora et rectrices nuda.

C. ALECTOR. C. Corpore supra et subtus nigro;
abdomine albo, pennis in vertice crispis, atris; cera
flava; temporibus flavis nigro variegatis. *Mas et
Femina.*

CRAX ALECTOR. Lath. *Ind. Orn. v.* 2, *p.* 622,
*sp.* 1. — Linn. *Syst.* 1, *p.* 269. — Gmel. *Syst.* 1,
*p.* 735. — Scop. *Ann. v.* 1, *n°.* 163. — Klein.
*Av. p.* 111, *sp.* 3. — Borowsk. *Nat. v.* 2
*p.* 170, *t.* 28. — *Mém. de l'Accad. des Seigne.
v.* 3, *p.* 221.

CRAX GUIANENSIS. Briss. *Orn. v.* 1, *p.* 298,
*sp.* 12, *t.* 29. — Id. 8vo, *v.* 1, *p.* 84.

MITUPORANGA. Rall. *Syn. p.* 56, *sp.* 6. —
Will. *p.* 115, *t.* 28. *Caput.* — Jonst. *Av. p.* 753,
*t.* 57. et 58.

HOCCO DE LA GUIANE. Buff. *Ois. v.* 2, *p.* 375,
*t.* 13. — Sonn. *Nouv. édit de Buff. Ois. v.* 5,
*p.* 253, *et addition p.* 267, *pl.* 47, *f.* 1, —
Gmel. *Trad. Franç. v.* 2, *p.* 404.

LE POES OU COQ D'AMÉRIQUE. Frisch.
*Vögel t.* 121.

LE MITU MÂLE. d'Azara, *Voy. au Parag.
Trad. Franç. v.* 4, *p.* 170.

*Tome III.*                                    N N

COQ INDIEN. *Mém. de l'Accad. Roy.* t. 3, part. 1, p. 221. — *Mareg. Hist. Nat. du Brés.* p. 195.

HOCCO MITUPORONGA. Temm. *Pig. et Gall.* v. 3, p. 27, et t. anat. 6, f. 1, 2 et 3.

IDIAN COCK. Pietf. *Mém. t.* p. 195. — *Phil. Transa.* v. LVI. p. 215, f. 3.

PEACOK PHEASANT OF GUIANA. Baner. *Guian.* p. 173.

CRESTED CURASSOW. Lath. *Gen. Syn.* v. 4, p. 692. — Sloan *Jam.* p. 302, t. 260. — Brown. *Jam.* p. 470. — Damp. *Voy.* v. 2, part. 2, p. 67, et v. 3, part. 1, p. 75.

Habitat *in America calidiore.* Gall. pavonis minoris magnitudine. Long. 2 ped. 8 aut 10 poll. tarsus 4 poll. 3 lineas. — Hospitatur in Europa; facile mansuescens.

*Var. A.* Abdomine albo nigroque fasciata; corpore supra et subtus lineis albis fasciatis, temporibus nudis: *Annuus.* — Abdomine rufescente vario, crista, corpore, alis et cauda lineis albis fasciatis; crista recta; *Hornotinus.*

LE MITU FEMELLE. d'Azara *Voy. au Parag. Trad. Franc.* v. 4, p. 169.

C. CARUNCULATA. C. Corpore supra et subtus atro, abdomine castaneo; cera membrana lata ad rictum gemina et regione oculorum nudis; pennis in vertice crispis, atris.

HOCCO à BARBILLONS. Temm. *Pig. et Gall.* v. 3, p. 44, et t. anat. 4, f. 3, le bec de grandeur naturelle.

Habitat *in Brasilia.* — Long. 2 ped. 10 poll. Pedibus fuscis, cera et palearibus rubris.

# GENUS PENELOPE.

### Linn. Gmel. Lath. Cuv. Dumér.

*Rostrum* mediocre, latius quam altum; apice compressum, convexum, basi depressum, nudum; ceroma saepius obsoletum, maxillae tomia haud attingens, in genas continuatum.

*Nares* laterales, ovatae, mediae, in ceromate sitae, semitectae, antrorsum patulae.

*Genae* implumes; gula saepius palea longitudinali media carunculata.

*Pedes* tetradactyli, mutici.

*Alae* breves, remigibus quatuor aut quinque exterioribus fastigiatis, brevioribus sexta septimaque longissimis.

———————

P. CRISTATA. P. Crista, corpore supra et subtus viridi-rufescente nitore aeneo; uropigio abdomineque castaneis; collo et pectore albo maculatis; temporibus nudis violaceis; gutture et membrana longitudinali rubris, pilosis. *Mas.*

*Femina* vix cristata.

PENELOPE CRISTATA. Lath. *Ind. Orn. v.* 2, *p.* 619. — Gmel. *Syst.* 1, *p.* 733.

MELEAGRIS CRISTATA. Linn. *Syst.* 1, *p.* 269. — Borowsk. *Nat. v.* 2, *p.* 170.

GALLOPAVO BRASILIENSIS. Briss. *Orn. v.* 1, *p.* 162. — Id. 8vo, *v.* 1, *p.* 43. — *Stor. degli. ucc. v.* 2, *pl.* 227.

LE DINDON DU BRÉSIL. Bonat. *Tab. Encyc. Orn. p.* 170, *pl.* 84, *f.* 2.

L'YACOU. Buff. *Ois. v.* 2, *p.* 387.

Pénélope Guan. Temm. *Pig. et Gall.* v. 3, p. 46, *et t. anat.* 6, *f.* 1, 2 *et* 3, *organes de la voix.* — Gmel. *Trad. Franç.* v. 2, p. 400.

Guan or Quan. Edw. *Glan. t.* 13. — Lath. *Gen. Syn.* v. 4, p. 680.

Habitat *in America calidiore.* — Gallinae magnitudine; long. 28 aut 30 poll. — Tarso 3 poll. 4 lineas. — Digito intermedio 2 poll. 10 lineas. — Rostro 1 poll. 7 lineas. — Hospitatur apud Brasilienses, facile mansuescens. Rostro fusco, irides aurantiae, pedes rubri.

P. MARAIL. P. Cristata corpore supra et subtus saturatius virescente, nitore aeneo; temporibus nudis pallide rubris; gutture et membrana longitudinali rubris, pilosis; collo et pectore albo maculatis. *Mas. Femina* vix cristata.

Penelope Marail. Lath. *Ind. Orn.* v. 2, p. 620, *sp.* 4. — Gmel. *Syst.* 1, p. 734.

Faisan verdâtre de Cayenne. Buff. *Ois. pl. enl.* 338.

Le Marail. Buff. *Ois.* v. 2, p. 390. — Id. *nouv. édit.* de Sonn. v. 5, p. 307, *et addition* p. 310, *pl.* 49, *f.* 2. — Gmel. *Trad. Franç.* v. 2, p. 402. — Bonat. *Tab. Encyc. Orn.* p. 171, *pl.* 83, *f.* 4.

Pénélope Marail. Temm. *Pig. et Gall.* v. 3, p. 56, *et t. anat.* 7, *f.* 1. *l'organe de la voix.*

Maraye. Bajon. *Mém. sur Cayenne* v. 1, p. 383, *t.* 3 et 4. — Firm. *Descript. de Surin.* v. 2, p. 149.

Marail Turkey. Lath. *Gen. Syn.* v. 4, p. 682.

Habitat *in America calidiore.* — Long. 23 aut 24 poll. — Tarso 2½ poll. — Digito intermedio 2 poll.

2 lineas. — Rostro 1 poll. 4 lineas. Hospitatur
apud Cayanenses, facile mansuescens. Rostro
fusco, pedibus rubris.

P. OBSCURA. P. Capite laevi; vertice colloque
supra nigris; collo subtus, dorso alisque nigrescen-
tibus, albo maculatis; uropygio, ventre et abdomine castaneis; cauda remigibusque nigris. *Mas et
Femina.*

> L'YACUHU. d'Azara *Voy. au Parag. Trad.
> Franc. v.* 4, *p.* 163, *n°.* 335.
>
> PÉNÉLOPE YACUHU. Temm. *Pig. et Gall.
> v.* 3, *p.* 68.

Habitat *in Paraguay.* — Long. 28 poll. — Cauda 11
poll. — Tarso 3 poll. 5 lineas. — Rostro 1 poll. —
Rostro nigro, iridibus rubris, pedibus fuscis.
Regione oculorum nigra, gutture et membrana
longitudinali rubris.

P. SUPERCILIARIS. P. Capite laevi, vertice
cerviceque fusco-nigris; dorso cinereo-virescenti,
pennis griseo marginatis; tectricibus pennisque alarum secundariis virescentibus, fulvo marginatis; abdomine uropygioque rufis. *Mas et Femina.*

> PÉNÉLOPE PÉOA. Temm. *Pig. et Gall. v.* 3,
> *p.* 70.

Habitat *in Brasilia.* — Long. 22 poll. 6 lineas. —
Cauda 11 poll. — Tarso 3 poll. — Digito intermedio 2 poll. — Rostro 1 poll. 2 lineas. — Rostro
fusco, iridibus rubris, pedibus cinereis. Tempora
violacea, gutture et membrana longitudinali
rubris.

P. PIPILE. *P.* Capite crista albida, corpore supra et subtus nigricante violaceo, collo et pectore
albo punctatis; tegminibus alarum maculis albis conspersis; temporibus albidis; membranula caerulea,
pilosa; remigibus apice truncatis. *Mas* et *Femina.*

PENELOPE PIPILE. Lath. *Ind. Orn.* v. 2,
p. 620, *sp.* 2. — Gmel. *Syst.* 1, p. 734, *sp.* 4.

CRAX PIPILE. Jacq. *Beyt. Vög.* p. 26, t. 11.

PENELOPE CUMANENSIS. Lath. *Ind. Orn.*
v. 2, p. 620, *sp.* 3. — Gmel. *Syst.* 1, p. 734,
*sp.* 3.

PENELOPE LEUCOLOPHOS. Merrem. *Ic.*
p. 45, t. 12.

CRAX CUMANENSIS. Jacq. *Beyt. Vög.*
p. 25, t. 10.

PÉNÉLOPE PIPILE ET HOCCO DE CU-
MANA. Bonat. *Tab. Enyc. Orn.* p. 172,
*n°.* 6 et p. 174, *n°.* 2, *Pl.* 86, *f.* 2 et 3.

L'YACOU. Bajon. *Mém. sur Cayenne* v. 1, p.
308, t. 5. — Lath. *Gen. Syn.* v. 4, p. 681,
t. 61.

PÉNÉLOPE SIFFLEUR. Temm. *Pig. et Gall.*
v. 3, p. 76 et t. *Anat.* 7, *f* 2, *une rémige.*

PIPING AND CUMANA CURASSOW. Lath.
*Gen. Syn. Supp* v. 1, p. 205.

Habitat *in Guiana.* — Long. 26 aut 28 poll. —
Cauda 10 aut 11 poll. — Tarso 2 poll. 3 lineas.
— Digitis intermedio 2 poll. 2 lineas. — Rostro
1 poll. 3 lineas. Rostro nigro, cera caerulea,
pedibus rubris.

(*A*.) V A R.  P. Fronte nigra, sola regione oculorum
nuda.

L'YACU-APETI. d'Azara. *Voy. au Parag. Trad.
Franç.* v. 4, p. 166, n°. 337.

Habitat *in Bratilia.*

P. PARRAKOUA. P. Crista rufa, corpore supra
ex fusco - olivaceo, subtus cinerascente - olivacro;
temporibus nudis purpureis; mandibula inferiore lineis
duabus nudis, rubris; gula barbata; cauda pennis
lateralibus rufo terminatis. *Mas* et *Femina.*

P H A S I A N U S  M O T M O T, Linn. *Syst.* I, p. 271.
*sp.* 2. — Gmel. *Syst.* 1, p. 740, *sp.* 2. — Lath.
*Ind. Orn.* v. 2, p. 632, *sp.* 9. — Borowsk. *Nat.*
v. 2, p. 181, *sp.* 6.

P H A S I A N U S  G U I A N E N S I S. Briss. *Orn.* v. I,
p. 270, t. 26, f. 2. — Id. 8vo, v. 1, p. 76.

P H A S I A N U S  P A R R A K U A. Gmel. *Syst.* 1,
p. 740, *sp.* 8. — Lath. *Ind. Orn.* v. 2, p. 632,
*sp.* 12.

P H A S I A N U S  G A R R U L U S. Humb. *Observ. de
Zool. et d'Anat.* v. 1, p. 4.

F A I S A N  D E  L A  G U I A N E. Buff. *Ois. pl. enl.*
146.

L E  K A T R A K A. Buff. *Ois.* v. 2, p. 394.

L E  P A R R A Q U A. Dajon. *Mém. sur le Cay.*
v. 1, p. 378, t. 1 et 2. — Buff. *Ois.* v. 2,
p. 394.

H A N N E Q U A W. Bajer. *Guiana.* p. 176.

Y A C U  C A R R A G U A T A. d'Azara. *Voy. au Parag.
Trad. Franç.* v. 4, p. 164, n°. 336.

Habitat *in America*, *Guiana et Brasilia.* — Long.
20 aut 21 poll. — Cauda 9 poll. — Tarso 2 poll.
3 aut 4 lineas. — Digito intermedio 2 poll. 3
lineas. — Rostro 1 poll. 2 lineas. — Rostro cinereo, pedibus rubescentibus, iridibus fuscis.

# GENUS TETRAO.

Linn. Lath. Cuv. Bechst. Dumer. Meyer.
Illiger.

*Rostrum*, breviusculum, crassiusculum, basi nudum
maxilla fornicata, convexa subadunca.

*Nares*, basales, squama fornicali superne semiclausae,
plumulis obtectae.

*Pedes* tetradactyli mutici, hirsuti vel semihirsuti; digiti saepius lomate fimbriati.

*Supercilia* implumia, verrucosa, coccinea.

*Cauda* mediocris, rectricibus densis 18.

*Alae* breves, remige priore brevissima, secunda breviore
tertia quartaque longissimis.

T. UROGALLUS. T. Collo corporeque supra nigricantibus et cinereo transversim undulatis; pectore
viridi nitore aeneo, subtus nigricante maculis albis
vario; axillis albis; cauda nigra rotundata, rectricibus versus apicem 2 maculis albis. *Mas.*

*Femina* minor, rufo, nigro et cinereo transversim striata, gula rufa, rectricibus rufis nigro fasciatis, pectore rufo.

Borkh. *Vögel. Deut. pl. n°.* 4 et 5. — Meyer.
*Orn. Taschenb.* v. 1, *p.* 293. — Naum. *Vögel.*
v. 1 *p.* 81, *t.* 17, *f.* 36. — Donnd. *Zoöl. Beytr.*
v. 2, *p.* 293. *sp.* 1. — Goeze *Europ. Faun.*
v. 2, *p.* 290. — Meyer. *Vög. Liv. und Esthl.*
*p.* 149.

COCK OF THE WOOD, OR MOUNTAIN. Alb.
*Birds.* v. 2, *t.* 29 30.

WOOD GROUS. *Br. Zoöl.* v. 1, *n°.* 92, *t.* 40
et 41. — *Id. fol. m. m.* *. — Penn. *Arct. Zoöl.*
v. 2, *p.* 312. — Id. *Supp. p.* 62. — *Tour in
Scotl.* 1769, *t.* 10, *p.* 217, *Mas.* — *Id. t.* 11,
*f.* 2. *Fem.* — Lath. *Gen. Syn.* v. 4, *p.* 729.

Habitat *in Europa et Asia Septentrionali.* — Long.
2 ped. 11 poll. *Mas.* — *Fem.* 2 ped. — Rostro
2⅓ poll. long. tarso plumulis laneis tecto. Rostro
albido; area nuda rubra; Irides fuscae; digiti
cornei. — Ovum albo fuscessente maculatum.

T. MEDIUS. T. Cauda subbifurca; collo, pectore, cerviceque nigricante - violaceo purpureoque
nitentibus; corpore supra nigricante, punctis rubes-
centis adsperso; subtus nigricante, maculis albis
vario; cauda nigra.

TETRAO HYBRIDUS. Linn. *Faun. Suec.*
n°. 207. — Id. *reiz. n°. var. y.* — Spar. *Mus.
Carls. fasc.* 1, *t.* 13. —Otto. *Uebersz.* Büff *Vögel.*
v. 5, *p.* 65. — *Act.* 3, *Ac. Sc. Suec.* v. 5, *p.* 181.

TETRAO TETRIX *var. y.* Lath. *Ind. Orn.*
v. 2, *p.* 636. — Gmel. *Syst.* 1, *p.* 748.

UROGALLUS MINOR PUNCTATUS. Briss.
*Orn.* v. 1, *p.* 191, *sp.* 3. *A.* — Id. 8vo, v. 1,
*p.* 53.

Habitat in Europa et Asia Septentrionali. Mas, long. 2 ped. 4 poll. Rostro 1½ poll. long, nigro. area nuda rubra, irides fuscae, digiti grisei. Ovum flavicans ferrugineo - maculatum.

T. TETRIX. T. Cauda bifurca, rectricibus exterioribus recurvatis; corpore supra ex nigro violaceo; subtus nigricante; humeris albis. *Mas.*

*Femina*, minor, rufo, nigro et cinereo transversim variegata.

t. 225 — Lath. *Gen. Syn.* *v.* 4, *p.* 733. — Id.
*Supp.* *p.* 213.

Habitat *in Europa et Asia.* — Long. 1 ped. 10 poll.
Rostro nigro; digitis fuscis; area nuda rubra. —
Ovum flavicans ferrugineo - rubro maculatum.

(*A.*) Var. T. Corpore supra et subtus rufo nigro
alboque variegato, macula pectorali maxima atro
nitente.

TETRAO TETRIX. *Mas. Var.* Sparm. *Mus.
Carls. fasc.* 3, *t.* 63.

DAS BUNTE BIRKHUHN. Bechst. *Naturg.
Deutschl.* v. 2, *p.* 1323.

Haec varietas cum mare convenit.

(*B.*) Var. T. Sordide alba ac absolete ferrugineo-
undulata; Rostro nigro pedibus ferrugineis. *Femina.*

TETRAO TETRIX. *Var. T.* Lath. *Ind. Orn.
v.* 2, *p.* 636. — Sparm. *Mus. Carls. fasc.* 3,
*t.* 66. — *Act. Soc. Holm.* 1785, *p.* 281 ? *Alba.*

DAS WISSE BIRKHUHN. Bechst. *Naturg.
Deutschl.* v. 2, *p.* 1323, *Var.* 1.

Hujus varietatis plurima individua propre Hedemora
interfecta sunt cum femina convenit.

T. PHASIANELLUS. T. Corpore supra testaceo, nigricante vario; pectore castaneo fusco,
maculis albis vario; latera colli et tectrices alarum
maculis rotundatis albis; cauda cuneiformi rectribus
lateralibus apice albis. *Maris* area oculorum magis
speciosa.

*Femina* à *mare* non multum differt.

TETRAO PHASIANELLUS. Lath. *Ind. Orn.*

v. 2, p. 655. sp. 2. — Linn. Syst. 1, p. 273, var. B. — Phil. Trans. v. LXII, p. 425. — Gmel. Syst. 1, p. 747. — Briss. Supp. p. 9.

GÉLINOTTE à LONGUE QUEUE. Buff. Ois. v. 2, p. 286. — Id. édit. de Bonn. v. 6, p. 72. — Gmel. Trad. Franc. v. 2, p. 426. — Bonat. Tab. Encyc. Orn. p. 196, pl. 91, f. 1.

FRANCOLIN à LONGUE QUEUE. Hearn. Voy. à l'Océan du nord. Trad. Franc. p. 386.

TETRAS PHASIANELLE. Temm. Pig. et Gall. v. 3, p. 152.

LONG-TAILED GROUS. Phil. Trans. v. LXII, p. 394. — Edw. Glan. t. 117. — Lath. Gen. Syn. v. 4, p. 732. — Id. Supp. p. 212.

Habitat *in America septentrionali.* — Long. 16 aut 17 poll. Tarso hirsuto, digitis fuscis, iride avellaneae; rostro nigro; area supra oculos rubra. Ovum album maculis obscuris.

T. CANADENSIS. T. Corpore supra nigricante obscure fusco et cinereo vario; Collo infra et pectore nigro, subtus albo lunulis nigris consperso; pone oculos lunulis duabus albis; cauda valide rotundata, rectricibus nigris, apice fuscis. *Mas.*

*Femina* corpore supra et subtus fusco aurantio et cinereo transversim striata; cauda fusca nigro nebuloso fasciata, apice fulvo.

TETRAO CANADENSIS. Lath. *Ind. Orn.* v. 2, p. 637. sp. 6. — Linn. *Syst.* 1, p. 274. — Gmel. p. 749.

TETRAO CANACE. Lath. *Ind. Orn.* v. 2, p. 637, sp. 6. b. *Femina.* — Linn. *Syst.* 1, p. 25. — Gmel. p. 749, sp. 3. b. *Femina.*

Habitat *in America Septentrionali.* — 15 poll. long, Tarso hirsuto; cauda valide rotundata; mas rostro nigro, femina fusco; digitis fuscis. Ovum nigro, flavo, alboque variune.

T. CUPIDO. T. Sub-cristatus, corpore supra et subtus fusco-rufescente, nigro et albicante transversim striato; plumis longioribus utrinque ad latera colli superioris; cauda fascia terminali nigra.

*Femina,* absque fasciculis pennarum cervicalibus.

Habitat *In America Septentrionali*. — Magnitudine tetraon tetric feminae; rostro fusco; irides avellaneae; tarso plumis tecto; digitis flavicantibus.

T. UMBELLUS. T. Pennis verticis acuminatis; corpore supra multiplici colore vario; uropygio guttis albis consperso; corpore subtus sordide aurantio; pectore lunulis fuscis variegato; pennis axillaribus majoribus, elongatis, latis, expansilibus, nigris azureis; cauda fasciata, propre apicem fascia latiore nigra, apice cinereo alba. *Mas.*

*Femina à mare* non multum differt.

Habitat *in America Septentrionali*. — Long. 14 aut 15 poll. Rectricibus 16. Tarsis semihirsutis; rostro et digitis fuscescentibus.

T. BONASIA. T. Pennis vertice acuminatis; corpore supra rufescente maculis fuscis nigris et cinereis vario; subtus cinerascente, lunulis nigris consperso; macula utrinque alba pone oculos; rectricibus cinereis punctis nigris fascia nigra exceptis intermediis duabus. *Mas* gula nigra; *Femina* gula alba.

TÉTRAS GÉLINOTTE. Temm. *Pig. et Gall.*
v. 3, p. 174. — Id. *Manuel d'Orn.* p. 291.
HAZEL GROUS. Penn. *Arct. Zool.* v.
p. 317. f. — Lath. *Gen. Syn.* v. 4, p. 744.
BIRK GROUS. *Syn.* v. 4, p. 735, sp. 5,
*Junior.*
DAS SCHWARTZKEHLICH WALDHUHN.
*Obss. Europ. Fauna.* v. 2, p. 312. — Bechst.
*Naturg. Deutschl.* v. 2, p. 1338. — Borkh.
*Deutsche Orn.* pl. 5 et 6. — Naumann, *Vögel.*
v. 1, p. 88, t. 50. (*Mas.*) — Meyer. *Orn.
Taschenb.* v. 1, p. 297. — Id. *Vög. Liv.- und
Esthl.* p. 151.
Habitat *in Europa.* — Long. 13 poll. — Pedibus
semihirsutis; rostro nigro; tarso inferiore et digi-
tis griseis. — Ovum columbino majus, rubiginoso-
rubicundum, parum maculatum.

(*A.*) VAR. T. Corpore cano, fusco undulato.
TETRAO CANUS. Lath. *Ind. Orn.* v. 2, p. 640,
sp. 13. — Sparm. *Mus. Carls.* fasc. 1, p. 16.
Gmel. *Syst.* 1, p. 753.
GÉLINOTTE GRISE. Bonat. *Tab. Encyc.
Orn.* p. 200, pl. 188, f. 11. *Sous le nom de
Gélinotte blanche.* — Gmel. *Trad. Franç.* v. 2,
p. 438.
DAS BUNTE HASELHUHN. Beseke. *Vögel.
Kurld.* p. 70. — Bechst. *Naturg. Deutschl.*
v. 2, p. 1346.
Haec varietas rara est.

T. LAGOPUS. T. Corpore aestate fusco nigro et
albo undulato; areâ supra oculos rubra margine superiori dentata; hyeme toto albo; cauda nigra, apice

et rectricibus 2 intermediis albis.   *Maris macula nigra
inter rostum et oculos. Femina* caret macula nigra.

TÉTRAO LAGOPUS. Lath. *Ind. v.* 2, *p.* 639,
    *sp.* 9. — Linn. *Syst.* 1, *p.* 274, *sp.* 4. — Gmel.
    *p.* 749. — Bris. *Orn. v.* 1, *p.* 216, *sp.* 12.
    *Mas.* — Fabric. *Fauna Groenl. n°.* 80. —
    Steinmuller *Alpina, v.* 2, *p.* 208.

TÉTRAO RUPESTRIS. Lath. *Ind. Orn. v.* 2,
    *p.* 640, *sp.* 11. — Gmel. *Syst.* 1, *p.* 751, *sp.* 24.
    (plumage d'été.)

LAGOPUS VARIA. Gesner. *Hist. Av. p.* 554
    et 557. (Le mâle en mue et le jeune.)

LAGOPUS VARIA. *Stor degli. uccell. pl.* 239,
    (plumage parfait d'été.)

LAGOPUS ALBA. *Stor. degli. uccell. pl.* 240,
    (en plumage d'hiver.)

LE LAGOPÈDE. Buff. *Ois. v.* 2, *p.* 264, *t.* 9. —
    Id. *pl. enl.* 129, (femelle plumage d'été.) *et*
    *pl.* 494, (femelle prenant le plumage d'été.) —
    Sonnini. *édit. de Buff. Ois. v.* 6, *p.* 36, *pl.* 42,
    *f.* 2, (représentation inexacte de la femelle.) —
    Gmel. *Trad. Franç. v.* 2, *p.* 430, *sp.* 7. —
    La peyrouse *Act. Taur.* 1, *p.* 111. — Bonat.
    *Tab. Encyc. Orn. p.* 203.

L'ATTAGAS BLANC. Buff. *Ois. v.* 2, *p.* 262. —
    Id. *Nouv. édit. de Sonn. v.* 6, *p.* 33.

LE LAGOPÈDE DE ROCHE. Gmel. *Trad.
    Franç. v.* 2, *p.* 433. (le mâle dans la mue d'été.)

LE LAGOPÈDE DES ALPES. Gérard *Tab.
    Elem. v.* 2, *p.* 64, *sp.* 6.

LE PTARMIGAN OU TÉTRAS LAGOPÈDE.
    Temm. *Pig. et Gall. v.* 3, *p.* 185, *et t. anato-
    mique* 10, *f.* 1, 2 et 3. — Id. *Manuel. d'Orn.
    p.* 293.

PERDRIX DE ROCHES. Hearn. *Voy. à l'océan du nord. p.* 393. *édit. in* 4to.

PTARMIGAN AND ROCK GROUS. Penn. *Arct. Zoöl. v.* 2, *p.* 315 et 316. — Lath. *Gen. Syn. v.* 4, *p.* 741. *et Supp. v.* 1, *p.* 217. (plumage d'été.) — Penn. *Brit. Zoöl. v.* 1, *n°.* 95, *t.* 43 — Id. *folio* 86, *t. m.* 4 et 5.

HASENFUSSIGE WALDHUHN. Bechst. *Naturg. Deuhtsch. v.* 2, *p.* 1347.

WEISES WALDHUHN. Meyer, *Orn. taschenb. v.* 1, *p.* 298. — Id. *Vög. Deutschl. v.* 2, *Heft* 19.

Habitat *in Europa et America, in Alpibus Helvetiae,* &c. — Long. 14—15 poll. Rectricibus 18. Rostro et unguibus nigris; digitis plumis vestitis. Ovum eflavicanti - rubrum, nigro maculatum.

T. SALICETI. T. Corpore aestate castaneo - aurantio, nigro striato, area supra oculos rubra, margine superiori elevato, dentato; hyeme toto albo, cauda nigra apice et 2 intermediis albis. *Mas* et *Femina.*

*Hyeme.*

TETRAO ALBUS. Lath. *Ind. Orn. v.* 2, *p.* 639, sp. 10. — Gmel. *Syst.* 1 *p.* 570, sp. 23.

TETRAS LAGOPUS. Retzii. Linn. *Faun. Suec. p.* 211, *n°.* 186. — Brunn. *Orn. Boreal. p.* 59, *n°.* 198 et 199.

TETRAS MUTUS. Montin. *Act. soc. Lund. v.* 3, *p.* 55.

RIPA MAJOR. *Amaen Ac. v.* 1, *p.* 349. — Schaef. *Hist. Lappl. t. p.* 347. — Leems. *Lappl. p.* 243.

V v 3

Habitat *In Europa et America borealis.* — Long. 15
aut 16¼ poll.  Cauda pennis 18; rostro nigro,
unguibus albis, digitis plumis laneis vestitis.

T. LAPPONICUS.  T. Corpore aestate rufo et
nigricante striato, area supra oculos rubra; collo
ferrugineo; cauda nigra, digitis nudis squamatis;
hyeme toto albo, cauda nigra, apice et intermediis
albis. *Mas* et *Femina.*

TETRAO LAPPONICUS. Lath. *Ind. Orn. v.* 2,
*p.* 640, *sp.* 12. — Gmel. *Syst.* 1, *p.* 754,
*sp.* 25.

BONASA SCOTICA. Briss. *Orn. v.* 1, *p.* 199,
*pl.* 22, *f.* 1.

TETRAO LAGOPUS. Montin. *Act. Soc. Lund.*
*p.* 155.

TETRAO CACHINANS. Retzii Linn. *Faun.*
*Suec. p.* 210, *n°.* 185.

GÉLINOTTE DE LAPPONIE. Sonn. *Nouv.*
*édit. de* Buff. *Ois. v.* 6, *p.* 76.

TÉTRAS RÉHUSAK. Gmel. *Trad. Franç. v.* 2,
*p.* 434. — Bonnt. *Tab. Encyc. Orn, p.* 204. —
Leems. *Lappl. p.* 243. — Temm. *Pig. et Gall.*
*v.* 3, *p.* 225. — Id. *Manuel. d'Orn. p.* 297.

RÉHUSAK GROUS. Lath. *Gen. Syn. Supp.*
*v.* 1, *p.* 216. — Penn. *Arct. Zool. v.* 2, *p.* 316.

Habitat *In Europa borealis.* — Long. 14 poll.
Cauda pennis 14 aut 16, digitis cinereis squamis
tectis, tarso plumis laneis vestite. Ovum rubescens,
fusco maculatum.

———————

# GENUS PTEROCLES.

### Mihi.

*Rostrum* mediocre, gracilius, rectum, compressum;
maxilla versus apicem deflexa.

*Nares* basales; longitudinales, membra superne semiclausae, plumulis obtectae, infra patulae.

*Pedes* debiles, antice hirsuti, tetradactyli; digiti breves, halluce brevissimo.

*Cauda* cuneata.

*Alae* elongatae; remige priore longissima.

---

P. ARENARIUS. P. Corpore supra ex testaceo
albicante, maculis ovatis flavicantibus conspersa;
gula lutea, lunula juguli nigra; torque, abdomine
et crisso atris; rectricibus nigro et griseo fasciatis
apice albis, intermediis 2 fulvescentibus.

> TETRAO ARENARIUS. Pall. *Nov. com. Pe-
> trop.* v. 19, p. 418, t. 8. — Id. *Voy.* v. 2,
> p. 699. — Gmel. *Syst.* 1, p. 755. — Lath. *Ind.
> Orn.* v. 2, p. 642, sp. 18.

> TETRAO SUBTRIDACTYLA. Hasselq. *It.*
> p. 250.

> PERDIX ARAGONICA. Lath. *Ind. Orn.*
> v. 2, p. 645, sp. 7. — Faun. *Arag.* p. 81,
> t. 7, f. 2.

> GÉLINOTTE RAYÉE. Desfont. *Mém. de
> l'Acad. des scienc. ann.* 1787, p. 502. —
> Bonat. *Tab. Encyc. Orn.* p. 200, pl. 188, f. 13.

> GÉLINOTTE DES SABLES. Son. *Nouv. édit.
> de Buff. Ois.* v. 6, p. 82. — Gmel. *Trad. Franç.*
> v. 2, p. 440.

GÉLINOTTE DES VIVAGES. Bonat. *Tab. Encyc. Orn.* p. 200, *pl.* 92, *f.* 4.

GANGA UNIBANDE. Temm. *Pig. et Gall.* v. 3, p. 240 — Id. *Manuel d'Orn.* p. 299.

SAND GROUS. Lath. *Gen. Syn.* v. 4, p. 751.

ARAGONIAN PARTRIDGE. Lath. *Syn. Supp.* v. 1, p. 321.

RINGEL WALDHUHN. Naum. *Vög. Deutschl. Nacht.* t. 6, *f.* 15. — Meyer *Taschenb. Deutschl.* v. 1, p. 321.

Habitat *in Asia circa mare Caspium, in Europa meridionali in Andalusia, Barbaria.* — Long. 12 aut 14 poll. Caput cinerascens, cauda cuneata; rostro et digitis fuscescentibus, iridibus caeruleo-nigris.

P. BICINCTUS. P. Fronte nigra, macula supra oculos alba; corpore supra cinereo-fusco maculis albis triangularibus variegato; collo et pectore cinereo-flavis; cingulo pectoris duplici albo et nigro; corpore subtus albo et fusco striato. *Mas.*

*Femina* absque cingulis et frontis macula nigra, pennae fusco, rufo et albescente-flavo striatae.

GANGA BIBANDE. Temm. *Pig. et Gall.* v. 3, p. 247.

Habitat *in Africa.* — Long. 9½ poll. Cauda cuneata, rostro et digitis flavescentibus.

P. QUADRICINCTUS. P. Fronte trifasciata; corpore supra cinereo-flavo, nigro striato; cingulis pectoris quatuor, castaneo, albo, nigro alboque. *Mas.*

*Femina* absque fascia frontis, cingulisque pectoris.

TETRAO INDICUS. Gmel. *Syst.* I, p. 755.

PERDIX INDICA. Lath. *Ind. Orn.* v. 2, p. 650, sp. 23.

Habitat *in India; Coromandelia.* — Long. 9½ poll.
Cauda cuneata; rostro flavicante; digitis fuscis.

P. SETARIUS. P. Gutture nigro; pectoris cingulo lato rufo-aurantio, nigro-marginat; corpore supra olivaceo, flavicante nigro rufoque vario; tegminibus alarum castaneo maculatis; corpore subtus albo. *Mas.*

*Femina* gutture albo, deorsum collari dimidiato nigro; tegminibus absque maculis castaneis.

PINTALED GROUS. Lath. *Syn. v.* 4, *p.* 748. —
Edw. *Glan. t.* 249.

Habitat *in Europa meridionali Syria, Arabia.* —
Long. sine rectricibus intermediis 10½ poll. Cauda
cuneata, rectricibus 2 mediis duplo longioribus,
subulatis; rostro digitisque cinereis.

P. TACHYPETES. P. Corpore supra cinerascente-
fusco; gutture flavescente; vertice colloque cinereis;
tectricibus alarum apice cinereo - nitidis; pectoris cingulis albo castaneis; ventre cinereo-purpureo. *Mas.*

*Femina* pallide rufescente; collo et pectore striis
fuscis longitudinalibus; corpore utrinque, fusco rufoque transversim striato.

TETRAO NAMAQUA. Lath. *Ind. Orn. v.* 2,
*p.* 6.2, *sp.* 19. — Gmel. *Syst.* 1, *p.* 754. —
Sparm. *Voy. v.* 1, *p.* 153.

TETRAO SENEGALUS. *Ind. Orn. v.* 2, *p.* 642,
*sp.* 17. — Linn. *Mant.* 1771, *p.* 526.

LA GÉLINOTTE DU SÉNÉGAL. Buff. *Ois.
pl. enl.* 130. *le jeune male.*

GANGA VÉLOCIFEC. Temm. *Pig. et Gall. v.* 3,
*p.* 274. — Bonat. *Tab. Encyc. Orn. p.* 204.

SENEGAL AND NAMAQUA GROUS. Lath.
*Syn. v.* 4, *p.* 749. *Var. A.* — Id. *p.* 750. —
Id. *Supp. p.* 215.

Habitat *in Africa Senegalia, Capite Bonae - Spei.* —
Long. sine rectricibus intermediis 9½ poll. Cauda
cuneata, rectricibus 2 mediis longioribus; rostro
digitisque fuscescentibus. Ovum olivaceum, nigro
maculatum.

# GENUS SYRHAPTES.

## Illiger.

*Rostrum* brevisculum, debile, conicum; maxilla leviter curvata; culmine sulcata.

*Nares* basales, laterales, plumis tectae.

*Pedes* tridactyli, lanati; digitis aud ungues conjunctis, subtus scabris.

*Cauda* cuneata, rectricibus dos intermediis elongatis, subulatis.

*Alae* elongatae; remigibus primoribus filatim elongatis.

----

S. PALLASII. S. Corpore supra griseo-rufo nigro transversim vario; gula aurantia; abdomine fusco; medio ventre torque nigro; rectricibus griseo-fuscis, albo terminatis, 2 intermediis subulatis nigris; remigibus 2 exterioribus elongatis. *Mas.*

*Feminam* non vidi.

TETRAO PARADOXA. Pall. *It.* v. 2, p. 712, n°. 25, t. — id. *Voy.* v. 8, n°. 25. *Append.* t. 39. — Gmel. *Syst.* 1, p. 755, sp. 30. — Lath. *Ind. Orn.* v. 2, p. 643, sp. 20.

GÉLINOTTE à TROIS DOIGTS. Sonn. *Nouv. édit. de Buff. Ois.* v. 6, p. 84.

GÉLINOTTE HÉTÉROCLITE. Gmel. *Trad. Franc.* v. 2, p. 441. — Bonat. *Tab. Encyc. Orn.* p. 205, t. 93. f. 1.

HÉTÉROCLITE PALLAS. *Pig. et Gall.* v. 3, p. 282.

HETEROCLITE GROUS. Lath. *Gen. Syn.* v. 4, p. 753.

Habitat *in desertis Tartariae et Sibiriae.* — Long. sine rectricibus intermediis 8 poll. 10 lineas. Pedes plantae rugosae imbricatae.

----

# GENUS PERDIX.

Briss. Lath. Cuv. Bechst. Dumér. Meyer.
Illiger.

*Rostrum* breve, crassiusculum, compressiusculum, basi
nudum; maxilla fornicata, convexa, subadunca.

*Nares* basales, laterales, squama ornicali superne
semiclausae, antice implumes.

*Pedes* tetradactyli, nudi; maris tarsus saepius calcara-
tus, tuberosus aut muticus.

*Caput* plumatum; circa oculos saepius maculae implumes, verrucosae.

*Cauda* brevis, deflexa; rectricibus densis.

*Alae* breves; remigibus tribus exterioribus fastigiatis,
brevioribus quarta quintaque, utraque longissimis.

———————————

* *Pedibus maris calcaratis.*

P. CLAMATOR. P. Corpore supra et subtus ni-
gricante-fusco, pennis lineis angustis conspersis;
gula albida; capite pectoreque fusco-nigricantibus;
remigibus cinerascenti-fuscis; pedibus bicalcaratis. *Mas.*

*Femina* non multum differt; pedibus muticis.

FRANCOLIN CRIARD. Temm. *Pig. et Gall.*
*v.* 3, *p.* 298.

Habitat *in Africa.* — Long. 16½ poll. Rostro corneo, mandibula inferiori basi rubra; pedibus et
calcaribus luteis.

P. ADANSONII. P. Corpore supra pennis fuscis
longitudinaliter albo striatis; vertice rufo; superciliis
albis hinc et inde nigris; gula alba; pectore et

partibus inferioribus longitudinaliter castaneo, albo
et nigro striatis; pedibus bicalcaratis. *Mas.*

*Feminam* non vidi.

PERDIX BICALCARATA. Lath. *Ind. Orn.*
v. 2, *p.* 643, *sp.* 2.

PERDIX SENEGALENSIS. Briss. *Orn.* v. 1,
*p.* 231, *sp.* 8, *t.* 24 *f.* 1. — Id. 8vo, v. 1, *p.* 65.

TETRAO BICALCARATUS. Linn. *Syst.* 1,
*p.* 277. — Gmel. *Syst.* 1, *p.* 759, *sp.* 15.

LE BISERGOT. Buff. *Ois.* v. 2, *p.* 443. — Id.
*pl. enl.* 137. — Id. *Nouv. édit de* Sonn. v. 7,
*p.* 39, *pl.* 54, *f.* 1. — Gmel. *Trad. Franc.* v. 2,
*p.* 448. — Bonat. *Tab. Encyc. Orn. p.* 212,
*pl.* 93, *f.* 2.

FRANCOLIN ADANSON. Temm. *Pig. et Gall.*
v. 3, *p.* 305.

SENEGAL PARTRIDGE. Lath. *Gen. Syn.*
v. 4, *p.* 757.

Habitat *in Africa.* — Long. 12 poll. 8 lineas. Rostro corneo, pedibus cinerascente fuscis, unguibus fuscis.

**P. CEYLONENSIS.** P. Corpore supra nigri-
canti; cervice et tegminibus alarum maculis albis
sagittatis variis; partibus inferioribus nigricante-
fuscis, pennis medio guttatis albis; cauda elongata,
rotundata, nigra; area oculorum nuda, rubra;
pedibus bicalcaratis. *Mas.*

*Femina* caret guttis albis et calcaribus.

PERDIX CEYLONENSIS. Lath. *Ind. Orn.*
v. 2, *p.* 644, *sp.* 3.

TETRAO ZEYLONENSIS. Gmel. *Syst.* 1,
*p.* 759, *sp.* 38.

PERDIX BICALCARATUS. Forst. *Zoöl. Ind.*
p. 25, *pl.* 14, *f.* 1 et 2. — Penn. *Ind. Zoöl.*
p. 40, *t. f.* 1 et 2.

FRANCOLIN HABANKUKELLA, Temm. *Pig.
et Gall.* v. 3, *p.* 311.

LA PERDRIX à DOUBLE ÉPERON. Bonat.
*Tab. Encyc. Orn. p.* 311, *pl.* 93, *f.* 3. — Gmel.
*Trad. Franc.* v. 2, *p.* 448.

CEYLON PARTRIDGE. Lath. *Gen. Syn.* v. 4
*p.* 758. *Mas.*

CHITTGONG PARTRIDGE. Lath. *Gen. Syn.
Supp. p.* 222.

Habitat *in Zeylona, India.* — Long. 12 poll. —
Rostrum flavescens; orbitae nudae rubrae. Collum
pectus, pars antica dorsi et tegmina alarum maculis sagittatis albis; pedes rubri, calcaribus flavescentibus.

*Femina* caput cinereum nigro-maculatum; pectus, dorsum, alae et cauda fusco-ferruginea.

P. SPADICEA. P. Corpore supra, subtus, caudaque intense spadiceis; vertice et collo superiore
dilutioribus; temporibus nuda; cauda longa rotundata;
pedibus bicalcaratis.

*Femina* caret calcaribus.

PERDIX SPADICEA. Lath. *Ind. Orn.* v. 2,
*p.* 644, *sp.* 4.

TETRAO SPADICEUS. Gmel. *Syst.* 1, *p.* 759,
*sp.* 39.

LA PERDRIX ROUGE DE MADAGASCAR.
Sonnerat *Voy. Ind.* v. 2, *p.* 169. — Sonn. *Nouv.
édit. de* Buff. *Ois.* v. 7, *p.* 57. — Gmel. *Trad.
Franc.* v. 2, *p.* 448. — Bonat *Tab. Encyc.
Orn. p.* 208.

FRANCOLIN SPADICÉ. Temm. *Pig. et Gall.*
v. 3, p. 317.

BROWN AFRICAN PARTRIDGE. Lath. *Gen.
Syn.* v. 4, p. 759.

Habitat *in Madagascaria*. — Long. 12 poll. cauda
4 poll. 4 lineas. Rostrum flavum, irides tempora et
pedes rubra.

P. NUDICOLLIS. P. Corpore supra pennis fuscis, margine dilutioribus vestito; partibus inferioribus spadiceis margine maculis longitudinalibus albis,
regione oculorum gula et collo anteriori nudis; pedibus calcare solitario instructis.

*Femina à mare* differt pedibus muticis.

PERDIX NUDICOLLIS et RUBICOLLIS.
Lath. *Ind. Orn.* v. 2, p. 641, sp. 5. et p. 648,
sp. 13.

TETRAO RUBRICOLLIS et NUDICOLLIS.
Gmel. *Syst.* 1, p. 758, sp. 34 et p. 758, sp. 42.

PERDIX CAPENSIS. Lath. *Ind. Orn.* v. 2,
p. 643. sp. 1.

TETRAO CAPENSIS. Gmel. *Syst.* 1, p. 758,
sp. 37.

LA PERDRIX DU CAP DE BONNE ESPÉ-
RANCE. Bonat. *Tab. Encyc. Orn.* p. 212. —
Sonnin. *édit. de Buff.* v. 7, p. 51. — Gmel.
*Trad. Franç.* v. 2, p. 447.

LE GORGE NUE et LA PERDRIX ROUGE
D'AFRIQUE. Buff. *Ois.* v. 2, p. 444, pl. 180. —
Id. *édit. de Sonn.* v. 7, p. 41. — Bonat. *Tab.
Encyc. Orn.* p. 208 et 215, pl. 94, f. 3. — Gmel.
*Trad. Franç.* v. 2, p. 446 et 243.

FRANCOLIN à GORGE NUE. Temm. *Pig. et
Gall.* v. 3, p. 317.

BARE-NECKED, and RED-NECKED PAR-
TRIDGE. Lath. *Gen. Syn.* v. 4, p. 759 et 771.
CAPE PARTRIDGE. Lath. *Gen. Syn.* v. 4,
p. 756.

Habitat *in Africa*. — Long. 15 poll. Rostro, regione
oculorum, iridibus, gula, pedibusque sanguineis.

P. LONGIROSTRIS. P. Corpore supra rufo-
fusco, atro maculato; pennis dorsi luteo marginatis;
subtus ferrugineo-rufo, immaculato; pectore cinc-
reo-caerulescente. *Mas.*

*Feminae*, pectus haud caerulescens.
FRANCOLIN à LONG-BEC, Temm. *Pig. et
Gall.* v. 3. p. 329.

Habitat *in Sumatra*. — Long. 12½ poll. Rostro magno,
1 poll. 8 lineas, nigro; pedibus fuscescentibus;
regione oculorum rubra.

P. PERLATA. P. Nigro-spadicea; collo, tegminibus alarum et partibus inferioribus guttis et maculis albis conspersis; dorso, remigibus secundariis et
rectricibus caudae nigro et rufo transversim striatis,
vitta duplici nigra ad latera capitis.

*Femina* non multum differt; partibus inferioribus
transversim striatis; calcare nullo.
PERDIX PERLATA. Lath. *Ind. Orn.* v. 2,
p. 648, sp. 15.
PERDIX MADAGASCARIENSIS. Lath. *Ind.
Orn.* v. 2, p. 645, sp. 8.
TETRAO MADAGASCARIENSIS et PER-
LATUS. Gmel. *Syst.* 1, p. 756, p. 31 et 758,
sp. 36.
PERDIX SINENSIS. Briss. *Orn.* v. 1, p. 234,
t. 23. a, f. 1. — Id. 8vo, v. 1, p. 65.

*Tome III.* 3 x

Habitat *in India*, *China*. — Long. 10½ poll. Supercilliis rufis; gula alba; pennis pectoralibus sex maculis albis; remigibus albo fasciatis; rostro nigro, pedibus rufescentibus.

P. PONDICERIANA. P. Corpore supra rufo, vittis albis et fuscis notato; subtus albo nigricantefusco striato; gula rufa, lunula jugali nigra; remigibus secundariis spadiceo et albescente-rufo striatis. *Mas.*

*Femina* pedibus muticis.

FRANCOLIN à RABAT ou à GORGE ROUSSE.
Temm. *Pig. et Gall.* v. 3, p. 332.

PONDICHERY PARTRIDGE. Lath. *Gen. Syn.*
v. 4, p. 774. — Id. *Syn. Supp.* v. 1, p. 221,
*Fœmina.*

Habitat *in India.* — Long. 10½ poll. Rostro fusco;
pedibus flavescente rubris iridibus rubris.

P. THORACICA. F. Corpore supra griseo-fusco,
maculis fusco nigris adsperso; pectoris area rotundata magna, grisea, margine guttureque rufis; ventre et abdomine luteo-rufis nigro maculatis. *Mas.*
*Fœmina* non vidi.

FRANCOLIN à PLASTRON. Temm. *Pig. et
Gall.* v. 3, p. 335.

Habitat *in India.* — Long. 11 poll. Rosto flavo; or-
bitis oculorum rubris; pedibus albidis.

P. AFRA. P. Corpore supra cinereo-fusco nigro
maculata, maculis magnis lineis transversis rufis;
pennarum omnium rachi alba; colli lateribus rufo
nigroque, gutture nigro alboque variegatis; maculis
hypochondriorum et pectoris magnis castaneis.

PERDIX AFRA. Lath. *Ind. Orn.* v. 2,
p. 648, sp. 16.

FRANCOLIN OURIKINAS. Temm. *Pig. et
Gall.* v. 3, p. 337.

Habitat *in Africa, apud Cabo bona Spei.* — Long.
11½ — 12 poll. Rostro fusco, calcar et pedibus
ex flavescente-fusco.

P. FRANCOLINUS. P. Corpore supra ex nigri-
cante-fusco, margine fulvo: collo et partibus inferioribus nigris; collo hypochondriisque maculis
albis subrotundis; fascia suboculari alba; torque
aurantia. *Mas.*

*Femina*, ex nigricante et rufo - flavicante toto varia; rectricibus lateralibus nigris, flavicante fasciatis; pedibus muticis.



Habitat in *Europa meridionalis, Asia, India et Africa.* — Long. 12 poll. rostro nigro; pedibus lutescente rubris; calcae et unguibus fuscescentibus.

* *Pedibus maris tuberosis aut muticis.*

P. SAXATILIS. P. Corpora supra pectoreque
ex griseo-cinerascentibus; subtus dilute rufo; gutture
et collo superiore albis, fascia nigra cinctis, hypochondriis duplici vitta nigra notatis, cauda pennis 16, extimis basi cinereis, apice rufis. *Mas*
et *Femina.*

PERDIX SAXATILIS. Meyer, *Taschenb.
Deutschl.* v. 1, *p.* 305. — Id. *Vög. Deutschl.*
v. 1, t. *heft.* 8.

PERDRIX GRAECA. Briss. *Orn.* v. 1, *p.* 241,
*sp.* 12, *t.* 25, *f.* 1. — Id. 8vo, v. 1. *p.* 67. —
Rail. *Syn. p.* 57. *n°.* 5.

COTURNIX. Gesner, *Av. p.* 353. — Scop.
*Ann.* v. 1, *n°.* 174.

PERNICE MAGIORE, *Stor. degl. ucc.* v. 3,
*pl.* 256.

PERDRIX BARTAVELLE. Buff. *Ois.* v. 2, *p.*
420. — Id. *pl. enl.* 231. — Id. *Nouv. édit de* Sonn.
v. 7, *p.* 5, *pl.* 53, *f.* 2. — Bonat. *Tab. Encyc.
Orn. p.* 206, *pl.* 94, *f.* 4. — Gérard *Tab. élém.
d'Orn.* v. 2, *p.* 79. — Temm. *Pig. et Gall.* v. 3,
*p.* 340. — Id. *Manuel d'Orn. p.* 305.

GREEK OR RED PARTRIDGE. Lath. *Gen. Syn.*
v. 4, *p.* 767.

DAS STEINFELDHUHN. Bechst. *Naturg.
Deutschl.* v. 3, *p.* 1393, *t.* 43, *f.* 2. — Frisch.
*Vög. Deutschl. t.* 116.

Habitat *in Europa et Asia.* — Long. 13 aut 14 poll.
rostro, regione oculorum, iridibus et pedibus sanguineis. Ovum flavicans flavicante-rufo maculatum.

P. RUBRA. P. Corpore supra ex griseo-fusco; pectore cinereo; subtus rufo; gutture et collo superiore albis, fascia nigra albo punctata cinctis; hypochondriis vitta nigra, simplici notatis; cauda pennis 18, rectricibus extimis rufis. *Mas et Femina.*



Habitat *in Europa et Asia.* — Long. 13 poll. Rostro, regione oculorum, iridibus et pedibus sanguineis. Ovum album rufo maculatum.

VAR. (*A.*) Corpore toto albido.

Bonat. *Tab. Encyc. Orn.* p. 207. — *Stor. degli.
ucc. pl.* 255.

Rostro regione oculorum, iridibus et pedibus sanguineis.

VAR. (E.) P. Corpore supra albo, lineis cinerascentibus et maculis spadiceis undulato; palpebris rubris; pectore cinereo.

PERDIX KAKELIK. Lath. *Ind. Orn.* v. 2, p. 653, sp. 42. — Falk. *It.* v. 3, p. 390. — Gmel. *Syst.* 1, p. 762, sp. 47.

PERDIX CASPIA. Lath. *Ind. Orn.* v. 2, p. 655, sp. 43. — S. G. Gmel. *It.* v. 4, p. 67, t. 10. — Gmel. *Syst.* 1, p. 762, sp. 48.

LE KAKELIK ET LA PERDRIX DE PERSE. Bonat. *Tab. Encyc. Orn.* p. 214. — Sonnini. *Nouv. édit. de Buff.* v. 17, p. 150. — Gmel. *Trad. Franç.* v. 2, p. 452 et 453. — Temm. *Pig. et Gall.* v. 3, p. 362.

CASPIAN PARTRIDGE. Lath. *Gen. Syn. Supp.* v. 2, p. 283.

Habitat *in Asia et Europa.* — Vox kakelik; rostro, temporibus, pedibusque rubris. An varietas?

P. PETROSA. P. Corpore supra ex fuscescente-cinereo; vertice castaneo; superciliis (lineis maculis caeruleis in tegminibus alarum; subtus dilute-fusco; torque castanea, maculis albis varia; hypochondriis vitta nigra duplici notatis; cauda pennis 16, extimis basi cinereis, apice aurantiis. *Mas* et *Femina.*

PERDIX RUBRA BARBARICA. Briss. *Orn.* v. 1, p. 239, sp. 11. — Id. 8vo, v. 1, p. 67. PERDIX PETROSA. Lath. *Id. Orn.* v. 2, p. 648, sp. 14.

TETRAO PETROSUS. Gmel. Syst. 1, p. 235, sp. 85.

PERNICE DI BARBARICA. Stor. degl. ucc. pl. 257.

LE PERDRIX ROUGE DE BARBARIE ET LA PERDRIX DE ROCHE OU LA GAMBRA. Buff. Ois. v. 2, p. 435 et 446. — Id. édit. de Sonn. v. 7, p. 43 et 45. — Bonat. Tab. Encyc. Orn. p. 228, pl. 94, f. 2, et p. 213. — Gmel. Trad. Franç. v. 2, p. 444 et 446.

PERDRIX GAMBRA. Temm. Pig. et Gall. v. 3, p. 368. — Id. Manuel. d'Orn. p. 508.

BARBARY PARTRIDGE. Lath. Gen. Syn. v. 4, p. 770. — Edw. Glan. t. 70. — Shaw, Trav. p. 305. — Journ. p. 287. — Prévost, v. 3, p. 309.

RUFOUS BREASTED PARTRIDGE. Lath. Gen. Syn. v. 4, p. 771.

Habitat *in Europa et Africa*. — Long. 13 poll. Rostro regione oculorum pedibusque sanguineis.

B. CINEREA. P. Corpore supra cinereo, rufo et nigro vario, subtus ex albicante-flavido, pectore caerulescente lineis nigris et maculis rufis variegato, cauda pennis 18. Septem extimis utrinque, apice cinereis. *Maris* maculae duae castaneae in imo pectore.

PERDIX CINEREA. Raii *Syn.* p. 57, A. 2. — Will. *Orn.* p. 118, t. 28. — Briss. *Orn.* v. 1, p. 219, sp. 1. — Id. 8vo, v. 1, p. 61. — Klein. *Av.* p. 114. — Id. Stem. p. 23, t. 26, f. 2, a et b. — Id. Ov. p. 32, t. 15, f. 5. — Lath. *Ind. Orn.* v. 2, p. 645, sp. 9. — *Stor. degl. ucc.* v. 3, pl. 249.

TETRAO PERDIX. Linn. *Syst.* 1, *p.* 276,
*s.* 3. — Id. *Faun. Suec. n°.* 205. — Gmel.
*Syst.* 1, *s.* 757, *sp.* 13. — Scop. *Ann. n. 1,*
*n°.* 175. — Brunn. *Orn. Borea. n°.* 201. —
Mull 1, *n°.* 225. — Frisch. *t.* 114. *Mas.* —
Kram. *El. p.* 357, *sp.* 6. — Georgi. *p.* 173. —
Schaef. *El. Orn. t.* 54. — *Faun. Arab. p.* 7. —
*Faun. Arag. p.* 82. — Borowsk. *Nat. v.* 2,
*p.* 192. *s.* 9.

PERDIX GRISE. Buff. *Ois. v.* 2, *p.* 401. —
Id. *pl. enl.* 27. *Femina.* — Id. *Edit. de* Sonn.
*v.* 6, *p.* 318. — Gérard *Tab. élém. d'Orn. v.* 2,
*p.* 69. — Bonat. *Tab. Encyc. Orn. p.* 209. *pl.* 95.
*f.* 4. — Temm. *Pig. et Gall. v.* 3, *p.* 323. —
Id. *Manuel. d'Orn. p.* 309.

STARNA ZINNAN. *Uov. p.* 90, *t.* 2, *f.* 8. —
Cett. *ucc. Sard. p.* 114. — Olin. *ucc. t. p.* 57.

DAS REBHUHN. Gunth. *Nest. und Ey. t.* 46. —
Goeze. *Europ. Faun. v.* 2, *p.* 326. — Naum.
*Vögel Deutschl. v.* 1, *p.* 11, *t.* 2, *f.* 3. *Mas.* —
Bechst. *Naturg. Deutschl. v.* 3, *p.* 1501. —
Id. *Taschenb. p.* 212. — Meyer *Taschenb. v.* 1,
*p.* 303. — Id. *Vög. Liv - und Esth. p.* 163.

COMMON PARTRIDGE. Penn. *Br. Zool. v.* 1,
*n°.* 96. — Id. *folio* 86. *t. m.* — Penn *Arct. Zool.*
*v.* 2, *p.* 319. — Alb. *Birds. v.* 1, *t.* 27. — Lath.
*Gen. Syn. v.* 4, *p.* 762.

Habitat *in Europa et Asia.* — Long. 12 poll. Rostro pedibusque cinerascente-caeruleis, iridibus
fuscis; area nuda, coccinea infra oculos. Ovum
griseo-virescens.

VAR. (*A.*) Corpore supra et pectore castaneis, suctus
dilute fulvo, capite et collo superiore fulvis.

Colore a precedente differt castaneo, margine albo et
fuscescente vestito; pedibus fuscescentibus.

VAR. (B.)  Corpore cinereo-albo fusco undulato, maris
maculae duae castaneae in imo pectore.

Colore differt, pennae omnes toto corpore cinereo-
albae, lineolis transversis et undulatis fuscis variae;
cum aliqua rufescentis mixtura.

VAR. (C.) Corpore toto albo, corpore variegato.
PERDIX BLANCHE. Temm. *Pig. et Gall.*
v. 3, p. 420.

VAR. (D.) Corpore supra dilute cinereo, rufo et ni-
gro variegato, subtus ex albicante-flavido, pectore
brunno.
PERDIX DAMASCENA. Lath. *Ind. Orn.* v. 2,
p. 646, sp. 11. — Briss. *Orn.* v. 1, p. 223,
B. — Id. 8vo, v. 1, p. 161. — Raii. *Syn.* p. 57,
sp. 3. — Will. *Orn.* p. 119, t. 29. — Klein.
*Av.* p. 114, sp. 2.
TETRAO DAMESCENUS. Gmel. *Syst.* 1,
p. 758, sp. 32.
PETITE PERDRIX GRISE OU DE DAMAS.
Buff. *Ois.* v. 2, p. 417. — Id. *éd. de Sonn.*
v. 6, p. 361. — Gmel. *Trad. Franç.* v. 2 p. 445 —
Bonat. *Tab. Encyl. Orn.* p. 210. — Gérard *Tab.*
*élém. d'Orn.* v. 2, p. 74. — Temm. *Pig. et*
*Gall.* v. 3, p. 392.
DAMASCUS PARTRIDGE. Lath. *Syn.* v. 4,
p. 764.

Habitat *in Europa.* — Cinereae persimilis, at multo
minor est, rostroque prolixiore, corneo; pedibus
flavescentibus. *An varietas.*

P. GULARIS. P. Vertice nuchaque fusco-oliva-
ceis; fascia infra supraque oculos alba; gutture
rufo; pectoris ventrisque strigis longitudinalis niveis; corpore supra fusco; rachi pennarum omnium
alba; remigum rachi atra.

PERDRIX à GORGE ROUSSE. Temm. *Pig.
et Gall.* v. 3, p. 401.

Habitat *in Bengala.* — Long. 11 poll. Cauda
elongata, aequaliter contiguata; rostro nigro, pedibus rufescente - rubris.

P. JAVANICA. P. Corpore supra striis cinereis
nigrisque; alis rufis atro maculatis; guttere colloque lateribus rufo nigroque variegatis; pectore cinereo; ventre et hypochondriis castaneis; digitis unguibusque longissimis.

PERDIX JAVANICA. Lath. *Ind. Orn.* v. 2,
p. 651, sp. 27.

TETRAO JAVANICUS. Gmel. *Syst.* 1, p. 761,
sp. 45.

PERDRIX DE JAVA. Bonat. *Tab. Encyc. Orn.*
p. 211, sp. 10, pl. 96, f. 1.

PERDRIX AYAM-HAM. Temm. *Pig. et Gall.*
v. 3, p. 404.

JAVAN PARTRIDGE. Lath. *Gen. Syn.* v. 4,
p. 775. — Brown. *Ill. Zool.* p. 40, f. 17.

Habitat *in Insula Java.* — Long. 9½ poll. rostro
fuscescente - nigro; temporibus rubris; tibiis cinereis; pedibus carneis.

P. OCULEA. P. Capite, collo, pectore et ventre
laete rufis; dorso superne transversim albo - nigroque striato; uropygio atro maculis triangularibus
castaneis; alarum tectricibus cinereo - olivaceis nigro maculatis.

PERDRIX OCULÉE. Temm. *Pig. et Gall.* v. 3,
p. 408.

Habitat *in India.* — Long. 12 poll. 5 lineas. Temporibus plumis vestitis; rostro pedibusque fuscis.

P. GINGICA. P. Vertice castaneo; superciliis albis; corpore supra ex griseo - fulvo; subtus albo;
lateribus cinereis maculis castaneis variegatis; fascia
pectorali alba et castanea. *Mas.*

*Femina*, partibus superioribus fuscescent'bus;
gutture colloque fuscescente - rufo; pectore cinereo,
nigro striato; subtus rufescente - alba, nigro maculato.



Habitat *in India, Coromandela.* — Long. $8\frac{1}{4}$ poll.
cauda brevis; rostro nigro; pedibus rufescent'bus;
iridibus flavis.

P. FERRUGINEA. P. Corpore supra ex ferrugineo - fusco; subtus dilute spadiceo, lineis nigris
arcuatis consperso: pennis in collo superiore angustis elongatis, apice acutis, linea in medio et margine flavis; cauda ex fusco - nigra.

LA GRANDE CAILLE DE LA CHINE. Bonat.
 Tab. Encyc. Orn. p. 218 p. 94, f. 1. sous le
 faux nom de caille verte. — Gmel. Trad.
 Franc. v. 2, p. 450.
PERDRIX à CAMAIL. Temm. Pig. et Gall.
 v. 3. p. 416.
HACKLED PARTRIDGE. Lath. Gen. Syn.
 v. 4, p. 752, sp. 11, t. 66.
Habitat in China et India. — Long. 11 poll. 4 li-
 neas. Rostro nigro ; pedibus flavescentibus.

---

* *Rostrum crassum, altius quam latum ; pedibus muticis.*

P. DENTATA. P. Corpore supra ex rufescente
 cinereo maculis et lituris nigricantibus vario ; superciliis rufis ; subtus pallide rufescente-cinereo, ob-
 solete lineato ; rectricibus fascia, lineis nigris striatis ; mandibula inferiore apice emarginata. *Mas*
 et *Femina.*
PERDIX GUIANENSIS. Lath. Ind. Orn. v. 2,
 p. 650. sp. 21.
TETRAO GUIANENSIS. Gmel. Syst. 1, p. 767,
 sp. 62.
LE TOCRO OU PERDRIX DE LA GUIANE.
 Buff. Ois. v. 4, p. 513. — Id. Nouv. édit. de
 Sonn. v. 7, p. 130. — Bonat. Tab. Encyc. Orn.
 p. 216, n°. 13. — Gmel. Trad. Franc. v. 2,
 p. 461.
L'URU. d'Azara, Voy. dans l'Amériq. mé-id.
 Trad. Franc. v. 4, p. 158. n°. 334.
COLIN TOCRO OU URU. Temm. Pig. et Gall.
 v. 3, p. 418.
GUIANA PARTRIDGE. Lath. Gen. Syn.
 v. 4, p. 776. — Banc. Guiana, p. 171.

Habitat. *in Amér'eu meridional.* — Long. 10 —
11 poll. Rostro nigro ; area oculorum rubra ; pedibus cinerascentibus.

P. BOREALIS. P. Corpore supra ex fusco-cas-
taneo, rufescente et nigro variegato; subtus albido,
nigricante transversim undulato ; superciliis gulaque
albis ; lunula juguli nigra ; rectricibus lateralibus
cinereis. *Mas.*

*Femina*, dilutiore ; subtus, temporibus et gula
ochroleucis; lunula juguli rufescente.

**T. CRISTATA.** P. Crista in fronte longa, angusta; fronte et gutture albescente - rufo; collo nigro maculato; cauda flavescente striata; tegminibus
alarum albescente - rufo circumdatis; corpore subtus
albo, nigro et rufo maculato; medio ventre rufo. *Mas.*
    *Femina*, capite laevi; corpore supra nigro maculata,
subtus nigro et albo fasciato.

TETRAO CRISTATUS. Linn. *Syst.* 1. *p.* 277, *sp.* 18. — Gmel. *Syst.* 1, *p.* 765. *sp.* 18.

COTURNIX INDICA QUATNZONECOLIN. Fernand. *Hist. Av. Cap.* 39. — Rail. *Syn. p.* 158. — Will. *p.* 304.

LA CAILLE HUPPÉE DU MEXIQUE. Buff. *Ois. pl. enl.* 126. *Mas.*

COLIN ZONÉCOLIN. Buff. *Ois.* v. 2, *p.* 485. — Id. *Nouv. édit.* de Sonn. *Ois.* v. 7, *p.* 118. — Gmel. *Trad. Franç.* v. 2, *p.* 457. — Bonat *Tab. Encyc. Orn. p.* 222. *pl.* 96. *f.* 4. — Temm. *Pig. et Gall.* v. 3, *p.* 466.

CRESTED QUAIL. Lath. *Gen. Syn.* v. 4, *p.* 784.

Habitat *in America Septentrionali.* — Long. 7¼ poll. Rostro fuscescente, basi flavo; pedibus flavescentibus.

P. SONNINII. P. Crista in vertice longa, angusta, fuscescente-flava; gutture castaneo; corpore supra, cauda et pectore rubescente-cinereis maculis nigris conspersis; subtus castaneis, maculis albis, nigro circumdatis. *Mas.*

*Femina*, capite laevi, colore dilutiore.

COTURNIX FRONTE SORDIDA, ETC. *Journ. de Phys. Ann.* 1772. v. 2, *partie* 1, *p.* 217. *pl.* 2.

COTURNIX AMERICANA ELEGANTER VARIEGATA. Barr. *Franç. équinoxial. p.* 130. — Id. *Orn. Gen.* 14, *p.* 80.

LA CAILLE DE CAYENNE. Sonn. *Nouv. éd't.* de Buff. *Ois.* v. 7, *p.* 133.

COLIN SONNINI. Temm. *Pig. et Gall.* v. 3, *p.* 451.

Habitat *in America Meridionali*, *Guiana*. — Long. 7
poll. 3 aut 4 lin. Rostro fuscescente-nigro; pedibus flavescentibus.

P. FALKLANDICA? P. Corpore supra fuscescente, maculis striisque angulatis, fuscis vario; subtus albo; capite punctato; pectore ex fuscescente
flavo, arcubus variis nigricantibus consperso. (*Hanc
avem non vidi.*)

PERDRIX FALKLANDICA, Lath. *Ind. Orn.*
v. 2, p. 653, sp. 32.

TETRAO FALKLANDICUS. Gmel. *Syst. 1,*
p. 762, sp. 49.

LA CAILLE DES ÎLES MACOUINES. Buff.
*Ois.* v. 2, p. 477. — Id. *pl. enl.* 222. — Id.
*Nouv. édit. de* Sonn. v. 7, p. 102. — Bonat.
*Tab. Encyc. Orn.* p. 220, pl. 97, f. 1.

MALOUINE QUAIL. Lath. *Gen. Syn.* v. 4,
p. 786.

Habitat *in Insulis Falklandicis*. — Coturnicis magnitudine; latera capitis albo nebulosa; cauda fusca
fasciis pallidioribus; rostro plumbeo; pedibus fuscis.

P. CALIFORNICA? P. Corpore plumbeo; crista
verticali erecta; gula nigra, albo cincta; abdomine
testaceo, lunulis nigris, *Mas.*

*Femina* coloribus dilutioribus, absque lunula gulari nigra.

PERDRIX CALIFORNIÆ, Lath. *Ind. Orn.*
*Supp.* v. 2, p. LXII. sp. 2.

TETRAO CALIFORNICUS, *Nat. Misc. Tab.* 345.

CAILLE HUPPÉE DE CALIFORNIE. La
Peyr. *Voy.* v. 2, p. 254, *atlas pl.* 36.

CALIFORNIAN QUAIL. Lath. *Gen. Syn. Sup.*
v. 2, p. 281.

Habitat *in California*. — Coturnice paulo major.

# GENUS COTURNIX.

## Brisson. Meyer.

*Rostrum* breve, parum fornicatum; compressum; basi
nudum, latius quam altum.

*Nares* basales, squama fornicati superne semiclausae,
antice implumes.

*Caput* plumatum; *regio oculorum* plumis tecta.

*Pedes* tetradactyli, mutici.

*Cauda* brevis, plumis uropygii obtecta.

*Alae* breves, remige priore longissima.

————————

C. PERLATA. C. Corpore supra ex castaneo-fusco,
longitudinaliter albo striato; subtus nigro, maculis
rotundatis albis consperso; vitta utrinque duplici
alba; gutture gulaque nigris; pectore castaneo.

> PERDIX STRIATA. Lath. *Ind. Orn.* v. 2,
> *p.* 654. *sp.* 36.
>
> TETRAO STRIATUS. Gmel. *Syst.* 1, *p.* 763,
> *sp.* 53.
>
> LA GRANDE CAILLE DE MADAGASCAR.
> Sonnerat *Voy. Ind.* v. 2, *p.* 169, *t.* 98. — Sonn.
> *Nouv. édit. de* Buff. *Ois.* v. 7, *p.* 139. — Bonat.
> *Tab. Encyc. Orn.* p. 221, *pl.* 97, *f.* 2. — Gmel.
> *Trad. Franç.* v. 2, *p.* 470.
>
> CAILLE A VENTRE PERLÉ. Temm. *Pig. et
> Gall.* v. 3, *p.* 470.
>
> MADAGASCAR QUAIL. Lath. *Gen. Syn.* v. 4,
> *p.* 788.

Habitat *in insula Madagascaria et in Africa.* —
Long. 9 poll. Rostro 10 lin. nigris; pedibus rufescentibus.

C. AUSTRALIS. C. Corpore supra castaneo-ne-
buloso, nigro striato; rachi pennarum alba; subtus
cinerascente-rufo, lunulis nigris transversim striato. *Mas.*

*Femina*, coloribus dilutioribus.

PERDIX AUSTRALIS. Lath. *Ind. Orn. Supp.*
v. 2, *p.* LXII, *sp.* 3.

CAILLE AUSTRALE. Temm. *Pig. et Gall.*
v. 3, *p.* 474. — Labill. *Voy. à la recherche de*
La Peyr. v. 1. *p.* 177.

NEW-HOLLAND QUAIL. Lath. *Gen. Syn.
Supp.* v. 2, *p.* 283.

Habitat *in Nova Hollandia.* — Long. 7 poll. Rostrum crassiusculum, nigrum; pedibus fuscis.

C. DACTYLISONANS. C. Corpore supra griseo, rufo, albido et nigro vario, pennarum scapo
flavicante; subtus sordide albo; taenia longitudinali
albida in vertice; superciliis albis; gula rufa, nigro
cincta. *Mas.*

*Femina* dilutior, gula alba.

COTURNIX DACTYLISONANS. Meyer. *Be-
schreib. der Vög. Liv.-und Esthl. p.* 167.

COTURNIX. Briss. *Orn.* v. 1, *p.* 247, *sp.* 14. —
Id. 8vo. v. 1, *p.* 69.

PERDIX COTURNIX. Lath. *Ind. Orn.* v. 2,
*p.* 651, *sp.* 28.

TETRAO COTURNIX. Linn. *Syst.* 1, *p.* 278,
*sp.* 2. — Id. *Faun. Suec. n°.* 206. — Id. Gmel.
*p.* 765. — Scop. *Ann.* v. 1, *p.* 176. — Brunn.
*Orn. Boreal. n°.* 202. — Muller *n°.* 226. —
Kram. *El. p.* 357, *sp.* 7. — Belon *Ois. p.* 264.
Raii. *Syn. p.* 58. *A.* 6. *p.* 121, *t.* 29. — Klein.
*Av. p.* 115. — Id. *Stem. p.* 25, *t.* 27, *f.* 3. a

Habitat *in Europa*, *Asia et Africa*; migratoria —
Long. 7 poll. 3 aut 6 lin. Rostro pedibuque car-

neis; irides fuscae. Ovum olivaceum maculis parvis aut majusculis nigricantibus notatum.

(*A.*) VAR. Corpore albido, aut toto albo. Temm. *Pig. et Gall.* v. 3, f. 516.

C. TEXTILIS. C. Corpore supra fusco, nigro rufoque, pennarum fascia media longitudinali alborufa; subtus albo; nigro longitudinaliter striato; gutturis macula nigra; colli fascia longitudinali nigra. *Mas.*

*Femina* coloribus dilutioribus; gula fusca.

PERDIX COROMANDELICA. Lath. *Ind. Orn.* v. 2, p. 654, sp. 38.

TETRAO COROMANDELICUS. Gmel. *Syst.* 1, p. 764, sp. 55.

LA PETITE CAILLE DE GINGI. Sonner. *Voy. Ind.* v. 2, p. 172. — Bonnat. *Tab. Encyc. Orn.* p. 221.

CAILLE DE LA CÔTE DE COROMANDEL. Sonn. *Nouv. édit. de Ois* v. 7, p. 140.

CAILLE NATTÉE. Temm. *Pig. et Gall.* v. 3, p. 512.

COROMANDEL QUAIL. Lath. *Gen. Syn* v. 4, p. 789.

Habitat *in India et insulis Moluccis.* — Long. 9 poll. Rostro fusco; pedibus flavescentibus.

C. EXCALFACTORIA. C. Corpore supra fusco, maculis nigris et lineis albis consperso; pectore lateribusque caerulescente-cinereis; medio ventre castaneo; genis et arcu in collo albis, atro cinctis; gutture atro. *Mas.*

*Femina*, corpore supra cinerascente, rufo et nigro vario; scapis pennarum rufescentibus; superciliis temporibusque rufis; gula alba; corpore subtus cinerascente rufo, arcubus nigris undulato.

*Mas.*

COTURNIX PHILIPPENSIS. Briss. *Orn.* v. 7,
p. 254. sp. 17, t. 25, f. 1. — Id. 8vo, v. 1, p. 71.

PERDIX CHINENSIS. Lath. *Ind. Orn.* v. 2,
p. 652. sp. 29.

TETRAO CHINENSIS. Gmel. *Syst.* 1, p. 765,
sp. 19.

LA FRAISE OU CAILLE DE LA CHINE.
Buff. *Ois.* v. 2, p. 478. — Id. *pl. enl.* 126, f. 2.
— Id. *Nouv. édit. de* Sonn. v. 7, p. 164. —
Bonat. *Tab. Encyc. Orn.* p. 223, pl. 96, f. 3. —
Gmel. *Trad. Franç.* v. 2, p. 458.

CAILLE FRAISE. Temm. *Pig. et Gall.* v. 3,
p. 516 *mâle et femelle.*

CHINESE QUAIL. Lath. *Gen. Syn.* v. 4,
p. 783. — Edw. *Glan.* t. 247. *le mâle.*

*Femina.*

PERDIX MANILLENSIS. Lath. *Ind. Orn.*
v. 2, p. 43.

TETRAO MANILLENSIS. Gmel. *Syst.* 1,
p. 764, sp. 57.

LA PETITE CAILLE DE L'ÎLE DE LUÇON.
Sonner. *Voy. Nouv. Guiné.* p. 54, t. 24 — Gmel.
*Trad. Franç.* v. 2, p. 457.

PETITE CAILLE DE MANILLE. Sonn.
*Nouv. édit. de* Buff. *Ois.* v. 7, p. 142. — Bonat.
*Tab. Encyc. Orn.* p. 221, pl. 97, f. 4.

MANILLE QUAIL. Lath. *Gen. Syn.* v. 4, p. 790.

Habitat *in China et insulis Moluccis.* — Cauda nulla;
mas rostro nigro, femina fusco; pedibus flavescentibus.

C. TORQUATA. C. Corpore supra fusco, nigris
   lineis transversim striato; subtus albicante, æqua-
   liter undulato; vertice nigricante; genis atris; gutture albo, nigro margine cincto.

   COTURNIX TORQUATA. Manduit, *Encyc.
      Méthod.* — Bonat *Tab. Encyc. Orn. p.* 218. *n°.* 2.

   CAILLE à GORGE BLANCHE. Temm. *Pig.
      et Gall. v.* 3, *p.* 521. *Suite des cailles.*

   Rostro nigro pedibus flavescentibus. *Hanc speciem
      non vidi.*

C. GRISEA. C. Corpore supra dilute griseo, nigro
   fasciato; subtus arcubus nigris, concentricis undulato; vertice nigro et rufo variegato; remigibus
   fuscis.

   PERDIX GRISEA. Lath. *Ind. Orn. v.* 2,
      *p.* 654, *sp.* 37.

   TETRAO GRISEUS. Gmel. *Syst.* 1, *p.* 764,
      *sp.* 54.

   LA CAILLE BRUNE DE MADAGASCAR.
      Sonner. *Voy. Ind. v.* 2, *p.* 171. — Sonn. *Nouv.
      édit. de* Buff. Ois. *v.* 7, *p.* 139. — Bonat. *Tab.
      Encyc. Orn. p.* 22 . — Gmel. *Trad. Franç.
      v.* 2, *p.* 456. — Temm. *Pig. et Gall. v.* 3, *p.* 503.
      *Suite des cailles.*

   GREY-THROATED QUAIL. Lath. *Gen. Syn.
      v.* 4, *p.* 788.

   Habitat *in Madagascaria.* — Coturnicis vulgaris
      magnitudine. Rostro pedibusque nigris. *Hanc
      speciem non vidi.*

C. NOVÆ-GUINEAÆ. C. Corpore supra fusco;
   subtus dilutiore; tectricibus alarum margine flavicantibus; remigibus nigris.

Habitat *in Nova Guinea.* — Coturnice dimidio minore.
*Hanc speciem non vidi.*

---

# GENUS CRYPTONYX.

## Mihi.

*Rostrum* breviusculum crassiusculum, compressum;
mandibulis sub aequalibus; maxilla in apicem deflexa.
*Nares* laterales, longitudinales, membrana nuda semiclausae.
*Pedes* tetradactyli, mutici; digito postico ungue nullo.
*Cauda* brevis, rotundata.
*Alae* breves; remigibus, tribus exterioribus brevioribus;
prima brevissima; quarta, quinta sextaque longissimis.

---

C. CORONATUS. C. Occipite crista erecta spadicea; fronte setis sex longissimis; vertice fascia alba;
corpore supra et subtus nigro violaceo; dorso et plumis uropygii saturatius viridibus; temporibus nudis,
gula plumis variis tecta; alis fuscescentibus. *Mus.*

*Femina* absque crista occipitali; corpore supra et subtus viridi, alis castaneis; fronte setis sex longissimis.

*Mas.*

COLUMBA CRISTATA. Lath. *Ind. Orn. v.* 2, *p.* 596, *sp.* 10. — Gmel. *Syst.* 1. *p.* 774, *sp.* 7.

PERDIX CORONATA. Lath. *Ind. Orn. Supp. v.* 2, *p.* LXII.

PHASIANUS CRISTATUS. Sparm. *Mas. Carls. fasc.* 3, *t.* 64.

LE ROUBOUL DE MALACCA. Sonnerat *Voy. Ind. v.* 2, *p.* 174, *t.* 100.

UNCOMMON BIRD FROM MALACCA. *Phil. Transact. v.* 42, *p.* 1, *t.* 1.

LESSER CROWNED PIGEON. Lath. *Gen. Syn. v.* 4, *p.* 62. *tab.* 58.

VIOLACEUS PARTRIDGE. *Nat. Misc. v.* 3, *pl.* 84.

*Femina.*

PERDIX VIRIDIS. Lath. *Ind. Orn. v.* 2, *p.* 650, *sp.* 22.

TETRAO VIRIDIS. Gmel. *Syst.* 1. *p.* 761, *sp.* 45.

LA CAILLE VERTE. Bonat. *Tab. Encyc. Orn. p.* 219, *pl.* 95, *f.* 4. *Sous le nom de Caille de la Chine.* — Gmel. *Trad. Franc. v.* 2, *p.* 451.

GREEN PARTRIDGE. Lath. *Gen. Syn. v.* 4, *p.* 777, *t.* 67.

*Mas et Femina.*

CROWNED PARTRIDGE. Lath. *Gen. Syn. Supp. v.* 2, *p.* 278.

CRYPTONYX COURONNÉ. Temm. *Pig. et Gall. v.* 3, *p.* 526.

Habitat *in Sumatra.* — Long. 6 poll. Rostro nigro,

basi rubro; temporibus nudis coccineis; area oculorum emarginata rosea; iridibus rubris; pedibus
flavicante - rubris.

C. RUFUS. C. Corporis lateribus rufo-flavescentibus;
corpore fuscescente - rufo transversim undulato; tegminibus alarum flavescente - rufo terminatis; subtus
pallidiore; temporibus et gula plumis tectis.

    PERDIX CAMBAIENSIS.  Lath. *Ind. Orn.*
    v. 2, p. 655, sp. 44.

    CRYPTONYX ROUX. Temm. *Pig. et Gall.* v. 3,
    p. 574.

    CAMBAIEN PARTRIDGE. Lath. *Syn. Supp.*
    v. 2, p. 282.

Habitat *in India*. — Long. 6 poll. Rostro fusco;
pedibus flavis.

---

# GENUS TINAMUS.
## Latham.

*Rostrum* mediocre, rectum, depressum, latius quam
altum, apice rotundato, obtuso, culmine lato,
excelso.

*Nares* laterales, mediae, ovatae, patulae, apertae.

*Pedes* tetradactyli, fissi; haluce brevissimo, insistente; tarsis postice laevibus, aut exasperatis squamatis.

*Cauda* nulla, aut brevissima plumis uropygii obtecta.

*Alae* breves; remige priore breviore, secunda, tec-
tia quartaque fastigiatis, brevioribus quinta sextaque, utraque longissimis.

---

* *Cauda nulla; haluce elongato, terrae insistente.*

T. RUFESCENS. T. Corpore supra cinerascente-

rufo, plumis albo et nigro transversim striatis; margine alarum rufescente-rubro; regione aurium nigra;
subtus dilute flavescente rufo, fusco undulato; lateribus abdomineque cinerascentibus.

L'YNAMBU GUAZU d'Azara, *Voy. en Amér.
Mérid. Trad. Franc. v. 3, p. 143, n°. 326.*

TINAMOU GUAZU. Temm. *Pig. et Gall. v. 3,
p. 552.*

! Habitat *in America, Paraguay.* — Long. $15\frac{1}{2}$ poll.
Rostro fuscescente-caeruleo; pedibus rufis, tarsis
postice laevibus. Ovum violaceum.

T. MACULOSUS. T. Corpore supra ex fuscec-
cente-rufo, plumis maculis nigris conspersis et ru-
fescente-alba fimbriatis; remigibus secundariis transversim rufo et nigro striatis; gutture albo, collo
pectoreque maculis longitudinalibus nigris.

L'YNAMBUI. d'Azara. *Voy. en Amériq. Mérid.
Trad. Franc. v. 4, p. 146, n°. 328.*

TINAMOU YNAMBUI. Temm. *Pig. et Gall.
v. 3, p. 557.*

Habitat *in America Paraguay.* — Long. 9 aut 10
poll. Rostro fusco; iridibus aurantiis; pedibus fuscescentibus, tarsis postice laevibus.

————

* *Cauda in fasciam coarctata, plumis uropygii obtecta;
halluce brevissimo insistente.*

T. BRASILIENSIS. T. Corpore supra ex satu-
ratiore-olivaceo; parum nigro transversim striato;
subtus ex dilutiore cinerascente-rufo; vertice rufo;
remigibus secundariis extrinsecus rufo et nigro transversim striatis; alis infra albis.

TINAMUS BRASILIENSIS. Lath. *Ind. v. 2,
p. 633, sp. 1.*

Habitat *in Guiana et Brasilia.* — Long. 15 poll. —
Rostro iridibusque fuscis; pedibus cinerascentibus;
tarsis postice scabris. Ovum caerulescente-viride.

T. TAO. T. Corpore supra nigrescente, cinereo
undulato; superciliis stria cervicali, genis et collo
superiore maculis nigris et albis consperso; ventre
cinerascente, dilutiore undulato; abdomine rufo nigro undulato.



Habitat *in Brasilia.* — Long. 19 aut 20 poll. Rostro
cinerascente-nigro; iridibus rufis; pedibus cinerascentibus, tarsis postice scabris.

T. CINEREUS. T. Corpore supra et subtus ex
fuscescente-cinereo; vertice et collo subrufis.



Habitat *In Guiana, Brasilia.* — Long. 12 poll. Rostro pedibusque fuscescentibus, tarsis postice laevibus.

T. VARIEGATUS. T. Corpore supra lateribusque
ex saturatiore fusco rufoque transversim striato;
vertice cerviceque nigricantibus; collo pectoreque
rufis; gutture ventreque rufescente-albis; rostro
longo; cauda brevissima.

Habitat *in Guiana.* — Long. 11 poll. Rostro 1 poll. 9 lin. Mandibula superiore fusca, inferiore a bida; pedibus fuscescente nigris; tarsis postice laevibus.

T. UNDULATUS. T. Corpore supra collo pectore lateribusque nigrescente-fuscis, rufo transversim striatis; subtus albescente-flavo; tegminibus alarum magnis, remigibus castaneis.

    L'YNAMBU RAYÉ. d'Azara. *Voy. en Amériq. Mérid. Trad. Franc. v.* 4, *p.* 153.

    TINAMOU RAYÉ. Temm. *Pig. et Gall. v.* 3, *p.* 582.

Habitat *in Paraguay.* — Long. 12 poll. 9 lin. Rostro 1 poll. Tarsis postice laevibus.

T. ADSPERSUS. T. Corpore et collo supra fuscescente-rubris, nigro transversim undulatis; vertice fusco; gutture albo; collo, pectore et ventre cinerascentibus, saturatius cinereo et nigro undulatis; abdomine albescente.

    TINAMOU MACACO. Temm. *Pig. et Gall. v.* 3, *p.* 585.

Habitat *in Brasilia.* — Long. 11 poll. Tarsis postice laevibus.

T. OBSOLETUS. T. Corpore supra fuscescente-nigro, rufoque leviter nebulosis; cervice colloque supra saturatioribus; partibus omnibus inferioribus rufis, lateribus nigro transversin striatis; cauda brevissima.

    YNAMBU BLEUÂTRE. d'Azara, *Voy. en Amér. Mérid. Trad. Franc. v.* 4, *p.* 152, n°. 330.

    TINAMOU APEQUIA. Temm. *Pig. et Gall. v.* 3, *p.* 588.

Habitat *in Brasilia et Paraguay.* — Long. 10 aut 11 poll. Rostro fuscescente-rufo; iridibus aurantiis; pedibus rufis; tarsis postice laevibus.

T. TATAUPA. T. Corpore supra ex nigro cente-
rufo; vertice, temporibus cerviceque cinerascente-
nigris; gutture et collo albis; pectore, subtus et
margine alarum ex cinerascente - plumbeis, plumis
femorum nigris albo marginatis.

LE TATAUPA. d'Azara, *Voy. en Amér. Mérid.
Trad. Franc. v.* 4, *p.* 150. *n°.* 329.

TINAMOU TATAUPA. Temm. *Pig. et Gall.*
*v.* 3, *p.* 590.

Habitat *in Brasilia et Paraguay.* — Long. 9 aut 9½
poll. Rostro iridibusque rubris; pedibus violaceis;
tarsis postice laevibus.

T. STRIGULOSUS. T. Corpore supra rufescente,
plumis versus apicem nigro circumdatis; tegminibus
alarum maculis flavis et striis nigris variegatis;
fronte verticeque nigris; collo rufo; corpore subtus cinerascente et flavescente undulato; cauda
longa.

TINAMOU GARIANA. Temm. *Pig. et Gall.*
*v.* 3, *p.* 594.

Habitat *in Brasilia.* — Long. 10 poll. 1 aut 2 lin.
Basi rostri et mandibula inferiore albis, superiore
fusca; pedibus cinerascente-flavis; tarsis postice
laevibus.

T. SOUI. T. Corpore supra fuscescente - rufo, nigro leviter nebuloso; subtus cinerascente - rufo; vertice, temporibus cerviceque nigris; collo subtus cinerascente olivaceo.

TINAMUS SOUI. Lath. *Ind. Orn. v.* 2,
*p.* 634. *sp.* 4.

TETRAO SOUI. Gmel. *Syst.* 1, *p.* 768, *sp.* 66.

Habitat *in Guiana et Brasilia.* — Long. 9 poll. —
Mandibula superiore cinerascente, inferiore albescente; pedibus fuscis; tarsis postice laevibus.

T. NANUS. T. Corpore et collo supra rufo, albo
et nigro variegatis; subtus albido; pectore longitudinaliter, lateribus transversim rufo et nigricante
striatis; fronte, cervice temporibusque et rufescentibus, nigro punctatis.



Habitat *in Paraguay.* — Long. 6 poll. — Mandibula superiore fusca, inferiore alba; pedibus olivaceis; tarsis postice laevibus.

---

# GENUS HEMIPODIUS.
## Reinwardt.

*Rostrum* mediocre, gracilius, rectum, compressum à
acutum; culmine in apicem deflexo.

*Nares* laterales, lineares, membrana semi-clausae, ad
maxillae medium usque porrectae.

*Pedes* tridactyli, digitis fissis, halluce nullo.
*Cauda* brevis, plumis urogypii obtecta.
*Alae* breves, remige priore longissima.

------

H. NIGRIFRONS. H. Fronte trifasciata; corpore
supra rufescente-flavo, tectricibus alarum nigro
punctatis; gutture flavescente; pectore lunulis nigris; ventre abdomineque albis.

TURNIX NIGRIFRONS. *Lacepède.*

TURNIX à BANDEAU NOIR. Temm. *Pig.
et Gall.* v. 3, p. 610.

Habitat *in India.* — Long. 6 poll. Rostro pedibusque
rubescentibus.

H. PUGNAX. H. Gutture nigro; superciliis temporibusque albo et nigro punctatis; corpore supra rufescente, nigro et albo variegato; subtus albo et nigro
transversim lineato.

TURNIX COMBATTANT. Temm. *Pig. et Gall.*
v. 3, p. 612.

Habitat *in Java.* — Long. 5½ poll. remige priore albo marginata. Rostro flavo; pedibus flavescente-
fuscis.

H. NIGRICOLLIS. H. Gutture colloque nigris;
corpore supra ex fuscescente-castaneo, lineis nigris
undulato; subtus cinereo; alis albo maculatis.

TETRAO NIGRICOLLIS. Gmel. *Syst.* 1,
p. 767.

PERDIX NIGRICOLLIS. Lath. *Ind. Orn.*
v. 2, p. 656, sp. 47.

Coturnix Madagascariensis. Briss.
Orn. v. 1, p. 252, sp. 16, t. 25, f. 2. — Id.
8vo, v. 1, p. 70.

La caille de Madagascar. Buff. Ois.
v. 2, p. 479. — Id. pl. enl. 171.

Le turnix Bonat. Tab. Encyc. Orn. p. 6,
n°. 2.

Turnix cagnan. Temm. Pig. et Gall.
v. 3, p. 619.

Black-necked quail. Gen. Syn. v. 4,
p. 791.

Habitat in *Madagascaria*. — Long. 6¼ poll. Rostro,
pedibusque carnei coloris.

H. THORACICUS. H. Corpore supra ex nigri-
cante-griseo; subtus flavescente; capite albo, punctis nigris variegato; pectore badio.

Tetrao luzoniensis. Gmel. Syst. 1,
p. 767.

Perdix luzoniensis. Lath. Ind. Orn. v. 2,
p. 656, sp. 48.

Caille de l'île Luçon. Sonnerat. Voy.
Nouv. Guin. p. 54, pl. 23. — Sonnini, édit. de
Buff. v. 7, p. 144.

Turnix de Luçon. Bonat. Tab. Encyc. Orn.
p. 7, n°. 5.

Turnix à plastron roux. Temm. Pig.
et Gall. v. 3, p. 622.

Luzonian quail. Lath. Gen. Syn. v. 4,
p. 792.

Habitat in *Luzonia*. — Long. 6 poll. Rostro pedibusque griseis.

**H. TACHYDROMUS.** H. Corpore supra pennis nigro et fulvo transversim lineantis et albo marginatis; subtus ex albo rufescente; taenia longitudinali rufescente alba in vertice; superciliis rufescentibus.

TETRAO ANDALUSICUS. Gmel. *Syst.* 1, *p.* 766.

PERDIX ANDALUSICA. Lath. *Ind. Orn.* v. 2, p. 656, sp. 46.

TURNIX D'AFRIQUE. Desfontaines, *Mém. de l'Acad. des Scienc. Ann.* 1787, p. 500. — Bonat. *Tab. Encyc. Orn.* p. 6, pl. 188, f. 12.

TURNIX TACHYDROME. Temm. *Pig. et Gall.* v. 3, p. 626.

ANDALUSIAN QUAIL. Lath. *Gen. Syn.* v. 4, p. 791 et pl. *Frontisp. du 4me vol.*

Habitat *in Europa Andalusia; in Africa Barbaria.* — Long. 6 poll. Rostro corneo; pedibus rubescentibus.

**H. LUNATUS.** H. Corpore supra fusco nigro fasciato subtus flavescente-albo, tectricibus alarum maculatis, gula albo nigroque fasciata; pectore lunulis nigris.

TETRAO GIBRALTARICUS. Gmel. *Syst.* 1, p. 766.

PERDIX GIBRALTARICA. Lath. *Ind. Orn.* v. 2, p. 656, sp. 45. — Bonat. *Tab. Encyc. Orn.* p. 7.

TURNIX à CROISSANTS. Temm. *Pig. et Gall.* v. 3, p. 629.

GIBRALTAR QUAIL. Lath. *Gen. Syn.* v. 4, p. 790.

Habitat *in Europa Andalusia; in Africa Barbarica.* — Long. 6½ poll. Rostro nigro; pedibus pallidis.

H. MACULOSUS. H. Corpore supra rufo, maculis nigris, spadiceis, albis et plumbeis vario; subtus
rufescente; taenia longitudinali alba in vertice; superciliis rufis.

Turnix Mouchetè, Temm. *Pig. et Gall.*
v. 3, p. 631.

Habitat *in Nova Hollandia*. — Long. 5 poll. 2 lin.
Rostro pedibusque flavescentibus; cauda brevissima.

H. FASCIATUS. H. Vertice nigro, cervice rufo;
corpore supra fusco nigro maculato; subtus rufo;
gula pectoreque albo et nigro transversim fasciatis.

Turnix Rayè, Temm. *Pig. et Gall.* v. 3,
p. 634.

Habitat *in Insulis Philippinis.* — Long. 5 poll. Rostro pedibusque flavis.

H. HOTTENTOTTUS. H. Vertice nigrescente',
rufo maculato; gutture albo; corpore supra et subtus albescente - rufo, nigro rufo et albescente maculato; ventre imo abdomineque albescentibus.

Turnix Hottentot. *Pig. et Gall.* v. 3,
p. 636.

Habitat *in Africa, Capite Bonae Spel.* — Long 5 poll.
Rostro fusco, pedibus flavis.

FINIS.

# ERRATA.

Pag. 1. *ligne* 9. dans vastes *lisez* dans les vastes.
—— 6. —— 10. anneaux *lisez* d'anneaux.
—— 8. —— 1. comfondu *lisez* confondu.
—— 14. —— 5. les *lisez* la.
—— 37. —— 25. pouces *lisez* pieds.
—— 49. —— 5. vingt *lisez* vingt-huit.
—— 58. —— 11. aiment *lisez* aisément.
—— 78 et 80. *ligne* 4 et 23. pl. Anat. 6. *lisez* pl. Anat. 7.
—— 83. *note* (*f*) *ajutez* page 60.
—— 97. *ligne* 3. les uns des *lisez* les uns près des.
——114. —— 14. sèche *lisez* stérile,
——201. —— 14. seize pennes *lisez* dix-huit pennes.
——240. —— 4. quatorze *lisez* seize.
——226. —— 25. seize pennes *lisez* dix-huit pennes.
——237. —— 19. redontent *lisez* redoutent.
—— 238. —— 1. défaver *lisez* défaveur.
——260. —— 7. n'est *lisez* n'est point.
——291. —— 12. pérounées *lisez* éperonnées.
——292. —— 2. l'intérieur *lisez* l'extérieur.
——304. —— 1. jusqu *lisez* jusques.
——366. —— 7. suivi *lisez* suivie.
——368. —— 25. Buffon le *lisez* Buffon est le.
——413. —— 15. gtise *lisez* grise.
——419. —— 3. *Bec gros lisez Bec* court, gros.
——432. —— 25 Curturada *lisez* Curtuvada.
——495. —— 5. les du tems *lisez* les tems du.
——523. —— 2. risca *lisez* grisea.
——578. —— 15. districts *lisez* districts.
——614. —— 13. cos *lisez* coqs.

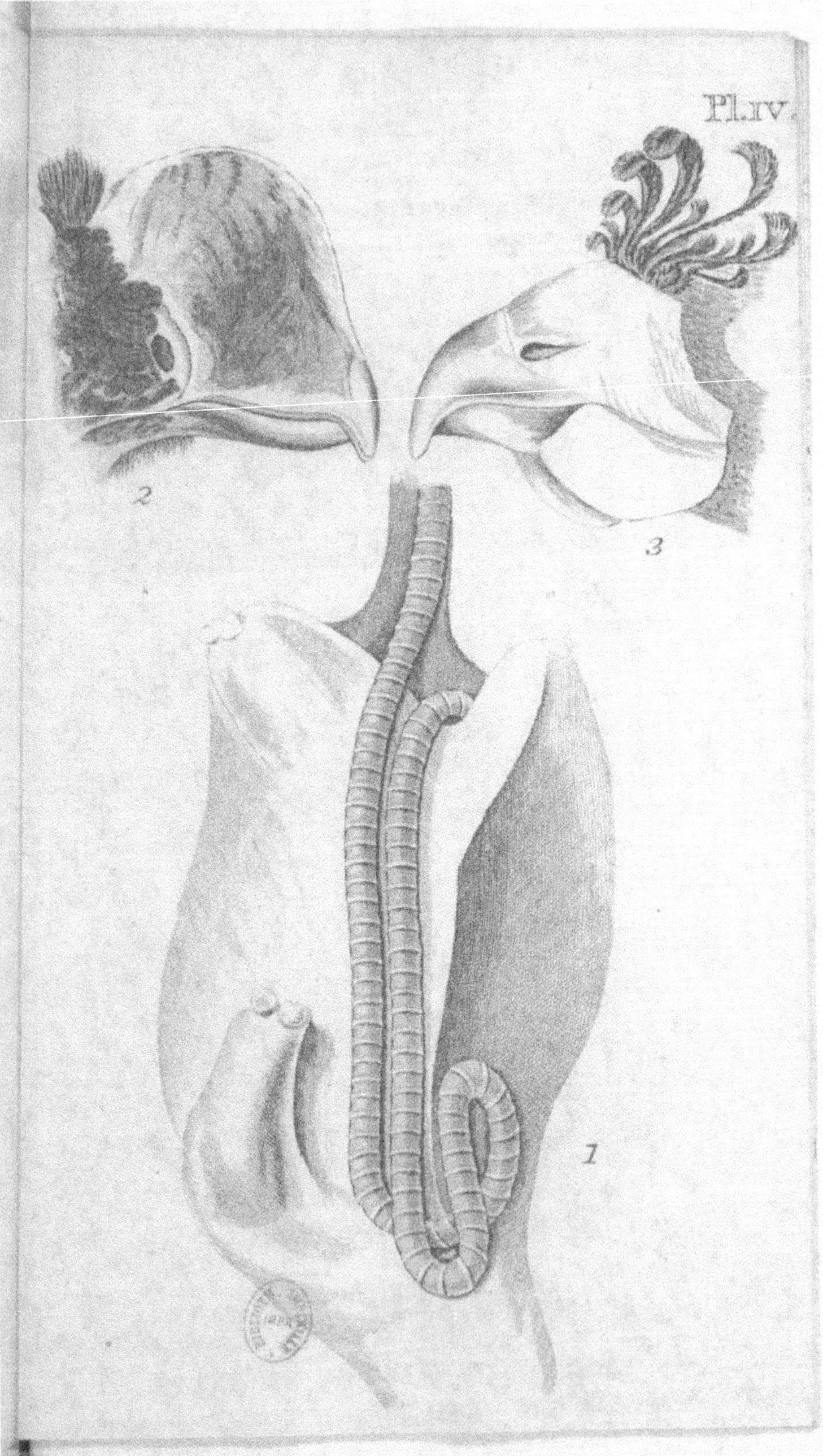
2
3
1

Pl. v
1
2
3

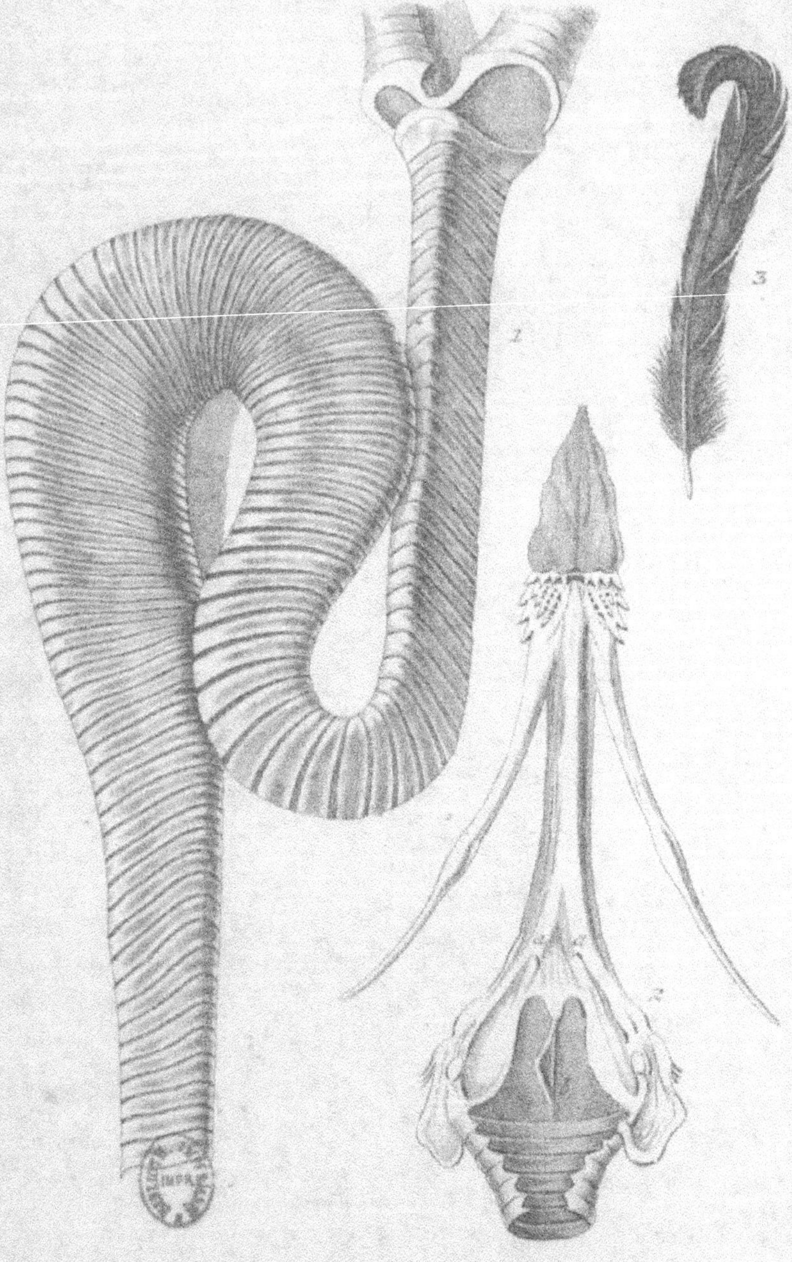

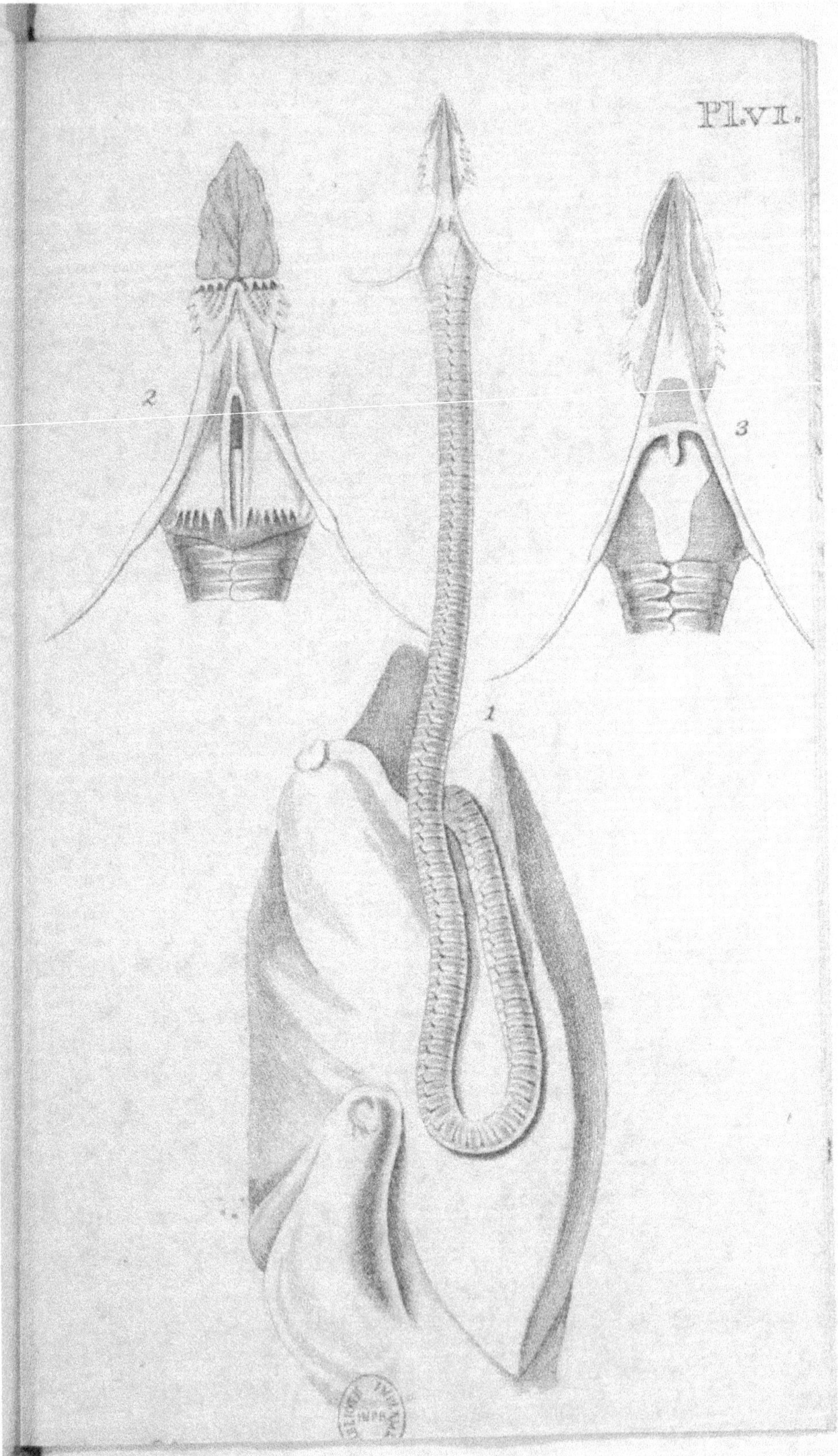

Pl.VI.
2
3
1

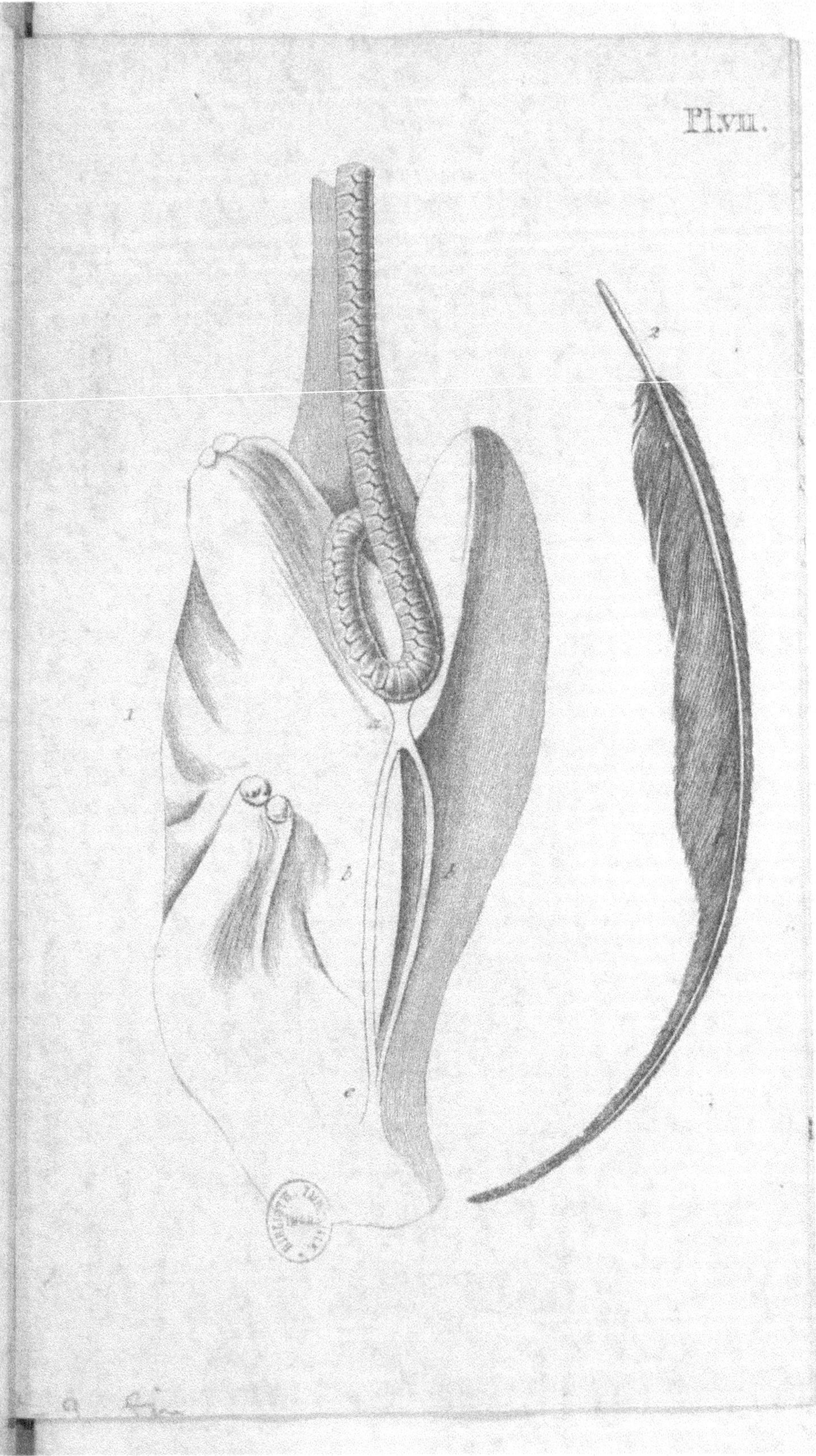

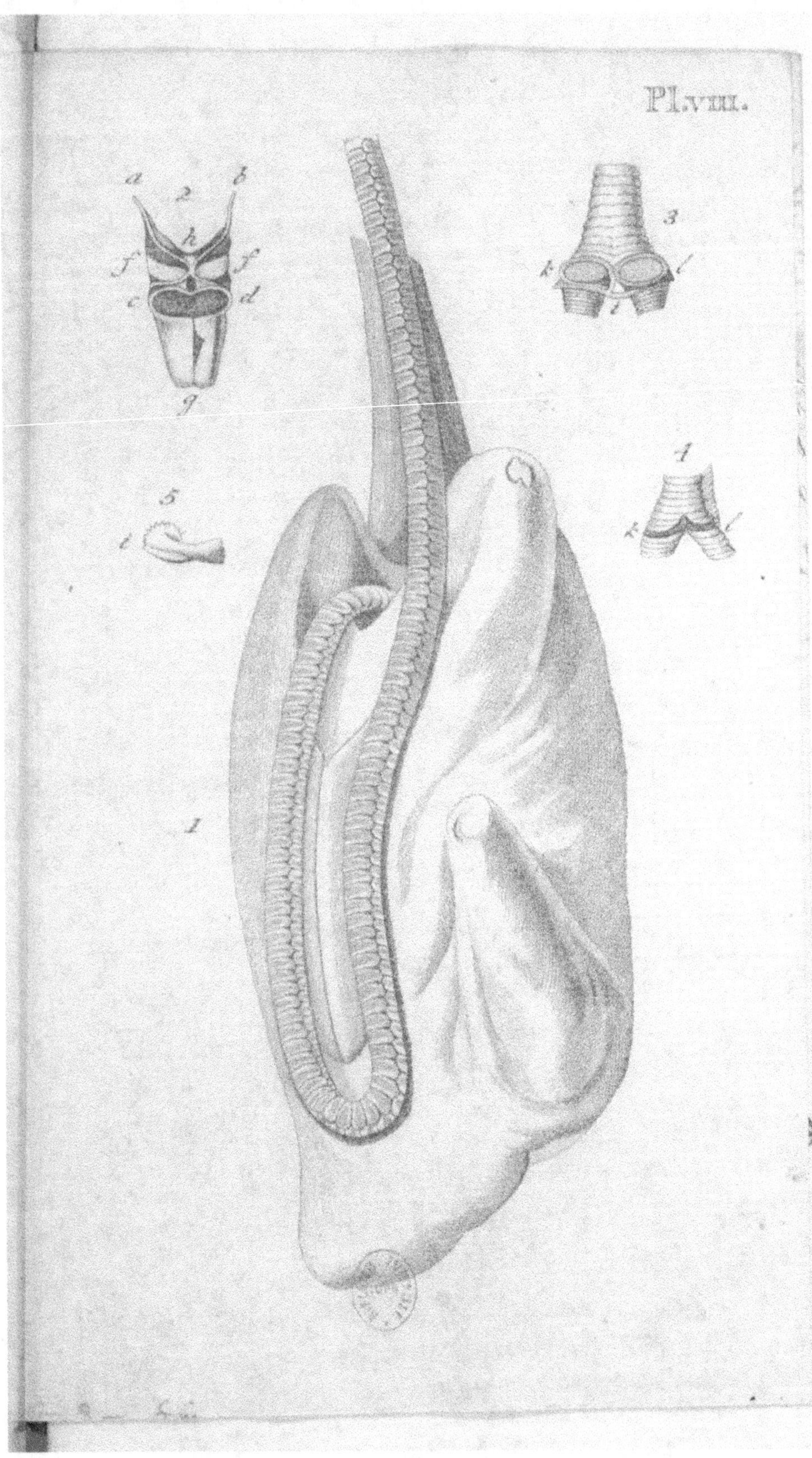
Pl. VIII.

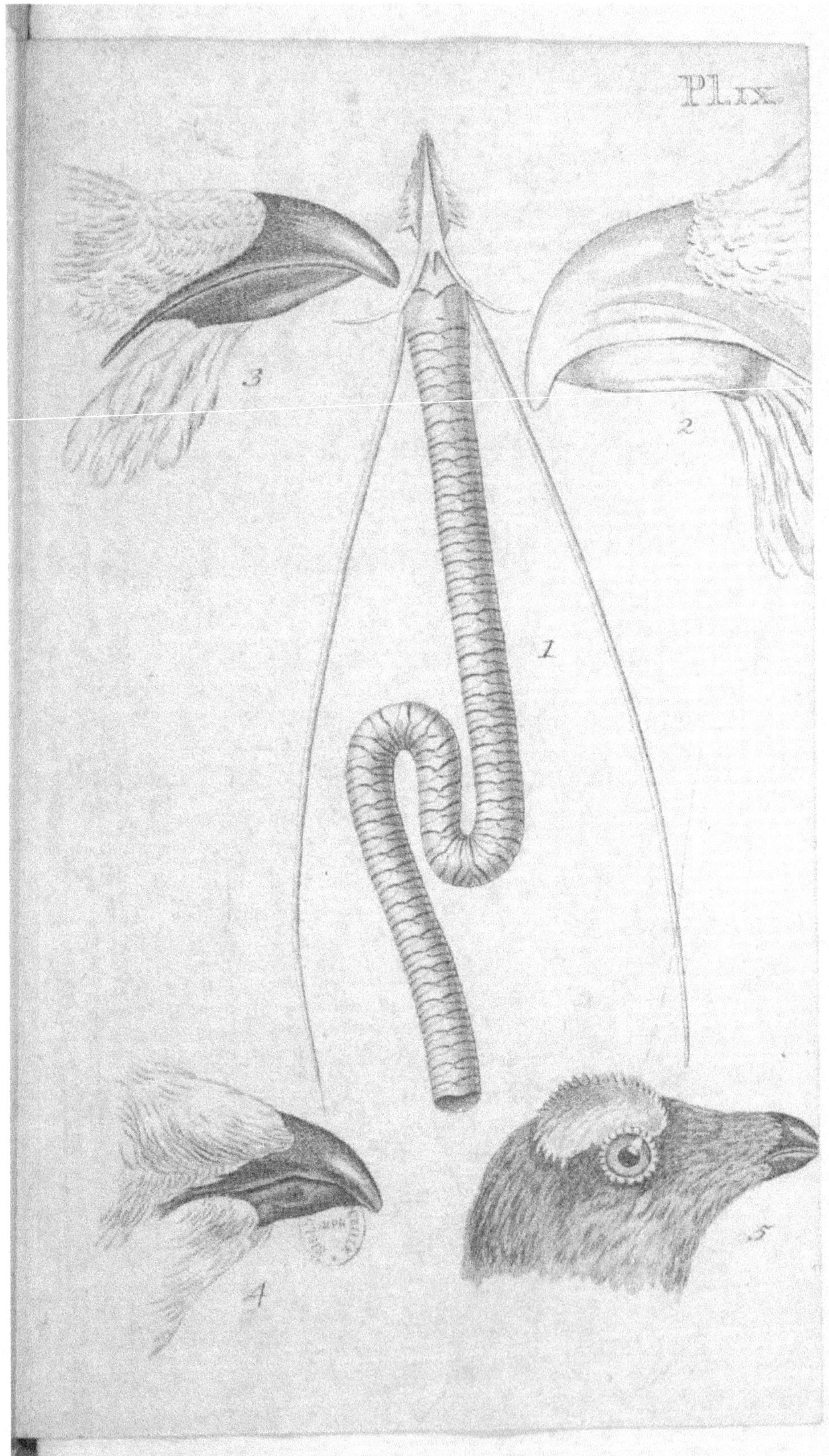

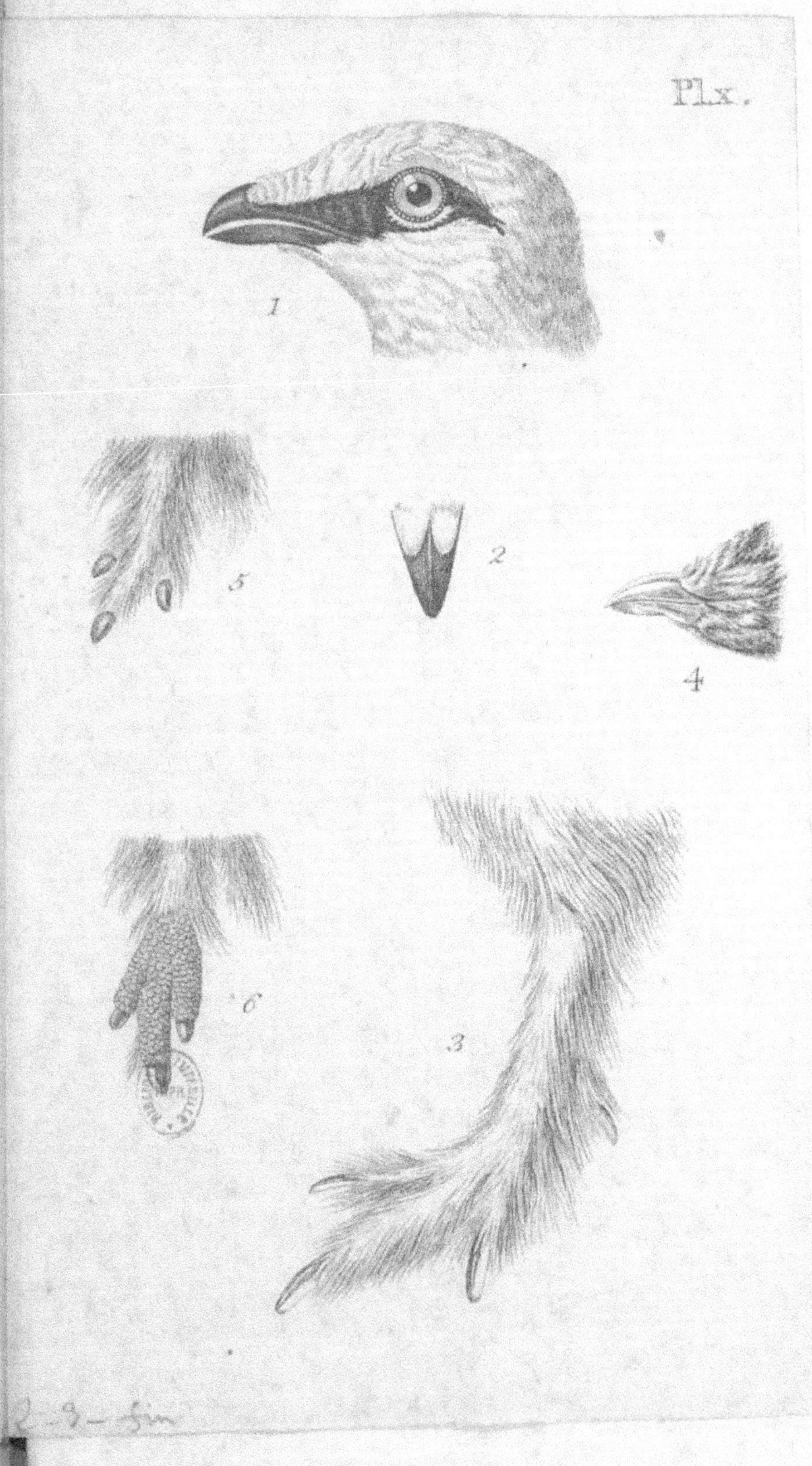
1
2
3
4
5
6

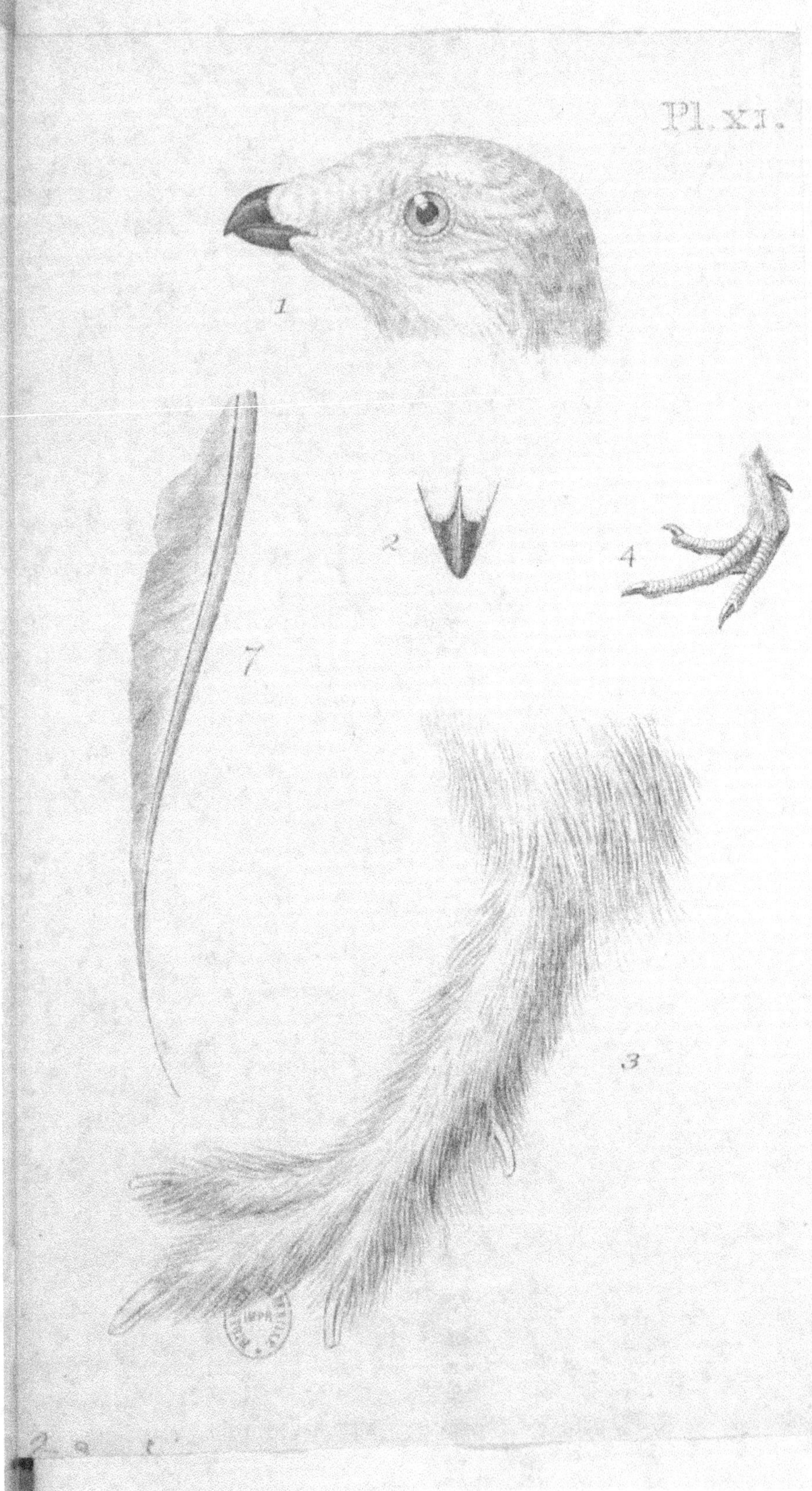
Pl. XI.
1
2
4
7
3